高职高专交通土建类系列规划教材
普通高等学校"十二五"省级规划教材

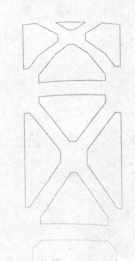

工程数学（第2版）

GONG CHENG SHU XUE

主　编　王丰胜　李洪岩
副主编　施晓青　严卫平　李秀美
主　审　彭　玲

U0246241

合肥工业大学出版社

前　　言

　　《工程数学》是在全国路桥工程专业指导委员会数学课程改革研讨会召开之后编写而成的,是为了更好地适应高职教育发展的需求。本教材是我们结合多年来数学教学与土木工程类专业教学结合的实践,针对土木工程类专业对数学知识需求的特点组织编写的,其内容更合理、更具有针对性,适用性更强。

　　本教材在编写过程中,力求突出以下特点:

　　1. 根据教育部最新制定的高职高专数学课程的基本要求,遵循理论"必需、够用、兼顾"和以应用为主要目的的原则,本教材在不影响数学体系的前提下,淡化理论,力求深入浅出,强化实践能力的培养,并从实际出发,使数学理论和专业实际应用有机地结合起来,使学生更好地了解数学的应用以及激发学生的学习热情。

　　2. 为培养高素质的应用型人才,结合当前数学发展的新形势,本教材在编写过程中强调数学在专业上的应用性。例如,在学习一些重要概念时引入土木工程上面的一些案例,更体现数学的实用价值。

　　3. 本教材在结构体系、内容安排、例题选择等方面,做了大量细致的工作,对数学概念的引入力求以生产、生活实际问题为切入点,每章后面配有大量的习题,习题难度具有梯度和灵活性。

　　4. 本教材的内容全面,并以模块化形式出现,第一模块是微积分知识,在这一模块里面我们打破以往教材的结构,把多元微分和一元微分的内容合并,把定积分和不定积分的内容合并;第二模块概率统计,这一模块里面重点是数理统计,概率部分只介绍一些基本知识;第三模块为线性代数部分,在这一模块中我们只介绍线性代数一些最基本的内容。原则上我们要求第一模块为必学内容,第二模块和第三模块根据专业需求不同可选上。

　　本教材由安徽交通职业技术学院土木工程系王丰胜老师和李洪岩老师任主编;施晓青老师、严卫平老师、李秀美老师任副主编。具体分工如下:王丰胜老师负责拟订总体章节内容的构成,第一章至第三章由施晓青老师编写,第四章至第五章由李秀美老师编写,第六章至第九章由李洪岩老师编写,课后习题以及答案由张峰、王敬丰、严卫平三位老师编写,最后由李洪岩老师统稿。

尽管我们在此教材的特色建设方面做了许多努力,但是由于作者水平有限,加之时间仓促,编写过程中难免有不足之处,真诚希望专家、同行及广大读者批评指正,并将意见和建议及时反馈给我们,以便下次修订时改进。在此感谢安徽交通职业技术学院土木工程系齐永生、王东、严任苗、王林攀、凌训意等老师给教材提供的案例,还要感谢土木工程系彭玲老师对本书作了审稿,最后还要向对此项工作给予大力支持和在教材编写过程提出宝贵建议的教务处李亮处长和章劲松副处长表示衷心的感谢。

编　者

2015 年 4 月

目　　录

第一章　函数的极限与连续

第一节　预备知识

一、函数的基本概念

我们在中学阶段学习过函数的定义,讨论了函数的单调性、奇偶性、周期性和有界性等性质.为了学习方便,现简要复习一下关于函数的有关知识.

定义 1　设数集 $D \subset \mathbf{R}$,则称映射 $f: D \rightarrow \mathbf{R}$ 为定义在 D 上的函数,通常简记为

$$y = f(x), x \in D,$$

其中 x 称为自变量,y 称为因变量,D 称为定义域,记作 D_f,即 $D_f = D$.

应注意的问题:

(1) 记号 f 和 $f(x)$ 的含义是有区别的

前者表示自变量 x 和因变量 y 之间的对应法则,而后者表示与自变量 x 对应的函数值.但为了叙述方便,习惯上常用记号"$f(x), x \in D$"或"$y = f(x), x \in D$"来表示定义在 D 上的函数,这时应理解为由它所确定的函数 f.

(2) 函数符号

函数 $y = f(x)$ 中表示对应关系的记号 f 也可改用其他字母,例如"F""φ"等.此时函数就记作 $y = F(x), y = \varphi(x)$.

(3) 函数的两要素

函数是从实数集到实数集的映射,其值域总在 $\mathbf{R}$ 内,因此构成函数的要素是定义域 D_f 及对应法则 f.如果两个函数的定义域相同,对应法则也相同,那么这两个函数就是相同的,否则就是不同的.

(4) 函数的定义域

函数的定义域通常按以下两种情形来确定:一种是对有实际背景的函数,根据实际背景中变量的实际意义确定;另一种是对抽象地用算式表达的函数,通常约定这种函数的定义域是使得算式有意义的一切实数组成的集合,这种定义域称为函数的自然定义域.

下面介绍一下邻域的概念.设 $a \in \mathbf{R}$,则以点 a 为中心的任何开区间称为点 a 的邻域,记作 $U(a)$.

设 δ 是一个正数,则称开区间 $(a - \delta, a + \delta)$ 为点 a 的 δ 邻域,记作 $U(a, \delta)$,即

$$U(a,\delta) = \{x \mid a - \delta < x < a + \delta\},$$

其中,点 a 称为邻域的中心,δ 称为邻域的半径.

去心邻域 $U^o(a,\delta)$:

$$U^o(a,\delta) = \{x \mid 0 < \mid x - a \mid < \delta\}.$$

二、初等函数

基本初等函数有以下几类:

常量函数:$y = c$(c 为常数);

幂函数:$y = x^u$($u \in \mathbf{R}$,是常数);

指数函数:$y = a^x$($a > 0$ 且 $a \neq 1$);

对数函数:$y = \log_a x$($a > 0$ 且 $a \neq 1$,特别当 $a = \mathrm{e}$ 时,记为 $y = \ln x$);

三角函数:$y = \sin x$,$y = \cos x$,$y = \tan x$,$y = \cot x$,$y = \sec x$,$y = \csc x$;

反三角函数:$y = \arcsin x$,$y = \arccos x$,$y = \arctan x$,$y = \mathrm{arccot} x$.

初等函数是指由常数和基本初等函数经过有限次的四则运算和有限次的函数复合步骤所构成并可用一个式子表示的函数. 例如

$$y = \sqrt{1 - x^2},\ y = \sin^2 x,\ y = \sqrt{\cot \frac{x}{2}}$$

等都是初等函数.

三、三角函数

由于我们在中学学习三角函数时只对正弦函数、余弦函数、正切函数做了一些说明,而对余下的三种三角函数没有学习,下面我们分别对余切函数、正割函数、余割函数做一些基本说明.

余切函数

余切函数 $y = \cot x$,定义域为 $\{x \mid x \in \mathbf{R}$ 且 $x \neq k\pi\}$,值域为 $\mathbf{R}$,周期为 π. 在定义域 $(k\pi, k\pi + \pi)$ 内是单调减少的奇函数.

正割函数

正割函数 $y = \sec x$,定义域为 $\{x \mid x \in \mathbf{R}$ 且 $x \neq k\pi + \frac{\pi}{2}\}$,值域为 $\mid \sec x \mid \geqslant 1$

$\sec x \geqslant 1$ 或 $\sec x \leqslant -1$,最小正周期 $T = 2\pi$,正割与余弦互为倒数. 即:

$$\sec x = \frac{1}{\cos x},$$

余割函数

余割函数 $y = \csc x$,定义域为 $\{x \mid x \in \mathbf{R}$ 且 $x \neq k\pi\}$,值域为 $\mid \csc x \mid \geqslant 1$,即 $\csc x \geqslant 1$ 或 $\csc x \leqslant -1$,$y = \csc x$ 是奇函数,即 $\csc(-x) = -\csc x$,图像关于原点对称,最小正周期 $T =$

2π. 余割与正弦互为倒数,即:

$$\csc x = \frac{1}{\sin x}$$

函数	$y = \sec x$	$y = \csc x$	$y = \tan x$	$y = \cot x$
定义域	$x \in \mathbf{R}$ 且 $x \neq k\pi + \frac{\pi}{2}$	$x \in \mathbf{R}$ 且 $x \neq k\pi$	$x \in \mathbf{R}$ 且 $x \neq k\pi + \frac{\pi}{2}$	$x \in \mathbf{R}$ 且 $x \neq k\pi$
值域	$(-\infty, -1] \cup [1, +\infty)$	$(-\infty, -1] \cup [1, +\infty)$	$\mathbf{R}$	$\mathbf{R}$
最值	无最大值,无最小值	无最大值,无最小值	无最大值,无最小值	无最大值,无最小值
周期性	周期为 2π	周期为 2π	周期为 π	周期为 π
奇偶性	偶函数	奇函数	奇函数	奇函数
单调性	在 $\left[2k\pi - \pi, 2k\pi - \frac{\pi}{2}\right)$ 和 $\left(2k\pi - \frac{\pi}{2}, 2k\pi\right]$ 上单调递减;在 $\left[2k\pi, 2k\pi + \frac{\pi}{2}\right)$ 和 $\left(2k\pi + \frac{\pi}{2}, 2k\pi + \pi\right]$ 上单调递增	在 $\left(2k\pi, 2k\pi + \frac{\pi}{2}\right]$ 和 $\left[2k\pi - \frac{\pi}{2}, 2k\pi\right)$ 上单调递减;在 $\left[2k\pi + \frac{\pi}{2}, 2k\pi + \pi\right)$ 和 $\left(2k\pi + \pi, 2k\pi + \frac{3\pi}{2}\right]$ 上单调递增 $(k \in \mathbf{Z})$	在 $\left(k\pi - \frac{\pi}{2}, k\pi + \frac{\pi}{2}\right)$ 上单调递增 $(k \in \mathbf{Z})$	在 $(k\pi, k\pi + \pi)$ 上单调递减 $(k \in \mathbf{Z})$

下面我们给出六个三角函数的函数图像,如下图,依次分别是正弦函数、余弦函数、正切函数、余切函数、正割函数、余割函数的函数图像.

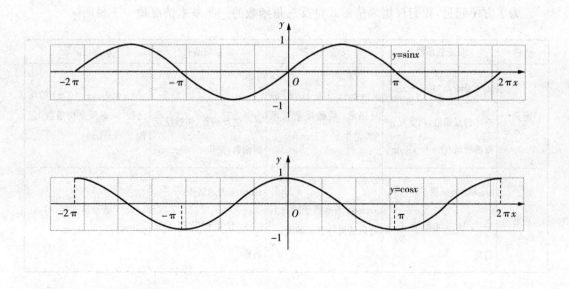

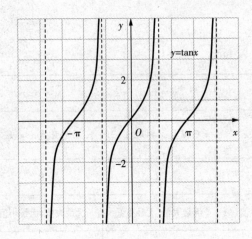 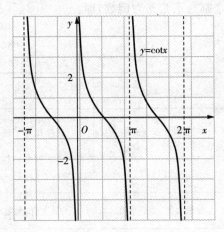

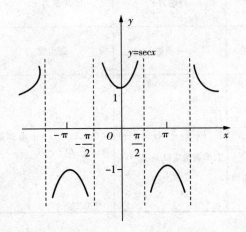 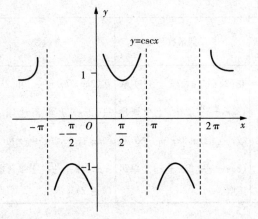

四、反三角函数

为了方便起见,我们仅用表格形式将反三角函数的一些基本情况做一下说明.

名称	反正弦函数	反余弦函数	反正切函数	反余切函数
定义	$y = \sin x$,$x \in [-\frac{\pi}{2}, \frac{\pi}{2}]$ 的反函数,叫做反正弦函数,记作 $x = \arcsin y$	$y = \cos x$,$x \in [0, \pi]$ 的反函数,叫做反余弦函数,记作 $x = \arccos y$	$y = \tan x$,$x \in (-\frac{\pi}{2}, \frac{\pi}{2})$ 的反函数,叫做反正切函数,记作 $x = \arctan y$	$y = \cot x$,$x \in (0, \pi)$ 的反函数,叫做反余切函数,记作 $x = \operatorname{arccot} y$
理解	$\arcsin x$ 表示属于$[-\frac{\pi}{2}, \frac{\pi}{2}]$,且正弦值等于 x 的角	$\arccos x$ 表示属于$[0, \pi]$,且余弦值等于 x 的角	$\arctan x$ 表示属于$(-\frac{\pi}{2}, \frac{\pi}{2})$,且正切值等于 x 的角	$\operatorname{arccot} x$ 表示属于$(0, \pi)$,且余切值等于 x 的角

名称		反正弦函数	反余弦函数	反正切函数	反余切函数
性质	定义域	$[-1,1]$	$[-1,1]$	$(-\infty,+\infty)$	$(-\infty,+\infty)$
	值域	$[-\frac{\pi}{2},\frac{\pi}{2}]$	$[0,\pi]$	$(-\frac{\pi}{2},\frac{\pi}{2})$	$(0,\pi)$
	单调性	在$[-1,1]$上是增函数	在$[-1,1]$上是减函数	在$(-\infty,+\infty)$上是增函数	在$(-\infty,+\infty)$上是减函数
	奇偶性	$\arcsin(-x)=-\arcsin x$	$\arccos(-x)=\pi-\arccos x$	$\arctan(-x)=-\arctan x$	$\operatorname{arccot}(-x)=\pi-\operatorname{arccot}x$
	周期性			都不是周期函数	
恒等式		$\sin(\arcsin x)=x(x\in[-1,1])$;$\arcsin(\sin x)=x(x\in[-\frac{\pi}{2},\frac{\pi}{2}])$	$\cos(\arccos x)=x(x\in[-1,1])$;$\arccos(\cos x)=x(x\in[0,\pi])$	$\tan(\arctan x)=x(x\in\mathbf{R})$;$\arctan(\tan x)=x(x\in(-\frac{\pi}{2},\frac{\pi}{2}))$	$\cot(\operatorname{arccot}x)=x(x\in\mathbf{R})$;$\operatorname{arccot}(\cot x)=x(x\in(0,\pi))$
互余恒等式		$\arcsin x+\arccos x=\frac{\pi}{2}(x\in[-1,1])$		$\arcsin x+\arccos x=\frac{\pi}{2}(x\in\mathbf{R})$	

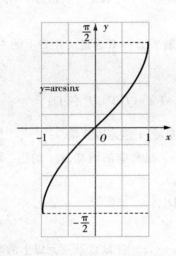

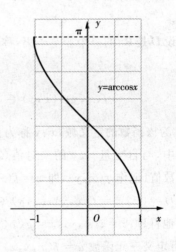

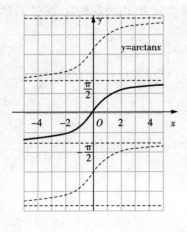

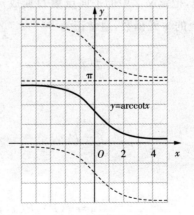

五、多元函数

例 1　圆柱体的体积 V 和它的底半径 r、高 h 之间具有关系

$$V = \pi r^2 h.$$

这里,当 r、h 在集合 $\{(r,h) \mid r>0, h>0\}$ 内取定一对值 (r,h) 时,V 对应的值就随之确定.

例 2　一定量的理想气体的压强 p、体积 V 和绝对温度 T 之间具有关系

$$p = \frac{RT}{V},$$

其中 R 为常数.这里,当 V、T 在集合 $\{(V,T) \mid V>0, T>0\}$ 内取定一对值 (V,T) 时,p 的对应值就随之确定.

例 3　$R = \dfrac{R_1 R_2}{R_1 + R_2}$.

这里,当 R_1、R_2 在集合 $\{(R_1,R_2) \mid R_1>0, R_2>0\}$ 内取定一对值 (R_1,R_2) 时,R 的对应值就随之确定.

定义 2　设 D 是 $\mathbf{R}^2$ 的一个非空子集,称映射 $f:D \to \mathbf{R}$ 为定义在 D 上的二元函数,通常记为

$$z = f(x,y), (x,y) \in D(\text{或 } z = f(P), P \in D)$$

其中点集 D 称为该函数的定义域,x、y 称为自变量,z 称为因变量.

上述定义中,与自变量 x、y 的一对值 (x,y) 相对应的因变量 z 的值,也称为 f 在点 (x,y) 处的函数值,记作 $f(x,y)$,即 $z = f(x,y)$.

值域:$f(D) = \{z \mid z = f(x,y), (x,y) \in D\}$.

函数的其他符号:$z = z(x,y)$,$z = g(x,y)$ 等.

类似地,可定义三元函数 $u = f(x,y,z)$,$(x,y,z) \in D$ 以及三元以上的函数.

一般地,把定义 2 中的平面点集 D 换成 n 维空间 $\mathbf{R}^n$ 内的点集 D,映射 $f:D \to \mathbf{R}$ 就称为定义在 D 上的 n 元函数,通常记为

$$u = f(x_1, x_2, \cdots, x_n), (x_1, x_2, \cdots, x_n) \in D,$$

或简记为

$$u = f(x), x = (x_1, x_2, \cdots, x_n) \in D,$$

也可记为

$$u = f(P), P(x_1, x_2, \cdots, x_n) \in D.$$

关于函数定义域的约定:在一般讨论用算式表达的多元函数 $u=f(x)$ 时,就以使这个算式有意义的变元 x 的值所组成的点集为这个多元函数的自然定义域.因而,对这类函数,它的定义域不再特别标出.例如,函数 $z=\ln(x+y)$ 的定义域为 $\{(x,y)\mid x+y>0\}$(无界开区域);函数 $z=\arcsin(x^2+y^2)$ 的定义域为 $\{(x,y)\mid x^2+y^2\leqslant1\}$(有界闭区域).

二元函数的图形:点集 $\{(x,y,z)\mid z=f(x,y),(x,y)\in D\}$ 称为二元函数 $z=f(x,y)$ 的图形,二元函数的图形是一张曲面.

例如,$z=ax+by+c$ 是一张平面,而函数 $z=x^2+y^2$ 的图形是旋转抛物.

习 题 一

1.下列各题中所给的两个函数是否相等? 为什么?

(1)$y=x$ 和 $y=\sqrt{x^2}$;

(2)$y=x$ 和 $y=(\sqrt{x})^2$;

(3)$y=2-x$ 和 $y=\dfrac{4-x^2}{2+x}$;

(4)$y=\mid x-1\mid$ 和 $y=\begin{cases}1-x, & x<1,\\ 0, & x=1,\\ x-1, & x>1.\end{cases}$

2.求下列函数的定义域.

(1)$y=\sqrt{3x+4}$;

(2)$y=\dfrac{2}{x^2-3x+2}$;

(3)$y=\sqrt{1-\mid x\mid}$;

(4)$y=\ln\dfrac{1+x}{1-x}$.

3.设 $f(x)=\arcsin x$,求 $f(0),f(-1),f\left(\dfrac{\sqrt{3}}{2}\right),f(1)$.

4.有一边长为 a 的正方形铁片,从它的四个角截取相等的小正方形,然后折起各边做一个无盖的小盒子,求它的容积与截取的小正方形边长之间的函数关系,并说明定义域(参见图 1-5).

5.有一个底半径 R,高为 H 的圆锥形量杯,为了在它的侧面刻上表示容积的刻度,需要找出溶液的容积与其对应高度之间的函数关系,试写出其表达式,并指明定义域(参见图 1-6).

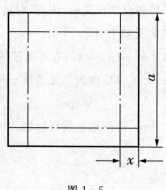

图 1-5

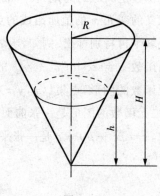

图 1-6

6. 在半径为 R 的球内做内接圆柱体,试将圆柱体的体积 V 表示为高 h 的函数,并指明定义域.

7. 已知水渠的横断面为等腰梯形,倾斜角 $\varphi = 40°$(如图 1-7)$ABCD$ 叫做过水断面(即垂直于水流的断面),$L = AB + BC + CD$ 叫做水渠的湿周. 当过水断面的面积为定值 S_0 时,求湿周 L 与水渠深 h 之间的函数关系式,并指明定义域.

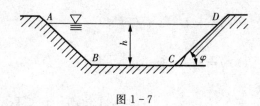

图 1-7

8. 火车站收取行李费的规定如下:当行李不超过 50kg 时,按基本运费计算,每千克收费 0.15 元;当超过 50kg 时,超重部分按每千克 0.25 元收费. 试求运费 y(元)与重量 x(kg)之间的函数关系式,并作出函数的图象.

9. 梯形如图 1-8. 当垂直于 x 轴的直线扫过该梯形时,若直线与 x 轴的交点坐标为$(x, 0)$,求直线扫过的面积 S 与 x 之间的函数关系. 指明定义域,并求 $S(1), S(3), S(5), S(6)$ 的值.

10. 在底为 $AC = b$ 和高为 $BD = h$ 的三角形 ABC 之中(如图 1-9),内接一个高为 $NM = x$ 的矩形 $KLMN$. 把矩形 $KLMN$ 的周长 p 及面积 S 分别表示为 x 的函数. 指出定义域,并作出函数的图象.

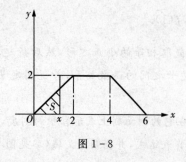

图 1-8

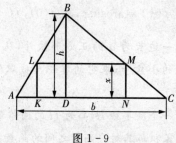

图 1-9

第二节 函数的极限

一、函数极限的定义

1. 自变量趋于有限值时函数的极限

通俗定义:

如果当 x 无限接近于 x_0, 函数 $f(x)$ 的值无限接近于常数 A, 则称当 x 趋于 x_0 时, $f(x)$ 以 A 为极限. 记作

$$\lim_{x \to x_0} f(x) = A \text{ 或 } f(x) \to A (\text{当 } x \to x_0).$$

分析: 在 $x \to x_0$ 的过程中, $f(x)$ 无限接近于 A 就是 $|f(x) - A|$ 能任意小, 或者说, 在 x 与 x_0 接近到一定程度(比如 $|x - x_0| < \delta, \delta$ 为某一正数)时, $|f(x) - A|$ 可以小于任意给定的(小的)正数 ε, 即 $|f(x) - A| < \varepsilon$; 反之, 对于任意给定的正数 ε, 如果 x 与 x_0 接近到一定程度(比如 $|x - x_0| < \delta, \delta$ 为某一正数)就有 $|f(x) - A| < \varepsilon$, 则能保证当 $x \to x_0$ 时, $f(x)$ 无限接近于 A.

定义1 设函数 $f(x)$ 在点 x_0 的某一去心邻域内有定义. 如果存在常数 A, 对于任意给定的正数 ε(不论它多么小), 总存在正数 δ, 使得当 x 满足不等式 $0 < |x - x_0| < \delta$ 时, 对应的函数值 $f(x)$ 都满足不等式 $|f(x) - A| < \varepsilon$, 那么常数 A 就叫做函数 $f(x)$ 当 $x \to x_0$ 时的极限, 记为

$$\lim_{x \to x_0} f(x) = A \text{ 或 } f(x) \to A (\text{当 } x \to x_0).$$

定义的简单表述:

$$\lim_{x \to x_0} f(x) = A \Longleftrightarrow \forall \varepsilon > 0, \exists \delta > 0, 0 < |x - x_0| < \delta, |f(x) - A| < \varepsilon.$$

单侧极限:

若当 $x \to x_0^-$ 时, $f(x)$ 无限接近于某常数 A, 则常数 A 叫做函数 $f(x)$ 当 $x \to x_0$ 时的左极限, 记为 $\lim_{x \to x_0^-} f(x) = A$ 或 $f(x_0^-) \to A$;

若当 $x \to x_0^+$ 时, $f(x)$ 无限接近于某常数 A, 则常数 A 叫做函数 $f(x)$ 当 $x \to x_0$ 时的右极限, 记为 $\lim_{x \to x_0^+} f(x) = A$ 或 $f(x_0^+) \to A$.

讨论:

(1) 左右极限的 $\varepsilon - \delta$ 定义如何叙述?

(2) 当 $x \to x_0$ 时函数 $f(x)$ 的左右极限与当 $x \to x_0$ 时函数 $f(x)$ 的极限之间有什么关系?

提示: 左、右极限的 $\varepsilon - \delta$ 定义及与当 $x \to x_0$ 时函数 $f(x)$ 的极限之间的关系如下.

$$\lim_{x \to x_0^-} f(x) = A \Leftrightarrow \forall \varepsilon > 0, \exists \delta > 0, x_0 - \delta < x < x_0, |f(x) - A| < \varepsilon.$$

$$\lim_{x \to x_0^+} f(x) = A \Leftrightarrow \forall \varepsilon > 0, \exists \delta > 0, x_0 < x < x_0 + \delta, |f(x) - A| < \varepsilon.$$

$$\lim_{x \to x_0} f(x) = A \Leftrightarrow \lim_{x \to x_0^-} f(x) = A, \lim_{x \to x_0^+} f(x) = A.$$

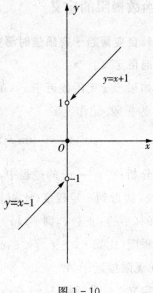

例 1 求函数 $f(x) = \begin{cases} x - 1, & x < 0, \\ 0, & x = 0, \\ x + 1, & x > 0 \end{cases}$ 当 $x \to 0$ 时

的极限(参见图 1 - 10).

解 不存在,这是因为 $\lim\limits_{x \to 0^-} f(x) = \lim\limits_{x \to 0^-} (x - 1) = -1$, $\lim\limits_{x \to 0^+} f(x) = \lim\limits_{x \to 0^+} (x + 1) = 1$, 即 $\lim\limits_{x \to 0^-} f(x) \neq \lim\limits_{x \to 0^+} f(x)$,所以极限不存在.

2. 自变量趋于无穷大时函数的极限

设 $f(x)$ 当 $|x|$ 大于某一正数时有定义. 如果存在常数 A,对于任意给定的正数 ε,总存在着正数 X,使得当 x 满足不等式 $|x| > X$ 时,对应的函数数值 $f(x)$ 都满足不等式

$$|f(x) - A| < \varepsilon,$$

图 1 - 10

则常数 A 叫做函数 $f(x)$ 当 $x \to \infty$ 时的极限,记为

$$\lim_{x \to \infty} f(x) = A \text{ 或 } f(x) \to A (\text{当 } x \to \infty).$$

$\lim\limits_{x \to \infty} f(x) = A \Leftrightarrow \forall \varepsilon > 0, \exists X > 0,$当 $|x| > X$ 时,恒有 $|f(x) - A| < \varepsilon$ 成立.

类似地可定义

$$\lim_{x \to -\infty} f(x) = A \text{ 和 } \lim_{x \to +\infty} f(x) = A.$$

结论:$\lim\limits_{x \to \infty} f(x) = A \Leftrightarrow \lim\limits_{x \to -\infty} f(x) = A$ 且 $\lim\limits_{x \to +\infty} f(x) = A.$

极限 $\lim\limits_{x \to \infty} f(x) = A$ 的定义几何意义如图 1 - 11 所示.

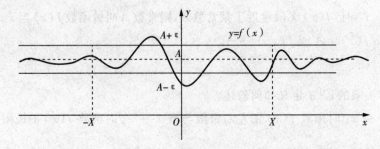

图 1 - 11

二、函数极限的性质

定理 1 （函数极限的唯一性）如果极限 $\lim\limits_{x \to x_0} f(x)$ 存在,那么此极限是唯一的.

定理 2 （函数极限的局部有界性）如果 $f(x) \to A(x \to x_0)$,那么存在常数 $M > 0$ 和 $\delta > 0$,使得当 $0 < |x - x_0| < \delta$ 时,有 $|f(x)| \leqslant M$.

定理 3 （函数极限的局部保号性）如果 $f(x) \to A(x \to x_0)$,而且 $A > 0$(或 $A < 0$),那么存在常数 $\delta > 0$,使当 $0 < |x - x_0| < \delta$ 时,有 $f(x) > 0$(或 $f(x) < 0$).

定理 3′ 如果 $f(x) \to A(x \to x_0)(A \neq 0)$,那么存在点 x_0 的某一去心邻域,在该邻域内,有 $|f(x)| > \dfrac{1}{2}|A|$.

推论 如果在 x_0 的某一去心邻域内有 $f(x) \geqslant 0$(或 $f(x) \leqslant 0$),而且 $f(x) \to A(x \to x_0)$,那么 $A \geqslant 0$(或 $A \leqslant 0$).

三、二元函数的极限

与一元函数的极限概念类似,如果在点 $P(x, y)$ 以任何一种方式趋向点 $P_0(x_0, y_0)$ 时,对应的函数值 $f(x, y)$ 无限接近于一个确定的常数 A,则称 A 是函数 $f(x, y)$ 当 $(x, y) \to (x_0, y_0)$ 时的极限.

记为

$$\lim_{(x, y) \to (x_0, y_0)} f(x, y) = A \text{ 或 } f(x, y) \to A((x, y) \to (x_0, y_0)),$$

也记作

$$\lim_{P \to P_0} f(P) = A \text{ 或 } f(P) \to A(P \to P_0).$$

上述定义的极限也称为二重极限.

注意:

(1) 二重极限存在,是指 P 以任何方式趋于 P_0 时,函数都无限接近于 A;

(2) 如果当 P 以两种不同方式趋于 P_0 时,函数趋于不同的值,则函数的极限不存在.

讨论:

函数 $f(x, y) = \begin{cases} \dfrac{xy}{x^2 + y^2}, & x^2 + y^2 \neq 0, \\ 0, & x^2 + y^2 = 0 \end{cases}$ 在点 $(0, 0)$ 有无极限?

提示: 当点 $P(x, y)$ 沿 x 轴趋于点 $(0, 0)$ 时,有

$$\lim_{(x, y) \to (0, 0)} f(x, y) = \lim_{x \to 0} f(x, 0) = \lim_{x \to 0} 0 = 0;$$

当点 $P(x, y)$ 沿 y 轴趋于点 $(0, 0)$ 时,有

$$\lim_{(x,y)\to(0,0)} f(x,y) = \lim_{y\to 0} f(0,y) = \lim_{y\to 0} 0 = 0.$$

当点 $P(x,y)$ 沿直线 $y=kx$ 有

$$\lim_{\substack{(x,y)\to(0,0)\\y=kx}} \frac{xy}{x^2+y^2} = \lim_{x\to 0} \frac{kx^2}{x^2+k^2x^2} = \frac{k}{1+k^2}.$$

因此,函数 $f(x,y)$ 在 $(0,0)$ 处无极限.

总结二元函数的极限 $\lim_{\substack{x\to x_0\\y\to y_0}} f(x,y)$ 存在,即要求点 $P(x,y)$ 以任意方式趋于 $P_0(x_0,y_0)$

时,函数 $f(x,y)$ 极限不仅要存在,而且都要相等.若当点 $P(x,y)$ 趋向于 $P_0(x_0,y_0)$ 时,

(1) 任何路径下函数极限值恒为定值,极限存在;

(2) 特殊路径下函数极限值不相等,极限不存在;

(3) 特殊路径下函数极限值相等,极限存在性不定.

相比较而言,上述三点中最为实用的是第(2)种情况,用来判断二元函数极限是否存在.一般判断方法如下:令 $P(x,y)$ 沿 $y=kx$ 趋向于 $P_0(x_0,y_0)$,若二元函数的值与 k 有关,则函数的极限不存在.

习　题　二

1.观察并写出下列极限.

(1) $\lim\limits_{x\to\infty} \dfrac{1}{x^2}$;　　　　　(2) $\lim\limits_{x\to -\infty} \dfrac{1}{x^2}$;

(3) $\lim\limits_{x\to +\infty} \left(\dfrac{1}{10}\right)^x$;　　　(4) $\lim\limits_{x\to\infty} \left(2+\dfrac{1}{x}\right)$.

2.观察并写出下列极限.

(1) $\lim\limits_{x\to 1} \ln x$;　　　　　(2) $\lim\limits_{x\to \frac{\pi}{4}} \tan x$;

(3) $\lim\limits_{x\to -1} \dfrac{x^2-1}{x+1}$;　　　(4) $\lim\limits_{x\to 3} (x^2-6x+8)$.

3.设函数 $f(x)=\begin{cases} x-1, & x\leqslant 0, \\ x+1, & x>0, \end{cases}$ 画出它的图象,并求当 $x\to 0$ 时,函数 $f(x)$ 的左、右极限,从而判断在 $x\to 0$ 时,函数 $f(x)$ 的极限是否存在.

4.证明函数

$$f(x)=\begin{cases} x^2+1, & x<1, \\ 1, & x=1, \\ -1, & x>1 \end{cases}$$

在 $x\to 1$ 时的极限不存在.

第三节　极限运算法则

一、极限的四则运算

如果 $\lim f(x) = A, \lim g(x) = B$, 那么

法则 1 $\lim[f(x) \pm g(x)] = \lim f(x) \pm \lim g(x) = A \pm B$;

法则 2 $\lim f(x) \cdot g(x) = \lim f(x) \cdot \lim g(x) = A \cdot B$;

法则 3 $\lim \dfrac{f(x)}{g(x)} = \dfrac{\lim f(x)}{\lim g(x)} = \dfrac{A}{B} (B \neq 0)$.

证明略.

推论 1　如果 $\lim f(x)$ 存在, 而 c 为常数, 则

$$\lim[cf(x)] = c\lim f(x).$$

推论 2　如果 $\lim f(x)$ 存在, 而 n 是正整数, 则

$$\lim[f(x)]^n = [\lim f(x)]^n.$$

注意:

(1) 对 $x \to x_0, x \to \infty$ 等情形都成立;

(2) 法则 1 和法则 2 可推广至有限个函数;

(3) 三个法则成立的前提必须是 $\lim f(x) = A, \lim g(x) = B$ 都存在.

例 1　求 $\lim\limits_{x \to 1}(2x - 1)$.

解　$\lim\limits_{x \to 1}(2x - 1) = \lim\limits_{x \to 1} 2x - \lim\limits_{x \to 1} 1 = 2\lim\limits_{x \to 1} x - 1 = 2 \cdot 1 - 1 = 1$.

讨论:

若 $P(x) = a_0 x^n + a_1 x^{n-1} + \cdots + a_{n-1} x + a_n$, 则 $\lim\limits_{x \to x_0} P(x)$ 等于多少?

提示:

若 $P(x) = a_0 x^n + a_1 x^{n-1} + \cdots + a_n$, 则 $\lim\limits_{x \to x_0} P(x) = P(x_0)$.

例 2　求 $\lim\limits_{x \to 2} \dfrac{x^3 - 1}{x^2 - 5x + 3}$.

解　$\lim\limits_{x \to 2} \dfrac{x^3 - 1}{x^2 - 5x + 3} = \dfrac{\lim\limits_{x \to 2}(x^3 - 1)}{\lim\limits_{x \to 2}(x^2 - 5x + 3)}$

$$= \dfrac{\lim\limits_{x \to 2} x^3 - \lim\limits_{x \to 2} 1}{\lim\limits_{x \to 2} x^2 - 5\lim\limits_{x \to 2} x + \lim\limits_{x \to 2} 3} = \dfrac{2^3 - 1}{2^2 - 10 + 3} = -\dfrac{7}{3}.$$

例 3   求 $\lim\limits_{x\to 3}\dfrac{x-3}{x^2-9}$.

解 $\lim\limits_{x\to 3}\dfrac{x-3}{x^2-9}=\lim\limits_{x\to 3}\dfrac{x-3}{(x+3)(x-3)}=\lim\limits_{x\to 3}\dfrac{1}{x+3}=\dfrac{1}{6}$.

例 4   求 $\lim\limits_{x\to 1}\dfrac{2x-3}{x^2-5x+4}$.

解 $\lim\limits_{x\to 1}\dfrac{x^2-5x+4}{2x-3}=\dfrac{1^2-5\cdot 1+4}{2\cdot 1-3}=0$，根据无穷大与无穷小的关系得 $\lim\limits_{x\to 1}$

$\dfrac{2x-3}{x^2-5x+4}=\infty$.

提问：如下写法是否正确?

$$\lim\limits_{x\to 1}\dfrac{2x-3}{x^2-5x+4}=\dfrac{\lim\limits_{x\to 1}(2x-3)}{\lim\limits_{x\to 1}(x^2-5x+4)}=\dfrac{-1}{0}=\infty$$

讨论：

有理函数的极限 $\lim\limits_{x\to x_0}\dfrac{P(x)}{Q(x)}=?$

提示：

当 $Q(x_0)\neq 0$ 时，$\lim\limits_{x\to x_0}\dfrac{P(x)}{Q(x)}=\dfrac{P(x_0)}{Q(x_0)}$.

当 $Q(x_0)=0$ 且 $P(x_0)\neq 0$ 时，$\lim\limits_{x\to x_0}\dfrac{P(x)}{Q(x)}=\infty$.

当 $Q(x_0)=P_0(x_0)=0$ 时，先将分子、分母的公因式 $(x-x_0)$ 约去再求解.

例 5   求 $\lim\limits_{x\to\infty}\dfrac{3x^3+4x^2+2}{7x^3+5x^2-3}$.

解   先用 x^3 去除分子及分母，然后取极限:

$$\lim\limits_{x\to\infty}\dfrac{3x^3+4x^2+2}{7x^3+5x^2-3}=\lim\limits_{x\to\infty}\dfrac{3+\dfrac{4}{x}+\dfrac{2}{x^3}}{7+\dfrac{5}{x}-\dfrac{3}{x^3}}=\dfrac{3}{7}.$$

例 6   求 $\lim\limits_{x\to\infty}\dfrac{3x^2-2x-1}{2x^3-x^2+5}$.

解   先用 x^3 去除分子及分母，然后取极限:

$$\lim\limits_{x\to\infty}\dfrac{3x^2-2x-1}{2x^3-x^2+5}=\lim\limits_{x\to\infty}\dfrac{\dfrac{3}{x}-\dfrac{2}{x^2}-\dfrac{1}{x^3}}{2-\dfrac{1}{x}+\dfrac{5}{x^3}}=\dfrac{0}{2}=0.$$

例 7   求 $\lim\limits_{x\to\infty}\dfrac{2x^3-x^2+5}{3x^2-2x-1}$.

解 因为 $\lim\limits_{x \to \infty} \dfrac{3x^2 - 2x - 1}{2x^3 - x^2 + 5} = 0$，所以

$$\lim_{x \to \infty} \frac{2x^3 - x^2 + 5}{3x^2 - 2x - 1} = \infty.$$

讨论：

有理函数的极限 $\lim\limits_{x \to \infty} \dfrac{a_0 x^n + a_1 x^{n-1} + \cdots + a_n}{b_0 x^m + b_1 x^{m-1} + \cdots + b_m} = ?$

提示：

$$\lim_{x \to \infty} \frac{a_0 x^n + a_1 x^{n-1} + \cdots + a_n}{b_0 x^m + b_1 x^{m-1} + \cdots + b_m} = \begin{cases} 0, & n < m, \\[2mm] \dfrac{a_0}{b_0}, & n = m, \\[2mm] \infty, & n > m. \end{cases}$$

定理 1 （复合函数的极限运算法则）设函数 $y = f[g(x)]$ 是由函数 $y = f(u)$ 与函数 $u = g(x)$ 复合而成，$y = f[g(x)]$ 在点 x_0 的某去心邻域内有定义，若 $\lim\limits_{x \to x_0} g(x) = u_0$，$\lim\limits_{u \to u_0} f(u) = A$，且在 x_0 的某去心邻域内 $u_0 \neq g(x)$，则

$$\lim_{x \to x_0} f[g(x)] = \lim_{u \to u_0} f(u) = A.$$

注：把定理中 $\lim\limits_{x \to x_0} g(x) = u_0$ 换成 $\lim\limits_{x \to x_0} g(x) = \infty$ 或 $\lim\limits_{x \to \infty} g(x) = \infty$，而把 $\lim\limits_{u \to u_0} f(u) = A$ 换成 $\lim\limits_{u \to \infty} f(u) = A$ 可得类似结果.

例 8 求 $\lim\limits_{x \to 3} \sqrt{\dfrac{x^2 - 9}{x - 3}}$.

解 $y = \sqrt{\dfrac{x^2 - 9}{x - 3}}$ 是由 $y = \sqrt{u}$ 与 $u = \dfrac{x^2 - 9}{x - 3}$ 复合而成的.

因为 $\lim\limits_{x \to 3} \dfrac{x^2 - 9}{x - 3} = 6$，所以 $\lim\limits_{x \to 3} \sqrt{\dfrac{x^2 - 9}{x - 3}} = \lim\limits_{u \to 6} \sqrt{u} = \sqrt{6}$.

二、两个重要极限公式

(1) $\lim\limits_{x \to 0} \dfrac{\sin x}{x} = 1$（或 $\lim\limits_{x \to 0} \dfrac{x}{\sin x} = 1$）

应注意的问题：

在极限 $\lim \dfrac{\sin \alpha(x)}{\alpha(x)}$ 中，只要 $\alpha(x)$ 在某一极限过程中趋向于零，就有 $\lim \dfrac{\sin \alpha(x)}{\alpha(x)} = 1$.

这是因为令 $u = \alpha(x)$，则 $u \to 0$，于是 $\lim \dfrac{\sin \alpha(x)}{\alpha(x)} = \lim\limits_{u \to 0} \dfrac{\sin u}{u} = 1$.

$$\lim_{x \to 0} \frac{\sin x}{x} = 1, \lim \frac{\sin \alpha(x)}{\alpha(x)} = 1 \, (\alpha(x) \to 0).$$

例 9 求 $\lim\limits_{x\to 0}\dfrac{\tan x}{x}$.

解 $\lim\limits_{x\to 0}\dfrac{\tan x}{x}=\lim\limits_{x\to 0}\dfrac{\sin x}{x}\cdot\dfrac{1}{\cos x}=\lim\limits_{x\to 0}\dfrac{\sin x}{x}\cdot\lim\limits_{x\to 0}\dfrac{1}{\cos x}=1.$

例 10 求 $\lim\limits_{x\to 0}\dfrac{1-\cos x}{x^2}$.

解 $\lim\limits_{x\to 0}\dfrac{1-\cos x}{x^2}=\lim\limits_{x\to 0}\dfrac{2\sin^2\dfrac{x}{2}}{x^2}=\dfrac{1}{2}\lim\limits_{x\to 0}\dfrac{\sin^2\dfrac{x}{2}}{\left(\dfrac{x}{2}\right)^2}$

$$=\dfrac{1}{2}\lim\limits_{x\to 0}\left(\dfrac{\sin\dfrac{x}{2}}{\dfrac{x}{2}}\right)^2=\dfrac{1}{2}\cdot 1^2=\dfrac{1}{2}.$$

例 11 求 $\lim\limits_{x\to 0}\dfrac{\tan x-\sin x}{x^3}$.

解 $\lim\limits_{x\to 0}\dfrac{\tan x-\sin x}{x^3}=\lim\limits_{x\to 0}\dfrac{\tan x(1-\cos x)}{x^3}=\lim\limits_{x\to 0}\dfrac{\sin x}{\cos x}\cdot\dfrac{2\sin^2\dfrac{x}{2}}{x^3}$

$$=\lim\limits_{x\to 0}\dfrac{1}{\cos x}\cdot\dfrac{\sin x}{x}\cdot\dfrac{2\sin^2\dfrac{x}{2}}{4\left(\dfrac{x}{2}\right)^2}=\dfrac{1}{2}.$$

(2) $\lim\limits_{x\to\infty}\left(1+\dfrac{1}{x}\right)^x=e$

在极限 $\lim[1+\alpha(x)]^{\frac{1}{\alpha(x)}}$ 中,只要 $\alpha(x)$ 在某一极限过程中趋向于零,就有

$$\lim[1+\alpha(x)]^{\frac{1}{\alpha(x)}}=e.$$

关于第二个重要极限公式的应用方法如下:

如果在某一极限过程中 $f(x)\to 0,g(x)\to\infty$,则 $\lim(1+f(x))^{g(x)}$ 可转化为如下形式:$\lim(1+f(x))^{g(x)}=e^{\lim[f(x)\cdot g(x)]}$.

例 12 求 $\lim\limits_{x\to\infty}\left(1-\dfrac{1}{x}\right)^x$.

解 $\lim\limits_{x\to\infty}\left(1-\dfrac{1}{x}\right)^x=e^{\lim\limits_{x\to\infty}\left[x\cdot\left(-\frac{1}{x}\right)\right]}=e^{-1}.$

例 13 求 $\lim\limits_{x\to 0}\left(\dfrac{2+x}{2-x}\right)^{\frac{1}{x}}$.

解 $\lim\limits_{x\to 0}\left(\dfrac{2+x}{2-x}\right)^{\frac{1}{x}}=\lim\limits_{x\to 0}\left(1+\dfrac{2x}{2-x}\right)^{\frac{1}{x}}=e^{\lim\limits_{x\to 0}\left[\frac{2x}{2-x}\cdot\frac{1}{x}\right]}=e.$

$$\boxed{习\quad 题\quad 三}$$

1.计算下列各极限.

(1) $\lim\limits_{x \to -1} \dfrac{x^2 + 2x - 2}{x^2 + 1}$;

(2) $\lim\limits_{x \to 2} \dfrac{x^2 - 4}{x - 2}$;

(3) $\lim\limits_{x \to \sqrt{2}} \dfrac{x^2 - 2}{x^2 + 1}$;

(4) $\lim\limits_{x \to 3} \dfrac{x - 3}{\sqrt{x + 3}}$;

(5) $\lim\limits_{x \to \infty} \dfrac{x^2 - 1}{2x^2 - x}$;

(6) $\lim\limits_{x \to \infty} \left(1 + \dfrac{1}{x}\right)\left(2 - \dfrac{1}{x^2}\right)$.

2.计算下列各极限.

(1) $\lim\limits_{n \to \infty} \left(1 + \dfrac{1}{3} + \dfrac{1}{9} + \cdots + \dfrac{1}{3^n}\right)$;

(2) $\lim\limits_{n \to \infty} \dfrac{(n+1)(n+2)(n+3)}{3n^3}$;

(3) $\lim\limits_{x \to 2} \left(\dfrac{1}{x - 3} - \dfrac{6}{x^2 - 9}\right)$;

(4) $\lim\limits_{x \to \frac{\pi}{2}} \dfrac{\sin 2x - \cos 2x - 1}{\cos x - \sin x}$;

(5) $\lim\limits_{h \to 0} \dfrac{(x + h)^3 - x^3}{h}$;

(6) $\lim\limits_{x \to \infty} \dfrac{4x^3 - 2x^2 + 8x}{3x^2 + 1}$;

(7) $\lim\limits_{x \to \infty} \dfrac{e^n - 1}{e^{2n} + 1}$;

(8) $\lim\limits_{x \to \infty} \dfrac{1 + 2 + 3 + \cdots + n}{1 + 3 + 5 + \cdots + (2n - 1)}$.

3.利用第一极限公式求极限.

(1) $\lim\limits_{x \to 0} \dfrac{\sin 3x}{\sin 2x}$;

(2) $\lim\limits_{x \to 0} \dfrac{\tan 3x}{x}$;

(3) $\lim\limits_{x \to 0} \dfrac{1 - \cos 2x}{x \sin x}$;

(4) $\lim\limits_{x \to 0} \dfrac{x(x + 3)}{\sin x}$;

(5) $\lim\limits_{h \to 0} \dfrac{\cos(x + h) - \cos x}{h}$;

(6) $\lim\limits_{x \to \infty} x^2 \sin^2 \dfrac{1}{x}$;

(7) $\lim\limits_{x \to \pi} \dfrac{\sin x}{\pi - x}$;

(8) $\lim\limits_{x \to 0} \dfrac{x}{\sqrt{1 - \cos x}}$.

4.利用第二个重要极限公式求极限.

(1) $\lim\limits_{x \to 0} (1 + 2x)^{\frac{1}{x}}$;

(2) $\lim\limits_{x \to \infty} \left(\dfrac{1 + x}{x}\right)^{2x}$;

(3) $\lim\limits_{x \to \frac{\pi}{2}} (1 + \cos x)^{3\sec x}$;

(4) $\lim\limits_{x \to 0} (1 - 3x)^{\frac{1}{x}}$;

(5) $\lim\limits_{x \to \infty} \left(\dfrac{2x + 3}{2x + 1}\right)^{x + \frac{1}{2}}$.

第一章 函数的极限与连续

第四节　无穷小量与无穷大量

一、无穷小量

如果函数 $f(x)$ 当 $x \to x_0$（或 $x \to \infty$）时的极限为零,那么称函数 $f(x)$ 为当 $x \to x_0$（或 $x \to \infty$）时的无穷小量.

特别地,以零为极限的数列 $\{x_n\}$ 称为 $n \to \infty$ 时的无穷小.

例如,因为 $\lim\limits_{x \to \infty} \dfrac{1}{x} = 0$,所以函数 $\dfrac{1}{x}$ 为当 $x \to \infty$ 时的无穷小;因为 $\lim\limits_{x \to 1}(x-1) = 0$,所以函数 $x-1$ 为当 $x \to 1$ 时的无穷小;因为 $\lim\limits_{n \to \infty} \dfrac{1}{n+1} = 0$,所以数列 $\left\{\dfrac{1}{n+1}\right\}$ 为当 $n \to \infty$ 时的无穷小.

讨论:

很小很小的数是否是无穷小? 0 是否为无穷小?

提示:无穷小是这样的函数,在 $x \to x_0$（或 $x \to \infty$）的过程中,极限为零. 很小很小的数只要它不是零,作为常数函数在自变量的任何变化过程中,其极限就是这个常数本身,不会为零.

无穷小量与函数极限的关系:

定理 1　在自变量的同一变化过程 $x \to x_0$（或 $x \to \infty$）中,函数 $f(x)$ 具有极限 A 的充分必要条件是 $f(x) = A + \alpha$,其中 α 是无穷小量.

证明略.

二、无穷大量

如果当 $x \to x_0$（或 $x \to \infty$）时,对应的函数值的绝对值 $|f(x)|$ 无限增大,就称函数 $f(x)$ 为当 $x \to x_0$（或 $x \to \infty$）时的无穷大量.记为

$$\lim_{x \to x_0} f(x) = \infty \left(\text{或} \lim_{x \to \infty} f(x) = \infty\right).$$

应注意的问题:当 $x \to x_0$（或 $x \to \infty$）时为无穷大的函数 $f(x)$,按函数极限定义来说,极限是不存在的. 但为了便于叙述函数的这一性态,我们也说"函数的极限是无穷大",并记作

$$\lim_{x \to x_0} f(x) = \infty \left(\text{或} \lim_{x \to \infty} f(x) = \infty\right).$$

讨论:无穷大量的精确定义如何叙述? 很大很大的数是否是无穷大量?

提示: $\lim\limits_{x \to x_0} f(x) = \infty \Leftrightarrow \forall M > 0, \exists \delta > 0$ 当 $0 < |x - x_0| < \delta$ 时,有 $|f(x)| > M$.

正无穷大与负无穷大：

$$\lim_{\substack{x \to x_0 \\ (x \to \infty)}} f(x) = +\infty, \quad \lim_{\substack{x \to x_0 \\ (x \to \infty)}} f(x) = -\infty$$

铅直渐近线：

如果 $\lim\limits_{x \to x_0} f(x) = \infty$，则称直线 $x = x_0$ 是函数 $y = f(x)$ 的图形的铅直渐近线.

例如，直线 $x = 1$ 是函数 $y = \dfrac{1}{x-1}$ 的图形的铅直渐近线.

定理 2 （无穷大量与无穷小量之间的关系）

在自变量的同一变化过程中，如果 $f(x)$ 为无穷大量，则 $\dfrac{1}{f(x)}$ 为无穷小量；反之，如果 $f(x)$ 为无穷小量，且 $f(x) \neq 0$，则 $\dfrac{1}{f(x)}$ 为无穷大量.

证明略.

三、无穷小量的性质

定理 1 有限个无穷小量的和也是无穷小量.

例如，当 $x \to 0$ 时，x 与 $\sin x$ 都是无穷小量，$x + \sin x$ 也是无穷小量.

定理 2 有界函数与无穷小量的乘积是无穷小.

例如，当 $x \to \infty$ 时，$\dfrac{1}{x}$ 是无穷小量，$\arctan x$ 是有界函数，所以 $\dfrac{1}{x} \arctan x$ 也是无穷小量.

推论 1 常数与无穷小量的乘积是无穷小量.

推论 2 有限个无穷小量的乘积也是无穷小量.

四、无穷小量的比较

设 α 与 β 为 x 在同一变化过程中的两个无穷小量，

(1) 若 $\lim \dfrac{\beta}{\alpha} = 0$，就说 β 是 α 的高阶无穷小量，记为 $\beta = o(\alpha)$；

(2) 若 $\lim \dfrac{\beta}{\alpha} = \infty$，就说 β 是 α 的低阶无穷小量；

(3) 若 $\lim \dfrac{\beta}{\alpha} = C \neq 0$，就说 β 是 α 的同阶无穷小量；

(4) 若 $\lim \dfrac{\beta}{\alpha} = 1$，就说 β 与 α 是等价无穷小量，记为 $\alpha \sim \beta$.

下面介绍几种常见的等价无穷小量.

当 $x \to 0$ 时，有 $\sin x \sim x$，$\tan x \sim x$，$1 - \cos x \sim \dfrac{x^2}{2}$，$\arctan x \sim x$，$\arcsin x \sim x$，$\mathrm{e}^x - 1 \sim x$，$\ln(1+x) \sim x$.

关于等价无穷小量在极限运算过程中能起到简化极限运算的功效，下面举例说明.

例 1 $\lim\limits_{x\to 0}\dfrac{\sin 5x}{\sin 3x}$.

解 当 $x\to 0$ 时，$\sin 5x\sim 5x$，$\sin 3x\sim 3x$，所以

$$\lim_{x\to 0}\frac{\sin 5x}{\sin 3x}=\lim_{x\to 0}\frac{5x}{3x}=\frac{5}{3}.$$

例 2 $\lim\limits_{x\to 0}\dfrac{(\mathrm{e}^{x^2}-1)\cdot\arcsin x}{\ln(1+2x)\cdot(1-\cos 2x)}$.

解 因为当 $x\to 0$ 时，有

$$\mathrm{e}^{x^2}-1\sim x^2,\arcsin x\sim x,\ln(1+2x)\sim 2x,1-\cos 2x\sim\frac{(2x)^2}{2}=2x^2,$$

所以

$$\lim_{x\to 0}\frac{(\mathrm{e}^{x^2}-1)\cdot\arcsin x}{\ln(1+2x)\cdot(1-\cos 2x)}=\lim_{x\to 0}\frac{x^2\cdot x}{2x\cdot 2x^2}=\frac{1}{4}.$$

注意：在利用等价无穷小量求极限时，如果分子分母无穷小量是由若干个无穷小量的乘积组成，则可以分别用它们的等价无穷小替换；如果分子分母无穷小量呈是由若干个无穷小量的和（差）构成，则一般不能分别用它们的等价无穷小量替换.

例如，$\lim\limits_{x\to 0}\dfrac{\tan x-\sin x}{x^3}$，在前面的例题中我们已经算出它的极限是 $\dfrac{1}{2}$，若用等价无穷小量替换，则得到错误结果 0.

习 题 四

1. 下列函数在自变量怎样变化时是无穷小量？怎样变化时是无穷大量？

(1) $y=\dfrac{1}{x^2}$；   (2) $y=\dfrac{1}{x+1}$；

(3) $y=\cot x$；   (4) $y=\ln x$.

2. 计算下列极限.

(1) $\lim\limits_{x\to 1}\dfrac{x}{x-1}$；   (2) $\lim\limits_{x\to 2}\dfrac{x^3+2x^2}{(x-2)^2}$；

(3) $\lim\limits_{x\to\infty}(2x^3-x+1)$；   (4) $\lim\limits_{x\to\infty}\dfrac{\sin 2x}{x^2}$；

(5) $\lim\limits_{x\to\frac{\pi}{2}}\left(\dfrac{\pi}{2}-x\right)\cos\left(\dfrac{\pi}{2}-x\right)$.

3. 当 $x\to 0$ 时，$2x-x^2$ 与 x^2-x^3 相比，哪一个是较高阶的无穷小量？

4. 证明：当 $x\to -3$ 时，x^2+6x+9 是比 $x+3$ 较高阶的无穷小量.

5. 当 $x \to 1$ 时, 无穷小量 $1-x$ 和 $\frac{1}{2}(1-x^2)$ 是否同阶? 是否等价?

当 $x \to 1$ 时, 无穷小量 $1-x$ 与 $1-\sqrt[3]{x}$ 是否同阶? 是否等价?

第五节　函数的连续性与间断点

一、函数的连续性

变量的增量: 设变量 x 从它的一个初值 x_1 变到终值 x_2, 终值与初值的差 x_2-x_1 就叫做变量 x 的增量, 记作 Δx, 即 $\Delta x = x_2 - x_1$.

设函数 $y = f(x)$ 在点 x_0 的某一个邻域内是有定义的. 当自变量 x 在这邻域内从 x_0 变到 $x_0 + \Delta x$ 时, 函数 y 相应地从 $f(x_0)$ 变到 $f(x_0 + \Delta x)$, 因此函数 y 的对应增量为

$$\Delta y = f(x_0 + \Delta x) - f(x_0).$$

函数连续的定义: 设函数 $y = f(x)$ 在点 x_0 的某一个邻域内有定义, 如果当自变量的增量 $\Delta x = x - x_0$ 趋于零时, 对应的函数增量 $\Delta y = f(x_0 + \Delta x) - f(x_0)$ 也趋于零, 即

$$\lim_{\Delta x \to 0} \Delta y = 0 \text{ 或 } \lim_{x \to x_0} f(x) = f(x_0),$$

那么就称函数 $y = f(x)$ 在点 x_0 处连续.

注: ① $\lim\limits_{\Delta x \to 0} \Delta y = \lim\limits_{\Delta x \to 0} [f(x_0 + \Delta x) - f(x_0)] = 0$;

② 设 $x_0 + \Delta x = x$, 则当 $\Delta x \to 0$ 时, $x \to x_0$, 因此

$$\lim_{\Delta x \to 0} \Delta y = 0 \Leftrightarrow \lim_{x \to x_0} [f(x) - f(x_0)] = 0 \Leftrightarrow \lim_{x \to x_0} f(x) = f(x_0).$$

函数连续的等价定义 2: 设函数 $y = f(x)$ 在点 x_0 的某一个邻域内有定义, 如果对于任意给定的正数 $\varepsilon > 0$, 总存在着正数 $\delta > 0$, 使得对于适合不等式 $|x - x_0| < \delta$ 的一切 x, 对应的函数值 $f(x)$ 都满足不等式

$$|f(x) - f(x_0)| < \varepsilon$$

那么就称函数 $y = f(x)$ 在点 x_0 处连续.

左右连续性:

如果 $\lim\limits_{x \to x_0^-} f(x) = f(x_0)$, 则称 $y = f(x)$ 在点 x_0 处左连续.

如果 $\lim\limits_{x \to x_0^+} f(x) = f(x_0)$, 则称 $y = f(x)$ 在点 x_0 处右连续.

左右连续与连续的关系: 函数 $y = f(x)$ 在点 x_0 处连续等价于函数 $y = f(x)$ 在点 x_0 处既是左连续, 又是右连续.

那么在实际操作过程中怎样判断函数在一点处,尤其是分段函数在分段点处是否连续呢？上面所说的是一种方法,下面再介绍一种方法,我们可以分三步走：

(1) 判断函数在已知一点处是否有定义；

(2) 判断函数在这点处是否有极限；

(3) 判断函数在这点处的极限值是否等于函数在这点处的函数值.

函数在区间上的连续性：

在区间上每一点都连续的函数,叫做在该区间上的连续函数,或者说函数在该区间上连续.如果区间包括端点,那么函数在右端点连续是指左连续,在左端点连续是指右连续.

连续函数举例：

(1) 如果 $f(x)$ 是多项式函数,则函数 $f(x)$ 在区间 $(-\infty,+\infty)$ 内是连续的.这是因为, $f(x)$ 在 $(-\infty,+\infty)$ 内任意一点 x_0 处有定义,且

$$\lim_{x \to x_0} P(x) = P(x_0).$$

(2) 函数 $f(x) = \sqrt{x}$ 在区间 $[0,+\infty)$ 内是连续的.

(3) 函数 $y = \sin x$ 在区间 $(-\infty,+\infty)$ 内是连续的.

二、函数的间断点

间断定义：

设函数 $f(x)$ 在点 x_0 的某一去心邻域内有定义,如果函数 $f(x)$ 有下列三种情形之一：

(1) 在 x_0 没有定义；

(2) 虽然在 x_0 有定义,但 $\lim_{x \to x_0} f(x)$ 不存在；

(3) 虽然在 x_0 有定义且 $\lim_{x \to x_0} f(x)$ 存在,但 $\lim_{x \to x_0} f(x) \neq f(x_0)$,

则函数 $f(x)$ 在点 x_0 处不连续,将点 x_0 称为函数 $f(x)$ 的不连续点或间断点.

例 1 正切函数 $y = \tan x$ 在 $x = \dfrac{\pi}{2}$ 处没有定义,所以点 $x = \dfrac{\pi}{2}$ 是函数 $\tan x$ 的间断点.

解 因为 $\lim\limits_{x \to \frac{\pi}{2}} \tan x = \infty$,故称 $x = \dfrac{\pi}{2}$ 为函数 $\tan x$ 的无穷间断点.

例 2 函数 $y = \sin \dfrac{1}{x}$ 在点 $x = 0$ 没有定义,所以点 $x = 0$ 是函数 $\sin \dfrac{1}{x}$ 的间断点.

解 当 $x \to 0$ 时,函数值在 -1 与 1 之间变动无限多次,所以点 $x \to 0$ 称为函数 $\sin \dfrac{1}{x}$ 的振荡间断点.

例 3 函数 $y = \dfrac{x^2-1}{x-1}$ 在 $x = 1$ 处没有定义,所以点 $x = 1$ 是函数的间断点.

解 因为 $\lim\limits_{x \to 1} \dfrac{x^2-1}{x-1} = \lim\limits_{x \to 1}(x+1) = 2$,如果补充定义:令 $x = 1$ 时 $y = 2$,则所给函数在 $x = 1$ 处连续.所以 $x = 1$ 称为该函数的可去间断点.

例 4 设函数 $y = f(x) = \begin{cases} x, & x \neq 1, \\ \dfrac{1}{2}, & x = 1, \end{cases}$ 判断 $f(x)$ 在 $x = 1$ 处的连续情况.

解 因为 $\lim\limits_{x \to 1} f(x) = \lim\limits_{x \to 1} x = 1$，$f(1) = \dfrac{1}{2}$，$\lim\limits_{x \to 1} f(x) \neq f(1)$，所以 $x = 1$ 是函数 $f(x)$ 的间断点.

如果改变函数 $f(x)$ 在 $x = 1$ 处的定义，令 $f(1) = 1$，则函数 $f(x)$ 在 $x = 1$ 处连续，所以 $x = 1$ 也称为该函数的可去间断点.

例 5 设函数 $f(x) = \begin{cases} x - 1, & x < 0, \\ 0, & x = 0, \\ x + 1, & x > 0, \end{cases}$ 判断 $f(x)$ 在 $x = 0$ 处的连续情况.

解 因为 $\lim\limits_{x \to 0^-} f(x) = \lim\limits_{x \to 0^-} (x - 1) = -1$，$\lim\limits_{x \to 0^+} f(x) = \lim\limits_{x \to 0^+} (x + 1) = 1$，$\lim\limits_{x \to 0^-} f(x) \neq \lim\limits_{x \to 0^+} f(x)$，所以极限 $\lim\limits_{x \to 0} f(x)$ 不存在，$x = 0$ 是函数 $f(x)$ 的间断点. 因函数 $f(x)$ 的图形在 $x = 0$ 处产生跳跃现象，我们称 $x = 0$ 为函数 $f(x)$ 的跳跃间断点.

通常把间断点分成两类：

(1) 左极限 $f(x_0 - 0)$ 及右极限 $f(x_0 + 0)$ 都存在，但不相等，那么 x_0 称为函数 $f(x)$ 的第一类间断点.

(2) 不是第一类间断点的任何间断点，称为第二类间断点.

在第一类间断点中，左、右极限相等者称为可去间断点，不相等者称为跳跃间断点. 无穷间断点和振荡间断点显然是第二类间断点.

间断点类型 $\begin{cases} \text{第一类间断点：间断点 } x_0 \text{ 处的左、右极限存在的间断点；} \\ \text{第二类间断点：除第一类间断点之外的间断点.} \end{cases}$

第一类间断点 $\begin{cases} \text{左右极限相等即极限存在的间断点称为可去间断点；} \\ \text{左右极限不相等的间断点称为跳跃间断点.} \end{cases}$

第二类间断点 $\begin{cases} \text{左右极限至少有一个趋向无穷大的间断点称为无穷间断点；} \\ \text{当 } x \text{ 趋向间断点 } x_0 \text{ 时，} f(x) \text{ 在某一区间中来回取值的间断点称为} \\ \text{振荡间断点.} \end{cases}$

三、闭区间上连续函数的性质

最大值与最小值：对于在区间 I 上有定义的函数 $f(x)$，如果有 $x_0 \in I$，使得对于任一 $x \in I$ 都有

$$f(x) \leqslant f(x_0) \quad (f(x) \geqslant f(x_0)),$$

则称 $f(x_0)$ 是函数 $f(x)$ 在区间 I 上的最大值（最小值）.

例如，函数 $f(x) = 1 + \sin x$ 在区间 $[0, 2]$ 上有最大值 2 和最小值 0.

定理 1 （最大值和最小值定理）在闭区间上连续的函数在该区间上一定能取得它的

最大值和最小值.

定理 1 说明, 如果函数 $f(x)$ 在闭区间 $[a,b]$ 上连续, 那么至少有一点 $x_1 \in [a,b]$, 使 $f(x_1)$ 是 $f(x)$ 在 $[a,b]$ 上的最大值, 又至少有一点 $x_2 \in [a,b]$, 使 $f(x_2)$ 是 $f(x)$ 在 $[a,b]$ 上的最小值.

注意: 如果函数在开区间内连续, 或函数在闭区间上有间断点, 那么函数在该区间上就不一定有最大值或最小值. 例如, 在开区间 (a,b) 考察函数 $y = x$.

定理 2 (有界性定理) 在闭区间上连续的函数一定在该区间上有界.

零点: 如果 x_0 使 $f(x_0) = 0$, 则 x_0 称为函数 $f(x)$ 的零点.

定理 3 (零点定理) 设函数 $f(x)$ 在闭区间 $[a,b]$ 上连续, 且 $f(a)$ 与 $f(b)$ 异号, 那么在开区间 (a,b) 内至少有一点 x_0 使 $f(x_0) = 0$.

定理 4 (介值定理) 设函数 $f(x)$ 在闭区间 $[a,b]$ 上连续, 且在这区间的端点取不同的函数值

$$f(a) = A \text{ 及 } f(b) = B,$$

那么, 对于 A 与 B 之间的任意一个数 C, 在开区间 (a,b) 内至少有一点 x_0, 使得

$$f(x_0) = C.$$

定理 4 的几何意义: 连续曲线弧 $y = f(x)$ 与水平直线 $y = C$ 至少交于一点.

推论 在闭区间上连续的函数必取得介于最大值 M 与最小值 m 之间的任何值.

习 题 五

1. 求当 $x = 3, \Delta x = -0.2$ 时, 函数 $y = \sqrt{x+1}$ 的增量 (精确到 0.01).

2. 求函数 $y = \ln x$ 在任意正值 x 及其任意改变量 Δx 时的增量.

3. 讨论函数 $f(x) = \begin{cases} x^2 - 1, & 0 \leqslant x < 1, \\ x + 3, & x \geqslant 1 \end{cases}$ 在 $x = \frac{1}{2}, x = 1, x = 2$ 处的连续性.

4. 求函数 $f(x) = \dfrac{x^3 + 3x^2 - x - 3}{x^2 + x - 6}$ 的连续区间, 并求极限 $\lim\limits_{x \to 0} f(x)$、$\lim\limits_{x \to 2} f(x)$ 及 $\lim\limits_{x \to -3} f(x)$.

5. 求下列函数的间断点并说明其类型. 如果是可去间断点则补充或改变定义使函数在间断点连续.

(1) $y = \dfrac{1}{1+x}$; (2) $y = \dfrac{x^2 - 1}{x^2 - 3x + 2}$;

(3) $y = \dfrac{1 - \cos x}{x^2}$; (4) $y = \begin{cases} x - 1, & x \leqslant 1, \\ 2 - x, & x > 1; \end{cases}$

$$(5)\, y = \begin{cases} 3 + x^2, & x \geqslant 0, \\ \dfrac{\sin 3x}{x}, & x < 0. \end{cases}$$

6. 设函数 $f(x) = \begin{cases} \mathrm{e}^x, & x < 0, \\ a + x, & x \geqslant 0, \end{cases}$ 应当怎样选择 a, 使得 $f(x)$ 在 $(-\infty, +\infty)$ 内处处连续.

7. 设函数

$$f(x) = \begin{cases} \sqrt{x^2 - 1}, & x < -1, \\ b, & x = -1, \\ a + \arccos x, & -1 < x \leqslant 1 \end{cases}$$

在 $x = -1$ 处连续, 求常数 a、b.

8. 求下列各极限.

$(1)\ \lim\limits_{x \to 0} \sqrt{x^2 - 2x + 5}$;

$(2)\ \lim\limits_{x \to \frac{\pi}{4}} (\sin 2x)^3$;

$(3)\ \lim\limits_{x \to \frac{\pi}{9}} (2\cos 3x)$;

$(4)\ \lim\limits_{x \to \frac{\pi}{4}} \dfrac{\sin 2x}{2\cos(\pi - x)}$;

$(5)\ \lim\limits_{x \to 0} \ln \dfrac{\sin x}{x}$;

$(6)\ \lim\limits_{x \to 0} \cos\left(\dfrac{\sin \pi x}{x}\right)$;

$(7)\ \lim\limits_{x \to 0} (1 + 3\tan^2 x)^{\cot^2 x}$;

$(8)\ \lim\limits_{x \to \frac{\pi}{2}} (1 + \cos x)^{2\sec x}$;

$(9)\ \lim\limits_{x \to 1} \dfrac{\sqrt{5x - 4} - \sqrt{x}}{x - 1}$;

$(10)\ \lim\limits_{x \to \infty} \sqrt{x}\,(\sqrt{x + 1} - \sqrt{x - 1})$.

9. 已知 $\lim\limits_{x \to 1} \dfrac{x^2 + ax + b}{1 - x} = 1$, 试求 a 与 b 的值.

第一节　导数概念

一、引例

1. 瞬时速度问题

设一质点在坐标轴上作非匀速运动,时刻 t 质点的坐标为 s, s 是 t 的函数,即 $s=f(t)$,求动点在时刻 t_0 的瞬时速度.

考虑比值

$$\frac{s-s_0}{t-t_0}=\frac{f(t)-f(t_0)}{t-t_0},$$

这个比值可认为是动点在时间间隔 $t-t_0$ 内的平均速度. 如果时间间隔比较短,这个比值在实践中也可用来说明动点在时刻 t_0 的速度. 但这样做是不精确的,令 $t-t_0 \to 0$,取比值 $\frac{f(t)-f(t_0)}{t-t_0}$ 的极限,如果这个极限存在,设为 v,即

$$v=\lim_{t\to t_0}\frac{f(t)-f(t_0)}{t-t_0},$$

这时就把这个极限值 v 称为动点在时刻 t_0 的速度.

2. 切线问题

设有曲线 C 及 C 上的一点 M,在点 M 外另取 C 上一点 N,作割线 MN. 当点 N 沿曲线 C 趋于点 M 时,如果割线 MN 绕点 M 旋转而趋于极限位置 MT,直线 MT 就称为曲线 C 在点 M 处的切线.

设曲线 C 就是函数 $y=f(x)$ 的图形. 现在要确定曲线在点 $M(x_0,y_0)$ 处的切线,只要求出切线的斜率就行了. 为此,在点 M 外另取 C 上一点 $N(x,y)$,于是割线 MN 的斜率为

$$\tan\varphi=\frac{y-y_0}{x-x_0}=\frac{f(x)-f(x_0)}{x-x_0},$$

其中 φ 为割线 MN 的倾角. 当点 N 沿曲线 C 趋于点 M 时,有 $x \to x_0$. 如果当 $x \to x_0$ 时,上式的极限存在,设为 k,即

$$k = \lim_{x \to x_0} \frac{f(x) - f(x_0)}{x - x_0},$$

则此极限 k 是割线斜率的极限,也就是切线的斜率. 这里 $k = \tan\alpha$,其中 α 是切线 MT 的倾角. 于是,通过点 $M(x_0, y_0)$ 且以 k 为斜率的直线 MT 便是曲线 C 在点 M 处的切线,如图 2-1 所示.

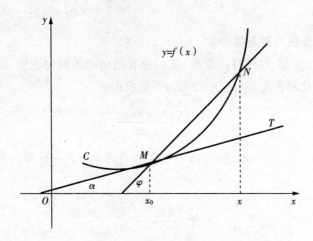

图 2-1

3. 线密度问题

将一根质量非均匀分布的细杆放在 x 轴上,在 $[0, x]$ 上质量 m 是 x 的函数 $m = m(x)$,求杆上点 x_0 处的线密度(参见图 2-2).

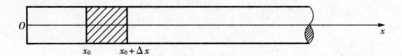

图 2-2

若细杆质量分布均匀,长度为 Δx 的一段的质量为 Δm,那么它的线密度为

$$\rho = \frac{\Delta m}{\Delta x},$$

若细杆是非均匀的,则不能直接用上面的式子. 设区间 $[0, x_0]$ 对应的一段细杆质量 $m = m(x_0)$,区间 $[0, x_0 + \Delta x]$ 对应的一段细杆的质量为 $m = m(x_0 + \Delta x)$,于是在 Δx 这段长度内,细杆的质量为

$$\Delta m = m(x_0 + \Delta x) - m(x_0),$$

于是平均线密度为

$$\bar{\rho} = \frac{\Delta m}{\Delta x} = \frac{m(x_0 + \Delta x) - m(x_0)}{\Delta x},$$

当 $|\Delta x|$ 很小时,平均线密度 $\bar{\rho}$ 可作为细杆在点 x_0 处的线密度的近似值,$|\Delta x|$ 越小近似的程度越好. 令 $\Delta x \to 0$,细杆的平均线密度 $\bar{\rho}$ 的极限就称为细杆在点 x_0 处的线密度,即

$$\rho(x_0) = \lim_{\Delta x \to 0} \frac{m(x_0 + \Delta x) - m(x_0)}{\Delta x}.$$

二、导数的定义

1. 函数在一点处的导数与导函数

从上面所讨论的三个问题可以看出,非匀速直线运动的瞬时速度,切线的斜率和质地不均匀细杆在一点处的密度都可以归结为如下的极限:

$$\lim_{x \to x_0} \frac{f(x) - f(x_0)}{x - x_0}, \tag{2-1}$$

令 $\Delta x = x - x_0$,则 $\Delta y = f(x_0 + \Delta x) - f(x_0) = f(x) - f(x_0)$,$x \to x_0$ 相当于 $\Delta x \to 0$,于是(2-1)式可改写成

$$\lim_{\Delta x \to 0} \frac{\Delta y}{\Delta x} \text{ 或 } \lim_{\Delta x \to 0} \frac{f(x_0 + \Delta x) - f(x_0)}{\Delta x}.$$

定义1 设函数 $y = f(x)$ 在点 x_0 处的某个邻域内有定义,当自变量 x 在 x_0 处取得增量 Δx(点 $\Delta x + x_0$ 仍在该邻域内)时,相应地函数 y 取得增量 $\Delta y = f(x_0 + \Delta x) - f(x_0)$;如果当 $\Delta x \to 0$ 时,Δy 与 Δx 之比的极限存在,则称函数 $y = f(x)$ 在点 x_0 处可导,并称这个极限为函数 $y = f(x)$ 在点 x_0 处的导数,记为 $f'(x_0)$,即

$$f'(x_0) = \lim_{\Delta x \to 0} \frac{\Delta y}{\Delta x} = \lim_{\Delta x \to 0} \frac{f(x_0 + \Delta x) - f(x_0)}{\Delta x},$$

也可记为 $y' \Big|_{x=x_0}$,$\dfrac{\mathrm{d}y}{\mathrm{d}x} \Big|_{x=x_0}$ 或 $\dfrac{\mathrm{d}f(x)}{\mathrm{d}x} \Big|_{x=x_0}$.

函数 $f(x)$ 在点 x_0 处可导有时也说成 $f(x)$ 在点 x_0 处具有导数或导数存在.

导数的定义式也可取不同的形式,常见的有

$$f'(x_0) = \lim_{h \to 0} \frac{f(x_0 + h) - f(x_0)}{h},$$

$$f'(x_0) = \lim_{x \to x_0} \frac{f(x) - f(x_0)}{x - x_0}.$$

在实际中,需要讨论各种具有不同意义的变量变化"快慢"的问题,在数学上就是所谓函数的变化率问题. 导数概念就是函数变化率这一概念的精确描述.

如果极限 $\lim\limits_{\Delta x \to 0} \dfrac{f(x_0 + \Delta x) - f(x_0)}{\Delta x}$ 不存在,则称函数 $y = f(x)$ 在点 x_0 处不可导.

如果不可导的原因是由于 $\lim\limits_{\Delta x \to 0} \dfrac{f(x_0 + \Delta x) - f(x_0)}{\Delta x} = \infty$,也往往说函数 $y = f(x)$ 在点 x_0 处的导数为无穷大.

如果函数 $y = f(x)$ 在开区间 I 内的每点处都可导,则称函数 $f(x)$ 在开区间 I 内可导,这时,对于任意 $x \in I$,都对应着 $f(x)$ 的一个确定的导数值. 这样就构成了一个新的函数,这个函数叫做原来函数 $y = f(x)$ 的导函数,记作 y',$f'(x)$,$\dfrac{\mathrm{d}y}{\mathrm{d}x}$ 或 $\dfrac{\mathrm{d}f(x)}{\mathrm{d}x}$.

导函数的定义式:

$$y' = \lim_{\Delta x \to 0} \frac{f(x + \Delta x) - f(x)}{\Delta x} = \lim_{h \to 0} \frac{f(x + h) - f(x)}{h}.$$

$f'(x_0)$ 与 $f'(x)$ 之间的关系:函数 $f(x)$ 在点 x_0 处的导数 $f'(x)$ 就是导函数 $f'(x)$ 在点 $x = x_0$ 处的函数值,即

$$f'(x_0) = f'(x) \Big|_{x = x_0}.$$

导函数 $f'(x)$ 简称导数,而 $f'(x_0)$ 是 $f(x)$ 在 x_0 处的导数或导数 $f'(x)$ 在 x_0 处的值.

2. 求导数举例

例 1 求函数 $f(x) = C(C$ 为常数$)$ 的导数.

解 $f'(x) = \lim\limits_{h \to 0} \dfrac{f(x + h) - f(x)}{h} = \lim\limits_{h \to 0} \dfrac{C - C}{h} = 0$. 即 $(C)' = 0$.

例 2 求 $f(x) = \dfrac{1}{x}$ 的导数.

解 $f'(x) = \lim\limits_{h \to 0} \dfrac{f(x + h) - f(x)}{h} = \lim\limits_{h \to 0} \dfrac{\dfrac{1}{x + h} - \dfrac{1}{x}}{h}$

$\qquad = \lim\limits_{h \to 0} \dfrac{-h}{h(x + h)x} = -\lim\limits_{h \to 0} \dfrac{1}{(x + h)x} = -\dfrac{1}{x^2}$.

例 3 求函数 $f(x) = x^n(n$ 为正整数$)$ 在 $x = a$ 处的导数.

解 $f'(a) = \lim\limits_{x \to a} \dfrac{f(x) - f(a)}{x - a} = \lim\limits_{x \to a} \dfrac{x^n - a^n}{x - a}$

$\qquad = \lim\limits_{x \to a}(x^{n-1} + ax^{n-2} + \cdots + a^{n-1}) = na^{n-1}$.

例 4 求函数 $f(x) = \sin x$ 的导数.

解 $f'(x) = \lim\limits_{h \to 0} \dfrac{f(x + h) - f(x)}{h} = \lim\limits_{h \to 0} \dfrac{\sin(x + h) - \sin x}{h}$

$\qquad = \lim\limits_{h \to 0} \dfrac{1}{h} \cdot 2\cos\left(x + \dfrac{h}{2}\right) \sin \dfrac{h}{2}$

$\qquad = \lim\limits_{h \to 0}\cos\left(x + \dfrac{h}{2}\right) \cdot \dfrac{\sin \dfrac{h}{2}}{\dfrac{h}{2}} = \cos x.$

用类似的方法,可求得$(\cos x)' = -\sin x$.

例5 求函数 $f(x) = a^x (a > 0, a \neq 1)$ 的导数.

解 $f'(x) = \lim\limits_{h \to 0} \dfrac{f(x+h) - f(x)}{h} = \lim\limits_{h \to 0} \dfrac{a^{x+h} - a^x}{h}$

$= a^x \lim\limits_{h \to 0} \dfrac{a^h - 1}{h} \underline{\ \diagup a^h - 1 = t\ } a^x \lim\limits_{t \to 0} \dfrac{t}{\log_a(1+t)}$

$= a^x \dfrac{1}{\log_a \mathrm{e}} = a^x \ln a.$

特别地有$(\mathrm{e}^x)' = \mathrm{e}^x$.

例6 求函数 $f(x) = \log_a x (a > 0, a \neq 1, x > 0)$ 的导数.

解 $f'(x) = \lim\limits_{h \to 0} \dfrac{f(x+h) - f(x)}{h} = \lim\limits_{h \to 0} \dfrac{\log_a(x+h) - \log_a x}{h}$

$= \lim\limits_{h \to 0} \dfrac{1}{h} \log_a\left(\dfrac{x+h}{x}\right) = \dfrac{1}{x} \lim\limits_{h \to 0} \dfrac{x}{h} \log_a\left(1 + \dfrac{h}{x}\right) = \dfrac{1}{x} \lim\limits_{h \to 0} \log_a\left(1 + \dfrac{h}{x}\right)^{\frac{x}{h}}$

$= \dfrac{1}{x} \log_a \mathrm{e} = \dfrac{1}{x \ln a}.$

即$(\log_a x)' = \dfrac{1}{x \ln a}$.

特殊地$(\ln x)' = \dfrac{1}{x}$.

3. 单侧导数

极限$\lim\limits_{h \to 0} \dfrac{f(x+h) - f(x)}{h}$存在的充分必要条件是:

$$\lim\limits_{h \to 0^-} \dfrac{f(x+h) - f(x)}{h} \text{ 及 } \lim\limits_{h \to 0^+} \dfrac{f(x+h) - f(x)}{h}$$

都存在且相等.

$f(x)$ 在 x_0 处的左导数:$f'_-(x_0) = \lim\limits_{h \to 0^-} \dfrac{f(x+h) - f(x)}{h}$.

$f(x)$ 在 x_0 处的右导数:$f'_+(x_0) = \lim\limits_{h \to 0^+} \dfrac{f(x+h) - f(x)}{h}$.

导数与左右导数的关系:函数 $f(x)$ 在点 x_0 处可导的充分必要条件是左右导数都存在且相等.

如果函数 $f(x)$ 在开区间(a,b)内可导,且右导数 $f'_+(a)$ 和左导数 $f'_-(b)$ 都存在,就说 $f(x)$ 有闭区间$[a,b]$上可导.

例7 求函数 $f(x) = |x|$ 在 $x = 0$ 处的导数.

解 $f'_-(0) = \lim\limits_{h \to 0^-} \dfrac{f(0+h) - f(0)}{h} = \lim\limits_{h \to 0^-} \dfrac{|h|}{h} = -1,$

$$f'_+(0) = \lim_{h \to 0^+} \frac{f(0+h) - f(0)}{h} = \lim_{h \to 0^+} \frac{|h|}{h} = 1,$$

因为 $f'_-(x_0) \neq f'_+(x_0)$，所以函数 $f(x) = |x|$ 在 $x = 0$ 处不可导.

三、导数的几何意义

函数 $y = f(x)$ 在点 x_0 处的导数 $f'(x_0)$ 在几何上表示曲线 $y = f(x)$ 在点 $M(x_0, f(x_0))$ 处的切线的斜率，即

$$f'(x_0) = \tan\alpha,$$

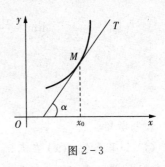

图 2-3

其中，α 是切线的倾角.

如果 $y = f(x)$ 在点 x_0 处的导数为无穷大，这时曲线 $y = f(x)$ 的割线以垂直于 x 轴的直线 $x = x_0$ 为极限位置，即曲线 $y = f(x)$ 在点 $M(x_0, f(x_0))$ 处具有垂直于 x 轴的切线 $x = x_0$，由直线的点斜式方程，可知曲线 $y = f(x)$ 在点 $M(x_0, f(x_0))$ 处的切线方程为

$$y - f(x_0) = f'(x_0)(x - x_0).$$

过切点 $M(x_0, f(x_0))$ 且与切线垂直的直线叫做曲线 $y = f(x)$ 在点 M 处的法线. 如果 $f'(x_0) \neq 0$，法线的斜率为 $-\dfrac{1}{f'(x_0)}$，从而法线方程为

$$y - f(x_0) = -\frac{1}{f'(x_0)}(x - x_0).$$

例 8　求等边双曲线 $y = \dfrac{1}{x}$ 在点 $\left(\dfrac{1}{2}, 2\right)$ 处的切线斜率，并写出在该点处的切线方程和法线方程.

解　$y' = -\dfrac{1}{x^2}$，所求切线及法线的斜率分别为

$$k_1 = \left(-\frac{1}{x^2}\right)\Big|_{x = \frac{1}{2}} = -4, \quad k_2 = -\frac{1}{k_1} = \frac{1}{4}.$$

所求切线方程为 $y - 2 = -4\left(x - \dfrac{1}{2}\right)$，即 $4x + y - 4 = 0$.

所求法线方程为 $y - 2 = \dfrac{1}{4}\left(x - \dfrac{1}{2}\right)$，即 $2x - 8y + 15 = 0$.

四、函数的可导性与连续性的关系

设函数 $y = f(x)$ 在点 x_0 处可导，即 $\lim\limits_{\Delta x \to 0} \dfrac{\Delta y}{\Delta x} = f'(x_0)$ 存在. 则

$$\lim_{\Delta x \to 0} \Delta y = \lim_{\Delta x \to 0} \frac{\Delta y}{\Delta x} \cdot \Delta x = \lim_{\Delta x \to 0} \frac{\Delta y}{\Delta x} \cdot \lim_{\Delta x \to 0} \Delta x = f'(x_0) \cdot 0 = 0.$$

这就是说,函数 $y=f(x)$ 在点 x_0 处是连续的.所以,如果函数 $y=f(x)$ 在点 x 处可导,则函数在该点必连续.

另一方面,一个函数在某点连续却不一定在该点处可导.

例 9 函数 $f(x)=\sqrt[3]{x}$ 在区间 $(-\infty,+\infty)$ 内连续,但在点 $x=0$ 处不可导.这是因为函数在点 $x=0$ 处导数为无穷大.

$$\lim_{h \to 0} \frac{f(0+h)-f(0)}{h}=\lim_{h \to 0} \frac{\sqrt[3]{h}-0}{h}=+\infty.$$

习 题 一

1.判断题.

(1) 如果函数 $f(x)$ 在点 x_0 处可导,那么 $f(x)$ 在点 x_0 处一定连续. (   )

(2) 如果函数 $f(x)$ 在点 x_0 处连续,那么 $f(x)$ 在点 x_0 处一定可导. (   )

(3) 如果函数 $f(x)$ 在点 x_0 处可导,那么 $f'(x_0)=\lim_{x \to x_0} \dfrac{f(x)-f(x_0)}{x-x_0}$. (   )

(4) 如果函数 $f(x)$ 在点 x_0 处不可导,那么 $f(x)$ 的图形在点 $(x_0,f(x_0))$ 处一定没有切线.

(   )

(5) 如果曲线 $y=f(x)$ 处处有切线,那么函数 $y=f(x)$ 一定处处可导. (   )

(6) $[f(x_0)]'=f'(x_0)(x_0$ 为 $f(x)$ 定义域上的一点). (   )

2.讨论函数 $y=|x-2|$ 在点 $x=2$ 处的连续性与可导性.

3.已知物体的运动规律为 $s=t^3(\text{m})$,求这物体在 $t=2(\text{s})$ 的瞬时速度.

4.求曲线 $y=\sin x$ 在 $x=\dfrac{2\pi}{3},x=\pi$ 处的切线斜率.

5.求曲线 $y=x^2$ 在 $x=2$ 处的切线方程和法线方程.

第二节   函数的求导法则

一、函数的和、差、积、商的求导法则

定理 1   如果函数 $u=u(x)$ 及 $v=v(x)$ 在点 x 处具有导数,那么它们的和、差、积、商(除分母为零的点外) 都在点 x 处具有导数,并且有

(1) $[u(x)\pm v(x)]'=u'(x)\pm v'(x)$;

(2) $[u(x)\cdot v(x)]'=u'(x)\cdot v(x)+u(x)\cdot v'(x)$;

(3) $\left[\dfrac{u(x)}{v(x)}\right]'=\dfrac{u'(x)\cdot v(x)-u(x)\cdot v'(x)}{v^2(x)}$.

证明略.

定理 1 中的法则(1)、(2)可推广到任意有限个可导函数的情形.例如,设 $u = u(x)$、$v = v(x)$、$w = w(x)$ 均可导,则有

$$(u \pm v \pm w)' = u' \pm v' \pm w',$$

$$(uvw)' = u'vw + uv'w + uvw'.$$

在法则(2)中,如果 $v = C$(C 为常数),则有

$$(Cu)' = Cu'.$$

例 1 $f(x) = x^3 + 4\cos x - \sin\dfrac{\pi}{2}$,求 $f'(x)$ 及 $f'\left(\dfrac{\pi}{2}\right)$.

解 $f'(x) = (x^3)' + (4\cos x)' - \left(\sin\dfrac{\pi}{2}\right)' = 3x^2 - 4\sin x,$

$$f'\left(\dfrac{\pi}{2}\right) = \dfrac{3}{4}\pi^2 - 4.$$

例 2 $y = \mathrm{e}^x(\sin x + \cos x)$,求 y'.

解 $y' = (\mathrm{e}^x)'(\sin x + \cos x) + \mathrm{e}^x (\sin x + \cos x)' = 2\mathrm{e}^x\cos x.$

例 3 $y = \tan x$,求 y'.

解 $y' = (\tan x)' = \left(\dfrac{\sin x}{\cos x}\right)' = \dfrac{(\sin x)'\cos x - \sin x(\cos x)'}{\cos^2 x}$

$$= \dfrac{\cos^2 x + \sin^2 x}{\cos^2 x} = \dfrac{1}{\cos^2 x} = \sec^2 x.$$

即 $(\tan x)' = \sec^2 x$.

用类似方法还可求得余切函数及余割函数的导数公式:

$$(\cot x)' = -\csc^2 x,$$

$$(\csc x)' = -\csc x \cot x.$$

二、反函数的求导法则

定理 2 如果函数 $x = f(y)$ 在某区间 I_y 内严格单调、可导且 $f'(y) \neq 0$,那么它的反函数 $y = f^{-1}(x)$ 在对应区间 $I_x = \{x \mid x = f(y), y \in I_y\}$ 内也可导,并且

$$\left[f^{-1}(x)\right]' = \dfrac{1}{f'(y)} \ \text{或} \ \dfrac{\mathrm{d}y}{\mathrm{d}x} = \dfrac{1}{\dfrac{\mathrm{d}x}{\mathrm{d}y}}.$$

上述结论可简单地说成:反函数的导数等于直接函数导数的倒数.

例 4 设 $x = \sin y, y \in \left[-\dfrac{\pi}{2}, \dfrac{\pi}{2}\right]$ 为直接函数,则 $y = \arcsin x$ 是它的反函数. 函数

$x = \sin y$ 在开区间 $\left(-\dfrac{\pi}{2}, \dfrac{\pi}{2} \right)$ 内严格单调、可导,且 $(\sin y)' = \cos y$.

因此,根据反函数的求导法则,在对应区间 $I_x = (-1, 1)$ 内有

$$(\arcsin x)' = \frac{1}{(\sin y)'} = \frac{1}{\cos y} = \frac{1}{\sqrt{1 - \sin^2 y}} = \frac{1}{\sqrt{1 - x^2}}.$$

类似地有:

$$(\arccos x)' = -\frac{1}{\sqrt{1 - x^2}};$$

$$(\arctan x)' = \frac{1}{(\tan y)'} = \frac{1}{\sec^2 y} = \frac{1}{1 + \tan^2 y} = \frac{1}{1 + x^2};$$

$$(\text{arccot} x)' = -\frac{1}{1 + x^2};$$

$$(\log_a x)' = \frac{1}{(a^y)'} = \frac{1}{a^y \ln a} = \frac{1}{x \ln a}.$$

到目前为止,所有基本初等函数的导数我们都求出来了,下面介绍由基本初等函数构成的较复杂的初等函数的导数如何求解.

三、复合函数的求导法则

定理 3 如果 $u = g(x)$ 在点 x 可导,函数 $y = f(u)$ 在点 $u = g(x)$ 可导,则复合函数 $y = f(g(x))$ 在点 x 可导,且其导数为

$$\frac{dy}{dx} = f'(u) \cdot g'(x) \quad \text{或} \quad \frac{dy}{dx} = \frac{dy}{du} \cdot \frac{du}{dx}.$$

证明略.

例 5 $y = e^{x^3}$,求 $\dfrac{dy}{dx}$.

解 函数 $y = e^{x^3}$ 可看做是由 $y = e^u$,$u = x^3$ 复合而成的,因此

$$\frac{dy}{dx} = \frac{dy}{du} \cdot \frac{du}{dx} = e^u \cdot 3x^2 = 3x^2 e^{x^3}.$$

例 6 $y = \sin \dfrac{2x}{1 + x^2}$,求 $\dfrac{dy}{dx}$.

解 函数 $y = \sin \dfrac{2x}{1 + x^2}$ 是由 $y = \sin u$,$u = \dfrac{2x}{1 + x^2}$ 复合而成的,因此

$$\frac{dy}{dx} = \frac{dy}{du} \cdot \frac{du}{dx} = \cos u \cdot \frac{2(1 + x^2) - (2x)^2}{(1 + x^2)^2} = \frac{2(1 - x^2)}{(1 + x^2)^2} \cdot \cos \frac{2x}{1 + x^2}.$$

对复合函数的导数比较熟练后,就不必再写出中间变量.

例 7 $y = \ln\sin x$，求$\dfrac{\mathrm{d}y}{\mathrm{d}x}$.

解 $\dfrac{\mathrm{d}y}{\mathrm{d}x} = (\ln\sin x)' = \dfrac{1}{\sin x} \cdot (\sin x)' = \dfrac{1}{\sin x} \cdot \cos x = \cot x.$

例 8 $y = \sqrt[3]{1 - 2x^2}$，求$\dfrac{\mathrm{d}y}{\mathrm{d}x}$.

解 $\dfrac{\mathrm{d}y}{\mathrm{d}x} = \left[(1 - 2x^2)^{\frac{1}{3}}\right]' = \dfrac{1}{3}(1 - 2x^2)^{-\frac{2}{3}} \cdot (1 - 2x^2)' = \dfrac{-4x}{3\sqrt[3]{(1 - 2x^2)^2}}.$

复合函数的求导法则可以推广到多个中间变量的情形. 设 $y = f(u), u = \varphi(v), v = \psi(x)$，则

$$\frac{\mathrm{d}y}{\mathrm{d}x} = \frac{\mathrm{d}y}{\mathrm{d}u} \cdot \frac{\mathrm{d}u}{\mathrm{d}x} = \frac{\mathrm{d}y}{\mathrm{d}u} \cdot \frac{\mathrm{d}u}{\mathrm{d}v} \cdot \frac{\mathrm{d}v}{\mathrm{d}x}.$$

例 9 $y = \ln\cos(\mathrm{e}^x)$，求$\dfrac{\mathrm{d}y}{\mathrm{d}x}$.

解 $\dfrac{\mathrm{d}y}{\mathrm{d}x} = \left[\ln\cos(\mathrm{e}^x)\right]' = \dfrac{1}{\cos(\mathrm{e}^x)} \cdot \left[\cos(\mathrm{e}^x)\right]'$

$\qquad = \dfrac{1}{\cos(\mathrm{e}^x)} \cdot \left[-\sin(\mathrm{e}^x)\right] \cdot (\mathrm{e}^x)' = -\mathrm{e}^x \tan(\mathrm{e}^x).$

例 10 $y = \mathrm{e}^{\sin\frac{1}{x}}$，求$\dfrac{\mathrm{d}y}{\mathrm{d}x}$.

解 $\dfrac{\mathrm{d}y}{\mathrm{d}x} = (\mathrm{e}^{\sin\frac{1}{x}})' = \mathrm{e}^{\sin\frac{1}{x}} \cdot \left(\sin\dfrac{1}{x}\right)' = \mathrm{e}^{\sin\frac{1}{x}} \cdot \cos\dfrac{1}{x} \cdot \left(\dfrac{1}{x}\right)'$

$\qquad = -\dfrac{1}{x^2} \cdot \mathrm{e}^{\sin\frac{1}{x}} \cdot \cos\dfrac{1}{x}.$

四、高阶导数

一般地，函数 $y = f(x)$ 的导数 $y' = f'(x)$ 仍然是 x 的函数. 我们把 $y' = f'(x)$ 的导数叫做函数 $y = f(x)$ 的二阶导数，记作 y''、$f''(x)$ 或$\dfrac{\mathrm{d}^2 y}{\mathrm{d}x^2}$，即 $y'' = (y')'$，$f''(x) = \left[f'(x)\right]'$，$\dfrac{\mathrm{d}^2 y}{\mathrm{d}x^2} = \dfrac{\mathrm{d}}{\mathrm{d}x}\left(\dfrac{\mathrm{d}y}{\mathrm{d}x}\right).$

相应地，把 $y = f(x)$ 的导数 $y' = f'(x)$ 叫做函数 $y = f(x)$ 的一阶导数.

类似地，二阶导数的导数叫做三阶导数，三阶导数的导数叫做四阶导数 …… 一般地，$(n - 1)$ 阶导数的导数叫做 n 阶导数，分别记作

$$y''', y^{(4)}, y^{(5)}, \cdots, y^{(n)} \text{ 或 } \frac{\mathrm{d}^3 y}{\mathrm{d}x^3}, \frac{\mathrm{d}^4 y}{\mathrm{d}x^4}, \cdots, \frac{\mathrm{d}^n y}{\mathrm{d}x^n}.$$

函数 $f(x)$ 具有 n 阶导数,也常说成函数 $f(x)$ 为 n 阶可导.如果函数 $f(x)$ 在点 x 处具有 n 阶导数,那么函数 $f(x)$ 在点 x 的某一邻域内必定具有一切低于 n 阶的导数.二阶及二阶以上的导数统称高阶导数.

例 11 求函数 $y=\ln(1+x)$ 的 n 阶导数.

解 $y'=\dfrac{1}{1+x}, y''=-\dfrac{1}{(1+x)^2}, y'''=\dfrac{2\times 1}{(1+x)^3}, y^{(4)}=-\dfrac{3\times 2\times 1}{(1+x)^4}, \cdots,$

$$y^{(n)}=(-1)^{n-1}\frac{(n-1)!}{(1+x)^n}.$$

例 12 已知函数 $f(x)=\mathrm{e}^{2x}+1$,求 $f''(0)$.

解 $f'(x)=2\mathrm{e}^{2x}, f''(x)=4\mathrm{e}^{2x}$,所以 $f''(0)=4\times \mathrm{e}^{2\times 0}=4.$

例 13 求函数 $y=\sin x$ 的 n 阶导数.

解 对函数 $y=\sin x$ 求导得:

$$y'=\cos x=\sin\left(x+\frac{\pi}{2}\right),$$

$$y''=\cos\left(x+\frac{\pi}{2}\right)=\sin\left(x+2\times\frac{\pi}{2}\right),$$

$$y'''=\cos\left(x+2\times\frac{\pi}{2}\right)=\sin\left(x+3\times\frac{\pi}{2}\right),$$

以此类推,得

$$y^{(n)}=\sin\left(x+n\times\frac{\pi}{2}\right).$$

习 题 二

1.求下列函数的导数.

(1) $y=(4-2x)^3$;　　(2) $y=\cos(x^2+\pi)$;　　(3) $y=\mathrm{e}^{-3x}$;

(4) $y=\ln(1-x)$;　　(5) $y=\sin^2 x^2$;　　(6) $y=\arcsin x^2$;

(7) $y=\arctan \mathrm{e}^x$;　　(8) $y=a^{\sqrt{x+1}}$;　　(9) $y=\dfrac{1}{\sqrt{1-x^2}}$;

(10) $y=\sqrt{x+\sqrt{x}}$;　　(11) $y=(3x+1)^2(1-x)^3$;　　(12) $y=\arccos\dfrac{1}{x}$;

(13) $y=\dfrac{2x-1}{\sqrt{x^2+1}}$;　　(14) $y=\dfrac{\sqrt{a^2+x^2}}{x}$.

2.求下列函数在指定点处的导数.

(1) $f(x)=\ln(\tan x), x=\dfrac{\pi}{6}$;

(2)$f(x)=\arcsin\dfrac{1}{x},x=-2$;

(3)$f(x)=\sqrt{1+\ln^2 x},x=\text{e}$;

(4)$f(x)=\dfrac{x^2\sqrt{x}-2x-2}{x},x=1$;

(5)$f(x)=\dfrac{3}{5-x}+\dfrac{x^2}{5},x=0$;

(6)$f(x)=\dfrac{1-\cos x}{1+\cos x},x=\dfrac{\pi}{2}$.

3.求下列函数在指定点的二阶导数.

(1)$f(x)=x\sqrt{x^2-16}$,求$f''(5)$;

(2)$f(x)=(\cos\ln x)^2$,求$f''(\text{e})$.

第三节 由隐函数、参数方程所确定的函数的导数

一、隐函数的导数

用解析法表示函数时,通常可以采用两种形式:一种是把函数y直接表示成自变量x的函数$y=f(x)$,称为显函数,例如$y=\sin x,y=\ln x+\text{e}^x$;另外一种函数$y$与自变量$x$的函数关系是由一个含$x$和$y$的方程$F(x,y)=0$所确定的,即$y$和$x$的关系隐含在方程$F(x,y)=0$中,称这种由未解出因变量的方程所确定的$y$与$x$之间的函数关系为隐函数.例如,方程$x+y^3-1=0$确定的隐函数为$y=\sqrt[3]{1-x}$.

把一个隐函数化成显函数,叫做隐函数的显化.隐函数的显化有时是有困难的,甚至是不可能的.但在实际问题中,有时需要计算隐函数的导数,因此,我们希望有一种方法,不管隐函数能否显化,都能直接由方程算出它所确定的隐函数的导数来.

例 1 求由方程$\text{e}^y+xy-\text{e}=0$所确定的隐函数y的导数.

解 把方程两边的每一项对x求导数,得

$$(\text{e}^y)'+(xy)'-(\text{e})'=(0)',$$

即

$$\text{e}^y y'+y+xy'=0,$$

从而$y'=-\dfrac{y}{x+\text{e}^y}(x+\text{e}^y\neq 0)$.

例 2 求由方程$y^5+2y-x-3x^7=0$所确定的隐函数$y=f(x)$在$x=0$处的导

数 $y'\Big|_{x=0}$.

解 把方程两边分别对 x 求导数,得

$$5y^4 \cdot y' + 2y' - 1 - 21x^6 = 0,$$

由此得

$$y' = \frac{1 + 21x^6}{5y^4 + 2}.$$

因为当 $x=0$ 时,从原方程得 $y=0$,所以

$$y'\Big|_{x=0} = \frac{1 + 21x^6}{5y^4 + 2}\Big|_{x=0} = \frac{1}{2}.$$

例 3 求椭圆 $\dfrac{x^2}{16} + \dfrac{y^2}{9} = 1$ 在 $\left(2, \dfrac{3}{2}\sqrt{3}\right)$ 处的切线方程.

解 把椭圆方程的两边分别对 x 求导,得

$$\frac{x}{8} + \frac{2}{9}y \cdot y' = 0,$$

从而

$$y' = -\frac{9x}{16y}.$$

当 $x=2$ 时,$y = \dfrac{3}{2}\sqrt{3}$,代入上式得所求切线的斜率为

$$k = y'\Big|_{x=2} = -\frac{\sqrt{3}}{4}.$$

所求的切线方程为

$$y - \frac{3}{2}\sqrt{3} = -\frac{\sqrt{3}}{4}(x - 2),\ \text{即} \sqrt{3}\,x + 4y - 8\sqrt{3} = 0.$$

例 4 求由方程 $x - y + \dfrac{1}{2}\sin y = 0$ 所确定的隐函数 y 的二阶导数.

解 方程两边对 x 求导,得

$$1 - \frac{dy}{dx} + \frac{1}{2}\cos y \cdot \frac{dy}{dx} = 0,$$

于是

$$\frac{dy}{dx} = \frac{2}{2 - \cos y}.$$

上式两边再对 x 求导,得

$$\frac{\mathrm{d}^2 y}{\mathrm{d}x^2} = \frac{-2\sin y \cdot \dfrac{\mathrm{d}y}{\mathrm{d}x}}{(2-\cos y)^2} = \frac{-4\sin y}{(2-\cos y)^3}.$$

对数求导法：这种方法是先在 $y=f(x)$ 的两边取对数，然后再求出 y 的导数.

设 $y=f(x)$，两边取对数，得

$$\ln y = \ln f(x),$$

两边对 x 求导，得

$$\frac{1}{y}y' = [\ln f(x)]',$$

$$y' = f(x)[\ln(f(x))]'.$$

对数求导法适用于求幂指函数 $y=[u(x)]^{v(x)}$ 的导数及多因子之积和商的导数.

例 5　求 $y=x^{\sin x}(x>0)$ 的导数.

解　两边取对数，得

$$\ln y = \sin x \cdot \ln x,$$

上式两边对 x 求导，得

$$\frac{1}{y}y' = \cos x \cdot \ln x + \sin x \cdot \frac{1}{x},$$

于是

$$y' = y\left(\cos x \cdot \ln x + \sin x \cdot \frac{1}{x}\right) = x^{\sin x}\left(\cos x \cdot \ln x + \frac{\sin x}{x}\right).$$

例 6　求函数 $y=\sqrt[3]{\dfrac{(x+1)(x+2)}{(x+3)(x+4)}}$ 的导数.

解　先在两边取对数，得

$$\ln y = \frac{1}{3}[\ln(x+1)+\ln(x+2)-\ln(x+3)-\ln(x+4)],$$

上式两边对 x 求导，得

$$\frac{1}{y}y' = \frac{1}{3}\left(\frac{1}{x+1}+\frac{1}{x+2}-\frac{1}{x+3}-\frac{1}{x+4}\right),$$

于是

$$y' = \frac{y}{3}\left(\frac{1}{x+1}+\frac{1}{x+2}-\frac{1}{x+3}-\frac{1}{x+4}\right).$$

二、由参数方程所确定的函数的导数

设 y 与 x 的函数关系是由参数方程 $\begin{cases} x=\varphi(t), \\ y=\psi(t) \end{cases}$ 确定的，则称此函数关系所表达的函数

为由参数方程所确定的函数.

在实际问题中,需要计算由参数方程所确定的函数的导数.但从参数方程中消去参数 t 有时会有困难.因此,我们希望有一种方法能直接由参数方程算出它所确定的函数的导数.

设 $x = \varphi(t)$ 具有单调连续反函数 $t = \varphi^{-1}(x)$,且此反函数能与函数 $y = \psi(t)$ 构成复合函数 $y = \psi[\varphi^{-1}(x)]$,若 $x = \varphi(t)$ 和 $y = \psi(t)$ 都可导,则

$$\frac{\mathrm{d}y}{\mathrm{d}x} = \frac{\mathrm{d}y}{\mathrm{d}t} \cdot \frac{\mathrm{d}t}{\mathrm{d}x} = \frac{\mathrm{d}y}{\mathrm{d}t} \cdot \frac{1}{\frac{\mathrm{d}x}{\mathrm{d}t}} = \frac{\psi'(t)}{\varphi'(t)},$$

即

$$\frac{\mathrm{d}y}{\mathrm{d}x} = \frac{\psi'(t)}{\varphi'(t)} \ \text{或} \ \frac{\mathrm{d}y}{\mathrm{d}x} = \frac{\frac{\mathrm{d}y}{\mathrm{d}t}}{\frac{\mathrm{d}x}{\mathrm{d}t}}.$$

若 $x = \varphi(t)$ 和 $y = \psi(t)$ 都可导,则 $\dfrac{\mathrm{d}y}{\mathrm{d}x} = \dfrac{\psi'(t)}{\varphi'(t)}$.

例 7 求椭圆 $\begin{cases} x = a\cos t, \\ y = b\sin t \end{cases}$ 在点 $t = \dfrac{\pi}{4}$ 处的切线方程.

解 由 $\dfrac{\mathrm{d}y}{\mathrm{d}x} = \dfrac{(b\sin t)'}{(a\cos t)'} = \dfrac{b\cos t}{-a\sin t} = -\dfrac{b}{a}\cot t$ 可得,所求切线的斜率为

$$\frac{\mathrm{d}y}{\mathrm{d}x}\Big|_{t=\frac{\pi}{4}} = -\frac{b}{a}.$$

切点的坐标为

$$x_0 = a\cos\frac{\pi}{4} = a\frac{\sqrt{2}}{2}, y_0 = b\sin\frac{\pi}{4} = b\frac{\sqrt{2}}{2}.$$

切线方程为

$$y - b\frac{\sqrt{2}}{2} = -\frac{b}{a}\left(x - a\frac{\sqrt{2}}{2}\right),$$

即 $bx + ay - \sqrt{2}ab = 0$.

例 8 抛射体运动轨迹的参数方程为 $\begin{cases} x = v_1 t, \\ y = v_2 t - \dfrac{1}{2}gt^2, \end{cases}$ 求抛射体在时刻 t 的运动速度的大小和方向.

解 先求速度的大小.速度的水平分量与铅直分量分别为

$$x'(t) = v_1, y'(t) = v_2 - gt,$$

所以抛射体在时刻 t 的运动速度的大小为

$$v = \sqrt{[x'(t)]^2 + [y'(t)]^2} = \sqrt{v_1^2 + (v_2 - gt)^2}.$$

再求速度的方向. 设 α 是切线的倾角, 则轨道的切线方向为

$$\tan\alpha = \frac{\mathrm{d}y}{\mathrm{d}x} = \frac{y'(t)}{x'(t)} = \frac{v_2 - gt}{v_1}.$$

已知 $x = \varphi(t), y = \psi(t)$, 如何求二阶导数 y''?

由 $x = \varphi(t), \dfrac{\mathrm{d}y}{\mathrm{d}x} = \dfrac{\psi'(t)}{\varphi'(t)}$, 可得

$$\frac{\mathrm{d}^2 y}{\mathrm{d}x^2} = \frac{\mathrm{d}}{\mathrm{d}x}\left(\frac{\mathrm{d}y}{\mathrm{d}x}\right) = \frac{\mathrm{d}}{\mathrm{d}t}\left(\frac{\psi'(t)}{\varphi'(t)}\right)\frac{\mathrm{d}t}{\mathrm{d}x} = \frac{\psi''(t)\varphi'(t) - \psi'(t)\varphi''(t)}{\varphi'^2(t)} \cdot \frac{1}{\varphi'(t)}$$

$$= \frac{\psi''(t)\varphi'(t) - \psi'(t)\varphi''(t)}{\varphi'^3(t)}.$$

例 9　计算由摆线的参数方程 $\begin{cases} x = a(t - \sin t), \\ y = a(1 - \cos t) \end{cases}$ 所确定的函数 $y = f(x)$ 的二阶导数.

解　$\dfrac{\mathrm{d}y}{\mathrm{d}x} = \dfrac{y'(t)}{x'(t)} = \dfrac{[a(1 - \cos t)]'}{[a(t - \sin t)]'} = \dfrac{a\sin t}{a(1 - \cos t)}$

$$= \frac{\sin t}{1 - \cos t} = \cot\frac{t}{2} \quad (t \neq 2n\pi, n \in Z).$$

$$\frac{\mathrm{d}^2 y}{\mathrm{d}x^2} = \frac{\mathrm{d}}{\mathrm{d}x}\left(\frac{\mathrm{d}y}{\mathrm{d}x}\right) = \frac{\mathrm{d}}{\mathrm{d}t}\left(\cot\frac{t}{2}\right) \cdot \frac{\mathrm{d}t}{\mathrm{d}x}$$

$$= -\frac{1}{2\sin^2\frac{t}{2}} \cdot \frac{1}{a(1 - \cos t)} = -\frac{1}{a(1 - \cos t)^2} \quad (t \neq 2n\pi, n \in Z).$$

习　题　三

1. 求下列隐函数的导数.

(1) $x^3 - y^3 - x - y + xy = 0$;　　　　(2) $\arctan\dfrac{y}{x} = \ln(x^2 + y^2)$;

(3) $\sqrt{x} + \sqrt{y} = \sqrt{a}$ (常数 $a > 0$);　　(4) $xy = \mathrm{e}^{x+y}$;

(5) $x = y + \arcsin y$;　　　　　　　　(6) $\sin(xy) = x + y$.

2. 用对数求导法求下列函数的导数.

(1) $y = x^{2x} + (2x)^x$;　　　　　　　(2) $y = \sqrt{x\sin x\sqrt{1 - \mathrm{e}^x}}$;

(3) $y = \sqrt[3]{\dfrac{x(x^2 + 1)}{(x^2 - 1)^2}}, (x > 1)$;　　(4) $y = (\cos x)^{\sin x}$.

3. 求下列参数方程所确定的函数的导数.

$(1) \begin{cases} x = t(1 - \sin t), \\ y = t\cos t; \end{cases}$ $\qquad$ $(2) \begin{cases} x = 1 - t^2, \\ y = t - t^3; \end{cases}$

$(3) \begin{cases} x = 2e^t, \\ y = e^{-t}; \end{cases}$ $\qquad$ $(4) \begin{cases} x = \sin t, \\ y = t; \end{cases}$

$(5) \begin{cases} x = \cos^3 t, \\ y = \sin^3 t. \end{cases}$

4. 求椭圆 $\dfrac{x^2}{9} + \dfrac{y^2}{4} = 1$ 在点 $\left(1, \dfrac{4}{3}\sqrt{2}\right)$ 处的切线方程.

5. 求下列隐函数和参数方程所确定的函数的二阶导数.

$(1) y = 1 + xe^y;$ $\qquad$ $(2) x^2 - y + y^3 = 1;$

$(3) \begin{cases} x = 1 - t^2, \\ y = t - t^3; \end{cases}$ $\qquad$ $(4) \begin{cases} x = \ln(1 + t^2), \\ y = t - \arctan t. \end{cases}$

第四节 多元函数的偏导数

一、偏导数

1. 函数的增量

对于二元函数 $z = f(x, y)$,在区域 D 内的点 (x_0, y_0) 处,函数增量的形式有三种(记 $\Delta x = x - x_0$,$\Delta y = y - y_0$),即

$$f(x_0 + \Delta x, y_0) - f(x_0, y_0),$$

$$f(x_0, y_0 + \Delta y) - f(x_0, y_0),$$

$$f(x_0 + \Delta x, y_0 + \Delta y) - f(x_0, y_0).$$

前两种都是一个变量变化而引起的函数值的变化,称为函数的偏增量,分别记为 $\Delta_x z$,$\Delta_y z$;第三种是两个变量变化引起的函数变化,称之为函数的全增量,记为 Δz.

2. 偏导数

定义 1 设函数 $z = f(x, y)$ 在点 (x_0, y_0) 的某邻域内有定义,若极限

$$\lim_{\Delta x \to 0} \frac{\Delta_x z}{\Delta x} = \lim_{\Delta x \to 0} \frac{f(x_0 + \Delta x, y_0) - f(x_0, y_0)}{\Delta x}$$

存在,则称此极限为函数 $z = f(x, y)$ 在点 (x_0, y_0) 处对 x 的偏导数,记作

$$f'_x(x_0, y_0) \quad \text{或} \quad \frac{\partial z}{\partial x}\bigg|_{(x_0, y_0)} \quad \text{或} \quad z'_x\bigg|_{(x_0, y_0)}.$$

同理，若

$$\lim_{\Delta y \to 0} \frac{\Delta_y z}{\Delta y} = \lim_{\Delta y \to 0} \frac{f(x_0, y_0 + \Delta y) - f(x_0, y_0)}{\Delta y}$$

存在，则称此极限为函数 $z = f(x, y)$ 在点 (x_0, y_0) 处对 y 的偏导数，记作

$$f'_y(x_0, y_0) \quad \text{或} \quad \frac{\partial z}{\partial y}\bigg|_{(x_0, y_0)} \quad \text{或} \quad z'_y\bigg|_{(x_0, y_0)}.$$

如果函数 $z = f(x, y)$ 在区域 D 内每一点 (x, y) 处对 x 的偏导数都存在，那么这个偏导数就是 x、y 的函数，称之为函数 $z = f(x, y)$ 对自变量 x 的偏导函数，记作

$$\frac{\partial z}{\partial x}, \frac{\partial f}{\partial x}, z'_x, f'_x(x, y).$$

类似地，可以定义函数 $z = f(x, y)$ 对自变量 y 的偏导函数，记作

$$\frac{\partial z}{\partial y}, \frac{\partial f}{\partial y}, z'_y, f'_y(x, y).$$

3. 偏导数的计算

(1) 多元函数偏导数求法：在求多元函数对某个自变量的偏导数时，只需要把其余自变量看成常数，然后直接利用一元函数的求导法则及复合函数的求导法则来计算即可.

(2) 多元函数在某点处偏导数求法：

$$\frac{\partial z}{\partial x}\bigg|_{(x_0, y_0)} = \frac{\mathrm{d}}{\mathrm{d}x} f(x, y_0)\bigg|_{x = x_0}; \quad \frac{\partial z}{\partial y}\bigg|_{(x_0, y_0)} = \frac{\mathrm{d}}{\mathrm{d}y} f(x_0, y)\bigg|_{y = y_0}.$$

或先求偏导数，然后求在 (x_0, y_0) 处函数值.

偏导数的概念可推广到三元及三元以上函数，如 $u = f(x, y, z)$ 的偏导数：

$$f'_x(x, y, z) = \lim_{\Delta x \to 0} \frac{f(x + \Delta x, y, z) - f(x, y, z)}{\Delta x},$$

$$f'_y(x, y, z) = \lim_{\Delta y \to 0} \frac{f(x, y + \Delta y, z) - f(x, y, z)}{\Delta y},$$

$$f'_z(x, y, z) = \lim_{\Delta z \to 0} \frac{f(x, y, z + \Delta z) - f(x, y, z)}{\Delta z}.$$

例 1 求函数 $z = x^2 + 3xy + y^2$ 在点 $(1, 2)$ 处的偏导数.

解 首先求 $f'_x(1, 2)$，先将 $y = 2$ 代入函数中得

$$f(x,2) = x^2 + 6x + 4,$$

于是 $f'_x(1,2) = f'(x,2)\mid_{x=1} = (x^2 + 6x + 4)'\mid_{x=1} = (2x + 6)\mid_{x=1} = 8;$

同理,$f'_y(1,2) = f'(1,y)\mid_{y=2} = (y^2 + 3y + 1)'\mid_{y=2} = (2y + 3)\mid_{y=2} = 7.$

例 2　求三元函数 $u = \sin(x + y^2 - e^z)$ 的偏导数.

解　把 y、z 看成常数,对 x 求导,得

$$\frac{\partial u}{\partial x} = \cos(x + y^2 - e^z);$$

把 x、z 看成常数,对 y 求导,得

$$\frac{\partial u}{\partial y} = 2y\cos(x + y^2 - e^z);$$

把 x、y 看成常数,对 z 求导,得

$$\frac{\partial u}{\partial z} = -e^z\cos(x + y^2 - e^z).$$

关于多元函数偏导数,有几点说明:

① 偏导数 $\dfrac{\partial u}{\partial x}$ 是一个整体记号,不能拆分;

② 求分界点、不连续点处的偏导数时,要用定义求解.

例 3　设 $z = f(x,y) = \sqrt{\mid xy \mid}$,求 $f'_x(0,0), f'_y(0,0).$

解　$f'_x(0,0) = \lim\limits_{x \to 0} \dfrac{\sqrt{\mid x \cdot 0 \mid} - 0}{x} = 0$,同理 $f'_y(0,0) = 0.$

(3) 偏导数存在与连续的关系:在一元函数中,函数若在某点 x_0 处可导,则函数必在该点 x_0 处连续;但是在多元函数中,若多元函数在某点 (x_0,y_0) 处偏导数存在,函数不一定在点 (x_0,y_0) 连续.

例如,函数 $f(x,y) = \begin{cases} \dfrac{xy}{x^2 + y^2}, & x^2 + y^2 \neq 0, \\[2mm] 0, & x^2 + y^2 = 0, \end{cases}$ 根据定义可知在 $(0,0)$ 处,有

$$f'_x(0,0) = \lim\limits_{x \to 0} \frac{f(x,0) - f(0,0)}{x} = 0,$$

同理

$$f'_y(0,0) = f'_x(0,0) = 0.$$

但函数在该点处并不连续,故偏导数存在不能得到连续.

二、偏导数的几何意义

$f'_x(x_0,y_0)$ 表示曲面 $z=f(x,y)$ 与平面 $y=y_0$ 的截线在点 $(x_0,y_0,f(x_0,y_0))$ 处的切线关于 x 轴的斜率;$f'_y(x_0,y_0)$ 表示曲面 $z=f(x,y)$ 与平面 $x=x_0$ 的截线在点 $(x_0,y_0,f(x_0,y_0))$ 处的切线关于 y 轴的斜率(参见图 2-4 所示).

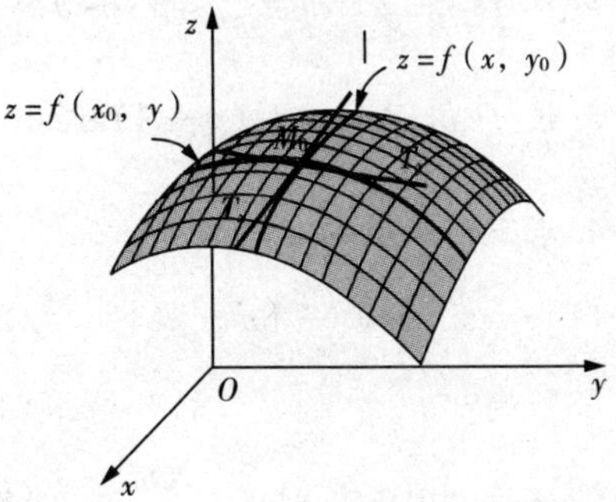

图 2-4

三、高阶偏导数

设 $z=f(x,y)$ 的偏导数 $f'_x(x,y)$ 和 $f'_y(x,y)$,那么它们的偏导数就称为 $z=f(x,y)$ 的二阶偏导数,共有四种:

$$\frac{\partial}{\partial x}\left(\frac{\partial z}{\partial x}\right)=\frac{\partial^2 z}{\partial x^2}=f''_{xx}(x,y);\qquad \frac{\partial}{\partial y}\left(\frac{\partial z}{\partial x}\right)=\frac{\partial^2 z}{\partial x\partial y}=f''_{xy}(x,y);$$

$$\frac{\partial}{\partial x}\left(\frac{\partial z}{\partial y}\right)=\frac{\partial^2 z}{\partial y\partial x}=f''_{yx}(x,y);\qquad \frac{\partial}{\partial y}\left(\frac{\partial z}{\partial y}\right)=\frac{\partial^2 z}{\partial y^2}=f''_{yy}(x,y).$$

若 $\dfrac{\partial^2 z}{\partial x\partial y}$,$\dfrac{\partial^2 z}{\partial y\partial x}$ 在 (x,y) 处连续,则 $\dfrac{\partial^2 z}{\partial x\partial y}=\dfrac{\partial^2 z}{\partial y\partial x}$,也就是说在这种情况下混合偏导数与求导的次序无关.

例 4 设 $z=x^3y^2-3xy^3-xy+1$,求 $\dfrac{\partial^2 z}{\partial x^2}$、$\dfrac{\partial^2 z}{\partial y\partial x}$、$\dfrac{\partial^2 z}{\partial x\partial y}$、$\dfrac{\partial^2 z}{\partial y^2}$ 及 $\dfrac{\partial^3 z}{\partial x^3}$.

解 因为 $\dfrac{\partial z}{\partial x}=3x^2y^2-3y^3-y,\dfrac{\partial z}{\partial y}=2x^3y-9xy^2-x$,则

$$\frac{\partial^2 z}{\partial x^2}=6xy^2,\frac{\partial^3 z}{\partial x^3}=6y^2,\frac{\partial^2 z}{\partial y^2}=2x^3-18xy,\frac{\partial^2 z}{\partial x\partial y}=6x^2y-9y^2-1,\frac{\partial^2 z}{\partial y\partial x}=6x^2y-9y^2-1.$$

类似地,可以讨论二元函数的三阶及 n 阶偏导数.

习 题 四

1.求下列函数的偏导数.

(1)$z=xy+\dfrac{x}{y}$;　　　　(2)$z=x^2\ln(x^2+y^2)$;　　　　(3)$z=(1+xy)^y$;

(4)$z=xe^{-xy}$;　　　　(5)$z=\arctan\dfrac{y}{x}$;　　　　(6)$s=\dfrac{u^2+v^2}{uv}$;

(7)$z=\sqrt{\ln(xy)}$;　　　　(8)$z=\sin(xy)+\cos^2(xy)$;　　　　(9)$z=\ln\tan\dfrac{x}{y}$;

(10)$u=x^{\frac{y}{z}}$;　　　　(11)$u=\arctan(x-y)^z$.

2. 设 $f(x,y)=x^2 y^2-2y$, 求 $f_x(2,3)$.

3. 设 $f(x,y)=x+(y-1)\arcsin\sqrt{\dfrac{x}{y}}$, 求 $f_x(x,1)$.

4. 求下列函数的二阶偏导数.

(1) $z=x^4+y^4-4x^2 y^2$; 　　　　(2) $z=4x^3+3x^2 y-3xy^2-x+y$;

(3) $z=y^x$; 　　　　(4) $z=\sin^2(ax+by)$;

(5) $z=x\ln(x+y)$; 　　　　(6) $z=x\sin(x+y)+y\cos(x+y)$.

第五节　　多元复合函数的求导法则

现在要将一元函数中复合函数的求导法则推广到多元复合函数的情形. 多元复合函数求导法则在多元函数微分学中起到重要作用.

下面按照多元复合函数不同的复合情形, 分三种情形讨论.

1. 复合函数的中间变量均为一元函数的情形

定理 1　如果函数 $u=\varphi(t)$ 及 $v=\psi(t)$ 都在点 t 可导, 函数 $z=f(u,v)$ 在对应点 (u,v) 具有连续偏导数, 则复合函数 $z=f[\varphi(t),\psi(t)]$ 在点 t 可导, 且有

$$\frac{\mathrm{d}z}{\mathrm{d}t}=\frac{\partial z}{\partial u}\cdot\frac{\mathrm{d}u}{\mathrm{d}t}+\frac{\partial z}{\partial v}\cdot\frac{\mathrm{d}v}{\mathrm{d}t}.$$

其结构图如图 2-5 所示.

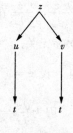

图 2-5

推广: 设 $z=f(u,v,w)$, $u=\varphi(t)$, $v=\psi(t)$, $w=\omega(t)$, 则 $z=f[\varphi(t),\psi(t),\omega(t)]$ 对 t 的导数为

$$\frac{\mathrm{d}z}{\mathrm{d}t}=\frac{\partial z}{\partial u}\frac{\mathrm{d}u}{\mathrm{d}t}+\frac{\partial z}{\partial v}\frac{\mathrm{d}v}{\mathrm{d}t}+\frac{\partial z}{\partial w}\frac{\mathrm{d}w}{\mathrm{d}t}.$$

上述 $\dfrac{\mathrm{d}z}{\mathrm{d}t}$ 称为全导数.

例 1　设 $z=uv+\sin t$, 而 $u=\mathrm{e}^t$, $v=\cos t$, 求全导数 $\dfrac{\mathrm{d}z}{\mathrm{d}t}$.

解　$\dfrac{\mathrm{d}z}{\mathrm{d}t}=\dfrac{\partial z}{\partial u}\cdot\dfrac{\mathrm{d}u}{\mathrm{d}t}+\dfrac{\partial z}{\partial v}\cdot\dfrac{\mathrm{d}v}{\mathrm{d}t}+\dfrac{\partial z}{\partial t}$

　　　$=v\mathrm{e}^t-u\sin t+\cos t=\mathrm{e}^t\cos t-\mathrm{e}^t\sin t+\cos t$

　　　$=\mathrm{e}^t(\cos t-\sin t)+\cos t.$

例 2　设 $z = \mathrm{e}^{x-2y}$，而 $x = \sin t, y = t^3$，求 $\dfrac{\mathrm{d}z}{\mathrm{d}t}$.

解　$\dfrac{\mathrm{d}z}{\mathrm{d}t} = \dfrac{\partial z}{\partial x} \cdot \dfrac{\mathrm{d}x}{\mathrm{d}t} + \dfrac{\partial z}{\partial y} \cdot \dfrac{\mathrm{d}y}{\mathrm{d}t}$

$$= \mathrm{e}^{x-2y} \cdot \cos t - 2\mathrm{e}^{x-2y} \cdot 3t^2 = \mathrm{e}^{x-2y}(\cos t - 6t^2).$$

2. 复合函数的中间变量均为多元函数的情形

定理 2　如果函数 $u = \varphi(x, y), v = \psi(x, y)$ 都在点 (x, y) 具有对 x 及 y 的偏导数，函数 $z = f(u, v)$ 在对应点 (u, v) 具有连续偏导数，则复合函数 $z = f(\varphi(x, y), \psi(x, y))$ 在点 (x, y) 的两个偏导数存在，且有

$$\frac{\partial z}{\partial x} = \frac{\partial z}{\partial u} \cdot \frac{\partial u}{\partial x} + \frac{\partial z}{\partial v} \cdot \frac{\partial v}{\partial x}, \frac{\partial z}{\partial y} = \frac{\partial z}{\partial u} \cdot \frac{\partial u}{\partial y} + \frac{\partial z}{\partial v} \cdot \frac{\partial v}{\partial y}.$$

其结构图如图 2-6 所示.

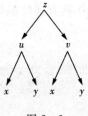

图 2-6

推广：设 $z = f(u, v, w), u = \varphi(x, y), v = \psi(x, y), w = \omega(x, y)$，则

$$\frac{\partial z}{\partial x} = \frac{\partial z}{\partial u} \cdot \frac{\partial u}{\partial x} + \frac{\partial z}{\partial v} \cdot \frac{\partial v}{\partial x} + \frac{\partial z}{\partial w} \cdot \frac{\partial w}{\partial x},$$

$$\frac{\partial z}{\partial y} = \frac{\partial z}{\partial u} \cdot \frac{\partial u}{\partial y} + \frac{\partial z}{\partial v} \cdot \frac{\partial v}{\partial y} + \frac{\partial z}{\partial w} \cdot \frac{\partial w}{\partial y}.$$

例 3　设 $z = [\sin(x - y)]\mathrm{e}^{x+y}$，求 $\dfrac{\partial z}{\partial x}, \dfrac{\partial z}{\partial y}$.

解　设 $u = x + y, v = x - y$，则 $z = \mathrm{e}^u \sin v$. 因为

$$\frac{\partial z}{\partial u} = \mathrm{e}^u \sin v, \frac{\partial z}{\partial v} = \mathrm{e}^u \cos v, \frac{\partial u}{\partial x} = 1, \frac{\partial u}{\partial y} = 1, \frac{\partial v}{\partial x} = 1, \frac{\partial v}{\partial y} = -1,$$

故得

$$\frac{\partial z}{\partial x} = \mathrm{e}^u \sin v \cdot 1 + \mathrm{e}^u \cos v \cdot 1 = [\sin(x - y) + \cos(x - y)]\mathrm{e}^{x+y}.$$

$$\frac{\partial z}{\partial y} = \mathrm{e}^u \sin v \cdot 1 + \mathrm{e}^u \cos v \cdot (-1) = [\sin(x - y) - \cos(x - y)]\mathrm{e}^{x+y}$$

$$= \mathrm{e}^u \sin v \cdot x + \mathrm{e}^u \cos v \cdot 1 = \mathrm{e}^u(x \sin v + \cos v).$$

例4 设 $z = u^2 \ln v, u = \dfrac{x}{y}, v = 3x - 2y$，求 $\dfrac{\partial z}{\partial x}, \dfrac{\partial z}{\partial y}$.

解
$$\frac{\partial z}{\partial x} = \frac{\partial z}{\partial u} \cdot \frac{\partial u}{\partial x} + \frac{\partial z}{\partial v} \cdot \frac{\partial v}{\partial x} = (2u\ln v)\left(\frac{1}{y}\right) + \frac{u^2}{v} \cdot 3$$

$$= \frac{2x}{y^2}\ln(3x - 2y) + \frac{3x^2}{(3x - 2y)y^2},$$

$$\frac{\partial z}{\partial y} = \frac{\partial z}{\partial u} \cdot \frac{\partial u}{\partial y} + \frac{\partial z}{\partial v} \cdot \frac{\partial v}{\partial y} = (2u\ln v) \cdot \left(-\frac{x}{y^2}\right) + \frac{u^2}{v} \cdot (-2)$$

$$= -\frac{2x^2}{y^3} \cdot \ln(3x - 2y) - \frac{2x^2}{(3x - 2y)y^2}.$$

3. 复合函数的中间变量既有一元函数，又有多元函数的情形

定理3 如果函数 $u = \varphi(x, y)$ 在点 (x, y) 具有对 x 及对 y 的偏导数，函数 $v = \psi(y)$ 在点 y 可导，函数 $z = f(u, v)$ 在对应点 (u, v) 具有连续偏导数，则复合函数 $z = f[\varphi(x, y), \psi(y)]$ 在点 (x, y) 的两个偏导数存在，且有

$$\frac{\partial z}{\partial x} = \frac{\partial z}{\partial u} \cdot \frac{\partial u}{\partial x}, \frac{\partial z}{\partial y} = \frac{\partial z}{\partial u} \cdot \frac{\partial u}{\partial y} + \frac{\partial z}{\partial v} \cdot \frac{\mathrm{d}v}{\mathrm{d}y}.$$

其结构图如图 2-7 所示.

例5 设 $z = \arcsin uv, u = x\mathrm{e}^y, v = y^2$，求 $\dfrac{\partial z}{\partial x}, \dfrac{\partial z}{\partial y}$.

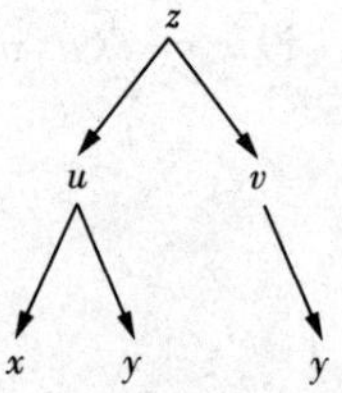

解
$$\frac{\partial z}{\partial x} = \frac{\partial z}{\partial u} \cdot \frac{\partial u}{\partial x} = \frac{v}{\sqrt{1 - u^2 v^2}}\mathrm{e}^y = \frac{y^2}{\sqrt{1 - x^2 y^4 \mathrm{e}^{2y}}}\mathrm{e}^y,$$

$$\frac{\partial z}{\partial y} = \frac{\partial z}{\partial u} \cdot \frac{\partial u}{\partial y} + \frac{\partial z}{\partial v} \cdot \frac{\mathrm{d}v}{\mathrm{d}y}$$

图 2-7

$$= \frac{v}{\sqrt{1 - u^2 v^2}} \cdot x\mathrm{e}^y + \frac{u}{\sqrt{1 - u^2 v^2}} \cdot 2y$$

$$= \frac{(y + 2)xy\mathrm{e}^y}{\sqrt{1 - x^2 y^4 \mathrm{e}^{2y}}}.$$

例6 设 $u = \mathrm{e}^{x^2 + y^2 + z^2}, z = x^2 \sin y$，求 $\dfrac{\partial u}{\partial x}, \dfrac{\partial u}{\partial y}$.

解
$$\frac{\partial u}{\partial x} = \frac{\partial u}{\partial x} + \frac{\partial u}{\partial z} \cdot \frac{\partial z}{\partial x} = 2x \cdot \mathrm{e}^{x^2 + y^2 + z^2} + 2z \cdot \mathrm{e}^{x^2 + y^2 + z^2} \cdot 2x\sin y$$

$$= \mathrm{e}^{x^2 + y^2 + z^2} \cdot (2x + 4xz\sin y) = \mathrm{e}^{x^2 + y^2 + x^2 \sin^2 y} \cdot (2x + 4x^3 \sin^2 y),$$

$$\frac{\partial u}{\partial y} = \frac{\partial u}{\partial y} + \frac{\partial u}{\partial z} \cdot \frac{\partial z}{\partial y} = 2y \cdot e^{x^2+y^2+z^2} + 2z \cdot e^{x^2+y^2+z^2} \cdot x^2 \cos y$$

$$= 2(y + x \sin y \cos y)e^{x^2+y^2+x^4 \sin^2 y}.$$

上述三个定理,可以推广到一般多元函数的求偏导数,步骤如下:

(1) 写出多元函数的链式结构,分清变量之间的关系;

(2) 链式法则:分段用乘,分叉用加,单路全导,叉路偏导.

习 题 五

1.计算下列各题.

(1) 设 $z = u^2 + v^2$,而 $u = x + y, v = x - y$,求 $\dfrac{\partial z}{\partial x}, \dfrac{\partial z}{\partial y}$;

(2) 设 $z = u^2 \ln v$,而 $u = \dfrac{x}{y}, v = 3x - 2y$,求 $\dfrac{\partial z}{\partial x}, \dfrac{\partial z}{\partial y}$;

(3) 设 $z = e^{x-2y}$,而 $x = \cos t, y = t^2$,求 $\dfrac{dz}{dt}$;

(4) 设 $z = \arctan(xy)$,而 $x = 2t, y = 3t^2$,求 $\dfrac{dz}{dt}$;

(5) 设 $z = \arctan(xy)$,而 $x = e^y$,求 $\dfrac{dz}{dy}$.

2.求下列各函数对 x, y 的偏导数 $\dfrac{\partial z}{\partial x}, \dfrac{\partial z}{\partial y}$.

(1) $z = \sqrt{x^2 + y^2}$;   (2) $z = e^{\arctan \frac{y}{x}}$;   (3) $z = \sqrt{\ln(xy)}$;

(4) $z = \ln \tan \dfrac{x}{y}$;   (5) $z = (1 + xy)^y$;   (6) $z = \sin(xy) - \cos^2(xy)$.

第六节   函数的微分

一、一元微分的定义

1.函数增量的计算及增量的构成

引例   一块正方形金属薄片受温度变化的影响,其边长由 x_0 变到 $x_0 + \Delta x$,问此薄片的面积改变了多少?

设此正方形的边长为 x,面积为 A,则 A 是 x 的函数:$A=x^2$.金属薄片的面积改变量为

$$\Delta A = (x_0 + \Delta x)^2 - (x_0)^2 = 2\Delta x x_0 - (\Delta x)^2.$$

几何意义:$2x_0\Delta x$ 表示两个长为 x_0,宽为 Δx 的长方形面积;$(\Delta x)^2$ 表示边长为 Δx 的正方形的面积.

数学意义:当 $\Delta x \to 0$ 时,$(\Delta x)^2$ 是比 Δx 高阶的无穷小,即 $(\Delta x)^2 = o(\Delta x)$;$2x_0\Delta x$ 是 Δx 的线性函数,是 ΔA 的主要部分,可以近似地代替 ΔA.

定义 1   设函数 $y=f(x)$ 在某区间内有定义,x_0 及 $x_0 + \Delta x$ 在该区间内,如果函数的增量 $\Delta y = f(x_0 + \Delta x) - f(x_0)$ 可表示为

$$\Delta y = A\Delta x + o(\Delta x),$$

其中 A 是不依赖于 Δx 的常数,那么称函数 $y=f(x)$ 在点 x_0 处是可微的,而 $A\Delta x$ 叫做函数 $y=f(x)$ 在点 x_0 相应于自变量增量 Δx 的微分,记作 $\mathrm{d}y$,即

$$\mathrm{d}y = A\Delta x.$$

函数可微的条件:函数 $f(x)$ 在点 x_0 可微的充分必要条件是函数 $f(x)$ 在点 x_0 可导,且当函数 $f(x)$ 在点 x_0 可微时,其微分一定是

$$\mathrm{d}y = f'(x_0)\Delta x.$$

结论:在 $f'(x_0) \neq 0$ 的条件下,以微分 $\mathrm{d}y = f'(x_0)\Delta x$ 近似代替增量 $\Delta y = f(x_0 + \Delta x) - f(x_0)$ 时,其误差为 $o(\Delta x)$.因此,在 $|\Delta x|$ 很小时,有近似等式

$$\Delta y \approx \mathrm{d}y.$$

函数 $y=f(x)$ 在任意点 x 的微分,称为函数的微分,记作 $\mathrm{d}y$ 或 $\mathrm{d}f(x)$,即

$$\mathrm{d}y = f'(x)\Delta x.$$

例 1   求函数 $y=x^2$ 在 $x=1$ 和 $x=3$ 处的微分.

解   函数 $y=x^2$ 在 $x=1$ 处的微分为

$$\mathrm{d}y = (x^2)'\Big|_{x=1} \Delta x = 2\Delta x;$$

函数 $y=x^2$ 在 $x=3$ 处的微分为

$$\mathrm{d}y = (x^2)'\Big|_{x=3} \Delta x = 6\Delta x.$$

例 2   求函数 $y=x^3$ 在 $x=2,\Delta x=0.02$ 时的微分.

解   先求函数在任意点 x 的微分

$$\mathrm{d}y = (x^3)'\Delta x = 3x^2\Delta x,$$

再求函数在 $x=2,\Delta x=0.02$ 时的微分

$$\mathrm{d}y\Big|_{x=2,\Delta x=0.02}=3x^2\Big|_{x=2,\Delta x=0.02}=0.24.$$

2. 微分的几何意义

下面通过几何图形来说明函数的微分与导数及函数的增量之间的关系(参见图 2-8 所示).

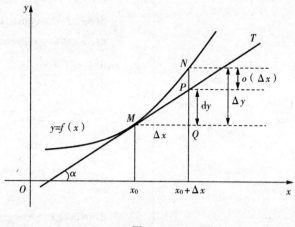

图 2-8

设函数 $y=f(x)$ 在点 x_0 处可微,即有

$$\mathrm{d}y=f'(x_0)\Delta x.$$

在直角坐标系中,函数 $y=f(x)$ 的图形是一条曲线,对应于 $x=x_0$,曲线上有一个确定的点 $M(x_0,y_0)$;对应于 $x=x_0+\Delta x$,曲线上有另一点 $N(x_0+\Delta x,y_0+\Delta y)$,由图 2-8 可以看出

$$MQ=\Delta x;QN=\Delta y.$$

再过点 M 作曲线的切线 MT,它的倾角为 α,在直角 $\triangle MQP$ 中,

$$QP=MQ\tan\alpha=\Delta xf'(x_0)=\mathrm{d}y.$$

比较 QN 与 QP 可知,当 $|\Delta x|$ 很小时,由于在点 M 的邻近处,切线与曲线十分接近,$|\Delta y-\mathrm{d}y|=|PN|$ 很小.因此,从几何上看,用 $\mathrm{d}y$ 近似代替 Δy,就是在点 $M(x_0,y_0)$ 的附近利用切线段 MP 近似代替曲线弧 MN.

3. 基本初等函数的微分公式与微分运算法则

从函数的微分的表达式

$$\mathrm{d}y=f'(x)\mathrm{d}x$$

可以看出,要计算函数的微分,只需计算函数的导数,再乘以自变量的微分即可.因此,可得如表 2-1、表 2-2 所示的微分公式和微分运算法则.

表 2 - 1

导数公式	微分公式
$(x^\mu)' = \mu x^{\mu-1}$（μ 为任意实数）	$\mathrm{d}(x^\mu) = \mu x^{\mu-1}\mathrm{d}x$（$\mu$ 为任意实数）
$(\sin x)' = \cos x$	$\mathrm{d}(\sin x) = \cos x \mathrm{d}x$
$(\cos x)' = -\sin x$	$\mathrm{d}(\cos x) = -\sin x \mathrm{d}x$
$(\tan x)' = \sec^2 x$	$\mathrm{d}(\tan x) = \sec^2 x \mathrm{d}x$
$(\cot x)' = -\csc^2 x$	$\mathrm{d}(\cot x) = -\csc^2 x \mathrm{d}x$
$(\sec x)' = \sec x \tan x$	$\mathrm{d}(\sec x) = \sec \tan x \mathrm{d}x$
$(\csc x)' = -\csc x \cot x$	$\mathrm{d}(\csc x) = -\csc x \cot x \mathrm{d}x$
$(a^x)' = a^x \ln a$	$\mathrm{d}(a^x) = a^x \ln a \mathrm{d}x$
$(\mathrm{e}^x)' = \mathrm{e}^x$	$\mathrm{d}(\mathrm{e}^x) = \mathrm{e}^x \mathrm{d}x$
$(\log_a x)' = \dfrac{1}{x \ln a}$	$\mathrm{d}(\log_a x) = \dfrac{1}{x \ln a}\mathrm{d}x$
$(\ln x)' = \dfrac{1}{x}$	$\mathrm{d}(\ln x) = \dfrac{1}{x}\mathrm{d}x$
$(\arcsin x)' = \dfrac{1}{\sqrt{1-x^2}}$	$\mathrm{d}(\arcsin x) = \dfrac{1}{\sqrt{1-x^2}}\mathrm{d}x$
$(\arccos x)' = -\dfrac{1}{\sqrt{1-x^2}}$	$\mathrm{d}(\arccos x) = -\dfrac{1}{\sqrt{1-x^2}}\mathrm{d}x$
$(\arctan x)' = \dfrac{1}{1+x^2}$	$\mathrm{d}(\arctan x) = \dfrac{1}{1+x^2}\mathrm{d}x$
$(\text{arccot} x)' = -\dfrac{1}{1+x^2}$	$\mathrm{d}(\text{arccot} x) = -\dfrac{1}{1+x^2}\mathrm{d}x$

表 2 - 2

函数的和、差、积、商的求导法则	函数的和、差、积、商的微分法则
$(u \pm v)' = u' \pm v'$	$\mathrm{d}(u \pm v) = \mathrm{d}u \pm \mathrm{d}v$
$(Cu)' = Cu'$（C 为常数）	$\mathrm{d}(Cu) = C\mathrm{d}u$（$C$ 为常数）
$(uv)' = u'v + uv'$	$\mathrm{d}(uv) = v\mathrm{d}u + u\mathrm{d}v$
$\left(\dfrac{u}{v}\right)' = \dfrac{u'v - uv'}{v^2}$	$\mathrm{d}\left(\dfrac{u}{v}\right) = \dfrac{v\mathrm{d}u - u\mathrm{d}v}{v^2}$

复合函数的微分法则：设 $y = f(u)$ 及 $u = \varphi(x)$ 都可导，则复合函数 $y = f[\varphi(x)]$ 的微分为

$$\mathrm{d}y = y_x' \mathrm{d}x = f'(u)\varphi'(x)\mathrm{d}x.$$

由 $\varphi'(x)\mathrm{d}x = \mathrm{d}u$，复合函数 $y = f[\varphi(x)]$ 的微分公式也可以写成

$$\mathrm{d}y = f'(u)\mathrm{d}u \ \text{或} \ \mathrm{d}y = y_u'\mathrm{d}u.$$

由此可见，无论 u 是自变量还是另一个变量的可微函数，微分形式 $\mathrm{d}y = f'(u)\mathrm{d}u$ 保持不

变.这一性质称为微分形式不变性.该性质表明,当变换自变量时,微分形式 $dy = f'(u)du$ 并不改变.

例 3 $y = \sin(2x+1)$,求 dy.

解 把 $2x+1$ 看成中间变量 u,则

$$dy = d(\sin u) = \cos u du = \cos(2x+1)d(2x+1)$$

$$= \cos(2x+1) \cdot 2dx = 2\cos(2x+1)dx.$$

在求复合函数的导数时,可以不写出中间变量.

例 4 $y = \ln(1 + e^{x^2})$,求 dy.

解 $dy = d\ln(1 + e^{x^2}) = \dfrac{1}{1+e^{x^2}}d(1+e^{x^2}) = \dfrac{1}{1+e^{x^2}} \cdot e^{x^2}d(x^2)$

$$= \frac{1}{1+e^{x^2}} \cdot e^{x^2} \cdot 2xdx = \frac{2xe^{x^2}}{1+e^{x^2}}dx.$$

例 5 $y = e^{1-3x}\cos x$,求 dy.

解 应用积的微分法则,得

$$dy = d(e^{1-3x}\cos x) = \cos x d(e^{1-3x}) + e^{1-3x}d(\cos x)$$

$$= e^{1-3x}\cos x(-3dx) + e^{1-3x}(-\sin x dx)$$

$$= -e^{1-3x}(3\cos x + \sin x)dx.$$

二、二元函数全微分的定义

根据一元函数微分学中增量与微分的关系,有偏增量与偏微分:

$$f(x+\Delta x, y) - f(x,y) \approx f_x(x,y)\Delta x$$

其中,$f(x+\Delta x, y) - f(x,y)$ 为函数对 x 的偏增量,$f_x(x,y)\Delta x$ 为函数对 x 的偏微分;

$$f(x, y+\Delta y) - f(x,y) \approx f_y(x,y)\Delta y$$

其中,$f(x,y+\Delta y) - f(x,y)$ 为函数对 y 的偏增量,$f_y(x,y)\Delta y$ 为函数对 y 的偏微分.

全增量表示为

$$\Delta z = f(x+\Delta x, y+\Delta y) - f(x,y).$$

计算全增量比较复杂,我们希望用 $\Delta x, \Delta y$ 的线性函数来近似代替之.

定义 2 如果函数 $z = f(x,y)$ 在点 (x,y) 的全增量

$$\Delta z = f(x+\Delta x, y+\Delta y) - f(x,y)$$

可表示为

$$\Delta z = A\Delta x + B\Delta y + o(\rho) \quad (\rho = \sqrt{(\Delta x)^2 + (\Delta y)^2}),$$

其中，A、B 不依赖于 Δx、Δy 而仅与 x、y 有关，则称函数 $z = f(x,y)$ 在点 (x,y) 可微分，而称 $A\Delta x + B\Delta y$ 为函数 $z = f(x,y)$ 在点 (x,y) 的全微分，记作 $\mathrm{d}z$，即

$$\mathrm{d}z = A\Delta x + B\Delta y.$$

如果函数在区域 D 内各点处都可微分，那么称该函数在 D 内可微分．

可微与连续：可微必连续，但偏导数存在不一定连续．这是因为，如果 $z = f(x,y)$ 在点 (x,y) 可微，则

$$\Delta z = f(x + \Delta x, y + \Delta y) - f(x,y) = A\Delta x + B\Delta y + o(\rho),$$

于是，有 $\lim\limits_{\rho \to 0} \Delta z = 0$，从而

$$\lim_{(\Delta x, \Delta y) \to (0,0)} f(x + \Delta x, y + \Delta y) = \lim_{\rho \to 0}[f(x,y) + \Delta z] = f(x,y).$$

因此函数 $z = f(x,y)$ 在点 (x,y) 处连续．

定理 1 （必要条件）如果函数 $z = f(x,y)$ 在点 (x,y) 可微，则函数在该点的偏导数 $\dfrac{\partial z}{\partial x}$、$\dfrac{\partial z}{\partial y}$ 必定存在，且函数 $z = f(x,y)$ 在点 (x,y) 的全微分为

$$\mathrm{d}z = \frac{\partial z}{\partial x}\Delta x + \frac{\partial z}{\partial y}\Delta y.$$

二元函数的全微分等于它的两个偏微分之和，称为二元函数的微分符合叠加原理．叠加原理也适用于二元以上的函数，例如函数 $u = f(x,y,z)$ 的全微分为

$$\mathrm{d}u = \frac{\partial u}{\partial x}\mathrm{d}x + \frac{\partial u}{\partial y}\mathrm{d}y + \frac{\partial u}{\partial z}\mathrm{d}z.$$

例 6 计算函数 $z = x^2 y + y^2$ 的全微分．

解 因为 $\dfrac{\partial z}{\partial x} = 2xy$，$\dfrac{\partial z}{\partial y} = x^2 + 2y$，所以 $\mathrm{d}z = 2xy\,\mathrm{d}x + (x^2 + 2y)\mathrm{d}y$．

例 7 计算函数 $z = \mathrm{e}^{xy}$ 在点 $(2,1)$ 处的全微分．

解 因为 $\dfrac{\partial z}{\partial x} = y\mathrm{e}^{xy}$，$\dfrac{\partial z}{\partial y} = x\mathrm{e}^{xy}$，$\dfrac{\partial z}{\partial x}\Big|_{\substack{x=2 \\ y=1}} = \mathrm{e}^2$，$\dfrac{\partial z}{\partial y}\Big|_{\substack{x=2 \\ y=1}} = 2\mathrm{e}^2$，所以 $\mathrm{d}z = \mathrm{e}^2\mathrm{d}x + 2\mathrm{e}^2\mathrm{d}y$．

例 8 计算函数 $u = x + \sin\dfrac{y}{2} + \mathrm{e}^{yz}$ 的全微分．

解 因为 $\dfrac{\partial u}{\partial x} = 1$，$\dfrac{\partial u}{\partial y} = \dfrac{1}{2}\cos\dfrac{y}{2} + z\mathrm{e}^{yz}$，$\dfrac{\partial u}{\partial z} = y\mathrm{e}^{yz}$，所以

$$\mathrm{d}u = \mathrm{d}x + \left(\frac{1}{2}\cos\frac{y}{2} + z\mathrm{e}^{yz}\right)\mathrm{d}y + y\mathrm{e}^{yz}\mathrm{d}z.$$

三、微分的应用

1. 函数的近似计算

在工程问题中，经常会遇到一些复杂的计算公式．如果直接用这些公式进行计算，是很

费力的.利用微分往往可以把一些复杂的计算公式改用简单的近似公式来代替.

如果函数 $y=f(x)$ 在点 x_0 处的导数 $f'(x)\neq 0$,且 $|\Delta x|$ 很小时,有

$$\Delta y\approx \mathrm{d}y=f'(x_0)\Delta x,$$

$$\Delta y=f(x_0+\Delta x)-f(x_0)\approx \mathrm{d}y=f'(x_0)\Delta x,$$

$$f(x_0+\Delta x)\approx f(x_0)+f'(x_0)\Delta x.$$

若令 $x=x_0+\Delta x$,即 $\Delta x=x-x_0$,那么又有

$$f(x)\approx f(x_0)+f'(x_0)(x-x_0).$$

类似地,二元函数 $z=f(x,y)$ 在点 $P(x,y)$ 的两个偏导数 $f_x(x,y)$,$f_y(x,y)$ 连续,并且 $|\Delta x|$,$|\Delta y|$ 都较小时,有近似等式

$$\Delta z\approx \mathrm{d}z=f_x(x,y)\Delta x+f_y(x,y)\Delta y,$$

即

$$f(x+\Delta x,y+\Delta y)\approx f(x,y)+f_x(x,y)\Delta x+f_y(x,y)\Delta y.$$

我们可以利用上述近似等式对二元函数作近似计算.

例9 有一批半径为 1cm 的球,为了提高球面的光洁度,要镀上一层铜,厚度定为 0.01cm.试估计一下每只球需用铜多少克(铜的密度是 $8.9\mathrm{g/cm^3}$).

解 已知球体体积为 $V=\dfrac{4}{3}\pi R^3$,$R_0=1\mathrm{cm}$,$\Delta R=0.01\mathrm{cm}$.

镀层的体积为

$$\Delta V=V(R_0+\Delta R)-V(R_0)\approx V'(R_0)\Delta R=4\pi R_0^2\cdot \Delta R=0.13.$$

于是镀每只球需用的铜约为

$$0.13\times 8.9=1.16(\mathrm{g}).$$

例10 利用微分计算 $\sin 30°30'$ 的近似值.

解 已知 $30°30'=\dfrac{\pi}{6}+\dfrac{\pi}{360}$,$x_0=\dfrac{\pi}{6}$,$\Delta x=\dfrac{\pi}{360}$.

$$\sin 30°30'=\sin(x_0+\Delta x)\approx \sin x_0+\Delta x\cos x_0$$

$$=\sin\frac{\pi}{6}+\cos\frac{\pi}{6}\cdot \frac{\pi}{360}=\frac{1}{2}+\frac{\sqrt{3}}{2}\cdot \frac{\pi}{360}=0.5076.$$

即

$$\sin 30°30'\approx 0.5076.$$

常用的近似公式(假定 $|x|$ 是较小的数值)如下:

(1) $\sqrt[n]{1+x}\approx 1+\dfrac{1}{n}x$;

(2)$\sin x \approx x$(x 用弧度作单位来表达);

(3)$\tan x \approx x$(x 用弧度作单位来表达);

(4)$e^x \approx 1+x$;

(5)$\ln(1+x) \approx x$.

例 11 计算$(1.02)^{2.03}$ 的近似值.

解 设函数 $f(x,y)=x^y$. 显然,要计算的值就是函数在 $x=1.02, y=2.03$ 时的函数值 $f(1.02, 2.03)$. 取 $x=1, y=2, \Delta x=0.02, \Delta y=0.03$. 由于

$$f(x+\Delta x, y+\Delta y) \approx f(x,y) + f_x(x,y)\Delta x + f_y(x,y)\Delta y$$
$$= x^y + yx^{y-1}\Delta x + x^y \ln x \Delta y,$$

所以

$$(1.02)^{2.03} \approx 1^2 + 2 \times 1^{2-1} \times 0.02 + 1^2 \times \ln 1 \times 0.03 = 1.04.$$

2. 误差估计

在生产实践中,经常要测量各种数据. 但是有的数据不易直接测量,这时我们可以通过测量其他有关数据,根据某种公式算出所要的数据. 由于测量仪器的精度、测量的条件和测量的方法等各种因素的影响,测得的数据往往带有误差,而根据带有误差的数据计算所得的结果也会有误差,我们将这种误差叫做间接测量误差.

下面就讨论怎样用微分来估计间接测量误差.

设数量 y 是由公式 $y=f(x)$ 来计算的. 如果 x 的真值不知道,只知道它具有一定误差 $(\Delta x = x-x_0)$ 的近似值 x_0,这时近似求出 y 的数值就有误差 Δy:

$$\Delta y = y - y_0 = f(x) - f(x_0). \tag{2-2}$$

因为 x 的真值我们不知道,所以 $f(x)$ 也不知道,用上式就不能计算出 Δy 来.

假定 x 与 x_0 相差很小,因而它们的函数值 $f(x)$ 与 $f(x_0)$ 也相差很小. 这个差值就是函数 y 的增量 Δy,它对应自变量的微小增量 $\Delta x = x-x_0$,利用微分的几何解释,有近似等式

$$\Delta y = y - y_0 \approx f'(x_0)\Delta x. \tag{2-3}$$

这样,在一定条件下,我们就可以用公式(2-3)来代替公式(2-2),从而求出函数的误差. 但在一般情形下,误差 Δx 的准确值实际上是不知道的,可能只知道它的绝对值不超过某个正数 δ_x,即 $|\Delta x| \leqslant \delta_x$. 因此函数误差的绝对值也不超过某个正数 $|f'(x_0)| \cdot \delta_x$,即

$$|\Delta y| \leqslant |f'(x_0)| \cdot \delta_x = \delta_y. \tag{2-4}$$

我们称 δ_x 为自变量 x 的绝对误差,δ_y 为函数 y 的绝对误差,分别记 $x=x_0 \pm \delta_x$ 和 $y=y_0 \pm \delta_y$.

绝对误差与近似值之比 $\dfrac{\delta_x}{x_0}$ 和 $\dfrac{\delta_y}{y_0}$ 叫做相对误差. 而由(2-4)式得函数的相对误差为

$$\frac{\delta_y}{y_0} = \left| \frac{f'(x_0)}{f(x_0)} \right| \delta_x. \tag{2-5}$$

再把微分与绝对误差相对照,显然可以知道微分 $dy = f'(x_0)dx$,就立刻写出绝对误差 $\delta_y = |f'(x_0)|\delta_x$ 来,同时也可以写出相对误差.

在实际工作中,某个量的精确值往往是无法知道的,于是绝对误差和相对误差也就无法求得.但是根据测量仪器的精度等因素,有时能够确定误差在某一个范围内.如果某个量的精确值是 A,测得它的近似值是 α,又知道它的误差不超过 δ_A,即 $|A - \alpha| \leqslant \delta_A$,则 δ_A 叫做测量 A 的绝对误差限(简称绝对误差),$\dfrac{\delta_A}{|a|}$ 叫做测量 A 的相对误差限(简称相对误差).

例 12 设测得圆钢截面的直径 $D = 60.03\,\text{mm}$,测量 D 的绝对误差限 $\delta_D = 0.05$.利用公式 $A = \dfrac{\pi}{4}D^2$ 计算圆钢的截面积时,试估计面积的误差.

解 因为 $\Delta A \approx dA = A' \cdot \Delta D = \dfrac{\pi}{2}D \cdot \Delta D$,$|\Delta A| \approx |dA| = \dfrac{\pi}{2}D \cdot |\Delta D| \leqslant \dfrac{\pi}{2}D \cdot \delta_D$.

已知 $D = 60.03$,$\delta_D = 0.05$,所以

$$\delta_A = \frac{\pi}{2}D \cdot \delta_D = \frac{\pi}{2} \times 60.03 \times 0.05 = 4.715(\text{mm}^2);$$

$$\frac{\delta_A}{A} = \frac{\dfrac{\pi}{2}D \cdot \delta_D}{\dfrac{\pi}{4}D^2} = 2 \cdot \frac{\delta_D}{D} = 2 \times \frac{0.05}{60.03} \approx 0.17\%.$$

对于多元函数,也有类似于全微分的误差公式.设数量 z 是由公式 $z = f(x, y)$ 计算的,而 x, y 的真值不知道,只知道它们的近似值 x_0, y_0,这些近似值分别有误差 $\Delta x = x - x_0$,$\Delta y = y - y_0$.这时求得 z 的近似值就有误差 Δz:

$$\Delta z = z - z_0 = f(x, y) - f(x_0, y_0). \tag{2-6}$$

我们知道,Δz 实际上是对应于自变量的增量 Δx、Δy 的函数增量,当 Δx、Δy 很小时,Δz 也很小,并且适合下列近似等式:

$$\Delta z \approx f'_x(x_0, y_0)\Delta x + f'_y(x_0, y_0)\Delta y. \tag{2-7}$$

在多数情况下,误差 Δx、Δy 的准确值也是不知道的,考虑到最不利因素,它们的绝对值分别不超过正数 δ_x、δ_y,即 $|\Delta x| \leqslant \delta_x$、$|\Delta y| \leqslant \delta_y$,因而 Δz 的绝对值也不超过某个正数 δ_z,即

$$|\Delta z| \leqslant |f'_x(x_0, y_0)|\delta_x + |f'_y(x_0, y_0)|\delta_y = \delta_z.$$

我们称 δ_x、δ_y 分别为自变量 x、y 的绝对误差,δ_z 为函数 z 的绝对误差.

绝对误差与近似值之比 $\dfrac{\delta_x}{x_0}$、$\dfrac{\delta_y}{y_0}$、$\dfrac{\delta_z}{z_0}$ 叫做相对误差,而由上式得函数的相对误差为

$$\frac{\delta_z}{z_0} = \left|\frac{f'_x(x_0, y_0)}{f(x_0, y_0)}\right|\delta_x + \left|\frac{f'_y(x_0, y_0)}{f(x_0, y_0)}\right|\delta_y.$$

把全微分与绝对误差对照,显然,知道了全微分 $\mathrm{d}z = f'_x(x_0, y_0)\mathrm{d}x + f'_y(x_0, y_0)\mathrm{d}y$,就可以立刻写出绝对误差 $\mid f'_x(x_0, y_0) \mid \delta_x + \mid f'_y(x_0, y_0) \mid \delta_y = \delta_z$,同时也可以写出相对误差.这为进行误差估计提供了方便.

一般地,由 n 元函数 $u = f(x_1, x_2, \cdots, x_n)$ 的全微分

$$\mathrm{d}u = \frac{\partial u}{\partial x_1}\mathrm{d}x_1 + \frac{\partial u}{\partial x_2}\mathrm{d}x_2 + \cdots + \frac{\partial u}{\partial x_n}\mathrm{d}x_n$$

可以写出函数的绝对误差

$$\delta_u = \left| \frac{\partial u}{\partial x_1} \right| \delta_{x_1} + \left| \frac{\partial u}{\partial x_2} \right| \delta_{x_2} + \cdots + \left| \frac{\partial u}{\partial x_n} \right| \delta_{x_n}$$

和相对误差

$$\frac{\delta_u}{u} = \left| \frac{u'_{x_1}}{u} \right| \delta_{x_1} + \left| \frac{u'_{x_2}}{u} \right| \delta_{x_2} + \cdots + \left| \frac{u'_{x_n}}{u} \right| \delta_{x_n}.$$

例 13 计算三角形的面积,并估计其误差,今测得边长 $x = 120.45\mathrm{m}(\pm 5\mathrm{cm})$,$y = 100.12\mathrm{m}(\pm 4\mathrm{cm})$,角 $\alpha = 30°(\pm 30'')$.

解 由三角形的面积公式,得

$$S = \frac{1}{2}xy\sin\alpha = \frac{1}{2} \times 120.45 \times 100.12 \times \sin 30°$$

$$= 3014.86.$$

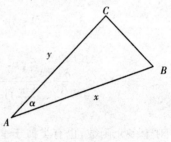

图 2-8

利用三角形面积的全微分

$$\mathrm{d}S = \frac{1}{2}y\sin\alpha\,\mathrm{d}x + \frac{1}{2}y\sin\alpha\,\mathrm{d}y + \frac{1}{2}xy\cos\alpha\,\mathrm{d}\alpha,$$

得到结果的绝对误差

$$\delta_S = \frac{1}{2}y\sin\alpha\delta_x + \frac{1}{2}y\sin\alpha\delta_y + \frac{1}{2}xy\cos\alpha\delta_\alpha.$$

为了便于计算,先求出相对误差,上式两边同时除以 $S = \frac{1}{2}xy\sin\alpha$,得到

$$\frac{\delta_S}{S} = \frac{\delta_x}{x} + \frac{\delta_y}{y} + \cot\alpha \cdot \delta_\alpha = \frac{0.05}{120.45} + \frac{0.04}{100.12} + \cot 30° \frac{30''}{30°}$$

$$= 0.00042 + 0.00040 + 0.00025 \approx 0.0011$$

从而求得

$$\delta_S = 3014.86 \times 0.0011 = 3.3(\mathrm{m}^2).$$

习　题　六

1. 已知函数 $y = x^3 - x$，在 $x = 2$ 时，计算当 Δx 分别等于 0.1、0.01 时的 Δy 和 dy.

2. 求下列函数的微分.

(1) $y = (2x^2 - 1)^3$；　　　　(2) $y = \ln\sin\sqrt{x}$；　　　　(3) $y = x^2 e^{2x}$；

(4) $y = \dfrac{1}{x} + 2\sqrt{x}$；　　　　(5) $y^2 + \ln y = x^4$；　　　　(6) $y = \dfrac{x^2 + 1}{x + 1}$；

(7) $y = \tan x + x\sec x$；　　　(8) $y = \cos\sqrt{x}$；　　　　(9) $z = xy + \dfrac{x}{y}$；

(10) $z = \sin(x^2 + y)$；　　　(11) $f(x, y) = \dfrac{y}{\sqrt{x^2 + y^2}}$；　　(12) $f(x, y, z) = x^{yz}$；

(13) $u = x^{y^2}$；　　　　　(14) $z = a^y - \sqrt{a^2 - x^2 - y^2}\ (a > 0)$；

(15) $u = \left(\dfrac{x}{y}\right)^z$；　　　　(16) $z = e^{ax^2 + by^2}\ (a, b\ 为常数)$.

3. 将适当的函数填入下列括号内，使等式成立.

(1) $d(\qquad) = 3x\,dx$；　　　　(2) $d(\qquad) = \cos x\,dx$；

(3) $d(\qquad) = \sin\omega x\,dx$；　　(4) $d(\qquad) = e^{-2x}\,dx$

(5) $d(\qquad) = \dfrac{1}{1 + x}\,dx$；　　(6) $d(\qquad) = \dfrac{1}{\sqrt{x}}\,dx$；

(7) $d(\qquad) = \sec^2 3x\,dx$.

4. 求下列各函数值的近似值.

(1) $e^{1.01}$；　　(2) $\sqrt[3]{1.02}$；　　(3) $\cos 151°$；　　(4) $\ln 0.98$.

5. 水管壁的正截面是一个圆环，设它的内径为 r，壁厚为 h，利用微分计算这个圆环面积的近似值（h 很小）.

6. 半径为 15cm 的球，半径伸长 2mm，球的体积约增大多少？

7. 求底半径为 r，高为 h 的圆锥体积及其绝对误差限和相对误差限. 其中，$r = (15 \pm 0.02)\text{cm}$，$h = (19.1 \pm 0.05)\text{cm}$，$\pi = 3.14$.

8. 设 $z = z(x, y)$ 由方程 $yz + x^2 + z = 0$ 所确定，求 dz.

9. 设 $z=z(x,y)$ 由 $e^{-xy}+2z-e^z=2$ 所确定,求 $dz\Big|_{\substack{x=2\\y=-\frac{1}{2}}}$.

10. 求函数 $z=\ln(1+x^2+y^2)$ 在 $x=1,y=2$ 时的全微分.

11. 求函数 $u=z^4-3xz+x^2+y^2$ 在点 $(1,1,1)$ 处的全微分.

12. 求函数 $z=\dfrac{y}{x}$ 在 $x=2,y=1,\Delta x=0.1,\Delta y=-0.2$ 时的全增量和全微分.

第三章　导数的应用

我们已经研究了导数的概念及求导法则,本章将利用导数来研究函数的某些性态.所介绍的微分中值定理是利用导数研究函数在区间上整体性质的有力工具.

第一节　洛必达法则

一、洛必达法则

当 $x \rightarrow x_0$ 时,如果两个函数 $f(x)$ 与 $F(x)$ 都趋于零或都趋于无穷大,那么极限 $\lim\limits_{\substack{x \rightarrow x_0 \\ (x \rightarrow \infty)}}$

$\dfrac{f(x)}{F(x)}$ 可能存在也有可能不存在,通常把这种极限叫做未定型,并且简记为 $\dfrac{0}{0}$ 或 $\dfrac{\infty}{\infty}$. 对于这类未定型,即使它的极限存在,也不能使用商的极限等于极限的商这一法则来做,为此,我们介绍一种新的专门求未定型极限的方法,这就是洛必达法则.

条件:

(1) $\lim\limits_{x \rightarrow x_0} f(x) = 0$, $\lim\limits_{x \rightarrow x_0} F(x) = 0$ ($\lim\limits_{x \rightarrow x_0} f(x) = \infty$ 或者 $\lim\limits_{x \rightarrow x_0} F(x) = \infty$);

(2) $f(x)$、$F(x)$ 在 x_0 的某一邻域内可导,且 $F'(x) \neq 0$;

(3) $\lim\limits_{x \rightarrow x_0} \dfrac{f'(x)}{F'(x)}$ 存在或为无穷大.

结论: $\lim\limits_{x \rightarrow x_0} \dfrac{f(x)}{F(x)} = \lim\limits_{x \rightarrow x_0} \dfrac{f'(x)}{F'(x)}$.

证明略.

注: (1) 如果 $f'(x)$, $F'(x)$ 仍然满足相应的条件,则有

$$\lim_{x \rightarrow x_0} \frac{f(x)}{F(x)} = \lim_{x \rightarrow x_0} \frac{f'(x)}{F'(x)} = \lim_{x \rightarrow x_0} \frac{f''(x)}{F''(x)},$$

且可以依此类推到有限次.

(2) 对于 $x \rightarrow \infty$ 时的未定型,有相应的洛必达法则.

几点注意:

(1) 每次使用洛必达法则前必须检验是否属于 $\dfrac{0}{0}$ 或 $\dfrac{\infty}{\infty}$ 型的条件;

(2) 随时化简,并注意同其他求极限方法并用,特别要灵活应用乘积的求极限方法;

(3) 当某一点 $\lim \dfrac{f^{(k)}(x)}{F^{(k)}(x)}$ 不存在(不包含 ∞) 或循环时,此法则失效.

例 1　求 $\lim\limits_{x\to 0}\dfrac{e^x - e^{-x}}{x}$.

解　原式 $= \lim\limits_{x\to 0}\dfrac{(e^x - e^{-x})'}{x'} = \lim\limits_{x\to 0}\dfrac{e^x + e^{-x}}{1} = 2$.

例 2　求 $\lim\limits_{x\to 1}\dfrac{x^3 - 3x + 2}{x^3 - x^2 - x + 1}$.

解　原式 $= \lim\limits_{x\to 1}\dfrac{(x^3 - 3x + 2)'}{(x^3 - x^2 - x + 1)'} = \lim\limits_{x\to 1}\dfrac{3x^2 - 3}{3x^2 - 2x - 1} = \lim\limits_{x\to 1}\dfrac{6x}{6x - 2} = \dfrac{3}{2}$.

例 3　求 $\lim\limits_{x\to 0}\dfrac{\tan x - x}{\sin x - x}$.

解　原式 $= \lim\limits_{x\to 0}\dfrac{\sec^2 x - 1}{\cos x - 1} = -\lim\limits_{x\to 0}\dfrac{\tan^2 x}{1 - \cos x}$

$$= -\lim\limits_{x\to 0}\dfrac{\tan^2 x}{\dfrac{x^2}{2}} = -\lim\limits_{x\to 0}\dfrac{x^2}{\dfrac{x^2}{2}} = -2.$$

注:用等价无穷小替代分子或分母往往会使问题简化.

例 4　求 $\lim\limits_{x\to 0^+}\dfrac{e^{-\frac{1}{x}}}{x}$.

解　原式 $= \lim\limits_{x\to 0^+}\dfrac{\dfrac{1}{x}}{e^{\frac{1}{x}}}$,令 $\dfrac{1}{x} = t$,得 $\lim\limits_{t\to +\infty}\dfrac{t}{e^t} = \lim\limits_{t\to +\infty}\dfrac{1}{e^t} = 0$.

注:此极限若不加变形,直接用洛必达法则将求不出来.

例 5　求 $\lim\limits_{x\to +\infty}\dfrac{\ln x}{x}$.

解　原式 $= \lim\limits_{x\to +\infty}\dfrac{(\ln x)'}{(x)'} = \lim\limits_{x\to +\infty}\dfrac{\dfrac{1}{x}}{1} = \lim\limits_{x\to +\infty}\dfrac{1}{x} = 0$.

例 6　求 $\lim\limits_{x\to +\infty}\dfrac{\ln x}{e^x}$.

解　原式 $= \lim\limits_{x\to +\infty}\dfrac{(\ln x)'}{(e^x)'} = \lim\limits_{x\to +\infty}\dfrac{\dfrac{1}{x}}{e^x} = \lim\limits_{x\to +\infty}\dfrac{1}{xe^x} = 0$.

例 7　求 $\lim\limits_{x\to 0}\dfrac{x^2\sin\dfrac{1}{x}}{\sin x}$.

解　因为 $\lim\limits_{x\to 0}\dfrac{\left(x^2\cdot\sin\dfrac{1}{x}\right)'}{(\sin x)'} = \lim\limits_{x\to 0}\dfrac{2x\cdot\sin\dfrac{1}{x} - \cos\dfrac{1}{x}}{\cos x}$ 不存在,所以不能用洛必达法则.

事实上,原式 $= \lim\limits_{x\to 0}\dfrac{x^2\cdot\sin\dfrac{1}{x}}{x} = \lim\limits_{x\to 0}\left(x\cdot\sin\dfrac{1}{x}\right) = 0$.

二、其他类型未定式的极限

1. $0 \cdot \infty$ 型（可转化为 $\dfrac{\infty}{\frac{1}{0}}$ 或 $\dfrac{0}{\frac{1}{\infty}}$）.

2. $\infty - \infty$ 型（一般是通分化为 $\dfrac{0}{0}$ 型）.

3. $0^0, \infty^0, 1^\infty$ 型（方法是取对数化为 $0 \cdot \infty$ 型，进而化为 $\dfrac{0}{0}$ 或 $\dfrac{\infty}{\infty}$ 型）.

例 8　求极限 $\lim\limits_{x \to 0^+} (\cot x)^{\frac{1}{\ln x}}$.

解　令原式 $= \mathrm{e}^{\lim\limits_{x \to 0^+} \frac{\ln \cot x}{\ln x}} = \mathrm{e}^{\lim\limits_{x \to 0^+} \frac{-x \csc^2 x}{\cot x}} = \mathrm{e}^{\lim\limits_{x \to 0^+} \frac{-x}{\sin x \cos x}} = \mathrm{e}^{-1}$.

例 9　求极限 $\lim\limits_{x \to \infty} \left(\dfrac{x+1}{x-1}\right)^x$.

解　令原式 $= \mathrm{e}^{\lim\limits_{x \to \infty} x \ln \frac{x+1}{x-1}} = \mathrm{e}^{\lim\limits_{x \to \infty} \frac{\ln \frac{x+1}{x-1}}{\frac{1}{x}}} = \mathrm{e}^{\lim\limits_{x \to \infty} \frac{\frac{1}{x+1} - \frac{1}{x-1}}{-\frac{1}{x^2}}} = \mathrm{e}^{\lim\limits_{x \to \infty} \frac{2x^2}{x^2-1}} = \mathrm{e}^2$.

例 10　求 $\lim\limits_{x \to 1} \left(\dfrac{1}{\ln x} - \dfrac{1}{x-1}\right)$.

解　原式 $= \lim\limits_{x \to 1} \dfrac{x - 1 - \ln x}{(x-1)\ln x} = \lim\limits_{x \to 1} \dfrac{1 - \frac{1}{x}}{\ln x + \frac{x-1}{x}} = \lim\limits_{x \to 1} \dfrac{\frac{1}{x^2}}{\frac{1}{x} + \frac{1}{x^2}} = \dfrac{1}{2}$.

例 11　求 $\lim\limits_{x \to 0^+} (\tan x)^{\sin x}$.

解　原式 $= \mathrm{e}^{\lim\limits_{x \to 0^+} \sin x \ln \tan x} = \mathrm{e}^{\lim\limits_{x \to 0^+} \frac{\ln \tan x}{\csc x}} = \mathrm{e}^{\lim\limits_{x \to 0^+} \frac{\sec^2 x / \tan x}{-\csc x \cot x}} = \mathrm{e}^{-\lim\limits_{x \to 0^+} \frac{\sin x}{\cos^2 x}} = \mathrm{e}^0 = 1$.

例 12　求 $\lim\limits_{x \to \frac{\pi}{2}} \tan^2 x \ln \sin x$.

解　原式 $= \lim\limits_{x \to \frac{\pi}{2}} \dfrac{\ln \sin x}{\cot^2 x} = \lim\limits_{x \to \frac{\pi}{2}} \dfrac{\cot x}{-2 \cot x \csc^2 x} = -\dfrac{1}{2} \lim\limits_{x \to \frac{\pi}{2}} \sin^2 x = -\dfrac{1}{2}$.

习　题　一

1. 用洛必达法则求下列极限.

(1) $\lim\limits_{x \to 0} \dfrac{\mathrm{e}^x - \mathrm{e}^{-x}}{\sin x}$;

(2) $\lim\limits_{x \to \frac{\pi}{2}} \dfrac{\ln \sin x}{(\pi - 2x)^2}$;

(3) $\lim\limits_{x \to +\infty} \dfrac{\ln\left(1 + \frac{1}{x}\right)}{\operatorname{arccot} x}$;

(4) $\lim\limits_{x \to 0^+} \dfrac{\ln \tan 7x}{\ln \tan 2x}$;

(5) $\lim\limits_{x \to 1} \dfrac{x^3 - 1 + \ln x}{\mathrm{e}^x - \mathrm{e}}$;

(6) $\lim\limits_{x \to 0} \dfrac{\tan x - x}{x - \sin x}$;

(7) $\lim\limits_{x \to 0} \dfrac{\ln(1 + x^2)}{\sin^2 x}$;

(8) $\lim\limits_{x \to 0} \left(\dfrac{\sin x}{x}\right)^{\frac{1}{x^2}}$;

(9) $\lim\limits_{x \to a} \dfrac{x^m - a^m}{x^n - a^n}$;

(10) $\lim\limits_{x \to \frac{\pi}{2}} \dfrac{\tan x}{\tan 3x}$;

(11) $\lim\limits_{x \to \frac{\pi}{2}^+} \dfrac{\ln\left(x - \dfrac{\pi}{2}\right)}{\tan x}$;

(12) $\lim\limits_{x \to 0} \dfrac{x - \arcsin x}{\sin^3 x}$;

(13) $\lim\limits_{x \to 0} x \cot 2x$;

(14) $\lim\limits_{x \to 0} x^2 \mathrm{e}^{\frac{1}{x^2}}$;

(15) $\lim\limits_{x \to 0} \left(\dfrac{1}{x} - \dfrac{1}{\mathrm{e}^x - 1}\right)$;

(16) $\lim\limits_{x \to 1} (1 - x) \tan \dfrac{\pi}{2x}$;

(17) $\lim\limits_{x \to -\infty} x \left(\dfrac{\pi}{2} + \arctan x\right)$;

(18) $\lim\limits_{x \to -1} \left(\dfrac{1}{x + 1} - \dfrac{1}{\ln(x + 2)}\right)$;

(19) $\lim\limits_{x \to \infty} \left(1 + \dfrac{a}{x}\right)^x$;

(20) $\lim\limits_{x \to 0^+} x^{\sin x}$;

(21) $\lim\limits_{x \to 0^+} \left(\dfrac{1}{x}\right)^{\tan x}$;

(22) $\lim\limits_{x \to 0^+} \left(\ln \dfrac{1}{x}\right)^x$;

(23) $\lim\limits_{x \to 0} (\sin x + \mathrm{e}^x)^{\frac{1}{x}}$.

第二节　利用导数研究函数的基本特性

一、函数单调性的判定法

如果函数 $y = f(x)$ 在 $[a,b]$ 上单调增加(单调减少),那么它的图形是一条沿 x 轴正向上升(下降)的曲线.这时曲线的各点处的切线斜率是非负的(是非正的),即 $y' = f'(x) \geqslant 0 (y' = f'(x) \leqslant 0)$.由此可见,函数的单调性与导数的符号有着密切的关系.

反过来,能否用导数的符号来判定函数的单调性呢?

定理 1　(函数单调性的判定法)设函数 $y = f(x)$ 在 $[a,b]$ 上连续,在 (a,b) 内可导.

(1) 如果在 (a,b) 内 $f'(x) > 0$,那么函数 $y = f(x)$ 在 $[a,b]$ 上单调增加;

(2) 如果在 (a,b) 内 $f'(x) < 0$,那么函数 $y = f(x)$ 在 $[a,b]$ 上单调减少.

证明略.

注:判定法中的闭区间可换成其他各种区间.

例 1　讨论函数 $f(x) = \mathrm{e}^x - x - 1$ 的单调性.

解　因为函数 $f(x) = \mathrm{e}^x - x - 1$ 的定义域为 $(-\infty, +\infty)$,所以

$$f'(x) = \mathrm{e}^x - 1.$$

令 $f'(x) = 0$,得

$$x = 0.$$

表 3-1

x	$(-\infty,0]$	$(0,+\infty)$
$f'(x)$	$-$	$+$
$f(x)$	↘	↗

所以函数 $f(x)=e^x-x-1$ 在 $(-\infty,0]$ 上单调减少；函数 $f(x)=e^x-x-1$ 在 $(0,+\infty)$ 上单调增加.

例 2　讨论函数 $f(x)=\sqrt[3]{x^2}$ 的单调性.

解　函数的定义域为 $(-\infty,+\infty)$. 函数的导数为

$$f'(x)=\frac{2}{3\sqrt[3]{x}}(x\neq 0),$$

函数在 $x=0$ 处不可导.

表 3-2

x	$(-\infty,0]$	$(0,+\infty)$
$f'(x)$	$-$	$+$
$f(x)$	↘	↗

所以函数在 $(-\infty,0]$ 上单调减少；函数在 $(0,+\infty)$ 上单调增加.

如果函数在定义区间上连续，除去有限个导数不存在的点外导数存在且连续，那么只要用方程 $f'(x)=0$ 的根及导数不存在的点来划分函数 $f(x)$ 的定义区间，就能保证 $f'(x)$ 在各个部分区间内保持固定的符号，因而函数 $f(x)$ 在每个部分区间上的单调性就能确定下来.

例 3　确定函数 $f(x)=\sqrt[3]{(2x-1)(1-x)^2}$ 的单调区间.

解　函数的定义域为 $(-\infty,+\infty)$，而函数的导数为

$$f'(x)=\frac{-6\left(x-\dfrac{2}{3}\right)}{3\sqrt[3]{(2x-1)^2(1-x)}}.$$

令 $f'(x)=0$，得 $x_1=\dfrac{2}{3}$；而函数在点 $x_2=\dfrac{1}{2}$ 和 $x_3=1$ 处不可导，列表分析：

表 3-3

x	$\left(-\infty,\dfrac{1}{2}\right)$	$\left(\dfrac{1}{2},\dfrac{2}{3}\right)$	$\left(\dfrac{2}{3},1\right)$	$(1,+\infty)$
$f'(x)$	$+$	$+$	$-$	$+$
$f(x)$	↗	↗	↘	↗

所以函数 $f(x)$ 在区间 $\left(-\infty,\dfrac{2}{3}\right]$ 和 $[1,+\infty)$ 内单调增加，在区间 $\left[\dfrac{2}{3},1\right]$ 上单调减少.

例 4 证明:当 $x > 1$ 时,$2\sqrt{x} > 3 - \dfrac{1}{x}$.

证明 令 $f(x) = 2\sqrt{x} - \left(3 - \dfrac{1}{x}\right)$,则

$$f'(x) = \frac{1}{\sqrt{x}} - \frac{1}{x^2} = \frac{1}{x^2}(x\sqrt{x} - 1).$$

因为当 $x > 1$ 时,$f'(x) > 0$,因此 $f(x)$ 在 $[1, +\infty)$ 上 $f(x)$ 单调增加,从而当 $x > 1$ 时,有 $f(x) > f(1)$.

由于 $f(1) = 0$,故 $f(x) > f(1) = 0$,即

$$2\sqrt{x} - \left(3 - \frac{1}{x}\right) > 0,$$

也就是 $2\sqrt{x} > 3 - \dfrac{1}{x} \, (x > 1)$.

二、曲线的凹凸与拐点

为了准确地描绘函数的图形,仅知道函数的单调性是不够的,还应知道它的弯曲方向以及不同弯曲方向的分界点,下面就来研究曲线的凹凸性与拐点.

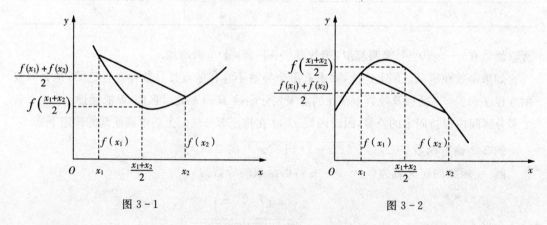

图 3 - 1   图 3 - 2

定义 1 设 $f(x)$ 在区间 I 上连续,如果对 I 上任意两点 x_1,x_2,恒有

$$f\left(\frac{x_1 + x_2}{2}\right) < \frac{f(x_1) + f(x_2)}{2},$$

那么称 $f(x)$ 在 I 上的图形是(向上)凹的(或凹弧);如果恒有

$$f\left(\frac{x_1 + x_2}{2}\right) > \frac{f(x_1) + f(x_2)}{2},$$

那么称 $f(x)$ 在 I 上的图形是(向上)凸的(或凸弧).

定义 1′ 设函数 $y = f(x)$ 在区间 I 上连续,如果函数的曲线位于其上任意一点的切线的上方,则称该曲线在区间 I 上是凹的;如果函数的曲线位于其上任意一点的切线的下方,则称该曲线在区间 I 上是凸的.

凹凸性的判定定理:

设 $f(x)$ 在$[a,b]$上连续,在(a,b)内具有一阶和二阶导数,那么

(1) 若在(a,b)内 $f''(x)>0$,则 $f(x)$ 在$[a,b]$上的图形是凹的;

(2) 若在(a,b)内 $f''(x)<0$,则 $f(x)$ 在$[a,b]$上的图形是凸的.

拐点:连续曲线 $y=f(x)$ 上凹弧与凸弧的分界点称为这曲线的拐点.

确定曲线 $y=f(x)$ 的凹凸区间和拐点的步骤:

(1) 确定函数 $y=f(x)$ 的定义域;

(2) 求出二阶导数 $f''(x)$;

(3) 求使二阶导数为零的点和使二阶导数不存在的点;

(4) 判断或列表判断,确定出曲线凹凸区间和拐点.

例 5　求曲线 $f(x)=3x^4-4x^3+1$ 的拐点及凹、凸的区间.

解　因为函数 $f(x)=3x^4-4x^3+1$ 的定义域为$(-\infty,+\infty)$,所以

$$f'(x)=12x^3-12x^2, f''(x)=36x^2-24x=36x\left(x-\frac{2}{3}\right).$$

令 $f''(x)=0$,得 $x_1=0, x_2=\frac{2}{3}$. 列表判断:

表 3-4

x	$(-\infty,0)$	0	$\left(0,\frac{2}{3}\right)$	$\frac{2}{3}$	$\left(\frac{2}{3},+\infty\right)$
$f''(x)$	$+$	0	$-$	0	$+$
$f(x)$	$\cup$	1	$\cap$	$\frac{11}{27}$	$\cup$

在区间$(-\infty,0]$ 和 $\left[\frac{2}{3},+\infty\right)$ 上曲线是凹的,在区间 $\left[0,\frac{2}{3}\right]$ 上曲线是凸的. 点$(0,1)$ 和 $\left(\frac{2}{3},\frac{11}{27}\right)$ 是曲线的拐点.

例 6　求曲线 $f(x)=\sqrt[3]{x}$ 的拐点.

解　函数的定义域为$(-\infty,+\infty)$,有 $f'(x)=\dfrac{1}{3\sqrt[3]{x^2}}$,显然函数 $x=0$ 处一阶不可导,所以函数在点 $x=0$ 处二阶导数不存在,而 $f''(x)=-\dfrac{2}{9x\sqrt[3]{x^2}}$,故 $f''(x)=0$ 无解.

表 3-5

x	$(-\infty,0)$	0	$(0,+\infty)$
$f''(x)$	$+$	不存在	$-$
$f(x)$	$\cup$	0	$\cap$

函数在区间$(-\infty,0]$上曲线是凹的;在区间$(0,+\infty)$上曲线是凸的. 点$(0,0)$是曲线的拐点.

习　题　二

1. 判断下列函数的单调性.

(1) $f(x) = x^3 + 2x$；

(2) $f(x) = x - \ln(1 + x^2)$；

(3) $f(x) = x + \cos x$.

2. 求下列函数的单调区间.

(1) $f(x) = x^4 - 8x^2 + 2$；

(2) $f(x) = (x-1)(x+1)^3$；

(3) $f(x) = 2x^2 - \ln x$；

(4) $f(x) = 2x + \dfrac{8}{x}$；

(5) $f(x) = \sqrt[3]{(2x-a)(a-x)^2}\ (a > 0)$；

(6) $f(x) = \ln(x + \sqrt{1 + x^2})$；

(7) $f(x) = \arctan x - \arctan \dfrac{x}{2}$.

第三节　函数的极值与最大值、最小值

一、一元函数的极值及其求法

定义　设函数 $f(x)$ 在区间 (a,b) 内有定义，$x_0 \in (a,b)$. 如果在 x_0 的某一去心邻域内有 $f(x) < f(x_0)$，则称 $f(x_0)$ 是函数 $f(x)$ 的一个极大值；如果在 x_0 的某一去心邻域内有 $f(x_0) < f(x)$，则称 $f(x_0)$ 是函数 $f(x)$ 的一个极小值.

设函数 $f(x)$ 在点 x_0 的某邻域 $U(x_0)$ 内有定义，如果在去心邻域 $\overset{\circ}{U}(x_0)$ 内有 $f(x) < f(x_0)$（或 $f(x_0) < f(x)$），则称 $f(x_0)$ 是函数 $f(x)$ 的一个极大值（或极小值）.

函数的极大值与极小值统称为函数的极值，使函数取得极值的点称为极值点.

函数的极大值和极小值概念是局部性的. 如果 $f(x_0)$ 是函数 $f(x)$ 的一个极大值，那只是就 x_0 附近的一个局部范围来说，$f(x_0)$ 是 $f(x)$ 的一个最大值；如果就 $f(x)$ 的整个定义域来说，$f(x_0)$ 不一定是最大值. 关于极小值也类似.

极值与水平切线的关系：在函数取得极值处，曲线上的切线是水平的. 但曲线上有水平切线的地方，函数不一定取得极值.

定理 1　（必要条件）设函数 $f(x)$ 在点 x_0 处可导，且在 x_0 处取得极值，那么这函数在 x_0 处的导数为零，即 $f'(x_0) = 0$.

驻点：使导数为零的点（即方程 $f'(x_0) = 0$ 的实根）叫函数 $f(x)$ 的驻点. 定理 1 就是说，可导函数 $f(x)$ 的极值点必定是函数的驻点. 但若反过来说，函数 $f(x)$ 的驻点却不一定是极值点.

定理 2 （第一充分条件）设函数 $f(x)$ 在点 x_0 的一个邻域内连续,在 x_0 的左、右邻域内可导.

(1) 如果在 x_0 的某一左邻域内 $f'(x)>0$,在 x_0 的某一右邻域内 $f'(x)<0$,那么函数 $f(x)$ 在 x_0 处取得极大值;

(2) 如果在 x_0 的某一左邻域内 $f'(x)<0$,在 x_0 的某一右邻域内 $f'(x)>0$,那么函数 $f(x)$ 在 x_0 处取得极小值;

(3) 如果在 x_0 的某一邻域内 $f'(x)$ 不改变符号,那么函数 $f(x)$ 在 x_0 处没有极值.

定理 2 也可简单地这样说:当 x 在 x_0 的邻近渐增地经过 x_0 时,如果 $f'(x)$ 的符号由负变正,那么 $f(x)$ 在 x_0 处取得极小值;如果 $f'(x)$ 的符号由正变负,那么 $f(x)$ 在 x_0 处取得极大值;如果 $f'(x)$ 的符号并不改变,那么 $f(x)$ 在 x_0 处没有极值.

确定极值点和极值的步骤:

(1) 求出导数 $f'(x)$;

(2) 求出 $f(x)$ 的全部驻点和不可导点;

(3) 列表判断(考察 $f'(x)$ 的符号在每个驻点和不可导点的左右邻近的情况,以便确定该点是否是极值点;如果是极值点,还要按定理 2 确定对应的函数值是极大值还是极小值);

(4) 确定出函数的所有极值点和极值.

例 1 求函数 $f(x)=(x-4)\sqrt[3]{(x+1)^2}$ 的极值.

解 (1) $f(x)$ 在 $(-\infty,+\infty)$ 内连续,除 $x=-1$ 外处处可导,且

$$f'(x)=\frac{5(x-1)}{3\sqrt[3]{x+1}};$$

(2) 令 $f'(x)=0$,得驻点 $x=1$,$x=-1$ 为 $f(x)$ 的不可导点;

(3) 列表判断

表 3-6

x	$(-\infty,-1)$	-1	$(-1,1)$	1	$(1,+\infty)$
$f'(x)$	+	不可导	−	0	+
$f(x)$	↗	0	↘	$-3\sqrt[3]{4}$	↗

(4) 极大值为 $f(-1)=0$,极小值为 $f(1)=-3\sqrt[3]{4}$.

定理 3 （第二充分条件）设函数 $f(x)$ 在点 x_0 处具有二阶导数且 $f'(x_0)=0$,$f''(x_0)\neq 0$,那么

(1) 当 $f''(x_0)<0$ 时,函数 $f(x)$ 在 x_0 处取得极大值;

(2) 当 $f''(x_0)>0$ 时,函数 $f(x)$ 在 x_0 处取得极小值.

定理 3 表明,如果函数 $f(x)$ 在驻点 x_0 处的二阶导数 $f''(x_0)\neq 0$,那么该点 x_0 一定是极

值点,并且可以按二阶导数 $f''(x_0) \neq 0$ 的符号来判定 $f(x_0)$ 是极大值还是极小值.但如果 $f''(x_0)=0$,定理 3 就不能应用.

例2 求函数 $f(x)=(x^2-1)^3+1$ 的极值.

解 (1) $f'(x)=6x(x^2-1)^2$.

(2) 令 $f'(x)=0$,求得驻点 $x_1=-1,x_2=0,x_3=1$.

(3) $f''(x)=6(x^2-1)(5x^2-1)$.

(4) 因 $f''(0)=6>0$,所以 $f(x_0)$ 在 $x=0$ 处取得极小值,极小值为 $f(0)=0$.

(5) 因 $f''(-1)=f''(1)=0$,用定理 3 无法判别.因为在 -1 的左右邻域内 $f'(x)<0$,所以 $f(x)$ 在 -1 处没有极值;同理,$f(x)$ 在 1 处也没有极值.

二、最大值、最小值问题

在工农业生产、工程技术及科学实验中,常常会遇到这样一类问题:在一定条件下,怎样使"产品最多""用料最省""成本最低""效率最高" 等.这类问题在数学上有时可归结为求某一函数(通常称为目标函数)的最大值或最小值问题.

极值与最值的关系:

设函数 $f(x)$ 在闭区间 $[a,b]$ 上连续,则函数的最大值和最小值一定存在.函数的最大值和最小值有可能在区间的端点取得,如果最大值不在区间的端点取得,则必在开区间 (a,b) 内取得,在这种情况下,最大值一定是函数的极大值.因此,函数在闭区间 $[a,b]$ 上的最大值一定是函数的所有极大值和函数在区间端点的函数值中最大者.同理,函数在闭区间 $[a,b]$ 上的最小值一定是函数的所有极小值和函数在区间端点的函数值中最小者.

最大值和最小值的求法:

设 $f(x)$ 在 (a,b) 内的驻点和不可导点(它们是可能的极值点)为 $x_1,x_2,x_3,\cdots,x_n$,则比较 $f(a),f(x_1),\cdots,f(x_n),f(b)$ 的大小,其中最大的便是函数 $f(x)$ 在 $[a,b]$ 上的最大值,最小的便是函数 $f(x)$ 在 $[a,b]$ 上的最小值.

例3 求函数 $f(x)=|x^2-3x+2|$ 在 $[-3,4]$ 上的最大值与最小值.

解 $f(x)=\begin{cases} x^2-3x+2, & x \in [-3,1] \cup [2,4], \\ -x^2+3x-2, & x \in (1,2). \end{cases}$

求导,得

$$f'(x)=\begin{cases} 2x-3, & x \in (-3,1) \cup (2,4), \\ -2x+3, & x \in (1,2). \end{cases}$$

在 $(-3,4)$ 内,$f(x)$ 的驻点为 $x=\dfrac{3}{2}$;不可导点为 $x=1$ 和 $x=2$.

由于 $f(-3)=20,f(1)=0,f\left(\dfrac{3}{2}\right)=\dfrac{1}{4},f(2)=0,f(4)=6$,比较可得 $f(x)$ 在 $x=-3$ 处取得它在 $[-3,4]$ 上的最大值 20,在 $x=1$ 和 $x=2$ 处取它在 $[-3,4]$ 上的最小值 0.

例 4 工厂铁路线上 AB 段的距离为 $100\mathrm{km}$. 工厂 C 距 A 处为 $20\mathrm{km}$，AC 垂直于 AB. 为了运输需要，要在 AB 线上选定一点 D 向工厂修筑一条公路. 已知铁路每公里货运的运费与公路上每公里货运的运费之比 $3:5$. 为了使货物从供应站 B 运到工厂 C 的运费最省，问 D 点应选在何处？

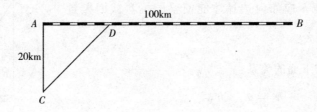

图 3 - 3

解 设 $AD = x\mathrm{km}$，则 $DB = 100 - x$，$CD = \sqrt{20^2 + x^2} = \sqrt{400 + x^2}$.

设从 B 点到 C 点需要的总运费为 y，那么

$$y = 5k \cdot CD + 3k \cdot DB (k \text{ 是某个正数}),$$

即

$$y = 5k\sqrt{400 + x^2} + 3k(100 - x) \quad (0 \leqslant x \leqslant 100).$$

现在，问题就归结为 x 在 $[0, 100]$ 内取何值时目标函数 y 的值最小.

先求 y 对 x 的导数：

$$y' = k\left(\frac{5x}{\sqrt{400 + x^2}} - 3\right).$$

解方程 $y' = 0$，得 $x = 15\mathrm{km}$.

由于 $y\Big|_{x=0} = 400k$，$y\Big|_{x=15} = 380k$，$y\Big|_{x=100} = 500k\sqrt{1 + \frac{1}{5^2}}$，其中以 $y\Big|_{x=15} = 380k$ 为最小，因此当 $AD = x = 15\mathrm{km}$ 时，总运费为最省.

注意：$f(x)$ 在一个区间（有限或无限，开或闭）内可导且只有一个驻点 x_0，并且这个驻点 x_0 是函数 $f(x)$ 的极值点，那么当 $f(x_0)$ 是极大值时，$f(x_0)$ 就是 $f(x)$ 在该区间上的最大值；当 $f(x_0)$ 是极小值时，$f(x_0)$ 就是 $f(x)$ 在该区间上的最小值.

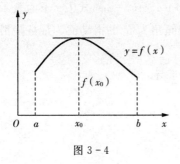

图 3 - 4

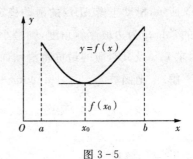

图 3 - 5

应当指出,实际问题中,往往根据问题的性质就可以断定函数 $f(x)$ 确有最大值或最小值,而且一定在定义区间内部取得. 这时如果 $f(x)$ 在定义区间内部只有一个驻点 x_0,那么不必讨论 $f(x_0)$ 是否是极值,就可以断定 $f(x_0)$ 是最大值或最小值.

例 5 把一根直径为 d 的圆木锯成截面为矩形的梁. 问矩形截面的高 h 和宽 b 应如何选择才能使梁的抗弯截面模量 $W(W=\dfrac{1}{6}bh^2)$ 最大?

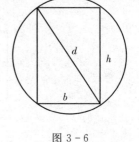

图 3-6

解 b 与 h 有下面的关系:
$$h^2 = d^2 - b^2,$$
因而
$$W = \frac{1}{6}b(d^2 - b^2)(0 < b < d).$$

这样,W 就是自变量 b 的函数,b 的变化范围是 $(0, d)$.

现在,问题化为:b 等于多少时目标函数 W 取最大值? 为此,求 W 对 b 的导数:
$$W' = \frac{1}{6}(d^2 - 3b^2).$$

解方程 $W' = 0$,得驻点 $b = \sqrt{\dfrac{1}{3}}d$.

由于梁的最大抗弯截面模量一定存在,而且在 $(0, d)$ 内部取得;现在,函数 $W = \dfrac{1}{6}b(d^2 - b^2)$ 在 $(0, d)$ 内只有一个驻点,所以当 $b = \sqrt{\dfrac{1}{3}}d$ 时,W 的值最大. 这时,
$$h^2 = d^2 - b^2 = d^2 - \frac{1}{3}d^2 = \frac{2}{3}d^2,$$
即
$$h = \sqrt{\frac{2}{3}}d, \quad d : h : b = \sqrt{3} : \sqrt{2} : 1.$$

例 6 进行均质砂类土路基边坡 AB 段滑动稳定性验算时,对应假设滑动面 AD,如图 3-7 所示,滑动土楔 ABD 的滑动稳定系数 $k = (f+a)\cot\omega + a\cot(\theta - \omega)$,式中 f, a 为表示性质的常量,θ 为边坡倾斜角度,则最小稳定系数 $k_{\min}$ 对应的倾角为 ω_0 的滑动面为最危险滑动面,求 $k_{\min}$ 及其对应的最危险滑动面位置.

解 把函数 $k = (f+a)\cot\omega + a\cot(\theta - \omega)$ 关于 ω 求导,得
$$\frac{\mathrm{d}k}{\mathrm{d}\omega} = -(f+a)\csc^2\omega + a\csc^2(\theta - \omega),$$

并令 $\dfrac{\mathrm{d}k}{\mathrm{d}\omega} = 0$,解得

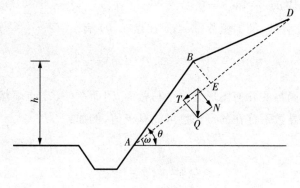

图 3 − 7

$$\omega = \operatorname{arccot}(\cot\theta + \sqrt{\frac{a}{f+a}}\csc\theta),$$

即在 $\omega = \operatorname{arccot}(\cot\theta + \sqrt{\frac{a}{f+a}}\csc\theta)$ 处取最小值,故

$$k_{\min} = (f + 2a)\cot\theta + 2\sqrt{a(f+a)}\csc\theta,$$

对应的最危险位置是 $\omega_0 = \operatorname{arccot}(\cot\theta + \sqrt{\frac{a}{f+a}}\csc\theta)$.

三、多元函数的极值及其求法

先讨论二元函数的极值问题,对于多元的情况可类似讨论.

1. 二元函数极值的概念

设函数 $f(x,y)$ 在点 $M_0(x_0, y_0)$ 的邻域内有 $f(x,y) \leqslant f(x_0, y_0)$,则称 $f(x,y)$ 在点 $M_0(x_0, y_0)$ 取到极大值 $f(x_0, y_0)$,点 $M_0(x_0, y_0)$ 称为函数 $f(x,y)$ 的极大值点;如果在点 $M_0(x_0, y_0)$ 的邻域内有 $f(x,y) \geqslant f(x_0, y_0)$,则称 $f(x,y)$ 在点 $M_0(x_0, y_0)$ 取到极小值 $f(x_0, y_0)$,点 $M_0(x_0, y_0)$ 称为函数 $f(x,y)$ 的极小值点.

函数的极大值与极小值统称为函数的极值,使函数取得极值的点称为极值点.

由上面的定义可知,如果 $f(x,y)$ 在点 $M_0(x_0, y_0)$ 有一极值,则只随 x 而变化的函数 $f(x, y_0)$ 就在点 x_0 有极值.于是由一元函数在极值点的必要条件,可知有

$$\left.\frac{\partial f(x, y_0)}{\partial x}\right|_{x=x_0} = 0,$$

同理可知

$$\left.\frac{\partial f(x_0, y)}{\partial y}\right|_{y=y_0} = 0.$$

这就是说,对偏导数存在的函数 $f(x,y)$ 来说,在点 $M_0(x_0, y_0)$ 有极值的必要条件是

$$\frac{\partial f(x_0, y_0)}{\partial x} = \frac{\partial f(x_0, y_0)}{\partial y} = 0,$$

对于可微函数,也就是 $\mathrm{d}f(x_0,y_0)=0$.

这个条件并非充分的,例如函数 $z=xy$ 在点$(0,0)$ 有

$$f_x'(0,0)=y\Big|_{(0,0)}=0, f_y'(0,0)=x\Big|_{(0,0)}=0,$$

但由解析几何知,此函数的几何图形是一个马鞍面,因而在$(0,0)$点显然没有极值.

此外,函数在偏导数不存在的点仍然可能有极值,例如:

$$z=\begin{cases} x, & x\geqslant 0, \\ -x, & x<0. \end{cases}$$

它是交于 y 轴的两个平面,显然,凡 $x=0$ 的点都是函数的极小值点,但是当 $x>0$ 时,$\dfrac{\partial z}{\partial x}=1$,当 $x<0$ 时,$\dfrac{\partial z}{\partial x}=-1$.因此在 $x=0$ 时偏导数不存在.

由此可见,函数的极值点必为 $\dfrac{\partial f}{\partial x}$ 及 $\dfrac{\partial f}{\partial y}$ 同时为零或至少有一个偏导数不存在的点.

综上所述,求函数的极值,首先求出所有函数的偏导数等于零或偏导数不存在的点,然后讨论该点周围函数的变化情形,以进一步判断是否有极值,现假定 $f(x,y)$ 的一切二阶偏导数连续,并记 $A=f_{xx}''(x_0,y_0),B=f_{xy}''(x_0,y_0),C=f_{yy}''(x_0,y_0),H=AC-B^2$,当 $H>0$ 时,若 $A>0$,函数有极小值;当 $H>0$ 时,若 $A<0$ 函数有极大值;当 $H<0$ 时,则函数无极值;当 $H=0$ 时,需进一步判定.

例 7 求函数 $f(x,y)=(6x-x^2)(4y-y^2)$ 的极值.

解 解方程组

$$\begin{cases} f_x{}'(x,y)=(6-2x)(4y-y^2)=0, \\ f_y{}'(x,y)=(6x-x^2)(4-2y)=0. \end{cases}$$

解得 $x=3,y=0,y=4$ 和 $x=0,x=6,y=2$.于是得驻点:$(0,0),(0,4),(3,2),(6,0),(6,4)$.

再求二阶偏导数,有

$$f_{xx}''(x,y)=-2(4y-y^2), f_{yy}''(x,y)=-2(6x-x^2),$$

$$f_{xy}''(x,y)=f_{yx}''(x,y)=4(3-x)(2-y).$$

因为在点$(0,0)$ 处,$f_{xx}''(0,0)=f_{yy}''(0,0)=f_{xy}''(0,0)=24,AC-B^2=-24^2<0$,所以 $f(0,0)$ 不是极值;在点$(0,4)$ 处,$f_{xx}''(0,4)=0,f_{yy}''(0,4)=0,f_{xy}''(0,4)=-24,AC-B^2=-24^2<0$,所以 $f(0,4)$ 不是极值;在点$(3,2)$ 处,$f_{xx}''(3,2)=-8,f_{yy}''(3,2)=-18,f_{xy}''(3,2)=0,AC-B^2=8\times 18>0$,又 $A<0$,所以函数有极大值 $f(3,2)=36$;在点$(6,0)$ 处,$f_{xx}''(6,0)=0,f_{yy}''(6,0)=0,f_{xy}''(6,0)=-24,AC-B^2=-24^2<0$,所以 $f(6,0)$ 不是极值;在点$(6,4)$ 处,$f_{xx}''(6,4)=0,f_{yy}''(6,4)=0,f_{xy}''(6,4)=24,AC-B^2=-24^2<0$,所以 $f(6,4)$ 不是极值.

习　题　三

1. 求下列函数的极值.

(1) $f(x)=2x^3-3x^2$;　　　　　　(2) $f(x)=x^2\ln x$;

(3) $f(x)=x^2\mathrm{e}^{-x^2}$;　　　　　　(4) $f(x)=\dfrac{3x^2+4x+4}{x^2+x+1}$;

(5) $f(x)=\sqrt{2x-x^2}$;　　　　　　(6) $f(x)=2\mathrm{e}^x+\mathrm{e}^{-x}$;

(7) $f(x)=\dfrac{x}{\ln x}$;　　　　　　(8) $y=(x-1)x^{\frac{2}{3}}$.

2. 求函数 $f(x)=\sin x+\cos x$ 在区间 $\left(-\dfrac{\pi}{2},\dfrac{\pi}{2}\right)$ 内的极值.

3. 若函数 $f(x)=a\sin x+\dfrac{1}{3}\sin 3x$ 在 $x=\dfrac{\pi}{3}$ 处取得极值, 求 a 的值, 它是极大值还是极小值? 并求此极值.

4. 设有一块边长为 a 的正方形铁皮, 从 4 个角截去同样的小方块, 做成一个无盖的方盒子, 问截去小方块的边长为多少时才能使盒子容积最大?

5. 要造一圆柱形油罐, 体积为 V, 问底半径 r 和高 h 等于多少时, 圆柱形油罐的表面积最小?

第四节　曲　率

在测量中, 有时需要研究曲线的弯曲程度. 例如, 在路线测量中, 铁路线路由直线转入圆曲线时, 为了保证列车行驶安全, 往往需要在直线与圆曲线之间, 接上一段逐渐改变方向的曲线, 这种曲线叫做缓和曲线. 本节首先对曲线的弯曲程度给出定量的表达式, 即给出曲率的概念, 然后导出曲率的计算公式.

一、弧微分

设函数 $f(x)$ 在区间 (a,b) 内具有连续导数. 在曲线 $y=f(x)$ 上取固定点 $M_0(x_0,y_0)$ 作为度量弧长的基点, 并规定依 x 增大的方向作为曲线的正向. 对曲线上任一点 $M(x,y)$, 规定有向弧段 $\overparen{M_0M}$ 的值 s(简称为弧 s) 如下: s 的绝对值等于这弧段的长度, 当有向弧段 $\overparen{M_0M}$ 的方向与曲线的正向一致时 $s>0$, 相反时 $s<0$. 显然, 弧 $s=\overparen{M_0M}$ 是 x 的函数: $s=s(x)$, 而且 $s(x)$ 是 x 的单调增加函数. 下面来求 $s(x)$ 的导数及微分.

设 x、$x+\Delta x$ 为 (a,b) 内两个邻近的点, 它们在曲线 $y=f(x)$ 上的对应点为 M、N, 并设

对应于 x 的增量 Δx,弧 s 的增量为 Δs,于是

$$\left(\frac{\Delta s}{\Delta x}\right)^2 = \left(\frac{\widehat{M_0 M}}{|MN|}\right)^2 \frac{|MN|^2}{(\Delta x)^2} = \left(\frac{\widehat{M_0 M}}{|MN|}\right)^2 \frac{(\Delta x)^2 + (\Delta y)^2}{(\Delta x)^2}$$

$$= \left(\frac{\widehat{M_0 M}}{|MN|}\right)^2 \left[1 + \left(\frac{\Delta y}{\Delta x}\right)^2\right],$$

$$\frac{\Delta s}{\Delta x} = \pm \sqrt{\left(\frac{\widehat{M_0 M}}{|MN|}\right)^2 \left[1 + \left(\frac{\Delta y}{\Delta x}\right)^2\right]},$$

因为 $\lim\limits_{\Delta x \to 0} \frac{|\widehat{MN}|}{|MN|} = \lim\limits_{N \to M} \frac{|\widehat{MN}|}{|MN|} = 1$,又 $\lim\limits_{\Delta x \to 0} \frac{\Delta y}{\Delta x} = y'$,因此

$$\frac{\mathrm{d}s}{\mathrm{d}x} = \pm \sqrt{1 + y'^2}.$$

由于 $s = s(x)$ 是单调增加函数,从而 $\frac{\mathrm{d}s}{\mathrm{d}x} > 0, \frac{\mathrm{d}s}{\mathrm{d}x} = \sqrt{1 + y'^2}$. 于是 $\mathrm{d}s = \sqrt{1 + y'^2}\, \mathrm{d}x$. 这就是弧微分公式.

因为当 $\Delta x \to 0$ 时,$\Delta s \sim \widehat{MN}$,$\Delta x$ 又与 Δs 同号,所以

$$\frac{\mathrm{d}s}{\mathrm{d}x} = \lim_{\Delta x \to 0} \frac{\Delta s}{\Delta x} = \lim_{\Delta x \to 0} \frac{\sqrt{(\Delta x)^2 + (\Delta y)^2}}{|\Delta x|} = \lim_{\Delta x \to 0} \sqrt{1 + \left(\frac{\Delta y}{\Delta x}\right)^2} = \sqrt{1 + y'^2}.$$

因此

$$\mathrm{d}s = \sqrt{1 + y'^2}\, \mathrm{d}x,$$

这就是弧微分公式.

二、曲率及其计算公式

曲线弯曲程度的直观描述:

设曲线 C 是光滑的,在曲线 C 上选定一点 M_0 作为度量弧 s 的基点. 设曲线上点 M 对应于弧 s,在点 M 处切线的倾角为 α,曲线上另外一点 N 对应于弧 $s + \Delta s$,在点 N 处切线的倾角为 $\alpha + \Delta \alpha$.

我们用比值 $\left|\frac{\Delta \alpha}{\Delta s}\right|$,即单位弧段上切线转过的角度的大小来表达弧段 $\widehat{MN}$ 的平均弯曲程度.

记 $\overline{K} = \left|\frac{\Delta \alpha}{\Delta s}\right|$,称 $\overline{K}$ 为弧段 MN 的平均曲率. 记 $K = \lim\limits_{\Delta s \to 0} \left|\frac{\Delta \alpha}{\Delta s}\right|$,称 K 为曲线 C 在点 M 处的曲率. 在 $\lim\limits_{\Delta s \to 0} \frac{\Delta \alpha}{\Delta s} = \frac{\mathrm{d}\alpha}{\mathrm{d}s}$ 存在的条件下,$K = \left|\frac{\mathrm{d}\alpha}{\mathrm{d}s}\right|$.

曲率的计算公式：

设曲线的直角坐标方程是 $y=f(x)$，且 $f(x)$ 具有二阶导数（这时 $f'(x)$ 连续，从而曲线是光滑的）. 因为 $\tan\alpha=y'$，所以

$$\sec^2\alpha\,\mathrm{d}\alpha=y''\mathrm{d}x,$$

$$\mathrm{d}\alpha=\frac{y''}{\sec^2\alpha}\mathrm{d}x=\frac{y''}{1+\tan^2\alpha}\mathrm{d}x=\frac{y''}{1+y'^2}\mathrm{d}x.$$

又知 $\mathrm{d}s=\sqrt{1+y'^2}\,\mathrm{d}x$，从而得曲率的计算公式

$$K=\left|\frac{\mathrm{d}\alpha}{\mathrm{d}s}\right|=\frac{|y''|}{(1+y'^2)^{3/2}}.$$

例 1   计算直线 $y=ax+b$ 上任一点的曲率.

解   因为直线方程为 $y=ax+b$，则 $y'=a,y''=0$. 于是 $K=0$.

若曲线的参数方程为 $x=\varphi(t),y=\psi(t)$，那么曲率如何计算？

提示：

$$K=\frac{|\varphi'(t)\psi''(t)-\varphi''(t)\psi'(t)|}{[\varphi'^2(t)+\psi'^2(t)]^{3/2}}.$$

例 2   计算半径为 R 的圆 $x=R\cos t,y=R\sin t$ 上任一点的曲率.

解   因为圆的参数方程可写为 $x=R\cos t,y=R\sin t$，故利用上面式子有

$$K=\frac{|\varphi'(t)\psi''(t)-\varphi''(t)\psi'(t)|}{[\varphi'^2(t)+\psi'^2(t)]^{3/2}}=\frac{1}{R}.$$

例 3   计算等双曲线 $xy=1$ 在点 $(1,1)$ 处的曲率.

解   由 $y=\dfrac{1}{x}$，得

$$y'=-\frac{1}{x^2},y''=\frac{2}{x^3}.$$

因此

$$y'\Big|_{x=1}=-1,y''\Big|_{x=1}=2.$$

曲线 $xy=1$ 在点 $(1,1)$ 处的曲率为

$$K=\frac{|y''|}{(1+y'^2)^{3/2}}=\frac{2}{(1+(-1)^2)^{3/2}}=\frac{1}{\sqrt{2}}=\frac{\sqrt{2}}{2}.$$

例 4   抛物线 $y=ax^2+bx+c$ 上哪一点处的曲率最大？

解   由 $y=ax^2+bx+c$，得

$$y'=2ax+b,y''=2a,$$

代入曲率公式,得

$$K = \frac{\mid 2a \mid}{[1+(2ax+b)^2]^{3/2}}.$$

显然,当 $2ax+b=0$ 时曲率最大.

曲率最大时,$x=-\dfrac{b}{2a}$,对应的点为抛物线的顶点.因此,抛物线在顶点处的曲率最大,最大曲率为 $K=\mid 2a \mid$.

三、曲率圆与曲率半径

设曲线在点 $M(x,y)$ 处的曲率为 $K(K \neq 0)$,在点 M 处的曲线的法线上,在凹的一侧取一点 D,使 $\mid DM \mid = K^{-1} = \rho$. 以 D 为圆心,ρ 为半径作圆,这个圆叫做曲线在点 M 处的曲率圆,曲率圆的圆心 D 叫做曲线在点 M 处的曲率中心,曲率圆的半径 ρ 叫做曲线在点 M 处的曲率半径.

曲线在点 M 处的曲率 $K(K \neq 0)$ 与曲线在点 M 处的曲率半径 ρ 有如下关系:

$$\rho = \frac{1}{K}, K = \frac{1}{\rho}.$$

铁路弯道分析列车在曲线上行驶要产生离心力,离心力的大小随着车辆本身的重量、速度和曲线的曲率半径的大小而改变.为了抵消离心力以保证列车平稳地转弯,通常把铁路的外轨抬高一定数值,称为超高.弯道的主要部分是圆曲线(设半径为 R),从直线进入圆曲线,不可能立刻把外轨抬得很高,而需要有一段距离以便逐渐抬高外轨,使超高的变化与离心力的增加相适应.要达到这个目的,只有用逐渐改变曲线的曲率半径的方法才能做到,因此,在直线与圆曲线之间,需要加入这样一段曲线,它的曲率半径由 ∞(与直线连接处)逐渐改变到 R(与圆曲线连接处).这种曲线叫做缓和线.只有当曲率半径很大时的圆曲线与直线相连接时,才可以不用缓和曲线.

我国通常采用的缓和曲线是立方抛物线(如图 3-8 所示),图中 x 轴($x<0$)是直线轨道,$\overset{\frown}{AB}$ 是圆曲线轨道(半径为 R),$\overset{\frown}{OA}$ 是缓和曲线,方程为

$$y = \frac{x^3}{6Rl},$$

式中 l 是 $\overset{\frown}{OA}$ 的长度.

我们首先算出缓和曲线上任意一点 (x,y) 处的曲率.由

$$y = \frac{x^3}{6Rl},$$

得

$$y' = \frac{x^2}{2Rl}, \quad y'' = \frac{x}{Rl},$$

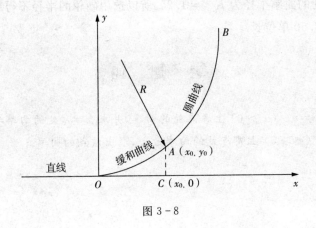

图 3 - 8

于是,曲率为

$$K = \frac{|y''|}{(1+y'^2)^{3/2}} = \frac{8R^2 l^2 x}{(4R^2 l^2 + x^4)^{\frac{3}{2}}}.$$

当 x 从 O 变到 x_0 时,曲率 K 连续地从 0 变到

$$K_0 = \frac{8R^2 l^2 x_0}{(4R^2 l^2 + x_0^4)^{\frac{3}{2}}}.$$

现在估算 K_0,一般 l 比 R 小得多,而且 OA 的长度 l 和直线段 OC 的长度 x_0 也比较接近,即 $x_0 \approx l$. 把它代入上式,得到

$$K_0 = \frac{8R^2 l^3}{(4R^2 l^2 + l^4)^{\frac{3}{2}}} = \frac{1}{R} \cdot \frac{1}{\left(1 + \frac{l^2}{4R^2}\right)^{\frac{3}{2}}},$$

再略去 $\frac{l^2}{4R^2}$ 项,就得 $K_0 = \frac{1}{R}$. 因此缓和曲线的曲率由 0 连续地变化到 $\frac{1}{R}$,即曲率半径由 ∞ 变到 R,起到缓和作用.

例 5 设工件表面的截线为抛物线 $y = 0.4x^2$,现在要用砂轮磨削其内表面,问用直径多大的砂轮才比较合适?

解 砂轮的半径不应大于抛物线顶点处的曲率半径.

$$y' = 0.8x, \quad y'' = 0.8,$$

$$y'\Big|_{x=0} = 0, \quad y''\Big|_{x=0} = 0.8.$$

把它们代入曲率公式,得

$$K = \frac{|y''|}{(1+y'^2)^{3/2}} = 0.8.$$

抛物线顶点处的曲率半径为 $K^{-1} = 1.25$. 所以选用砂轮的半径不得超过 1.25 单位长，即直径不得超过 2.50 单位长.

习 题 四

1. 求抛物线 $y = ax^3 (a > 0)$ 上各点处的曲率，并求 $x = a$ 处的曲率半径.

2. 曲线 $y = x^3 (x \geqslant 0)$ 上哪点处的曲率最大，求出该点的曲率.

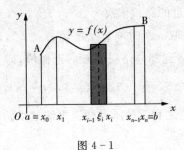

第四章　积分及其应用

本章将介绍积分学的另一个基本问题 —— 定积分问题．它在工程和科技领域有着广泛的应用．我们先从几何与物理方面的问题出发引进定积分的概念，然后讨论它的性质和计算方法，最后介绍定积分的应用．

第一节　定积分概念与性质

一、定积分问题举例

1. 曲边梯形的面积

曲边梯形：设函数 $y=f(x)$ 在区间 (a,b) 上非负、连续．由直线 $x=a$、$x=b$、$y=0$ 及曲线 $y=f(x)$ 所围成的图形称为曲边梯形，其中曲线弧称为曲边．

求曲边梯形面积的近似值：将曲边梯形分割成一些小的曲边梯形（如图 4-1 所示），每个小曲边梯形都用一个等宽的小矩形代替，每个小曲边梯形的面积都近似地等于小矩形的面积，则所有小矩形面积的和就是曲边梯形面积的近似值．具体方法是在区间 (a,b) 中任意插入若干个分点

$$a=x_0 < x_1 < x_2 < \cdots < x_{n-1} < x_n=b,$$

把 (a,b) 分成 n 个小区间

$$[x_0,x_1],[x_1,x_2],[x_2,x_3],\cdots,[x_{n-1},x_n],$$

它们的长度依次为 $\Delta x_1 = x_1 - x_0, \Delta x_2 = x_2 - x_1, \cdots, \Delta x_n = x_n - x_{n-1}$.

图 4-1

经过每一个分点作平行于 y 轴的直线段，把曲边梯形分成 n 个窄曲边梯形．在每个小

区间 $[x_{i-1},x_i]$ 上任取一点 ξ_i,以 $[x_{i-1},x_i]$ 为底,$f(\xi_i)$ 为高的窄矩形近似替代第 i 个窄曲边梯形 $(i=1,2,\cdots,n)$,把这样得到的 n 个窄矩阵形面积之和作为所求曲边梯形面积 A 的近似值,即

$$A \approx f(\xi_1)\Delta x_1 + f(\xi_2)\Delta x_2 + \cdots + f(\xi_n)\Delta x_n = \sum_{i=1}^{n} f(\xi_i)\Delta x_i.$$

求曲边梯形的面积的精确值:显然,分点越多、每个小曲边梯形越窄,所求得的曲边梯形面积 A 的近似值就越接近曲边梯形面积 A 的精确值,因此,要求曲边梯形面积 A 的精确值,只需无限地增加分点,使每个小曲边梯形的宽度趋于零.

记 $\lambda = \max\{\Delta x_1,\Delta x_2,\cdots,\Delta x_n\}$,于是,上述增加分点,使每个小曲边梯形的宽度趋于零,相当于令 $\lambda \to 0$. 所以曲边梯形的面积为

$$A = \lim_{\lambda \to 0} \sum_{i=1}^{n} f(\xi_i)\Delta x_i.$$

2. 变速直线运动的路程

设物体做直线运动,已知速度 $v = v(t)$ 是时间间隔 $[1,T]$ 上 t 的连续函数,且 $v(t) \geqslant 0$,计算在这段时间内物体所经过的路程 S.

求近似路程:我们把时间间隔 $[1,T]$ 分成 n 个小的时间间隔 Δt_i,在每个小的时间间隔 Δt_i 内,将物体运动看成是匀速的,其速度近似为物体在时间间隔 Δt_i 内某点 τ_i 的速度 $v(\tau_i)$,物体在时间间隔 Δt_i 内运动的距离近似为 $\Delta S_i = v(\tau_i)\Delta t_i$. 把物体在每一小的时间间隔 Δt_i 内运动的距离加起来作为物体在时间间隔 $[1,T]$ 内所经过的路程 S 的近似值. 具体做法是在时间间隔 $[1,T]$ 内任意插入若干个分点

$$1 = t_0 < t_1 < t_2 < \cdots < t_{n-1} < t_n = T,$$

把 $[1,T]$ 分成 n 个小段

$$[0,t_1],[t_1,t_2],[t_2,t_3],\cdots,[t_{n-1},t_n],$$

各小段时间的长依次为

$$\Delta t_1 = t_1 - t_0,\Delta t_2 = t_2 - t_1,\cdots,\Delta t_n = t_n - t_{n-1}.$$

相应地,在各段时间内物体经过的路程依次为 $\Delta S_1,\Delta S_2,\cdots,\Delta S_n$.

在时间间隔 $[t_{i-1},t_i]$ 上任取一个时刻 $\tau_i(t_{i-1} < \tau_i < t_i)$,以 τ_i 时刻的速度 $v(\tau_i)$ 来代替 $[t_{i-1},t_i]$ 上各个时刻的速度,得到部分路程 ΔS_i 的近似值,即

$$\Delta S_i = v(\tau_i)\Delta t_i(i=1,2,\cdots,n),$$

于是这 n 段部分路程的近似值之和就是所求变速直线运动路程 S 的近似值,即

$$S \approx \sum_{i=1}^{n} v(\tau_i)\Delta t_i.$$

求精确值:记 $\lambda = \max\{\Delta t_1,\Delta t_2,\cdots,\Delta t_n\}$,当 $\lambda \to 0$ 时,取上述和式的极限,即得变速直线运动

的路程

$$S = \lim_{\lambda \to 0} \sum_{i=1}^{n} v(\tau_i) \Delta t_i.$$

二、定积分定义

若抛开上述问题的具体意义,抓住它们在数量关系上共同的本质与特性加以概括,就抽象出下述定积分的定义.

定义 1　设函数 $f(x)$ 在 $[a, b]$ 上有界,在 $[a, b]$ 中任意插入若干个分点

$$a = x_0 < x_1 < x_2 < \cdots < x_{n-1} < x_n = b,$$

把区间 $[a, b]$ 分成 n 个小区间

$$[x_0, x_1], [x_1, x_2], [x_2, x_3], \cdots, [x_{n-1}, x_n],$$

各小段区间的长依次为

$$\Delta x_1 = x_1 - x_0, \Delta x_2 = x_2 - x_1, \cdots, \Delta x_n = x_n - x_{n-1}.$$

在每个小区间 $[x_{i-1}, x]$ 上任取一个点 $\xi_i (x_{i-1} < \xi_i < x_i)$,作函数值 $f(\xi_i)$ 与小区间长度 Δx_i 的乘积 $f(\xi_i) \Delta x_i (i = 1, 2, \cdots, n)$,并作出和

$$S = \sum_{i=1}^{n} f(\xi_i) \Delta x_i.$$

记 $\lambda = \max\{\Delta x_1, \Delta x_2, \cdots, \Delta x_n\}$,如果不论对 $[a, b]$ 怎样分法,也不论在小区间 $[x_{i-1}, x]$ 上点 ξ_i 怎样取法,只要当 $\lambda \to 0$ 时,和 S 总趋于确定的极限 I,这时我们称这个极限 I 为函数 $f(x)$ 在区间 $[a, b]$ 上的定积分,记作 $\int_a^b f(x) \mathrm{d}x$,即

$$\int_a^b f(x) \mathrm{d}x = \lim_{\lambda \to 0} \sum_{i=1}^{n} f(\xi_i) \Delta x_i.$$

其中 $f(x)$ 叫做被积函数,$f(x) \mathrm{d}x$ 叫做被积表达式,x 叫做积分变量,a 叫做积分下限,b 叫做积分上限,$[a, b]$ 叫做积分区间.

根据定积分的定义,曲边梯形的面积 $A = \int_a^b f(x) \mathrm{d}x$,变速直线运动的路程 $S = \int_{T_1}^{T_2} v(t) \mathrm{d}t.$

说明:

(1) 定积分的值只与被积函数及积分区间有关,而与积分变量的记法无关,即

$$\int_a^b f(x) \mathrm{d}x = \int_a^b f(t) \mathrm{d}t = \int_a^b f(u) \mathrm{d}u.$$

(2) 和 $\sum_{i=1}^{n} f(\xi_i) \Delta x_i$ 通常称为 $f(x)$ 的积分和.

(3) 如果函数 $f(x)$ 在 $[a,b]$ 上的定积分存在,我们就说 $f(x)$ 在区间 $[a,b]$ 上可积.

函数 $f(x)$ 在 $[a,b]$ 上满足什么条件时,$f(x)$ 在 $[a,b]$ 上可积呢?

定理 1 设 $f(x)$ 在区间 $[a,b]$ 上连续,则 $f(x)$ 在 $[a,b]$ 上可积.

定理 2 设 $f(x)$ 在区间 $[a,b]$ 上有界,且只有有限个间断点,则 $f(x)$ 在 $[a,b]$ 上可积.

定积分的几何意义:在区间 $[a,b]$ 上,当 $f(x) \geqslant 0$ 时,积分 $\int_a^b f(x)\mathrm{d}x$ 在几何上表示由曲线 $y=f(x)$、两条直线 $x=a$、$x=b$ 与 x 轴所围成的曲边梯形的面积;当 $f(x) \leqslant 0$ 时,由曲线 $y=f(x)$、两条直线 $x=a$、$x=b$ 与 x 轴所围成的曲边梯形位于 x 轴的下方,定积分在几何上表示上述曲边梯形面积的负值;当 $f(x)$ 既取得正值又取得负值时,函数 $f(x)$ 的图形某些部分在 x 轴的上方,而其他部分在 x 轴的下方. 如果我们对面积赋以正负号,在 x 轴上方的图形面积赋以正号,在 x 轴下方的图形面积赋以负号,则在一般情形下,定积分 $\int_a^b f(x)\mathrm{d}x$ 的几何意义为:它是介于 x 轴、函数 $f(x)$ 的图形及两条直线 $x=a$、$x=b$ 之间的各部分面积的代数和. 上述三种情况如图 4-2 所示.

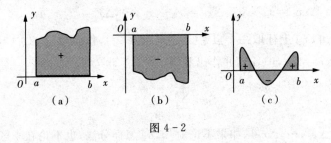

(a)   (b)   (c)

图 4-2

用定积分的定义计算定积分:

例 1 利用定义计算定积分 $\int_0^1 x^2 \mathrm{d}x$.

解 把区间 $[0,1]$ 分成 n 等份,分点和小区间长度分别为

$$x_i = \frac{i}{n}\frac{1}{2}(i=1,2,\cdots,n-1), \Delta x_i = \frac{1}{n}\frac{1}{2}(i=1,2,\cdots,n).$$

取 $\xi_i = \frac{i}{n}(i=1,2,\cdots,n)$,作积分和

$$\sum_{i=1}^n f(\xi_i)\Delta x_i = \sum_{i=1}^n \xi_i^2 \Delta x_i = \sum_{i=1}^n \left(\frac{i}{n}\right)^2 \cdot \frac{1}{n}$$

$$= \frac{1}{n^3}\sum_{i=1}^n i^2 = \frac{1}{n^3} \cdot \frac{1}{6}n(n+1)(2n+1) = \frac{1}{6}\left(1+\frac{1}{n}\right)\left(2+\frac{1}{n}\right).$$

因为 $\lambda = \frac{1}{n}$,当 $\lambda \to 0$ 时,$n \to \infty$,所以

$$\int_0^1 x^2 \mathrm{d}x = \lim_{\lambda \to 0}\sum_{i=1}^n f(\xi_i)\Delta x_i = \lim_{n \to \infty}\frac{1}{6}\left(1+\frac{1}{n}\right)\left(2+\frac{1}{n}\right) = \frac{1}{3}.$$

例 2 用定积分的几何意义求 $\int_0^1 (1-x)\mathrm{d}x$.

解 函数 $y=1-x$ 在区间 $[0,1]$ 上的定积分是以 $y=1-x$ 为曲边,以区间 $[0,1]$ 为底的曲边梯形的面积.因为以 $y=1-x$ 为曲边,以区间 $[0,1]$ 为底的曲边梯形是一直角三角形,其底边长及高均为 1,所以

$$\int_0^1 (1-x)\mathrm{d}x = \frac{1}{2} \times 1 \times 1 = \frac{1}{2}.$$

三、定积分的性质

两点规定:

(1) 当 $a=b$ 时, $\int_a^b f(x)\mathrm{d}x = 0$.

(2) 当 $a>b$ 时, $\int_a^b f(x)\mathrm{d}x = -\int_b^a f(x)\mathrm{d}x$.

性质 1 函数的和(差)的定积分等于它们的定积分的和(差),即

$$\int_a^b [f(x) \pm g(x)]\mathrm{d}x = \int_a^b f(x)\mathrm{d}x \pm \int_a^b g(x)\mathrm{d}x.$$

性质 2 被积函数的常数因子可以提到积分号外面,即

$$\int_a^b kf(x)\mathrm{d}x = k\int_a^b f(x)\mathrm{d}x.$$

性质 3 如果将积分区间分成两部分,则在整个区间上的定积分等于这两部分区间上定积分之和,即

$$\int_a^b f(x)\mathrm{d}x = \int_a^c f(x)\mathrm{d}x + \int_c^b f(x)\mathrm{d}x.$$

这个性质表明:定积分对于积分区间具有可加性.

值得注意的是,不论 a,b,c 的相对位置如何,总有等式

$$\int_a^b f(x)\mathrm{d}x = \int_a^c f(x)\mathrm{d}x + \int_c^b f(x)\mathrm{d}x$$

成立.例如,当 $a<b<c$ 时,由于

$$\int_a^c f(x)\mathrm{d}x = \int_a^b f(x)\mathrm{d}x + \int_b^c f(x)\mathrm{d}x,$$

于是有

$$\int_a^b f(x)\mathrm{d}x = \int_a^c f(x)\mathrm{d}x - \int_b^c f(x)\mathrm{d}x = \int_a^c f(x)\mathrm{d}x + \int_c^b f(x)\mathrm{d}x.$$

性质 4 如果在区间 $[a,b]$ 上 $f(x) \equiv 1$,则

$$\int_a^b 1 \mathrm{d}x = \int_a^b \mathrm{d}x = b - a.$$

性质 5　如果在区间 $[a,b]$ 上 $f(x) \geqslant 0$,则

$$\int_a^b f(x)\mathrm{d}x \geqslant 0 \quad (a < b).$$

推论 1　如果在区间 $[a,b]$ 上 $f(x) < g(x)$,则

$$\int_a^b f(x)\mathrm{d}x \leqslant \int_a^b g(x)\mathrm{d}x \quad (a < b).$$

推论 2　$\left| \int_a^b f(x)\mathrm{d}x \right| \leqslant \int_a^b |f(x)|\mathrm{d}x \quad (a < b).$

性质 6　设 M 及 m 分别是函数 $f(x)$ 在区间 $[a,b]$ 上的最大值及最小值,则

$$m(b-a) \leqslant \int_a^b f(x)\mathrm{d}x \leqslant M(b-a) \quad (a < b).$$

性质 7　(定积分中值定理)如果函数 $f(x)$ 在闭区间 $[a,b]$ 上连续,则在积分区间 (a,b) 上至少存在一个点 ξ,使下式成立:

$$\int_a^b f(x)\mathrm{d}x = f(\xi)(b-a).$$

这个公式叫做积分中值公式.

应注意:不论 $a < b$ 还是 $a > b$,积分中值公式都成立.

习　题　一

1. 不计算定积分,直接比较下列各组积分值的大小.

(1) $\int_0^1 x\mathrm{d}x$ 与 $\int_0^1 x^2 \mathrm{d}x$;　　　　(2) $\int_0^1 \mathrm{e}^x \mathrm{d}x$ 与 $\int_0^1 \mathrm{e}^{x^2} \mathrm{d}x$;

(3) $\int_0^{\frac{\pi}{2}} x\mathrm{d}x$ 与 $\int_0^{\frac{\pi}{2}} \sin x\mathrm{d}x$;　　　　(4) $\int_0^1 \mathrm{e}^x \mathrm{d}x$ 与 $\int_0^1 (1+x)\mathrm{d}x$.

2. 估计下列各积分的值.

(1) $\int_{\frac{\pi}{4}}^{\frac{5\pi}{4}} (1 + \sin^2 x)\mathrm{d}x$;　　　　(2) $\int_{\frac{1}{\sqrt{3}}}^{\sqrt{3}} x\arctan x\mathrm{d}x$;

(3) $\int_1^2 \frac{x}{1+x^2}\mathrm{d}x$;　　　　(4) $\int_0^{-2} x\mathrm{e}^x\mathrm{d}x$.

3. 用定积分表示如图 4-3 所示的各图形阴影部分的面积.

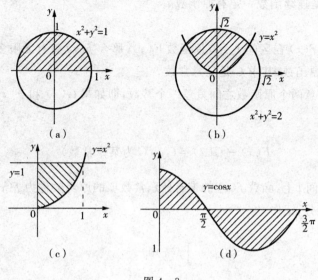

图 4 - 3

4. 画出由下列各定积分表示的曲边梯形面积的图形.

(1) $\displaystyle\int_0^2 (x+1)\mathrm{d}x$;　　　　　　(2) $\displaystyle\int_1^2 (1+2x+x^2)\mathrm{d}x$;

(3) $\displaystyle\int_0^1 (x^2+1)\mathrm{d}x$;　　　　　　(4) $\displaystyle\int_0^1 (4x-2x^2)\mathrm{d}x$.

第二节　　不定积分的概念与性质

一、原函数与不定积分的概念

定义 1　如果在区间 I 上可导函数 $F(x)$ 的导函数为 $f(x)$,即对任一 $x \in I$,都有

$$F'(x)=f(x) \text{ 或 } \mathrm{d}F(x)=f(x)\mathrm{d}x,$$

那么函数 $F(x)$ 就称为 $f(x)$(或 $f(x)\mathrm{d}x$) 在区间 I 上的一个原函数.

例如,因为 $(\sin x)'=\cos x$,所以 $\sin x$ 是 $\cos x$ 的原函数;又如当 $x \in (1,+\infty)$ 时,因为 $(\sqrt{x})'=\dfrac{1}{2\sqrt{x}}$,所以 $\sqrt{x}$ 是 $\dfrac{1}{2\sqrt{x}}$ 的原函数.

思考: $\cos x$ 和 $\dfrac{1}{2\sqrt{x}}$ 还有其他原函数吗?

原函数存在定理:如果函数 $f(x)$ 在区间 I 上连续,那么在区间 I 上存在可导函数 $F(x)$,使对任一 $x \in I$ 都有

$$F'(x)=f(x).$$

简单地说，就是连续函数一定有原函数.

两点说明：

(1) 如果函数 $f(x)$ 在区间 I 上有原函数 $F(x)$，那么 $f(x)$ 就有无限多个原函数. $F(x)$ $+C$ 都是 $f(x)$ 的原函数，其中 C 是任意常数.

(2) $f(x)$ 的任意两个原函数之间只差一个常数，即如果 $G(x)$ 和 $F(x)$ 都是 $f(x)$ 的原函数，则

$$F(x)-G(x)=C \quad （C 为某个常数）.$$

定义2 在区间 I 上，函数 $f(x)$ 的带有任意常数项的原函数称为 $f(x)$（或 $f(x)\mathrm{d}x$）在区间 I 上的不定积分，记作

$$\int f(x)\mathrm{d}x.$$

其中，记号 $\int$ 称为积分号，$f(x)$ 称为被积函数，$f(x)\mathrm{d}x$ 称为被积表达式，x 称为积分变量.

根据定义，如果 $F(x)$ 是 $f(x)$ 在区间 I 上的一个原函数，那么 $F(x)+C$ 就是 $f(x)$ 的不定积分，即

$$\int f(x)\mathrm{d}x=F(x)+C.$$

因而不定积分 $\int f(x)\mathrm{d}x$ 可以表示 $f(x)$ 的任意一个原函数.

例1 求下列函数的原函数：

$(1)\cos x;(2)\dfrac{1}{2\sqrt{x}}.$

解 因为 $\sin x$ 是 $\cos x$ 的一个原函数，所以

$$\int \cos x\mathrm{d}x=\sin x+C.$$

因为 $\sqrt{x}$ 是 $\dfrac{1}{2\sqrt{x}}$ 的一个原函数，所以

$$\int \frac{1}{2\sqrt{x}}\mathrm{d}x=\sqrt{x}+C.$$

例2 求函数 $f(x)=\dfrac{1}{x}$ 的不定积分.

解 当 $x>0$ 时，$(\ln x)'=\dfrac{1}{x}.$ 则

$$\int \frac{1}{x}\mathrm{d}x=\ln x+C(x>0);$$

当 $x < 0$ 时，$[\ln(-x)]' = \dfrac{1}{-x} \cdot (-1) = \dfrac{1}{x}$. 则

$$\int \frac{1}{x}dx = \ln(-x) + C(x < 0).$$

合并上面两式，得到

$$\int \frac{1}{x}dx = \ln|x| + C(x \neq 0).$$

例3 设曲线通过点 $(1,2)$ 且其上任一点处的切线斜率等于这点横坐标的两倍. 求此曲线的方程.

解 设所求的曲线方程为 $y = f(x)$，按题设曲线上任一点 (x,y) 处的切线斜率为 $y' = f'(x) = 2x$，即 $f(x)$ 是 $2x$ 的一个原函数.

因为 $\int 2x dx = x^2 + C$，故必有某个常数 C 使 $f(x) = x^2 + C$，即曲线方程为 $y = x^2 + C$.

因所求曲线通过点 $(1,2)$，代入方程得

$$2 = 1 + C, C = 1.$$

于是，所求曲线方程为 $y = x^2 + 1$.

积分曲线：函数 $f(x)$ 的原函数的图形称为 $f(x)$ 的积分曲线.

从不定积分的定义，即可知下述关系：

$$\frac{\mathrm{d}}{\mathrm{d}x}\Big[\int f(x)\mathrm{d}x\Big] = f(x)$$

或

$$\mathrm{d}\Big[\int f(x)\mathrm{d}x\Big] = f(x)\mathrm{d}x;$$

又由于 $F(x)$ 是 $F'(x)$ 的原函数，所以

$$\int F'(x)\mathrm{d}x = F(x) + C,$$

或记作

$$\int \mathrm{d}F(x) = F(x) + C.$$

由此可见，微分运算（以记号 d 表示）与求不定积分的运算（简称积分运算，以记号 $\int$ 表示）是互逆的，当记号 $\int$ 与 d 连在一起时，或者抵消或者抵消后差一个常数.

二、基本积分表

$(1)\displaystyle\int k\mathrm{d}x = kx + C(k \text{ 是常数})$; $\qquad (2)\displaystyle\int x^{\mu}\mathrm{d}x = \dfrac{1}{\mu+1}x^{\mu+1} + C$;

$(3) \displaystyle\int \frac{1}{x}\mathrm{d}x = \ln|x| + C;$ $(4) \displaystyle\int \mathrm{e}^x \mathrm{d}x = \mathrm{e}^x + C;$

$(5) \displaystyle\int a^x \mathrm{d}x = \frac{a^x}{\ln a} + C;$ $(6) \displaystyle\int \cos x \mathrm{d}x = \sin x + C;$

$(7) \displaystyle\int \sin x \mathrm{d}x = -\cos x + C;$ $(8) \displaystyle\int \sec^2 x \mathrm{d}x = \tan x + C;$

$(9) \displaystyle\int \csc^2 x \mathrm{d}x = -\cot x + C;$ $(10) \displaystyle\int \frac{1}{1+x^2}\mathrm{d}x = \arctan x + C;$

$(11) \displaystyle\int \frac{1}{\sqrt{1-x^2}}\mathrm{d}x = \arcsin x + C;$ $(12) \displaystyle\int -\frac{1}{\sqrt{1-x^2}}\mathrm{d}x = \arccos x + C;$

$(13) \displaystyle\int \sec x \tan x \mathrm{d}x = \sec x + C;$ $(14) \displaystyle\int -\frac{1}{1+x^2}\mathrm{d}x = \mathrm{arccot}\, x + C;$

$(15) \displaystyle\int \csc x \cot x \mathrm{d}x = -\csc x + C.$

例 4 求 $\displaystyle\int \frac{1}{x^3}\mathrm{d}x.$

解 $\displaystyle\int \frac{1}{x^3}\mathrm{d}x = \int x^{-3}\mathrm{d}x = \frac{1}{-3+1}x^{-3+1} + C = -\frac{1}{2x^2} + C.$

例 5 求 $\displaystyle\int x^2 \sqrt{x}\, \mathrm{d}x.$

解 $\displaystyle\int x^2 \sqrt{x}\, \mathrm{d}x = \int x^{\frac{5}{2}}\mathrm{d}x = \frac{2}{7}x^{\frac{7}{2}} + C.$

三、不定积分的性质

性质 1 函数的和的不定积分等于各个函数的不定积分的和,即

$$\int [f(x) + g(x)]\mathrm{d}x = \int f(x)\mathrm{d}x + \int g(x)\mathrm{d}x.$$

性质 2 求不定积分时,被积函数中不为零的常数因子可以提到积分号外面来,即

$$\int k f(x)\mathrm{d}x = k\int f(x)\mathrm{d}x (k \text{ 是常数}, k \neq 0).$$

例 6 求 $\displaystyle\int \sqrt{x}(x^2 - 5)\mathrm{d}x.$

解 $\displaystyle\int \sqrt{x}(x^2 - 5)\mathrm{d}x = \int (x^{\frac{5}{2}} - 5x^{\frac{1}{2}})\mathrm{d}x = \int x^{\frac{5}{2}}\mathrm{d}x - \int 5x^{\frac{1}{2}}\mathrm{d}x = \frac{2}{7}x^{\frac{7}{2}} - \frac{10}{3}x^{\frac{3}{2}} + C.$

例 7 求 $\displaystyle\int \frac{(x-1)^3}{x^2}\mathrm{d}x.$

解 $\displaystyle\int \frac{(x-1)^3}{x^2}\mathrm{d}x = \int \frac{x^3 - 3x^2 + 3x - 1}{x^2}\mathrm{d}x = \int (x - 3 + \frac{3}{x} - \frac{1}{x^2})\mathrm{d}x$

$\qquad = \displaystyle\int x\mathrm{d}x - 3\int \mathrm{d}x + 3\int \frac{1}{x}\mathrm{d}x - \int \frac{1}{x^2}\mathrm{d}x = \frac{1}{2}x^2 - 3x + 3\ln|x| + \frac{1}{x} + C.$

例 8   求 $\displaystyle\int(\mathrm{e}^x - 3\cos x)\mathrm{d}x.$

解 $\displaystyle\int(\mathrm{e}^x - 3\cos x)\mathrm{d}x = \int\mathrm{e}^x\mathrm{d}x - 3\int\cos x\mathrm{d}x = \mathrm{e}^x - 3\sin x + C.$

例 9   求 $\displaystyle\int 2^x\mathrm{e}^x\mathrm{d}x.$

解 $\displaystyle\int 2^x\mathrm{e}^x\mathrm{d}x = \int(2\mathrm{e})^x\mathrm{d}x = \frac{(2\mathrm{e})^x}{\ln(2\mathrm{e})} + C = \frac{2^x\mathrm{e}^x}{1 + \ln 2} + C.$

例 10   求 $\displaystyle\int\frac{1 + x + x^2}{x(1 + x^2)}\mathrm{d}x.$

解 $\displaystyle\int\frac{1 + x + x^2}{x(1 + x^2)}\mathrm{d}x = \int\frac{x + (1 + x^2)}{x(1 + x^2)}\mathrm{d}x = \int\left(\frac{1}{1 + x^2} + \frac{1}{x}\right)\mathrm{d}x$

$$= \int\frac{1}{1 + x^2}\mathrm{d}x + \int\frac{1}{x}\mathrm{d}x = \arctan x + \ln\mid x\mid + C.$$

例 11   求 $\displaystyle\int\frac{x^4}{1 + x^2}\mathrm{d}x$

解 $\displaystyle\int\frac{x^4}{1 + x^2}\mathrm{d}x = \int\frac{x^4 - 1 + 1}{1 + x^2}\mathrm{d}x = \int\frac{(x^2 + 1)(x^2 - 1) + 1}{1 + x^2}\mathrm{d}x$

$$= \int\left(x^2 - 1 + \frac{1}{1 + x^2}\right)\mathrm{d}x = \int x^2\mathrm{d}x - \int\mathrm{d}x + \int\frac{1}{1 + x^2}\mathrm{d}x$$

$$= \frac{1}{3}x^3 - x + \arctan x + C.$$

例 12   求 $\displaystyle\int\tan^2 x\mathrm{d}x.$

解 $\displaystyle\int\tan^2 x\mathrm{d}x = \int(\sec^2 x - 1)\mathrm{d}x = \int\sec^2 x\mathrm{d}x - \int 1\mathrm{d}x$

$$= \tan x - x + C.$$

例 13   求 $\displaystyle\int\sin^2\frac{x}{2}\mathrm{d}x.$

解 $\displaystyle\int\sin^2\frac{x}{2}\mathrm{d}x = \int\frac{1 - \cos x}{2}\mathrm{d}x = \frac{1}{2}\int(1 - \cos x)\mathrm{d}x$

$$= \frac{1}{2}(x - \sin x) + C.$$

例 14   求 $\displaystyle\int\frac{1}{\sin^2\frac{x}{2}\cos^2\frac{x}{2}}\mathrm{d}x.$

解 $\displaystyle\int\frac{1}{\sin^2\frac{x}{2}\cos^2\frac{x}{2}}\mathrm{d}x = 4\int\frac{1}{\sin^2 x}\mathrm{d}x = -4\cot x + C.$

习　题　二

1. 求下列不定积分.

(1) $\int x\sqrt{x}\,\mathrm{d}x$;

(2) $\int x^3(1+x)^2\,\mathrm{d}x$;

(3) $\int (x^2-5x+6)\,\mathrm{d}x$;

(4) $\int \dfrac{\mathrm{d}x}{x^2\sqrt{x}}$;

(5) $\int (\sqrt[3]{x}-\dfrac{1}{\sqrt{x}})\,\mathrm{d}x$;

(6) $\int (2^x+x^2)\,\mathrm{d}x$;

(7) $\int \dfrac{x^2}{1+x^2}\,\mathrm{d}x$;

(8) $\int \dfrac{(1-x)^2}{\sqrt{x}}\,\mathrm{d}x$;

(9) $\int \mathrm{e}^x(1-\dfrac{\mathrm{e}^{-x}}{\sqrt{x}})\,\mathrm{d}x$;

(10) $\int \sqrt{x\sqrt{x\sqrt{x}}}\,\mathrm{d}x$;

(11) $\int \dfrac{\mathrm{d}x}{x^2(1+x^2)}$;

(12) $\int \dfrac{\mathrm{e}^{2t}-1}{\mathrm{e}^t-1}\,\mathrm{d}t$;

(13) $\int 3^x \mathrm{e}^x\,\mathrm{d}x$;

(14) $\int \cot^2 x\,\mathrm{d}x$;

(15) $\int \sec x(\sec x-\tan x)\,\mathrm{d}x$;

(16) $\int \cos^2 \dfrac{x}{2}\,\mathrm{d}x$;

(17) $\int \dfrac{1}{\sin^2 \dfrac{x}{2}\cos^2 \dfrac{x}{2}}\,\mathrm{d}x$;

(18) $\int \dfrac{\cos 2x}{\cos x-\sin x}\,\mathrm{d}x$.

2. 一曲线通过点$(\mathrm{e}^2,3)$,且在任一点处的切线的斜率等于该点横坐标的倒数,求该曲线的方程.

第三节　微积分基本公式

一、变速直线运动中位置函数与速度函数之间的联系

设物体从某定点开始作直线运动,在 t 时刻所经过的路程为 $S(t)$,速度为 $v=v(t)=S'(t)(v(t)\geqslant 0)$,则在时间间隔$[T_1,T_2]$内物体所经过的路程 S 可表示为

$$S(T_2)-S(T_1) \text{ 及 } \int_{T_1}^{T_2} v(t)\,\mathrm{d}t,$$

即

$$\int_{T_1}^{T_2} v(t)\,\mathrm{d}t=S(T_2)-S(T_1).$$

上式表明,速度函数 $v(t)$ 在区间$[T_1,T_2]$上的定积分等于 $v(t)$ 的原函数 $S(t)$ 在区间

$[1,T]$ 上的增量.

这个特殊问题中得出的关系是否具有普遍意义呢?

二、积分上限函数及其导数

设函数 $f(x)$ 在区间 (a,b) 上连续,并且设 x 为 (a,b) 上的一点. 我们把函数 $f(x)$ 在部分区间 $[a,x]$ 上的定积分

$$\int_a^x f(x)\mathrm{d}x$$

称为积分上限的函数. 它是区间 (a,b) 上的函数,记为

$$\Phi(x) = \int_a^x f(x)\mathrm{d}x \ 或 \ \Phi(x) = \int_a^x f(t)\mathrm{d}t.$$

定理1 如果函数 $f(x)$ 在区间 (a,b) 上连续,则函数 $\Phi(x) = \int_a^x f(x)\mathrm{d}x$ 在 (a,b) 上具有导数,并且它的导数为

$$\Phi'(x) = \frac{\mathrm{d}}{\mathrm{d}x}\int_a^x f(t)\mathrm{d}t = f(x) \ (a \leqslant x < b).$$

如果 $\varphi(x)$ 是 x 的可导函数,记

$$\Phi(x) = \frac{\mathrm{d}}{\mathrm{d}x}\int_a^{\varphi(x)} f(t)\mathrm{d}t,$$

则定理1可以推广为

$$\{\Phi[4(x)]\}' = \frac{\mathrm{d}}{\mathrm{d}x}\int_a^{\varphi(x)} f(t)\mathrm{d}t = f[\varphi(x)] \cdot \varphi'(x).$$

定理2 如果函数 $f(x)$ 在区间 (a,b) 上连续,则函数

$$\Phi(x) = \int_a^x f(x)\mathrm{d}x$$

就是 $f(x)$ 在 (a,b) 上的一个原函数.

定理的重要意义:一方面肯定了连续函数的原函数是存在的,另一方面初步揭示了积分学中的定积分与原函数之间的联系.

三、牛顿-莱布尼茨公式

定理3 如果函数 $F(x)$ 是连续函数 $f(x)$ 在区间 (a,b) 上的一个原函数,则

$$\int_a^b f(x)\mathrm{d}x = F(b) - F(a).$$

此公式称为牛顿-莱布尼茨公式,也称为微积分基本公式.

这是因为 $F(x)$ 和 $\Phi(x) = \int_a^x f(t)\mathrm{d}t$ 都是 $f(x)$ 的原函数,所以存在常数 C,使

$$F(x) - \Phi(x) = C (C \text{ 为某一常数}).$$

由 $F(A) - \Phi(A) = C$ 及 $\Phi(A) = 0$，得 $F(A) = C, F(x) - \Phi(x) = F(A).$

由 $F(b) - \Phi(b) = F(A)$，得 $\Phi(b) = F(b) - F(A)$，即

$$\int_a^b f(x)\mathrm{d}x = F(b) - F(a).$$

证明: 已知函数 $F(x)$ 是连续函数 $f(x)$ 的一个原函数，又根据定理 2，积分上限函数

$$\Phi(x) = \int_a^x f(t)\mathrm{d}t$$

也是 $f(x)$ 的一个原函数．于是有一常数 C，使

$$F(x) - \Phi(x) = C \quad (a \leqslant x \leqslant b).$$

当 $x = a$ 时，有 $F(A) - \Phi(A) = C$，而 $\Phi(A) = 0$，所以 $F(A) = C$；当 $x = b$ 时，$\Phi(b) = F(b) - F(A)$，所以 $\Phi(b) = F(b) - F(A)$，即

$$\int_a^b f(x)\mathrm{d}x = F(b) - F(a).$$

为了方便起见，可把 $F(b) - F(A)$ 记成 $F(x)\Big|_a^b$，于是

$$\int_a^b f(x)\mathrm{d}x = F(x)\Big|_a^b = F(b) - F(a).$$

牛顿-莱布尼茨公式进一步揭示了定积分与被积函数的原函数或不定积分之间的联系．

例 1　计算 $\int_0^1 x^2 \mathrm{d}x.$

解　由于 $\dfrac{1}{3}x^3$ 是 x^2 的一个原函数，所以

$$\int_0^1 x^2 \mathrm{d}x = \frac{1}{3}x^3 \Big|_0^1 = \frac{1}{3} \cdot 1^3 - \frac{1}{3} \cdot 0^3 = \frac{1}{3}.$$

例 2　计算 $\int_{-1}^{\sqrt{3}} \dfrac{\mathrm{d}x}{1+x^2}.$

解　由于 $\arctan x$ 是 $\dfrac{1}{1+x^2}$ 的一个原函数，所以

$$\int_{-1}^{\sqrt{3}} \frac{\mathrm{d}x}{1+x^2} = \arctan x \Big|_{-1}^{\sqrt{3}} = \arctan\sqrt{3} - \arctan(-1) = \frac{7}{12}\pi.$$

例 3　计算 $\int_{-2}^{-1} \dfrac{1}{x}\mathrm{d}x.$

解 $\int_{-2}^{-1} \dfrac{1}{x} \mathrm{d}x = \ln|x| \ \Big|_{-2}^{-1} = \ln 1 - \ln 2 = -\ln 2.$

例 4 计算正弦曲线 $y = \sin x$ 在 $[0,\pi]$ 上与 x 轴所围成的平面图形的面积.

解 这图形是曲边梯形的一个特例.它的面积

$$A = \int_0^\pi \sin x \, \mathrm{d}x = -\cos x \ \Big|_0^\pi = 2.$$

例 5 计算 $\int_2^4 |x-3| \mathrm{d}x.$

解 由于在区间 $[2,3]$ 上, $|x-3| = 3-x$;在区间 $[3,4]$ 上, $|x-3| = x-3$,所以

$$\int_2^4 |x-3| \mathrm{d}x = \int_2^3 (3-x) \, \mathrm{d}x + \int_3^4 (x-3) \, \mathrm{d}x = \left(3x - \frac{1}{2}x^2\right) \Big|_2^3 + \left(\frac{1}{2}x^2 - 3x\right) \Big|_3^4 = 1.$$

注意:在计算定积分时,如果遇到被积函数带有绝对值符号,首先要去绝对值符号.

习　题　三

1. 计算下列定积分.

(1) $\int_1^3 x^3 \mathrm{d}x$;

(2) $\int_4^9 \sqrt{x}\left(1 + \sqrt{x} - \dfrac{1}{x}\right) \mathrm{d}x$;

(3) $\int_{\frac{\sqrt{3}}{3}}^{\sqrt{3}} \dfrac{1}{1+x^2} \mathrm{d}x$;

(4) $\int_0^{\frac{\pi}{4}} \tan^2 x \mathrm{d}x$;

(5) $\int_0^{2\pi} \cos^2 \dfrac{t}{2} \mathrm{d}t$;

2. 计算下列定积分.

(1) $\int_0^3 |x-2| \mathrm{d}x$;

(2) $\int_0^{2\pi} \sqrt{1+\cos 2x} \, \mathrm{d}x$;

(3) 设 $f(x) = \begin{cases} 1-x^2, & -1 \leqslant x \leqslant 0, \\ x+1, & 0 < x \leqslant 1, \end{cases}$ 求 $\int_{-\frac{1}{2}}^{\frac{1}{2}} f(x) \mathrm{d}x.$

4. 求下列函数的导数.

(1) $f(x) = \int_0^x \mathrm{e}^{-t^2} \mathrm{d}t$;

(2) $f(x) = \int_{\sqrt{x}}^1 \sqrt{1+t^2} \, \mathrm{d}t.$

第四节　积分计算方法

由上节内容可知,在现实中要求定积分只要找出被积函数的一个原函数即可,从本节开始将介绍求积分的三种方法,这节首先看换元法.

一、第一类换元(凑微分法)

设 $f(u)$ 有原函数 $F(u)$,$u=\varphi(x)$,且 $\varphi(x)$ 可导,那么根据复合函数微分法,有

$$\mathrm{d}F[\varphi(x)]=\mathrm{d}F(u)=F'(u)\mathrm{d}u=F'[\varphi(x)]\mathrm{d}\varphi(x)=F'[\varphi(x)]\varphi'(x)\mathrm{d}x,$$

所以

$$F'[\varphi(x)]\varphi'(x)\mathrm{d}x=F'[\varphi(x)]\mathrm{d}\varphi(x)=F'(u)\mathrm{d}u=\mathrm{d}F(u)=\mathrm{d}F[\varphi(x)],$$

因此

$$\int F'[\varphi(x)]\varphi'(x)\mathrm{d}x=\int F'[\varphi(x)]\mathrm{d}\varphi(x)$$

$$=\int F'(u)\mathrm{d}u=\int \mathrm{d}F(u)=\int \mathrm{d}F[\varphi(x)]=F[\varphi(x)]+C.$$

即

$$\int f[\varphi(x)]\varphi'(x)\mathrm{d}x=\int f[\varphi(x)]\mathrm{d}\varphi(x)=\left[\int f(u)\mathrm{d}u\right]_{u=\varphi(x)}$$

$$=F(u)\mid_{u=\varphi(x)}+C=F[\varphi(x)]+C.$$

定理 1　设 $f(u)$ 具有原函数,$u=\varphi(x)$ 可导,则有换元公式

$$\int g(x)\mathrm{d}x=\int f[\varphi(x)]\varphi'(x)\mathrm{d}x=\int f[\varphi(x)]\mathrm{d}\varphi(x)$$

$$=\int f(u)\mathrm{d}u=F(u)+C=F[\varphi(x)]+C.$$

被积表达式中的 $\mathrm{d}x$ 可当做变量 x 的微分来对待,从而微分等式 $\varphi'(x)\mathrm{d}x=\mathrm{d}u$ 可以应用到被积表达式中.

在求积分 $\int g(x)\mathrm{d}x$ 时,如果函数 $g(x)$ 可以化为 $g(x)=f[\varphi(x)]\varphi'(x)$ 的形式,那么

$$\int g(x)\mathrm{d}x=\int f[\varphi(x)]\varphi'(x)\mathrm{d}x=\left[\int f(u)\mathrm{d}u\right]_{u=\varphi(x)}.$$

例 1　计算 $\int 2\cos2x\mathrm{d}x$.

解　原式 $=\int \cos2x \cdot (2x)'\mathrm{d}x=\int \cos2x\mathrm{d}(2x)$

$$\xrightarrow{\text{令}2x=u} \int \cos u\mathrm{d}u=\sin u+C=\sin2x+C.$$

例 2 计算 $\int \dfrac{1}{3+2x}\mathrm{d}x.$

解 原式 $= \dfrac{1}{2}\int \dfrac{1}{3+2x}(3+2x)'\mathrm{d}x = \dfrac{1}{2}\int \dfrac{1}{3+2x}\mathrm{d}(3+2x)$

$\xrightarrow{\text{令}\ 3+2x\,=\,u}\ \dfrac{1}{2}\int \dfrac{1}{u}\mathrm{d}u = \dfrac{1}{2}\ln|u| + C = \dfrac{1}{2}\ln|3+2x| + C.$

例 3 计算 $\int 2x\mathrm{e}^{x^2}\mathrm{d}x.$

解 原式 $= \int \mathrm{e}^{x^2}(x^2)'\mathrm{d}x = \int \mathrm{e}^{x^2}\mathrm{d}(x^2) \xrightarrow{\text{令}\ x^2\,=\,u} \int \mathrm{e}^u\mathrm{d}u$

$= \mathrm{e}^u + C = \mathrm{e}^{x^2} + C.$

例 4 计算 $\int x\sqrt{1-x^2}\,\mathrm{d}x.$

解 原式 $= \dfrac{1}{2}\int \sqrt{1-x^2}(x^2)'\mathrm{d}x = \dfrac{1}{2}\int \sqrt{1-x^2}\,\mathrm{d}x^2$

$= -\dfrac{1}{2}\int \sqrt{1-x^2}\,\mathrm{d}(1-x^2) \xrightarrow{\text{令}\ 1-x^2\,=\,u} -\dfrac{1}{2}\int u^{\frac{1}{2}}\mathrm{d}u = -\dfrac{1}{3}u^{\frac{3}{2}} + C$

$= -\dfrac{1}{3}(1-x^2)^{\frac{3}{2}} + C.$

例 5 计算 $\int \tan x\mathrm{d}x.$

解 原式 $= \int \dfrac{\sin x}{\cos x}\mathrm{d}x = -\int \dfrac{1}{\cos x}\mathrm{d}\cos x \xrightarrow{\text{令}\ \cos x\,=\,u} -\int \dfrac{1}{u}\mathrm{d}u = -\ln|u| + C$

$= -\ln|\cos x| + C.$

即

$$\int \tan x\mathrm{d}x = -\ln|\cos x| + C.$$

类似地，可得 $\int \cot x\mathrm{d}x = \ln|\sin x| + C.$

熟练之后，变量代换就不必再写出了.

例 6 计算 $\int \dfrac{1}{a^2+x^2}\mathrm{d}x.$

解 原式 $= \dfrac{1}{a^2}\int \dfrac{1}{1+\left(\frac{x}{a}\right)^2}\mathrm{d}x = \dfrac{1}{a}\int \dfrac{1}{1+\left(\frac{x}{a}\right)^2}\mathrm{d}\dfrac{x}{a} = \dfrac{1}{a}\arctan \dfrac{x}{a} + C.$

即

$$\int \dfrac{1}{a^2+x^2}\mathrm{d}x = \dfrac{1}{a}\arctan \dfrac{x}{a} + C.$$

例 7 当 $a > 0$ 时，计算 $\int \dfrac{1}{\sqrt{a^2-x^2}}\mathrm{d}x.$

解 原式 $= \dfrac{1}{a}\int \dfrac{1}{\sqrt{1-\left(\frac{x}{a}\right)^2}}\mathrm{d}x = \int \dfrac{1}{\sqrt{1-\left(\frac{x}{a}\right)^2}}\mathrm{d}\dfrac{x}{a} = \arcsin \dfrac{x}{a} + C.$

即

$$\int \frac{1}{\sqrt{a^2-x^2}}\mathrm{d}x = \arcsin\frac{x}{a} + C.$$

注:在上述过程中,关键的一步是将原来的被积函数 $g(x)$ 写成 $f[\varphi(x)]$ 与 $\varphi'(x)$ 两个因子的乘积形式,即 $g(x)=f[\varphi(x)]\cdot\varphi'(x)$. 此时 $\varphi'(x)$ 与 $\mathrm{d}x$ 凑成 $u(=\varphi(x))$ 的微分 $\mathrm{d}u=\varphi'(x)\mathrm{d}x$,且 $f(u)$ 的原函数比较容易求得. 所以第一类换元又称凑微分法.

例 8　计算 $\displaystyle\int_1^{\mathrm{e}} \frac{\mathrm{d}x}{x(1+2\ln x)}$.

解　原式 $=\displaystyle\int_1^{\mathrm{e}} \frac{\mathrm{d}\ln x}{1+2\ln x} = \frac{1}{2}\int_1^{\mathrm{e}} \frac{\mathrm{d}(1+2\ln x)}{1+2\ln x} = \frac{1}{2}\ln|1+2\ln x|\,\Big|_1^{\mathrm{e}} = \frac{\ln 3}{2}$.

例 9　计算 $\displaystyle\int_0^{\pi} \sqrt{\sin^3 x - \sin^5 x}\,\mathrm{d}x$.

解　由于 $\sqrt{\sin^3 x - \sin^5 x} = \sqrt{\sin^3 x(1-\sin^2 x)} = \sin^{\frac{3}{2}} x\cdot|\cos x|$,且在 $\left[0,\dfrac{\pi}{2}\right]$ 上,
$|\cos x|=\cos x$;在区间 $\left[\dfrac{\pi}{2},\pi\right]$ 上,$|\cos x|=-\cos x$,所以

$$\int_0^{\pi} \sqrt{\sin^3 x - \sin^5 x}\,\mathrm{d}x = \int_0^{\pi} \sin^{\frac{3}{2}} x\,|\cos x|\,\mathrm{d}x$$

$$= \int_0^{\frac{\pi}{2}} \sin^{\frac{3}{2}} x\cos x\,\mathrm{d}x - \int_{\frac{\pi}{2}}^{\pi} \sin^{\frac{3}{2}} x\cos x\,\mathrm{d}x$$

$$= \int_0^{\frac{\pi}{2}} \sin^{\frac{3}{2}} x\,\mathrm{d}\sin x - \int_{\frac{\pi}{2}}^{\pi} \sin^{\frac{3}{2}} x\,\mathrm{d}\sin x$$

$$= \left[\frac{2}{5}\sin^{\frac{5}{2}} x\right]_0^{\frac{\pi}{2}} - \left[\frac{2}{5}\sin^{\frac{5}{2}} x\right]_{\frac{\pi}{2}}^{\pi} = \frac{2}{5} - \left(-\frac{2}{5}\right) = \frac{4}{5}.$$

注:如果忽略了 $\cos x$ 在 $\left[\dfrac{\pi}{2},\pi\right]$ 上非正,而按 $\sqrt{\sin^3 x - \sin^5 x} = \sin^{\frac{3}{2}} x\cdot\cos x$ 计算,将导致错误. 由此可见,在计算定积分时遇到被积函数带有绝对值符号时首先考虑去绝对值符号.

含三角函数的积分:

例 10　计算 $\displaystyle\int \sin^3 x\,\mathrm{d}x$.

解　原式 $=\displaystyle\int \sin^2 x\cdot\sin x\,\mathrm{d}x = -\int(1-\cos^2 x)\mathrm{d}\cos x$

$$= -\int \mathrm{d}\cos x + \int \cos^2 x\,\mathrm{d}\cos x = -\cos x + \frac{1}{3}\cos^3 x + C.$$

例 11　计算 $\displaystyle\int \sin^2 x\cos^5 x\,\mathrm{d}x$.

解　原式 $=\displaystyle\int \sin^2 x\cos^4 x\,\mathrm{d}\sin x = \int \sin^2 x\,(1-\sin^2 x)^2\,\mathrm{d}\sin x$

$$= \int (\sin^2 x - 2\sin^4 x + \sin^6 x) \mathrm{d}\sin x$$

$$= \frac{1}{3}\sin^3 x - \frac{2}{5}\sin^5 x + \frac{1}{7}\sin^7 x + C.$$

例 12 计算 $\int \cos^4 x \mathrm{d}x$.

解 原式 $= \int (\cos^2 x)^2 \mathrm{d}x = \int \left[\frac{1}{2}(1 + \cos 2x) \right]^2 \mathrm{d}x$

$$= \frac{1}{4} \int (1 + 2\cos 2x + \cos^2 2x) \mathrm{d}x = \frac{1}{4} \int \left(\frac{3}{2} + 2\cos 2x + \frac{1}{2}\cos 4x \right) \mathrm{d}x$$

$$= \frac{1}{4} \left(\frac{3}{2}x + \sin 2x + \frac{1}{8}\sin 4x \right) + C.$$

例 13 计算 $\int \cos 3x \cos 2x \mathrm{d}x$.

解 原式 $= \frac{1}{2} \int (\cos x + \cos 5x) \mathrm{d}x = \frac{1}{2}\sin x + \frac{1}{10}\sin 5x + C.$

例 14 计算 $\int \csc x \mathrm{d}x$.

解 原式 $= \int \frac{1}{\sin x} \mathrm{d}x = \int \frac{1}{2\sin \frac{x}{2}\cos \frac{x}{2}} \mathrm{d}x$

$$= \int \frac{\mathrm{d}\frac{x}{2}}{\tan \frac{x}{2}\cos^2 \frac{x}{2}} = \int \frac{\mathrm{d}\tan \frac{x}{2}}{\tan \frac{x}{2}} = \ln \left| \tan \frac{x}{2} \right| + C$$

$$= \ln |\csc x - \cot x| + C.$$

即 $\int \csc x \mathrm{d}x = \ln |\csc x - \cot x| + C.$

类似地，可以求出 $\int \sec x \mathrm{d}x = \ln |\sec x + \tan x| + C.$

二、第二类换元法

定理 2 设 $x = \varphi(t)$ 是单调的、可导的函数，并且 $\varphi'(t) \neq 0$. 又设 $f[\varphi(t)]\varphi(t)$ 具有原函数 $F(t)$，则有换元公式

$$\int f(x)\mathrm{d}x = \int f[\varphi(t)]\varphi'(t)\mathrm{d}t = F(t) = F[\varphi^{-1}(x)] + C.$$

其中，$t = \varphi^{-1}(x)$ 是 $x = \varphi(t)$ 的反函数.

这是因为

$$\{F[\varphi^{-1}(x)]\}' = F'(t)\frac{\mathrm{d}t}{\mathrm{d}x} = f[\varphi(t)]\varphi'(t)\frac{1}{\frac{\mathrm{d}x}{\mathrm{d}t}} = f[\varphi(t)] = f(x).$$

例 15 计算 $\int \sqrt{a^2 - x^2}\, \mathrm{d}x (a > 0)$.

解 设 $x = a\sin t, -\dfrac{\pi}{2} < t < \dfrac{\pi}{2}$，那么

$$\sqrt{a^2 - x^2} = \sqrt{a^2 - a^2\sin^2 t} = a\cos t,$$

由 $\mathrm{d}x = a\cos t\, \mathrm{d}t$，于是

$$\int \sqrt{a^2 - x^2}\, \mathrm{d}x = \int a\cos t \cdot a\cos t\, \mathrm{d}t$$

$$= a^2 \int \cos^2 t\, \mathrm{d}t = a^2\left(\frac{1}{2}t + \frac{1}{4}\sin 2t\right) + C.$$

因为 $t = \arcsin\dfrac{x}{a}$，$\sin 2t = 2\sin t\cos t = 2\,\dfrac{x}{a} \cdot \dfrac{\sqrt{a^2 - x^2}}{a}$，所以

$$\int \sqrt{a^2 - x^2}\, \mathrm{d}x = a^2\left(\frac{1}{2}t + \frac{1}{4}\sin 2t\right) + C = \frac{a^2}{2}\arcsin\frac{x}{a} + \frac{1}{2}x\sqrt{a^2 - x^2} + C.$$

例 16 计算 $\int \dfrac{\mathrm{d}x}{\sqrt{x^2 + a^2}} (a > 0)$.

解 设 $x = a\tan t, -\dfrac{\pi}{2} < t < \dfrac{\pi}{2}$，那么

$$\sqrt{x^2 + a^2} = \sqrt{a^2 + a^2\tan^2 t} = a\sqrt{1 + \tan^2 t} = a\sec t, \mathrm{d}x = a\sec^2 t\, \mathrm{d}t,$$

于是

$$\int \frac{\mathrm{d}x}{\sqrt{x^2 + a^2}} = \int \frac{a\sec^2 t}{a\sec t}\, \mathrm{d}t = \int \sec t\, \mathrm{d}t = \ln|\sec t + \tan t| + C.$$

因为 $\sec t = \dfrac{\sqrt{x^2 + a^2}}{a}$，$\tan t = \dfrac{x}{a}$，所以

$$\int \frac{\mathrm{d}x}{\sqrt{x^2 + a^2}} = \ln|\sec t + \tan t| + C = \ln\left(\frac{x}{a} + \frac{\sqrt{x^2 + a^2}}{a}\right) + C = \ln(x + \sqrt{x^2 + a^2}) + C_1,$$

其中，$C_1 = C - \ln a$.

例 17 计算 $\int \dfrac{\mathrm{d}x}{\sqrt{x^2 - a^2}} (a > 0)$.

解 当 $x > a$ 时，设 $x = a\sec t(0 < t < \dfrac{\pi}{2})$，那么

$$\sqrt{x^2 - a^2} = \sqrt{a^2\sec^2 t - a^2} = a\sqrt{\sec^2 t - 1} = a\tan t,$$

于是

$$\int \frac{\mathrm{d}x}{\sqrt{x^2 - a^2}} = \int \frac{a\sec t\tan t}{a\tan t}\, \mathrm{d}t = \int \sec t\, \mathrm{d}t = \ln|\sec t + \tan t| + C.$$

因为 $\tan t=\dfrac{\sqrt{x^2-a^2}}{a}$，$\sec t=\dfrac{x}{a}$，所以

$$\int\frac{\mathrm{d}x}{\sqrt{x^2-a^2}}=\ln|\sec t+\tan t|+C=\ln\left|\frac{x}{a}+\frac{\sqrt{x^2-a^2}}{a}\right|+C=\ln(x+\sqrt{x^2-a^2})+C_1,$$

其中，$C_1=C-\ln a$.

当 $x<a$ 时，令 $x=-u$，则 $u>-a$，于是

$$\int\frac{\mathrm{d}x}{\sqrt{x^2-a^2}}=-\int\frac{\mathrm{d}u}{\sqrt{u^2-a^2}}=-\ln(u+\sqrt{u^2-a^2})+C$$

$$=-\ln(-x+\sqrt{x^2-a^2})+C=\ln(-x-\sqrt{x^2-a^2})+C$$

$$=\ln\frac{-x-\sqrt{x^2-a^2}}{a^2}+C=\ln(-x-\sqrt{x^2-a^2})+C_2,$$

其中，$C_2=C-2\ln a$.

综合起来，有

$$\int\frac{\mathrm{d}x}{\sqrt{x^2-a^2}}=\ln|x+\sqrt{x^2-a^2}|+C.$$

例 18　计算 $\displaystyle\int\frac{\sqrt[3]{x}\,\mathrm{d}x}{x(\sqrt{x}+\sqrt[3]{x})}$.

解　令 $x=t^6$，则

$$原式=\int\frac{6\mathrm{d}t}{t^2+t}=6\int\left(\frac{1}{t}-\frac{1}{t+1}\right)\mathrm{d}t=6\ln\left|\frac{t}{t+1}\right|+C=6\ln\left|\frac{x^{\frac{1}{6}}}{1+x^{\frac{1}{6}}}\right|+C.$$

例 19　计算 $\displaystyle\int\frac{\mathrm{d}x}{(x+2)\sqrt{x+1}}$.

解　令 $t=\sqrt{x+1}$，则 $x=t^2-1$，$\mathrm{d}x=2t\mathrm{d}t$，于是

$$原式=\int\frac{2t\mathrm{d}t}{(t^2+1)t}=2\int\frac{\mathrm{d}t}{t^2+1}=2\arctan t+C=2\arctan\sqrt{x+1}+C.$$

补充公式：

(16) $\displaystyle\int\tan x\mathrm{d}x=-\ln|\cos x|+C$；

(17) $\displaystyle\int\cot x\mathrm{d}x=\ln|\sin x|+C$；

(18) $\displaystyle\int\sec x\mathrm{d}x=\ln|\sec x+\tan x|+C$；

(19) $\displaystyle\int\csc x\mathrm{d}x=\ln|\csc x-\cot x|+C$；

$(20) \int \dfrac{1}{a^2 + x^2} \mathrm{d}x = \dfrac{1}{a} \arctan \dfrac{x}{a} + C;$

$(21) \int \dfrac{1}{x^2 - a^2} \mathrm{d}x = \dfrac{1}{2a} \ln \left| \dfrac{x - a}{x + a} \right| + C;$

$(22) \int \dfrac{1}{\sqrt{a^2 - x^2}} \mathrm{d}x = \arcsin \dfrac{x}{a} + C;$

$(23) \int \dfrac{\mathrm{d}x}{\sqrt{x^2 + a^2}} = \ln(x + \sqrt{x^2 + a^2}) + C;$

$(24) \int \dfrac{\mathrm{d}x}{\sqrt{x^2 - a^2}} = \ln \left| x + \sqrt{x^2 - a^2} \right| + C.$

对于定积分来说,如果用换元法,就涉及积分限的变化问题,下面就定积分的换元法说明一下.

定理 2　假设函数 $f(x)$ 在区间 $[a, b]$ 上连续,函数 $x = \varphi(t)$ 满足条件:

$(1) \varphi(\alpha) = a, \varphi(\beta) = b$;

$(2) \varphi(t)$ 在 $[\alpha, \beta]$ (或 $[\beta, \alpha]$) 上具有连续导数,且其值域不超出 (a, b),

则有

$$\int_a^b f(x) \mathrm{d}x = \int_\alpha^\beta f[\varphi(t)] \varphi'(t) \mathrm{d}t.$$

这个公式叫做定积分的换元公式.

例 20　计算 $\displaystyle\int_0^a \sqrt{a^2 - x^2}\, \mathrm{d}x \, (a > 0).$

解　$\displaystyle\int_0^a \sqrt{a^2 - x^2}\, \mathrm{d}x \xlongequal{令 x = a \sin t} \int_0^{\frac{\pi}{2}} a \cos t \cdot a \cos t \, \mathrm{d}t$

$= a^2 \displaystyle\int_0^{\frac{\pi}{2}} \cos^2 t \, \mathrm{d}t = \dfrac{a^2}{2} \int_0^{\frac{\pi}{2}} (1 + \cos 2t) \, \mathrm{d}t$

$= \dfrac{a^2}{2} \left[t + \dfrac{1}{2} \sin 2t \right]_0^{\frac{\pi}{2}} = \dfrac{1}{4} \pi a^2.$

例 21　计算 $\displaystyle\int_0^4 \dfrac{x + 2}{\sqrt{2x + 1}} \mathrm{d}x.$

解　$\displaystyle\int_0^4 \dfrac{x + 2}{\sqrt{2x + 1}} \mathrm{d}x \xlongequal{令 \sqrt{2x+1} = t} \int_1^3 \dfrac{\frac{t^2 - 1}{2} + 2}{t} \cdot t \, \mathrm{d}t = \dfrac{1}{2} \int_1^3 (t^2 + 3) \, \mathrm{d}t$

$= \dfrac{1}{2} \left[\dfrac{1}{3} t^3 + 3t \right] \Big|_1^3 = \dfrac{1}{2} \left[\left(\dfrac{27}{3} + 9 \right) - \left(\dfrac{1}{3} + 3 \right) \right] = \dfrac{22}{3}.$

例 22　计算 $\displaystyle\int_1^9 x \sqrt[3]{1 - x} \, \mathrm{d}x.$

解　设 $\sqrt[3]{1 - x} = t$,则

$$原式 = -3 \int_0^{-2} (t^3 - t^6)\, dt = -66\frac{6}{7}.$$

注意:在计算定积分时,如果是用换元法一定要注意积分限的变化,换元后的定积分的积分限与换元前的积分限一定要保持上限与上限对应,下限与下限对应.

综上,一般情形下,被积函数中含有 $\sqrt{a^2-x^2}$,$\sqrt{a^2+x^2}$,$\sqrt{x^2-a^2}$,以及 $\sqrt[n]{ax+b}$ 时,积分都要用换元法积分.

当被积函数中含有 $\sqrt{a^2-x^2}$ 时,设 $x = a\sin t, t \in \left(-\frac{\pi}{2}, \frac{\pi}{2}\right)$.

当被积函数中含有 $\sqrt{a^2+x^2}$ 时,设 $x = a\tan t, t \in \left(-\frac{\pi}{2}, \frac{\pi}{2}\right)$.

当被积函数中含有 $\sqrt{x^2-a^2}$ 时,设 $x = a\sec t, t \in \left(0, \frac{\pi}{2}\right)$.

当被积函数中含有 $\sqrt[n]{ax+b}$ 时,设 $\sqrt[n]{ax+b} = t$,即 $x = \dfrac{t^n - b}{a}$.

特别地,当被积函数中含有 $\sqrt[n]{e^x+b}$ 时,设 $\sqrt[n]{e^x+b} = t$,即 $x = \ln(t^n - b)$.

三、分部积分

1. 不定积分的分部积分

设函数 $u = u(x)$ 及 $v = v(x)$ 具有连续导数. 那么,两个函数乘积的导数公式为

$$(uv)' = u'v + uv',$$

移项得 $uv' = (uv)' - u'v$. 对这个等式两边求不定积分,得

$$\int uv'\, dx = uv - \int u'v\, dx, \text{或} \int u\, dv = uv - \int v\, du,$$

这个公式称为分部积分公式.

分部积分过程:

$$\int uv'\, dx = \int u\, dv = uv - \int v\, du = uv - \int u'v\, dx = \cdots$$

例 23 计算 $\int x\cos x\, dx$.

解 原式 $= x\sin x - \int \sin x\, dx = x\sin x - \cos x + C.$

例 24 计算 $\int x^2 e^x\, dx$.

解 原式 $= x^2 e^x - 2\int x e^x\, dx = x^2 e^x - 2x e^x + 2\int e^x\, dx$

$\qquad = x^2 e^x - 2x e^x + 2e^x + C.$

例 25 计算 $\int x\ln x\, dx$.

解   原式 $= \dfrac{1}{2}x^2\ln x - \dfrac{1}{2}\displaystyle\int x^2 \cdot \dfrac{1}{x}\mathrm{d}x$

$\qquad\qquad = \dfrac{1}{2}x^2\ln x - \dfrac{1}{2}\displaystyle\int x\mathrm{d}x = \dfrac{1}{2}x^2\ln x - \dfrac{1}{4}x^2 + C.$

例 26   计算 $\displaystyle\int \arccos x\mathrm{d}x.$

解   原式 $= x\arccos x + \displaystyle\int x\dfrac{1}{\sqrt{1-x^2}}\mathrm{d}x$

$\qquad\qquad = x\arccos x - \dfrac{1}{2}\displaystyle\int (1-x^2)^{-\frac{1}{2}}\mathrm{d}(1-x^2) = x\arccos x - \sqrt{1-x^2} + C.$

例 27   计算 $\displaystyle\int x\arctan x\mathrm{d}x.$

解   原式 $= \dfrac{1}{2}x^2\arctan x - \dfrac{1}{2}\displaystyle\int x^2 \cdot \dfrac{1}{1+x^2}\mathrm{d}x$

$\qquad\qquad = \dfrac{1}{2}x^2\arctan x - \dfrac{1}{2}x + \dfrac{1}{2}\arctan x + C.$

例 28   计算 $\displaystyle\int \mathrm{e}^x\sin x\mathrm{d}x.$

解   原式 $= \mathrm{e}^x\sin x - \displaystyle\int \mathrm{e}^x\cos x\mathrm{d}x = \mathrm{e}^x\sin x - \left(\mathrm{e}^x\cos x + \displaystyle\int \mathrm{e}^x\sin x\mathrm{d}x\right)$

$\qquad\qquad = \mathrm{e}^x\sin x - \mathrm{e}^x\cos x - \displaystyle\int \mathrm{e}^x\sin x\mathrm{d}x$

所以 $2\displaystyle\int \mathrm{e}^x\sin x\mathrm{d}x = \mathrm{e}^x(\sin x - \cos x).$

所以 $\displaystyle\int \mathrm{e}^x\sin x\mathrm{d}x = \dfrac{1}{2}\mathrm{e}^x(\sin x - \cos x) + C.$

注:在反复使用分部积分的过程中,每次所选的均为同一类函数,否则不仅不会产生循环现象,反而会一来一往的回复原状.

第一换元法与分部积分法的比较:

共同点是第一步都是凑微分

$$\int f[\varphi(x)]\varphi'(x)\mathrm{d}x = \int f[\varphi(x)]\mathrm{d}\varphi(x) \underline{\ \text{令}\ \varphi(x)=u\ } \int f(u)\,\mathrm{d}u,$$

$$\int u(x)v'(x)\mathrm{d}x = \int u(x)\mathrm{d}v(x) = u(x)v(x) - \int v(x)\mathrm{d}u(x).$$

2. 定积分的分部积分法

设函数 $u(x)$、$v(x)$ 在区间 $[a,b]$ 上具有连续导数 $u'(x)$、$v'(x)$,由 $(uv)' = u'v + uv'$ 得 $u'v = uv - uv'$,把式子 $u'v = uv - uv'$ 两边同时在 $[a,b]$ 上积分得

$$\int_a^b uv'\mathrm{d}x = uv \Big|_a^b - \int_a^b u'v\mathrm{d}x \ \text{或} \int_a^b u\mathrm{d}v = uv \Big|_a^b - \int_a^b v\mathrm{d}u.$$

这就是定积分的分部积分公式.

分部积分过程:

$$\int_a^b uv'\,\mathrm{d}x = \int_a^b u\,\mathrm{d}v = uv\bigg|_a^b - \int_a^b v\,\mathrm{d}u = uv\bigg|_a^b - \int_a^b u'v\,\mathrm{d}x = \cdots$$

例 29　计算 $\displaystyle\int_0^{\frac{1}{2}} \arcsin x\,\mathrm{d}x$.

解　原式$= x\arcsin x\bigg|_0^{\frac{1}{2}} - \int_0^{\frac{1}{2}} x\,\mathrm{d}\arcsin x = \dfrac{1}{2}\cdot\dfrac{\pi}{6} - \int_0^{\frac{1}{2}} \dfrac{x}{\sqrt{1-x^2}}\,\mathrm{d}x$

$$= \dfrac{\pi}{12} + \dfrac{1}{2}\int_0^{\frac{1}{2}} \dfrac{1}{\sqrt{1-x^2}}\,\mathrm{d}(1-x^2) = \dfrac{\pi}{12} + \sqrt{1-x^2}\bigg|_0^{\frac{1}{2}} = \dfrac{\pi}{12} + \dfrac{\sqrt{3}}{2} - 1.$$

例 30　计算 $\displaystyle\int_0^1 \mathrm{e}^{\sqrt{x}}\,\mathrm{d}x$.

解　令 $\sqrt{x} = t$,则

$$原式 = 2\int_0^1 \mathrm{e}^t t\,\mathrm{d}t = 2\int_0^1 t\,\mathrm{d}\mathrm{e}^t = 2t\mathrm{e}^t\bigg|_0^1 - 2\int_0^1 \mathrm{e}^t\,\mathrm{d}t = 2e - 2\mathrm{e}^t\bigg|_0^1 = 2.$$

综上,我们大致可以总结一下使用分部积分法的一般规律. 当被积函数是下列五类函数中某两类函数的乘积时,常考虑使用分部积分法:L—— 对数函数;I—— 反三角函数;A—— 代数函数;T—— 三角函数;E—— 指数函数. 为了达到简化积分的目的,选取 u,v' 一般应符合"$LIATE$"选择法:若被积函数是这五类函数中任意两类函数的乘积,则应按照"$LIATE$"的前后顺序,先指定为 u,其余的则是 v'.

习 题 四

1. 利用凑微分法计算下列积分.

(1) $\displaystyle\int_{-2}^1 \dfrac{\mathrm{d}x}{(9+4x)^2}$;

(2) $\displaystyle\int_1^e \dfrac{1+\ln x}{x}\,\mathrm{d}x$;

(3) $\displaystyle\int_1^2 \dfrac{\mathrm{e}^{-\frac{1}{x}}}{x^2}\,\mathrm{d}x$;

(4) $\displaystyle\int_0^1 \dfrac{x^2}{1+x^6}\,\mathrm{d}x$;

(5) $\int_{\frac{1}{3}}^{1} \frac{\arctan\sqrt{x}}{\sqrt{x}\,(1+x)}\mathrm{d}x$；   (6) $\int_{0}^{\sqrt{\pi}} x\cos(x^2)\mathrm{d}x$；

(7) $\int \frac{\mathrm{d}x}{\mathrm{e}^x+\mathrm{e}^{-x}}$；   (8) $\int \frac{3x^3}{1-x^4}\mathrm{d}x$；

(9) $\int \frac{\sin x}{\cos^3 x}\mathrm{d}x$；   (10) $\int \frac{\sin x+\cos x}{(\sin x-\cos x)^3}\mathrm{d}x$；

(11) $\int \frac{1-x}{\sqrt{9-4x^2}}\mathrm{d}x$；   (12) $\int \frac{\mathrm{d}x}{x\cdot\ln x\cdot\ln\ln x}$.

2. 利用第二类换元法计算下列积分.

(1) $\int \frac{x^2\,\mathrm{d}x}{\sqrt{a^2-x^2}}$；   (2) $\int \frac{\mathrm{d}x}{\sqrt{(x^2+1)^3}}$；

(3) $\int_{\frac{\sqrt{3}}{3}a}^{a} \frac{\mathrm{d}x}{x^2\sqrt{x^2+a^2}}(a>0)$；   (4) $\int_{1}^{4} \frac{\ln x}{\sqrt{x}}\mathrm{d}x$；

(5) $\int_{1}^{5} \frac{\sqrt{x-1}}{x}\mathrm{d}x$；   (6) $\int_{0}^{4} \frac{\mathrm{d}u}{1+\sqrt{u}}$

(7) $\int_{0}^{2} \frac{\mathrm{d}x}{\sqrt{x+1}+\sqrt{(x+1)^3}}$；   (8) $\int_{0}^{a} x^2\sqrt{a^2-x^2}\,\mathrm{d}x$；

(9) $\int_{1}^{2} \frac{\sqrt{x^2-1}}{x}\mathrm{d}x$；   (10) $\int_{-1}^{1} \frac{x\,\mathrm{d}x}{\sqrt{5-4x}}$；

(11) $\int_{\frac{3}{4}}^{1} \frac{\mathrm{d}x}{\sqrt{1-x}-1}$；

3. 利用分部积分法计算下列积分.

(1) $\int x^2\mathrm{e}^{-x}\mathrm{d}x$；   (2) $\int x^3\cos 3x\mathrm{d}x$；

(3) $\int x\csc^2 x\mathrm{d}x$；   (4) $\int (x^2-1)\sin 2x\mathrm{d}x$；

(5) $\int x\sin x\cos x\mathrm{d}x$；   (6) $\int \mathrm{e}^{-2x}\sin\frac{x}{2}\mathrm{d}x$；

(7) $\int_{0}^{1} x\mathrm{e}^{-x}\mathrm{d}x$；   (8) $\int_{1}^{\mathrm{e}} \sin(\ln x)\mathrm{d}x$；

(9) $\int_{0}^{2\pi} x\cos^2 x\mathrm{d}x$；   (10) $\int_{\frac{1}{2}}^{1} \mathrm{e}^{\sqrt{2x-1}}\mathrm{d}x$；

(11) $\int_{0}^{\pi} (x\sin x)^2\mathrm{d}x$；   (12) $\int_{\frac{1}{\mathrm{e}}}^{\mathrm{e}} |\ln x|\,\mathrm{d}x$.

第五节　　定积分的应用

一、微元法

曲边梯形的面积：设 $y = f(x) \geqslant 0 \ (x \in (a,b))$，如果说积分

$$A = \int_a^b f(x)\mathrm{d}x$$

是以 (a,b) 为底的曲边梯形的面积，则积分上限函数

$$A(x) = \int_a^x f(t)\mathrm{d}t$$

就是以 $[a,x]$ 为底的曲边梯形的面积，而微分 $\mathrm{d}A(x) = f(x)\mathrm{d}x$ 表示点 x 处以 $\mathrm{d}x$ 为宽的小曲边梯形面积的近似值 $\Delta A \approx f(x)\mathrm{d}x$，$f(x)\mathrm{d}x$ 称为曲边梯形的面积元素，以 (a,b) 为底的曲边梯形的面积 A 就是以面积元素 $f(x)\mathrm{d}x$ 为被积表达式以 (a,b) 为积分区间的定积分：

$$A = \int_a^b f(x)\mathrm{d}x .$$

一般情况下，为求某一量 U，先将此量分布在某一区间 (a,b) 上，分布在 $[a,x]$ 上的量用函数 $U(x)$ 表示，再求这一量的元素 $\mathrm{d}U(x)$，设 $\mathrm{d}U(x) = u(x)\mathrm{d}x$，然后以 $u(x)\mathrm{d}x$ 为被积表达式，以 (a,b) 为积分区间求定积分，即得

$$U = \int_a^b f(x)\mathrm{d}x.$$

用这一方法求一量的值的方法称为微元法（或元素法）.

解决步骤：

(1) 分割区间，写出微元

分割区间 (a,b)，取具有代表性的任意一个小区间（不必写出下标号），记作 $[x, x + \mathrm{d}x]$，设相应的局部量为 ΔA，分析局部量 ΔA，选择函数 $f(x)$，写出近似等式：$\Delta A \approx f(x)\mathrm{d}x$，$f(x)\mathrm{d}x$ 称为微元.

(2) 求定积分得整体量

令 $\Delta x \to 0$，对这些微元求和取极限，得到的定积分就是所要求的整体量：

$$A = \int_a^b \mathrm{d}A = \int_a^b f(x)\mathrm{d}x.$$

二、几何上的应用

1. 平面图形的面积

设平面图形由上下两条曲线且上下曲线方程分别为 $y = f(x)$ 与 $y = g(x)$ 及左右两条直线 $x = a$ 与 $x = b$ 所围成，则面积元素为 $[f(x) - g(x)]\mathrm{d}x$，于是平面图形的面积为

$$S = \int_a^b \left[f(x) - g(x) \right] \mathrm{d}x.$$

类似地,由左右两条曲线且左右两条曲线方程分别为 $x = \varphi(y)$ 与 $x = \theta(y)$ 及上下两条直线 $y = d$ 与 $y = c$ 所围成,则平面图形的面积为

$$S = \int_c^d \left[\varphi(y) - \theta(y) \right] \mathrm{d}y.$$

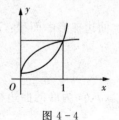

图 4 - 4

例 1　计算抛物线 $y^2 = x$、$y = x^2$ 所围成的图形的面积.

解　(1) 画图(参见图 4 - 4).

(2) 确定在 x 轴上的投影区间:$[0,1]$.

(3) 确定上下曲线:$f(x) = \sqrt{x}$,$g(x) = x^2$.

(4) 计算积分:

$$S = \int_0^1 \left(\sqrt{x} - x^2 \right) \mathrm{d}x = \left(\frac{2}{3} x^{\frac{3}{2}} - \frac{1}{3} x^3 \right) \bigg|_0^1 = \frac{1}{3}.$$

例 2　计算抛物线 $y^2 = 2x$ 与直线 $y = x - 4$ 所围成的图形的面积.

解　(1) 画图(参见图 4 - 5).

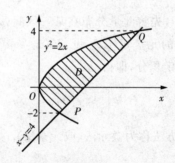

图 4 - 5

(2) 确定在 y 轴上的投影区间:$[-2,4]$.

(3) 确定左右曲线:$\varphi(y) = \frac{1}{2} y^2$,$\varphi(y) = y + 4$.

(4) 计算积分:

$$S = \int_{-2}^4 \left(y + 4 - \frac{1}{2} y^2 \right) \mathrm{d}y = \left(\frac{1}{2} y^2 + 4y - \frac{1}{6} y^3 \right) \bigg|_{-2}^4 = 18.$$

例 3　求椭圆 $\dfrac{x^2}{a^2} + \dfrac{y^2}{b^2} = 1$ 所围成的图形的面积.

解　设整个椭圆的面积是椭圆在第一象限部分的四倍,椭圆在第一象限部分在 x 轴上的投影区间为 $[0,a]$,因为面积元素为 $y\mathrm{d}x$,所以

$$S = 4 \int_0^a y\mathrm{d}x.$$

椭圆的参数方程为

$$x = a\cos t, \quad y = b\sin t,$$

于是

$$S = 4\int_0^a y\,\mathrm{d}x = 4\int_{\frac{\pi}{2}}^0 b\sin t\,\mathrm{d}(a\cos t) = -4ab\int_{\frac{\pi}{2}}^0 \sin^2 t\,\mathrm{d}t$$

$$= 2ab\int_0^{\frac{\pi}{2}} (1 - \cos 2t)\,\mathrm{d}t = 2ab \cdot \frac{\pi}{2} = ab\pi.$$

2. 体 积

(1) 旋转体的体积

旋转体就是由一个平面图形绕这平面内一条直线旋转一周而成的立体,这直线叫做旋转轴. 常见的旋转体有圆柱、圆锥、圆台、球体.

旋转体都可以看做是由连续曲线 $y = f(x)$、直线 $x = a$、$x = b$ 及 x 轴所围成的曲边梯形绕 x 轴旋转一周而成的立体(如图 4-6 所示).

设过区间 (a,b) 内点 x 且垂直于 x 轴的平面左侧的旋转体的体积为 $V(x)$,当平面左右平移 $\mathrm{d}x$ 后,体积的增量近似为 $\Delta V = \pi\left[f(x)\right]^2\mathrm{d}x$,于是体积元素为 $\mathrm{d}V = \pi\left[f(x)\right]^2\mathrm{d}x$,旋转体的体积为

$$V = \int_a^b \pi\left[f(x)\right]^2\mathrm{d}x.$$

例 4　连接坐标原点 O 及点 $P(h,r)$ 的直线、直线 $x = h$ 及 x 轴围成一个直角三角形,将它绕 x 轴旋转构成一个底半径为 r、高为 h 的圆锥体,计算这圆锥体的体积.

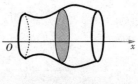

图 4-6

解　直角三角形斜边的直线方程为 $y = \dfrac{r}{h}x$. 所求圆锥体的体积为

$$V = \int_0^h \pi\left(\frac{r}{h}x\right)^2\mathrm{d}x = \frac{\pi r^2}{h^2}\left[\frac{1}{3}x^3\right]_0^h = \frac{1}{3}\pi h r^2.$$

例 5　计算由椭圆 $\dfrac{x^2}{a^2} + \dfrac{y^2}{b^2} = 1$ 所围成的图形绕 x 轴旋转而成的旋转体(旋转椭球体)的体积.

解　这个旋转椭球体也可以看做是由半个椭圆

$$y = \frac{b}{a}\sqrt{a^2 - x^2}$$

及 x 轴围成的图形绕 x 轴旋转而成的立体,体积元素为

$$\mathrm{d}V = \pi y^2 \mathrm{d}x,$$

于是所求旋转椭球体的体积为

$$V = \int_{-a}^{a} \pi \frac{b^2}{a^2}(a^2 - x^2)\mathrm{d}x = \pi \frac{b^2}{a^2}\left[a^2 x - \frac{1}{3}x^3\right]_{-a}^{a} = \frac{4}{3}\pi ab^2.$$

例6 计算由摆线 $x = a(t - \sin t)$,$y = a(1 - \cos t)$ 的一拱直线 $y = 0$ 所围成的图形分别绕 x 轴、y 轴旋转而成的旋转体的体积.

解 所给图形绕 x 轴旋转而成的旋转体的体积为

$$V_x = \int_0^{2\pi a} \pi y^2 \mathrm{d}x = \pi \int_0^{2\pi} a^2 (1 - \cos t)^2 \cdot a(1 - \cos t)\mathrm{d}t$$

$$= \pi a^3 \int_0^{2\pi} (1 - 3\cos t + 3\cos^2 t - \cos^3 t)\mathrm{d}t$$

$$= 5\pi^2 a^3.$$

所给图形绕 y 轴旋转而成的旋转体的体积是两个旋转体体积的差,设曲线左半边为 $x = x_1(y)$、右半边为 $x = x_2(y)$. 则

$$V_y = \int_0^{2a} \pi x_2^2(y)\mathrm{d}y - \int_0^{2a} \pi x_1^2(y)\mathrm{d}y$$

$$= \pi \int_{2\pi}^{\pi} a^2 (t - \sin t)^2 \cdot a\sin t\mathrm{d}t - \pi \int_0^{\pi} a^2 (t - \sin t)^2 \cdot a\sin t\mathrm{d}t$$

$$= -\pi a^3 \int_0^{2\pi} (t - \sin t)^2 \sin t\mathrm{d}t$$

$$= 6\pi^3 a^3.$$

(2) 平行截面面积为已知的立体的体积

设立体在 x 轴的投影区间为 (a, b),过点 x 且垂直于 x 轴的平面与立体相截,截面面积为 $A(x)$,则体积元素为 $A(x)\mathrm{d}x$,立体的体积为

$$V = \int_a^b A(x)\mathrm{d}x.$$

例7 为了修建水库,需要拦河修筑土坝,若某段河床的横向坡度为 1:100,土坝的顶宽为 4m,横断面为等腰梯形,边坡为 1:2,一端的坝高为 10m. 求修筑 100m 长的土坝所需的土方量.

解 建立 xOy 直角坐标系如图 4-7 所示,

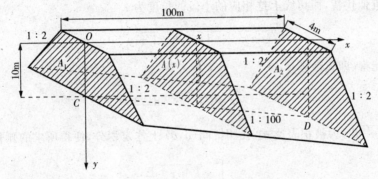

图 4-7

则过 $C(0,10)$ 和 $D(100,11)$ 两点的直线方程为

$$y = \frac{1}{100}x + 10,$$

从而对应于 x 的横断面面积为

$$A(x) = \frac{1}{2}\left[4 + (4 + 2y \cdot 2)\right]y = 4y + 2y^2$$

$$= 4\left(\frac{1}{100}x + 10\right) + 2\left(\frac{1}{100}x + 10\right)^2$$

$$= \frac{1}{5000}x^2 + \frac{11}{25}x + 240,$$

$$V = \int_0^{100}\left(\frac{1}{5000}x^2 + \frac{11}{25}x + 240\right)\mathrm{d}x = \left[\frac{1}{15000}x^3 + \frac{11}{50}x^2 + 240x\right]_0^{100} = 26267(\mathrm{m}^3).$$

3. 平面曲线的弧长

设 A、B 是曲线弧上的两个端点,在弧 AB 上任取分点

$$A = M_0, M_1, M_2, \cdots, M_{i-1}, M_i, \cdots, M_{n-1}, M_n = B,$$

并依次连接相邻的分点得一内接折线,当分点的数目无限增加且每个小段 $M_{i-1}M_i$ 都缩向一点时. 如果此折线的长 $\sum\limits_{i=1}^{n}|M_{i-1}M_i|$ 的极限存在,则称此极限为曲线弧 AB 的弧长,并称此曲线弧 AB 是可求长的.

定理 光滑曲线弧是可求长的.

设曲线弧由直角坐标方程

$$y = f(x) \quad (a \leqslant x \leqslant b)$$

给出,其中 $f(x)$ 在区间 (a, b) 上具有一阶连续导数,现在来计算这条曲线弧的长度.

取横坐标 x 为积分变量,它的变化区间为 (a, b),曲线 $y = f(x)$ 上相应于 (a, b) 上任一小区间 $[x, x + \mathrm{d}x]$ 的一段弧的长度,可以用该曲线在点 $(x, f(x))$ 处的切线上相应的一小

段的长度来近似代替,而切线上这相应的小段的长度为

$$\sqrt{(\mathrm{d}x)^2 + (\mathrm{d}y)^2} = \sqrt{1 + y'^2}\,\mathrm{d}x,$$

从而得弧长元素(即弧微分)

$$\mathrm{d}s = \sqrt{1 + y'^2}\,\mathrm{d}x.$$

以 $\sqrt{1 + y'^2}\,\mathrm{d}x$ 为被积表达式,在闭区间 (a, b) 上作定积分,便得所求的弧长为

$$s = \int_a^b \sqrt{1 + y'^2}\,\mathrm{d}x.$$

在曲率一节中,我们已经知道弧微分的表达式为 $\mathrm{d}s = \sqrt{1 + y'^2}\,\mathrm{d}x$,这也就是弧长元素.

例 8 计算曲线 $y = \dfrac{2}{3}x^{\frac{3}{2}}$ 上相应于 x 从 a 到 b 的一段弧的长度.

解 $y' = x^{\frac{1}{2}}$,从而弧长元素

$$\mathrm{d}s = \sqrt{1 + y'^2}\,\mathrm{d}x = \sqrt{1 + x}\,\mathrm{d}x.$$

因此,所求弧长为

$$s = \int_a^b \sqrt{1 + x}\,\mathrm{d}x = \left[\frac{2}{3}(1 + x)^{\frac{3}{2}}\right]_a^b = \frac{2}{3}\left[(1 + b)^{\frac{3}{2}} - (1 + a)^{\frac{3}{2}}\right].$$

四、定积分在物理上的应用

1. 变力沿直线所做的功

例 9 把一个带 $+q$ 电量的点电荷放在 r 轴上坐标原点 O 处,它产生一个电场. 这个电场对周围的电荷有作用力. 由物理学知道,如果有一个单位正电荷放在这个电场中距离原点 O 为 r 的地方,那么电场对它的作用力的大小为

$$F = k\frac{q}{r^2} \ (k \text{ 是常数}).$$

当这个单位正电荷在电场中从 $r = a$ 处沿 r 轴移动到 $r = b (a < b)$ 处时,计算电场力 F 对它所做的功.

解 在 r 轴上,当单位正电荷从 r 移动到 $r + \mathrm{d}r$ 时,电场力对它所做的功近似为 $k\dfrac{q}{r^2}\mathrm{d}r$,即功元素为 $\mathrm{d}W = k\dfrac{q}{r^2}\mathrm{d}r$.

于是,所求的功为

$$W = \int_a^b \frac{kq}{r^2}\mathrm{d}r = kq\left[-\frac{1}{r}\right]_a^b = kq\left(\frac{1}{a} - \frac{1}{b}\right).$$

2. 水压力

从物理学知道,在水深为 h 处的压强为 $p = \gamma h$,这里 γ 是水的比重. 如果有一面积为 A 的平板水平地放置在水深为 h 处,那么,平板一侧所受的水压力为

$$P = p \cdot A.$$

如果这个平板铅直放置在水中,那么,由于水深不同的点处压强 p 不相等,所以平板所受水的压力就不能用上述方法计算.

例 10 边长为 a 和 b 的矩形薄板,与液面成 α 角斜沉于液体内,长边平行于液面而位于深 h 处,设 $a > b$,液体的密度为 ρ,试求薄板每面所受的压力.

解 如图 4-8 所示.

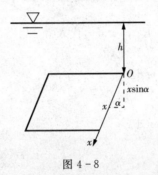

图 4-8

记 x 为薄板上点到近水面的长边的距离,取 x 微积分变量,则 x 的变化范围为 $[0, b]$,对应小区间 $[x, x+\mathrm{d}x]$,压强为 $\rho g(h + x\sin\alpha)$,面积为 $a\mathrm{d}x$,因此压力为

$$F = \int_0^b \rho g a (h + x\sin\alpha)\,\mathrm{d}x = \frac{1}{2}\rho g a (2h + b\sin\alpha).$$

例 11 一均匀细杆长为 l,质量为 m,试计算细杆绕过它的中点且垂直于杆的轴的转动惯量.

解 选择坐标系如图 4-9 所示.

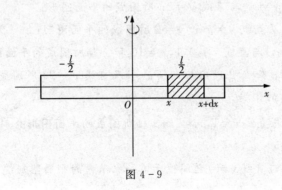

图 4-9

先求转动惯量微元 $\mathrm{d}I$,为此考虑细杆上 $[x, x+\mathrm{d}x]$ 一段,它的质量为 $\dfrac{m}{l}\mathrm{d}x$,把这一段杆设想为位于 $\dfrac{l}{2}$ 处的一个质点,它到转动轴距离为 $|x|$,于是得微元为

$$dI = \frac{m}{l} x^2 \, dx$$

沿细杆从 $-\frac{l}{2}$ 到 $\frac{l}{2}$ 积分，得整个细杆转动惯量为

$$I = \int_{-\frac{l}{2}}^{\frac{l}{2}} \frac{m}{l} x^2 \, dx = \frac{m}{3l} x^3 \Bigg|_{-\frac{l}{2}}^{\frac{l}{2}} = \frac{1}{12} m l^2.$$

例 12　试计算直径为 R 的圆形对其形心轴的惯性矩.

解　面积如图（4-10）中的阴影部分小长条，则

$$dA = 2 \cdot z \cdot dy = 2\sqrt{R^2 - y^2}\, dy,代入$$

$$\begin{cases} I_z = \int_A y^2 \, dA \\[2mm] I_y = \int_A z^2 \, dA \end{cases}$$

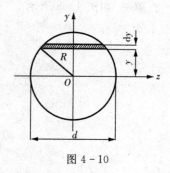

图 4-10

得

$$I_z = 2\int_{-R}^{R} y^2 \sqrt{R^2 - y^2}\, dy = \frac{\pi R^4}{4} = \frac{\pi d^4}{64}.$$

习　题　五

1. 求下列平面图形的面积.

（1）三次抛物线 $y = x^3$ 与直线 $y = 2x$ 所围成的平面图形；

（2）曲线 $xy = 1$ 及直线 $y = x$ 和 $y = 2$ 所围成的平面图形；

（3）曲线 $y = |\ln x|$ 与直线 $x = 0.1, x = 10$ 和 x 轴所围成的平面图形；

（4）曲线 $y = \cos x$ 在 $[0, 2\pi]$ 内与 x 轴、y 轴及直线 $x = 2\pi$ 所围成的平面图形.

2. 求下列旋转体的体积.

（1）曲线 $y = \sqrt{x}$ 与直线 $x = 1, x = 4$ 和 x 轴所围成的平面图形分别绕 x 轴和 y 轴旋转而得的旋转体；

（2）曲线 $y = e^{-x}$ 与直线 $y = 0$ 之间位于第一象限内的平面图形绕 x 轴旋转而得的旋转体.

3. 飞机副油箱的头部是抛物线绕其对称轴旋转而成的旋转体，中部是圆柱，尾部是圆锥，设副油箱的尺寸（单位：mm）如图 4-11 所示，求它的体积.

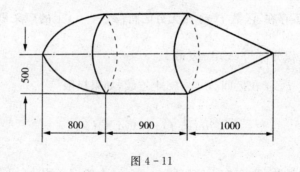

图 4-11

4. 设把一金属杆的长度从 a 拉长到 $a+x$ 时所需的力为 $\dfrac{k}{a}x$，其中 k 为常量. 试求金属杆由长度 a 拉长到长度 b 时所做的功.

5. 半径为 2m 的圆柱形水池中充满了水，现要从池中将水抽出，使水面降低 5m，问需做多少功？（水的密度 $\rho=1000\text{kg}/\text{m}^3$）

6. 一块高为 am，底为 bm 的等腰三角形薄板，垂直地沉没在水中，顶在下，底与水面相齐. 计算薄板每面所承受的压力. 如果把它垂直倒放在水中，使它的顶与水面相齐，而底与水面平行，则薄板每面所受的压力为多大？

7. 一抛物线弓形薄片直立地沉于水中，顶点恰于水面相齐，而底平行于水面，又知薄片的底为 15cm，高为 3cm. 试求它的每面所承受的压力.

第六节　广义积分

前面我们学习了定积分，积分区间又是有限闭区间，并且被积函数在该区间上都是有界函数，这样的定积分称为正常积分. 但是在实际问题中，有时还要考虑无限区间上的定积分或无界函数的定积分，因此有必要将定积分概念推广到上述情况，这两类被推广的定积分统称为反常积分.

一、无穷区间上的广义积分

定义 1　设函数 $f(x)$ 在区间 $[a,+\infty)$ 上连续，取 $b>a$. 如果极限

$$\lim_{b\to+\infty}\int_a^b f(x)\mathrm{d}x$$

存在，则称此极限为函数 $y=f(x)$ 在无穷区间 $[a,+\infty)$ 上的广义积分，记作 $\int_a^{+\infty}f(x)\mathrm{d}x$，即

$$\int_a^{+\infty}f(x)\mathrm{d}x=\lim_{b\to+\infty}\int_a^b f(x)\mathrm{d}x.$$

这时也称广义积分 $\int_a^{+\infty}f(x)\mathrm{d}x$ 收敛.

如果上述极限不存在,函数 $f(x)$ 在无穷区间 $[a,+\infty)$ 上的广义积分 $\int_a^{+\infty} f(x)\mathrm{d}x$ 就没有意义,此时称广义积分 $\int_a^{+\infty} f(x)\mathrm{d}x$ 发散.

类似地,设函数 $f(x)$ 在区间 $(-\infty,b]$ 上连续,如果极限

$$\lim_{a \to -\infty} \int_a^b f(x)\mathrm{d}x (a < b)$$

存在,则称此极限为函数 $f(x)$ 在无穷区间 $(-\infty,b]$ 上的广义积分,记作 $\int_{-\infty}^b f(x)\mathrm{d}x$,即

$$\int_{-\infty}^b f(x)\mathrm{d}x = \lim_{a \to -\infty} \int_a^b f(x)\mathrm{d}x.$$

这时也称广义积分 $\int_{-\infty}^b f(x)\mathrm{d}x$ 收敛. 如果上述极限不存在,则称广义积分 $\int_{-\infty}^b f(x)\mathrm{d}x$ 发散.

设函数 $f(x)$ 在区间 $(-\infty,+\infty)$ 上连续,如果广义积分

$$\int_{-\infty}^0 f(x)\mathrm{d}x \text{ 和} \int_0^{+\infty} f(x)\mathrm{d}x$$

都收敛,则称上述两个广义积分的和为函数 $f(x)$ 在无穷区间 $(-\infty,+\infty)$ 上的广义积分,记作 $\int_{-\infty}^{+\infty} f(x)\mathrm{d}x$,即

$$\int_{-\infty}^{+\infty} f(x)\mathrm{d}x = \int_{-\infty}^0 f(x)\mathrm{d}x + \int_0^{+\infty} f(x)\mathrm{d}x = \lim_{a \to -\infty} \int_a^0 f(x)\mathrm{d}x + \lim_{b \to +\infty} \int_0^b f(x)\mathrm{d}x.$$

这时也称广义积分 $\int_{-\infty}^{+\infty} f(x)\mathrm{d}x$ 收敛.

如果上式右端有一个广义积分发散,则称广义积分 $\int_{-\infty}^{+\infty} f(x)\mathrm{d}x$ 发散.

广义积分的计算:如果 $F(x)$ 是 $f(x)$ 的原函数,则

$$\int_a^{+\infty} f(x)\mathrm{d}x = \lim_{b \to +\infty} \int_a^b f(x)\mathrm{d}x = \lim_{b \to +\infty} [F(x)] \Big|_a^b$$

$$= \lim_{b \to +\infty} F(b) - F(a) = \lim_{x \to +\infty} F(x) - F(a).$$

可采用如下简记形式:

$$\int_a^{+\infty} f(x)\mathrm{d}x = [F(x)] \Big|_a^{+\infty} = \lim_{x \to +\infty} F(x) - F(a).$$

类似地，

$$\int_{-\infty}^{b} f(x)\mathrm{d}x = \big[F(x)\big]\bigg|_{-\infty}^{b} = F(b) - \lim_{x \to -\infty} F(x),$$

$$\int_{-\infty}^{+\infty} f(x)\mathrm{d}x = \big[F(x)\big]\bigg|_{-\infty}^{+\infty} = \lim_{x \to +\infty} F(x) - \lim_{x \to -\infty} F(x).$$

例1 计算广义积分 $\displaystyle\int_{-\infty}^{+\infty} \frac{1}{1+x^2}\mathrm{d}x$.

解 $\displaystyle\int_{-\infty}^{+\infty} \frac{1}{1+x^2}\mathrm{d}x = \big[\arctan x\big]\bigg|_{-\infty}^{+\infty} = \lim_{x \to +\infty}\arctan x - \lim_{x \to -\infty}\arctan x = \frac{\pi}{2} - \left(-\frac{\pi}{2}\right) = \pi.$

例2 计算广义积分 $\displaystyle\int_{0}^{+\infty} t\mathrm{e}^{-pt}\mathrm{d}t$（$p$ 是常数，且 $p > 0$）.

解 $\displaystyle\int_{0}^{+\infty} t\mathrm{e}^{-pt}\mathrm{d}t = \left[\int t\mathrm{e}^{-pt}\mathrm{d}t\right]\bigg|_{0}^{+\infty} = \left[-\frac{1}{p}\int t\mathrm{d}\mathrm{e}^{-pt}\right]\bigg|_{0}^{+\infty}$

$$= \left[-\frac{1}{p}t\mathrm{e}^{-pt} + \frac{1}{p}\int \mathrm{e}^{-pt}\mathrm{d}t\right]\bigg|_{0}^{+\infty}$$

$$= \left[-\frac{1}{p}t\mathrm{e}^{-pt} - \frac{1}{p^2}\mathrm{e}^{-pt}\right]\bigg|_{0}^{+\infty}$$

$$= \lim_{t \to +\infty}\left[-\frac{1}{p}t\mathrm{e}^{-pt} - \frac{1}{p^2}\mathrm{e}^{-pt}\right] + \frac{1}{p^2} = \frac{1}{p^2}.$$

提示：$\displaystyle\lim_{t \to +\infty} t\mathrm{e}^{-pt} = \lim_{t \to +\infty}\frac{t}{\mathrm{e}^{pt}} = \lim_{t \to +\infty}\frac{1}{p\mathrm{e}^{pt}} = 0.$

二、无界函数的广义积分

定义2 设函数 $f(x)$ 在区间 $(a,b]$ 上连续，而在点 a 的右邻域内无界．取 $\varepsilon > 0$，如果极限

$$\lim_{t \to a^+}\int_{t}^{b} f(x)\mathrm{d}x$$

存在，则称此极限为函数 $f(x)$ 在 $(a,b]$ 上的广义积分，仍然记作 $\displaystyle\int_{a}^{b} f(x)\mathrm{d}x$，即

$$\int_{a}^{b} f(x)\mathrm{d}x = \lim_{t \to a^+}\int_{t}^{b} f(x)\mathrm{d}x.$$

这时也称广义积分 $\displaystyle\int_{a}^{b} f(x)\mathrm{d}x$ 收敛．

如果上述极限不存在,就称广义积分$\int_a^b f(x)\mathrm{d}x$发散.

类似地,设函数$f(x)$在区间$[a,b)$上连续,而在点b的左邻域内无界.取$\varepsilon > 0$,如果极限

$$\lim_{t \to b^-} \int_a^t f(x)\mathrm{d}x$$

存在,则称此极限为函数$f(x)$在$[a,b)$上的广义积分,仍然记作$\int_a^b f(x)\mathrm{d}x$,即

$$\int_a^b f(x)\mathrm{d}x = \lim_{t \to b^-} \int_a^t f(x)\mathrm{d}x.$$

这时也称广义积分$\int_a^b f(x)\mathrm{d}x$收敛.如果上述极限不存在,就称广义积分$\int_a^b f(x)\mathrm{d}x$发散.

设函数$f(x)$在区间$[a,b]$上除点$c(a<c<b)$外连续,而在点c的邻域内无界.如果两个广义积分

$$\int_a^c f(x)\mathrm{d}x \ \text{与} \int_c^b f(x)\mathrm{d}x$$

都收敛,则定义

$$\int_a^b f(x)\mathrm{d}x = \int_a^c (x)\mathrm{d}x + \int_c^b f(x)\mathrm{d}x.$$

否则,就称广义积分$\int_a^b f(x)\mathrm{d}x$发散.

瑕点:如果函数$f(x)$在点a的任一邻域内都无界,那么点a称为函数$f(x)$的瑕点,也称为无界.

广义积分的计算:如果$F(x)$为$f(x)$的原函数,则有

当a为瑕点时,$\int_a^b f(x)\mathrm{d}x = \left[F(x)\right]\Big|_a^b = F(b) - \lim_{x \to a^+} F(x)$;

当b为瑕点时,$\int_a^b f(x)\mathrm{d}x = \left[F(x)\right]\Big|_a^b = \lim_{x \to b^-} F(x) - F(a)$;

当$c(a<c<b)$为瑕点时,

$$\int_a^b f(x)\mathrm{d}x = \int_a^c f(x)\mathrm{d}x + \int_c^b f(x)\mathrm{d}x$$

$$= \left[\lim_{x \to c^-} F(x) - F(a)\right] + \left[F(b) - \lim_{x \to c^+} F(x)\right].$$

例3 计算广义积分 $\displaystyle\int_0^a \frac{1}{\sqrt{a^2-x^2}}\mathrm{d}x$.

解 因为 $\displaystyle\lim_{x\to a^-}\frac{1}{\sqrt{a^2-x^2}}=+\infty$，所以点 a 为被积函数的瑕点. 因此，有

$$\int_0^a \frac{1}{\sqrt{a^2-x^2}}\mathrm{d}x=\left[\arcsin\frac{x}{a}\right]\Bigg|_0^a=\lim_{x\to a^-}\arcsin\frac{x}{a}-0=\frac{\pi}{2}.$$

例4 讨论广义积分 $\displaystyle\int_{-1}^1 \frac{1}{x^2}\mathrm{d}x$ 的收敛性.

解 函数 $\dfrac{1}{x^2}$ 在区间 $[-1,1]$ 上除 $x=0$ 外连续，且 $\displaystyle\lim_{x\to 0}\frac{1}{x^2}=\infty$. 由于

$$\int_{-1}^0 \frac{1}{x^2}\mathrm{d}x=\left[-\frac{1}{x}\right]\Bigg|_{-1}^0=\lim_{x\to 0^-}\left(-\frac{1}{x}\right)-1=+\infty,$$

即广义积分 $\displaystyle\int_{-1}^0 \frac{1}{x^2}\mathrm{d}x$ 发散，所以广义积分 $\displaystyle\int_{-1}^1 \frac{1}{x^2}\mathrm{d}x$ 发散.

例5 讨论广义积分 $\displaystyle\int_a^b \frac{\mathrm{d}x}{(x-a)^q}$ 的敛散性.

解 当 $q=1$ 时，$\displaystyle\int_a^b \frac{\mathrm{d}x}{(x-a)^q}=\int_a^b \frac{\mathrm{d}x}{x-a}=\left[\ln(x-a)\right]\Bigg|_a^b=+\infty.$

当 $q>1$ 时，$\displaystyle\int_a^b \frac{\mathrm{d}x}{(x-a)^q}=\left[\frac{1}{1-q}(x-a)^{1-q}\right]\Bigg|_a^b=+\infty.$

当 $q<1$ 时，$\displaystyle\int_a^b \frac{\mathrm{d}x}{(x-a)^q}=\left[\frac{1}{1-q}(x-a)^{1-q}\right]\Bigg|_a^b=\frac{1}{1-q}(b-a)^{1-q}.$

因此，当 $q<1$ 时，此广义积分收敛，其值为 $\dfrac{1}{1-q}(b-a)^{1-q}$；当 $q\geqslant 1$ 时，此广义积分发散.

习 题 六

1. 求下列广义积分.

(1) $\displaystyle\int_1^{+\infty} \frac{1}{\sqrt{x}}\mathrm{d}x$；

(2) $\displaystyle\int_0^{+\infty} x\mathrm{e}^{-x}\mathrm{d}x$；

(3) $\int_2^{+\infty} \dfrac{1}{x(\ln x)^k} dx (k > 1)$;　　　　(4) $\int_0^{+\infty} e^{-\sqrt{x}} dx$;

(5) $\int_2^{+\infty} \dfrac{1}{x^2 + x - 2} dx$.

2. 计算下列广义积分.

(1) $\int_0^1 \dfrac{1}{\sqrt{1-x}} dx$;　　　　(2) $\int_{-1}^1 \dfrac{1}{\sqrt{1-x^2}} dx$;

(3) $\int_0^1 \ln\left(\dfrac{1}{1-x^2}\right) dx$;　　　　(4) $\int_0^1 \dfrac{\arcsin x}{\sqrt{1-x^2}} dx$.

3. 讨论广义积分 $\int_1^2 \dfrac{1}{(x-1)^\alpha} dx (\alpha > 0)$ 的敛散性. 若收敛, 试求其值.

第七节　　二重积分的概念与性质

一、二重积分的定义

1. 引入

例 1　曲顶柱体的体积.

所谓曲顶柱体(如图 4-5 所示),是指在空间直角坐标系中以曲面 $z = f(x,y)$ ($f(x,y)$ $\geqslant 0$) 为顶,以 xOy 平面上的有界闭区域 D 为底面,以区域 D 的边界曲线为准线而母线平行于 z 轴的柱面为侧面的立体.

我们知道,对于一个平顶柱体,其体积等于底面积与高的乘积. 而曲顶柱体的顶面 $f(x,y)$ 是 x、y 的函数,即高度不是常数,所以不能用计算平顶柱体体积的公式来计算.

不妨设 $f(x,y)$ 是连续函数,则在 D 中的一个小的区域内,$f(x,y)$ 的变化不大,于是可仿照定积分中求曲边梯形面积的办法,先求出曲顶柱体体积的近似值,再用求极限的方式得到曲顶柱体的体积(见图 4-12 所示). 具体过程如下:

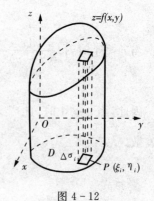

图 4-12

(1) 用任一组曲线网把区域 D 分割为 n 个小区域 $\Delta\sigma_i$($i = 1, 2, \cdots, n$),并且 $\Delta\sigma_i$($i = 1, 2, \cdots, n$) 也表示该小区域的面积. 每个小区域对应着一个小的曲顶柱体. 小区域 $\Delta\sigma_i$ 上任意两点间距离的最大值称为该小区域的直径,记为 d_i($i = 1, 2, \cdots, n$).

(2) 在 $\Delta\sigma_i$($i = 1, 2, \cdots, n$) 上任取一点 $P_i(\xi_i, \eta_i)$,显然,$f(\xi_i, \eta_i)\Delta\sigma_i$ 表示以 $\Delta\sigma_i$ 为底,

$f(\xi_i,\eta_i)$ 为高的平顶柱体的体积. 当 $\Delta\sigma_i$ 的直径不大时, $f(x,y)$ 在 $\Delta\sigma_i$ 上的变化也不大, 因此 $f(\xi_i,\eta_i)\Delta\sigma_i$ 是以 $\Delta\sigma_i$ 为底, $z=f(x,y)$ 为顶的小曲顶柱体体积的近似值. 所以, 和式 $\sum\limits_{i=1}^{n}f(\xi_i,\eta_i)\Delta\sigma_i$ 是所求曲顶柱体的体积 V 的近似值, 即

$$V \approx \sum_{i=1}^{n}f(\xi_i,\eta_i)\Delta\sigma_i.$$

(3) 令 $\lambda=\max\limits_{1\leqslant i\leqslant n}\{d_i\}$. 显然, 如果这些小区域的最大直径 λ 趋于零, 即曲线网充分细密, 极限 $\lim\limits_{\lambda\to0}\sum\limits_{i=1}^{n}f(\xi_i,\eta_i)\Delta\sigma_i$ 就是体积 V 的精确值, 即

$$V = \lim_{\lambda\to0}\sum_{i=1}^{n}f(\xi_i,\eta_i)\Delta\sigma_i.$$

还有很多实际问题, 如非均匀平面薄片的质量等都可归结为上述类型的和式的极限. 我们抛开这些问题的实际背景, 抓住它们共同的数学特征, 加以抽象概括后, 就得到如下二重积分的定义.

2. 二重积分的定义

定义 1　设函数 $z=f(x,y)$ 在平面有界闭区域 D 上有定义. 将区域 D 任意分成 n 个小区域 $\Delta\sigma_i(i=1,2,\cdots,n)$, 其中, $\Delta\sigma_i$ 表示第 i 个小区域, 也表示它的面积. 在 $\Delta\sigma_i$ 上任取一点 $P_i(\xi_i,\eta_i)$, 作和

$$\sum_{i=1}^{n}f(\xi_1,\eta_i)\Delta\sigma_i. \tag{4-1}$$

记 $\lambda=\max\limits_{1\leqslant i\leqslant n}\{d_i\,|\,d_i\text{ 为 }\Delta\sigma_i\text{ 的直径}\}$, 若无论区域 D 的分法如何, 也无论点 $P_i(\xi_i,\eta_i)$ 如何选取, 当 $\lambda\to0$ 时, 和式(4-1)总有确定的极限 I, 则称此极限为函数 $f(x,y)$ 在区域 D 上的二重积分, 记为 $\iint\limits_{D}f(x,y)\mathrm{d}\sigma$, 即

$$\iint\limits_{D}f(x,y)\mathrm{d}\sigma = \lim_{\lambda\to0}\sum_{i=1}^{n}f(\xi_i,\eta_i)\Delta\sigma_i. \tag{4-2}$$

其中 $f(x,y)$ 称为被积函数, $f(x,y)\mathrm{d}\sigma$ 称为被积表达式, $\mathrm{d}\sigma$ 称为面积元素, x、y 称为积分变量, D 称为积分区域. 如果 $f(x,y)$ 在区域 D 上的积分 $\iint\limits_{D}f(x,y)\mathrm{d}\sigma$ 存在, 我们就说 $f(x,y)$ 在区域 D 上可积.

可以证明, 有界闭区域上的连续函数在该区域上可积.

由二重积分的定义, 例 1 中的曲顶柱体的体积 V 就是曲顶 $f(x,y)$ 在底面 D 上的二重

积分 $\iint\limits_{D} f(x,y)\mathrm{d}\sigma$. 显然,当 $f(x,y)>0$ 时,二重积分 $\iint\limits_{D} f(x,y)\mathrm{d}\sigma$ 正是例1所示的曲顶柱体的

体积;当 $f(x,y)<0$ 时,二重积分 $\iint\limits_{D} f(x,y)\mathrm{d}\sigma$ 等于相应的曲顶柱体的体积的负值;若 $f(x,$

$y)$ 在区域 D 的若干部分区域上是正的,而在其他部分区域上是负的. 我们可以把 xOy 平面

上方的柱体体积取成正, xOy 平面下方的柱体体积取成负,则二重积分 $\iint\limits_{D} f(x,y)\mathrm{d}\sigma$ 等于这

些部分区域上曲顶柱体体积的代数和. 这就是二重积分的几何意义.

二、二重积分的基本性质

二重积分与定积分有着类似的性质,列举如下:设 $f(x,y),g(x,y)$ 在闭区域 D 上的二
重积分存在,则

性质1 $\iint\limits_{D} kf(x,y)\mathrm{d}\sigma=k\iint\limits_{D} f(x,y)\mathrm{d}\sigma$,其中 k 为常数.

性质2 $\iint\limits_{D}\left[f(x,y)\pm g(x,y)\right]\mathrm{d}\sigma=\iint\limits_{D} f(x,y)\mathrm{d}\sigma\pm\iint\limits_{D} g(x,y)\mathrm{d}\sigma.$

性质3 (区域可加性) 如果 $D=D_1\bigcup D_2,D_1\bigcap D_2=\Phi$,则

$$\iint\limits_{D} f(x,y)\mathrm{d}\sigma=\iint\limits_{D_1} f(x,y)\mathrm{d}\sigma\pm\iint\limits_{D_2} f(x,y)\mathrm{d}\sigma.$$

性质4 若 σ 为区域 D 的面积,则

$$\sigma=\iint\limits_{D}\mathrm{d}\sigma.$$

这表明,高为1的平顶柱体的体积在数值上等于其底面积.

性质5 若在 D 上恒有 $f(x,y)\leqslant g(x,y)$,则

$$\iint\limits_{D} f(x,y)\mathrm{d}\sigma\leqslant\iint\limits_{D} g(x,y)\mathrm{d}\sigma.$$

性质6 设 $f(x,y)$ 在 D 上有最大值 M,最小值 m,σ 是 D 的面积,则

$$m\sigma\leqslant\iint\limits_{D} f(x,y)\mathrm{d}\sigma\leqslant M\sigma.$$

性质7 (中值定理) 设 $f(x,y)$ 在有界闭区域 D 上连续,σ 是区域 D 的面积,则在 D 上
至少有一点 $P(\xi,\eta)$,使得

$$\iint\limits_{D} f(x,y)\mathrm{d}\sigma=f(\xi,\eta)\cdot\sigma.$$

1. 不经过计算,确定下列二重积分的符号.

(1) $\displaystyle\iint_{x^2+y^2\leqslant 1} x^2 \mathrm{d}\sigma$;

(2) $\displaystyle\iint_{|x|+|y|\leqslant 1} \ln(x^2+y^2)\mathrm{d}\sigma$;

(3) $\displaystyle\iint_{1\leqslant x^2+y^2\leqslant 4} \sqrt[3]{1-x^2-y^2}\mathrm{d}\sigma$;

(4) $\displaystyle\iint_{0\leqslant x+y\leqslant 1} \arcsin(x+y)\mathrm{d}\sigma$.

2. 根据二重积分的性质,比较下列二重积分的大小.

(1) $I_1 = \displaystyle\iint_D (x+y)^2 \mathrm{d}\sigma$, $I_2 = \displaystyle\iint_D (x+y)^3 \mathrm{d}\sigma$,其中 D 是由 x 轴、y 轴以及直线 $x+y=1$ 所围成的三角形;

(2) $I_1 = \displaystyle\iint_D (x+y)^2 \mathrm{d}\sigma$, $I_2 = \displaystyle\iint_D (x+y)^3 \mathrm{d}\sigma$,其中 $D = \{(x,y)\,|\,(x-2)^2+(y-2)^2\leqslant 2\}$;

(3) $I_1 = \displaystyle\iint_D \ln(x+y)\mathrm{d}\sigma$, $I_2 = \displaystyle\iint_D \ln^2(x+y)\mathrm{d}\sigma$,其中 D 为以点 $(1,0),(1,1),(2,0)$ 为顶点的三角形;

(4) $I_1 = \displaystyle\iint_D \ln(x+y)\mathrm{d}\sigma$, $I_2 = \displaystyle\iint_D \ln^2(x+y)\mathrm{d}\sigma$,其中 $D = \{(x,y)\,|\,3\leqslant x\leqslant 5, 0\leqslant y\leqslant 1\}$.

3. 利用二重积分的性质,估计下列积分值.

(1) $I = \displaystyle\iint_D xy(x+y)\mathrm{d}\sigma$,其中 $D = \{(x,y)\,|\,0\leqslant x\leqslant 1, 0\leqslant y\leqslant 1\}$;

(2) $I = \displaystyle\iint_D \sin^2 x \sin^2 y \mathrm{d}\sigma$,其中 $D = \{(x,y)\,|\,0\leqslant x\leqslant \pi, 0\leqslant y\leqslant \pi\}$;

(3) $I = \displaystyle\iint_D \mathrm{e}^{x^2+y^2}\mathrm{d}\sigma$,其中 $D = \left\{(x,y)\,\Big|\,x^2+y^2\leqslant \dfrac{1}{4}\right\}$;

(4) $I = \displaystyle\iint_D (x+y+1)\mathrm{d}\sigma$,其中 $D = \{(x,y)\,|\,0\leqslant x\leqslant 1, 0\leqslant y\leqslant 2\}$;

(5) $I = \displaystyle\iint_D \dfrac{1}{100+\cos^2 x+\cos^2 y}\mathrm{d}\sigma$,其中 $D = \{(x,y)\,|\,|x|+|y|\leqslant 10\}$;

(6) $I = \displaystyle\iint_D (x^2+4y^2+9)\mathrm{d}\sigma$,其中 $\{(x,y)\,|\,x^2+y^2\leqslant 4\}$.

第八节　二重积分的计算

一、直角坐标系下二重积分的计算

除了一些特殊情形,利用定义来计算二重积分是非常困难的. 通常的方法是将二重积分化为两次定积分即累次积分来计算.

由二重积分的定义可知,若 $f(x,y)$ 在区域 D 上的二重积分存在,则和式的极限(即二重积分的值)与区域 D 的分法无关. 因此,在直角坐标系中可以用平行于坐标轴的直线网把区域 D 分成若干个矩形小区域(如图 4-13 所示). 设矩形小区域 $\Delta\sigma_i$ 的边长为 Δx_j 和 Δy_k,则 $\Delta\sigma_i = \Delta x_j \cdot \Delta y_k$. 所以在直角坐标系中,常把面积元素记作 $\mathrm{d}x\mathrm{d}y$,于是二重积分可表示为

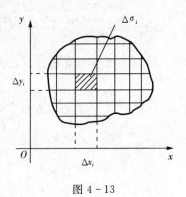

图 4-13

$$\iint\limits_D f(x,y)\mathrm{d}\sigma = \iint\limits_D f(x,y)\mathrm{d}x\mathrm{d}y. \qquad (4-3)$$

下面根据二重积分的几何意义,给出二重积分的计算方法.

1. 先 y 后 x 的累次积分(X 型区域)

设 $f(x,y) \geqslant 0$,积分区域为

$$D = \{(x,y)\,|\,a \leqslant x \leqslant b, \varphi_1(x) \leqslant y \leqslant \varphi_2(x)\} \quad (如图 4-14 所示).$$

在 $[a,b]$ 上任取一点 x,作平行于 yOz 面的平面(如图 4-15 所示),此平面与曲顶柱体相交,

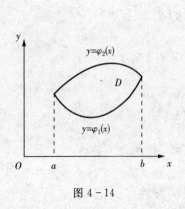

图 4-14

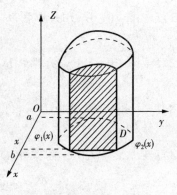

图 4-15

截面是一个以区间 $[\varphi_1(x), \varphi_2(x)]$ 为底,曲线 $z = f(x,y)$ 为曲边的曲边梯形(图 4-15 中阴影部分).

根据定积分中"计算平行截面面积为已知的立体的体积"的方法，设该曲边梯形的面积为 $A(x)$，由于 x 的变化范围是 $a \leqslant x \leqslant b$，则所求的曲顶柱体体积为

$$V = \int_a^b A(x) \mathrm{d}x,$$

由定积分的意义可知，

$$A(x) = \int_{\varphi_1(x)}^{\varphi_2(x)} f(x, y) \mathrm{d}y.$$

于是

$$V = \int_a^b A(x) \mathrm{d}x = \int_a^b \left[\int_{\varphi_1(x)}^{\varphi_2(x)} f(x, y) \mathrm{d}y \right] \mathrm{d}x,$$

即

$$\iint\limits_D f(x, y) \mathrm{d}\sigma = \int_a^b \left[\int_{\varphi_1(x)}^{\varphi_2(x)} f(x, y) \mathrm{d}y \right] \mathrm{d}x \qquad (4-4)$$

这就是直角坐标系下二重积分的计算公式，它把二重积分化为累次积分。在该类积分区域下，它是一个先对 y 后对 x 的累次积分。公式(4-4)也可记为

$$\iint\limits_D f(x, y) \mathrm{d}\sigma = \int_a^b \mathrm{d}x \int_{\varphi_1(x)}^{\varphi_2(x)} f(x, y) \mathrm{d}y.$$

在上述讨论中，我们假定 $f(x, y) \geqslant 0$，可以证明，公式(4-4)的成立并不受此限制。

2. 先对 x 后对 y 的累次积分

若积分区域为

$$D = \{(x, y) c \leqslant y \leqslant d, \psi_1(y) \leqslant x \leqslant \psi_2(y)\} \text{（如图 4-16 所示）}.$$

类似地，可得公式

$$\iint\limits_D f(x, y) \mathrm{d}\sigma = \int_c^d \left[\int_{\psi_1(y)}^{\psi_2(y)} f(x, y) \mathrm{d}x \right] \mathrm{d}y = \int_c^d \mathrm{d}y \int_{\psi_1(y)}^{\psi_2(y)} f(x, y) \mathrm{d}x. \qquad (4-5)$$

这是一个先对 x、后对 y 的累次积分。

通常，称图 4-14 所示的积分区域为 X 型区域，称图 4-16 所示的积分区域为 Y 型区域。

若积分区域 D 既是 X 型区域 16 又是 Y 型区域。显然，

$$\iint\limits_D f(x, y) \mathrm{d}\sigma = \int_a^b \mathrm{d}x \int_{\varphi_1(x)}^{\varphi_2(x)} f(x, y) \mathrm{d}y = \int_c^d \mathrm{d}y \int_{\psi_1(y)}^{\psi_2(y)} f(x, y) \mathrm{d}x.$$

若积分区域 D 既非 X 型区域，又非 Y 型区域（如图 4-17 所示）。此时，需用平行于 x 轴或 y 轴的直线将区域 D 划分成 X 型或 Y 型区域。图 4-17 中，D 分割成了 D_1，D_2，D_3 三个 X 型小区域。由二重积分的性质可知，

$$\iint\limits_D f(x, y) \mathrm{d}\sigma = \iint\limits_{D_1} f(x, y) \mathrm{d}\sigma + \iint\limits_{D_2} f(x, y) \mathrm{d}\sigma + \iint\limits_{D_3} f(x, y) \mathrm{d}\sigma.$$

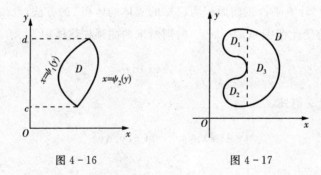

图 4-16   图 4-17

在实际计算中,化二重积分为累次积分,选用何种积分次序,不但要考虑积分区域 D 的类型,还要考虑被积函数的特点.

例 1   计算二重积分

$$\iint\limits_D (x+y+3)\mathrm{d}x\mathrm{d}y, D=\{(x,y)\mid -1\leqslant x\leqslant 1,0\leqslant y\leqslant 1\}.$$

解   积分区域 D 是矩形域,既是 X 型区域又是 Y 型区域.若按 X 型区域积分,则将二重积分化为先对 y、后对 x 的累次积分,即

$$\iint\limits_D (x+y+3)\mathrm{d}x\mathrm{d}y = \int_{-1}^1 \mathrm{d}x \int_0^1 (x+y+3)\mathrm{d}y = \int_{-1}^1 \left[xy+\frac{y^2}{2}+3y\right]_0^1 \mathrm{d}x$$

$$= \int_{-1}^1 (x+\frac{7}{2})\mathrm{d}x = 7.$$

若按 Y 型区域积分,则二重积分化为先对 x、后对 y 的累次积分,即

$$\iint\limits_D (x+y+3)\mathrm{d}x\mathrm{d}y = \int_0^1 \mathrm{d}y \int_{-1}^1 (x+y+3)\mathrm{d}x = \int_0^1 \left[\frac{x^2}{2}+xy+3x\right]_{-1}^1 \mathrm{d}y$$

$$= 2\int_0^1 (y+3)\mathrm{d}y = 7.$$

可以看出,积分的结果是相同的.

例 2   计算 $\iint\limits_D (x^2+y^2-y)\mathrm{d}x\mathrm{d}y, D$ 是由 $y=x, y=\frac{1}{2}x, y=2$ 所围成的区域(如图 4-18 所示).

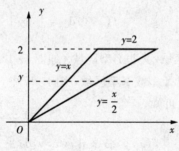

图 4-18

解　若先对 y 积分,则 D 需分成两个区域. 这里先对 x 积分,则

$$\iint\limits_{D}(x^2+y^2-y)\mathrm{d}x\mathrm{d}y = \int_0^2 \mathrm{d}y \int_y^{2y}(x^2+y^2-y)\mathrm{d}x$$

$$= \int_0^2 \left[\frac{1}{3}x^3+xy^2-yx\right]_y^{2y} \mathrm{d}y = \int_0^2 \left(\frac{10}{3}y^3-y^2\right)\mathrm{d}y = \frac{32}{3}.$$

例 3　计算二重积分 $\iint\limits_{D}\mathrm{e}^{-y^2}\mathrm{d}x\mathrm{d}y$, D 是由直线 $y=x$, $y=1$,

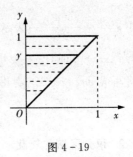

$x=0$ 所围成的区域(如图 $4-19$ 所示).

图 $4-19$

解　若先对 y 积分,则积分化为

$$\iint\limits_{D}\mathrm{e}^{-y^2}\mathrm{d}x\mathrm{d}y = \int_0^1 \mathrm{d}x \int_x^1 \mathrm{e}^{-y^2}\mathrm{d}y.$$

由于 e^{-y^2} 的原函数不能用初等函数表示,故上述积分难以求出. 现改变积分次序,则

$$\iint\limits_{D}\mathrm{e}^{-y^2}\mathrm{d}x\mathrm{d}y = \int_0^1 \mathrm{d}y \int_0^y \mathrm{e}^{-y^2}\mathrm{d}x = \int_0^1 \mathrm{e}^{-y^2}\left[x\right]_0^y \mathrm{d}y = \int_0^1 y\mathrm{e}^{-y^2}\mathrm{d}y = \frac{1}{2}\left(1-\frac{1}{\mathrm{e}}\right).$$

例 4　如果函数 $f(x,y)$ 在直线 $y=x$, $x=a$, $y=b$ 所围成的区域 D 上可积,证明

$$\int_a^b \mathrm{d}y \int_a^y f(x,y)\mathrm{d}x = \int_a^b \mathrm{d}x \int_x^b f(x,y)\mathrm{d}y.$$

解　上式左端是一个先 x 后 y 的积分,积分区域为

$$\left\{(x,y)\,\middle|\,a\leqslant x\leqslant y, a\leqslant y\leqslant b\right\},$$

该区域又可表示为

$$D = \left\{(x,y)\,\middle|\,a\leqslant x\leqslant b, x\leqslant y\leqslant b\right\}.$$

将式子左端的二重积分改变积分次序,先对 y、后对 x 积分便得到公式右端.

二、二重积分的极坐标转化及计算

1. 被积函数的转化

根据二重积分的定义

$$\iint\limits_{D}f(x,y)\mathrm{d}\sigma = \lim_{\lambda\to 0}\sum_{i=1}^{n}f(\xi_i,\eta_i)\Delta\sigma_i,$$

在极坐标系中,我们常用以极点为中心的一族同心圆,以及从极点出发的一族射线把区域 D 分成 n 个小闭区域(如图 $4-20$ 所示).

区域 $\Delta\sigma$ 的面积为

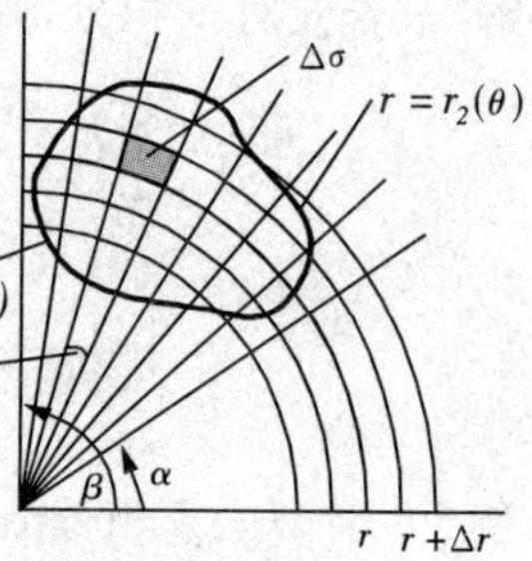

$$\Delta\sigma = \frac{1}{2}(r+\Delta r)^2 \cdot \Delta\theta - \frac{1}{2}r^2\Delta\theta$$

$$= \frac{1}{2}(2r+\Delta r)\Delta r\Delta\theta = \bar{r}\Delta r\Delta\theta.$$

其中 $\bar{r} = \dfrac{r+(r+\Delta r)}{2}$ 表示相邻两个圆弧半径的平均

值,当 $\Delta\sigma \to 0$ 时,$\bar{r} \to r$. 因此,在极坐标系中面积元

素可写成 $\mathrm{d}\sigma = r\mathrm{d}r\mathrm{d}\theta$. 考虑到 $x = r\cos\theta, y = r\sin\theta$,因而二重积分常记为

图 4-20

$$\iint\limits_{D} f(x,y)\mathrm{d}\sigma = \iint\limits_{D} f(r\cos\theta, r\sin\theta)r\mathrm{d}r\mathrm{d}\theta.$$

2. 积分区域的转化

(1) 如果极点在区域 D 的边界上,D 可表示为 $\alpha \leqslant \theta \leqslant \beta, r_1(\theta) \leqslant r \leqslant r_2(\theta)$(如图 4-21 所示),则

$$\iint\limits_{D} f(r\cos\theta, r\sin\theta)r\mathrm{d}r\mathrm{d}\theta = \int_{\alpha}^{\beta}\mathrm{d}\theta\int_{r_1(\theta)}^{r_2(\theta)} f(r\cos\theta, r\sin\theta)r\mathrm{d}r.$$

(2) 如果极点在区域 D 的内部,D 可表示为 $0 \leqslant \theta \leqslant 2\pi, 0 \leqslant r \leqslant r(\theta)$(如图 4-22 所示),则

$$\iint\limits_{D} f(r\cos\theta, r\sin\theta)r\mathrm{d}r\mathrm{d}\theta = \int_{0}^{2\pi}\mathrm{d}\theta\int_{0}^{r(\theta)} f(r\cos\theta, r\sin\theta)r\mathrm{d}r$$

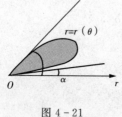

图 4-21

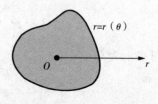

图 4-22

例5 计算二重积分 $I = \iint\limits_{D} xy\mathrm{d}\sigma$,其中 D 是单位圆在第一象限的部分(如图 4-23 所示).

解 利用极坐标,区域 D 可表示为 $0 \leqslant \theta \leqslant \dfrac{\pi}{2}, 0 \leqslant r \leqslant 1$,因而

$$I = \int_{0}^{\frac{\pi}{2}}\mathrm{d}\theta\int_{0}^{1} r\cos\theta r\sin\theta r\mathrm{d}r = \int_{0}^{\frac{\pi}{2}}\cos\theta\sin\theta\mathrm{d}\theta\int_{0}^{1} r^3\mathrm{d}r = \frac{1}{2}\sin^2\theta\Big|_{0}^{\frac{\pi}{2}} \cdot \frac{r^4}{4}\Big|_{0}^{1} = \frac{1}{8}.$$

例6 计算二重积分 $I = \iint\limits_{D}\arctan\dfrac{y}{x}\mathrm{d}\sigma$,其中 D 为圆 $x^2+y^2=1, x^2+y^2=9$,直线 $y=0, y$

$=x$ 所围成的第一象限区域(如图 $4-24$ 所示).

解 利用极坐标,区域 D 可表示为 $0 \leqslant \theta \leqslant \dfrac{\pi}{4}, 1 \leqslant r \leqslant 3$,被积函数 $\arctan \dfrac{y}{x} = \theta$,因而

$$I = \int_0^{\frac{\pi}{4}} \mathrm{d}\theta \int_1^3 \theta r \, \mathrm{d}r = \int_0^{\frac{\pi}{4}} \theta \mathrm{d}\theta \int_1^3 r \, \mathrm{d}r = \frac{1}{2}\theta^2 \Big|_0^{\frac{\pi}{4}} \cdot \frac{1}{2} r^2 = \frac{\pi^2}{8}.$$

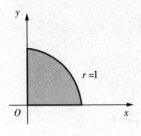

图 $4-23$

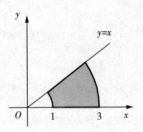

图 $4-24$

例 7 计算 $\iint\limits_D xy \, \mathrm{d}x\mathrm{d}y$,其中 $D = \{(x,y) \,\big|\, y>0, 1 \leqslant x^2 + y^2 \leqslant 2x\}$.

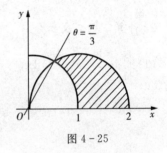

图 $4-25$

解 区域 D 见图 $4-25$ 阴影部分,在极坐标下

$$D^* = \{(r,\theta) \mid 1 \leqslant r \leqslant 2\cos\theta, 0 \leqslant \theta \leqslant \pi/3\}.$$

于是

$$\iint\limits_D xy\,\mathrm{d}x\mathrm{d}y = \iint\limits_{D^*} r\cos\theta \cdot r\sin\theta \cdot r\,\mathrm{d}r\mathrm{d}\theta = \int_0^{\frac{\pi}{3}} \mathrm{d}\theta \int_1^{2\cos\theta} r^3 \cos\theta\sin\theta\,\mathrm{d}r$$

$$= \int_0^{\frac{\pi}{3}} \cos\theta\sin\theta \left[\frac{1}{4}r^4\right]_1^{2\cos\theta} \mathrm{d}\theta = \int_0^{\frac{\pi}{3}} \cos\theta\sin\theta(4\cos^4\theta - \frac{1}{4})\mathrm{d}\theta$$

$$= -\int_0^{\frac{\pi}{3}} (4\cos^5\theta - \frac{1}{4}\cos\theta)\mathrm{d}\cos\theta = \left[\frac{1}{8}\cos^2\theta - \frac{4}{6}\cos^6\theta\right]_0^{\frac{\pi}{3}} = \frac{9}{16}.$$

小结:计算二重积分时,选择坐标系和积分次序是非常重要的,它不但影响到计算的繁简,甚至还会影响到计算能否进行下去.选择坐标系要从积分区域的形状和被积函数的特点两个方面来考虑,为便于记忆,现列表 $4-1$ 如下所示.

表 $4-1$

积分区域形状	被积函数形式	应选坐标系
D 为矩形、三角形或其他形状	$f(x,y)$	直角坐标系
D 为圆形、圆环形、扇形或环扇形	$f(x^2+y^2)$ 或 $f\left(\dfrac{y}{x}\right)$	极坐标系

习 题 八

1. 画出下列积分区域 D,并将 $I = \iint\limits_{D} f(x,y)\mathrm{d}\sigma$ 化为不同顺序的累次积分.

(1) $D = \{(x,y) \mid x+y \leqslant 1, x-y \leqslant 1, 0 \leqslant x \leqslant 1\}$;

(2) $D = \{(x,y) \mid x^2 \leqslant y \leqslant 1\}$;

(3) $D = \{(x,y) \mid x^2 + y^2 \leqslant y\}$;

(4) $D = \{(x,y) \mid 0 \leqslant y \leqslant x^2, 2y \leqslant 3-x, 0 \leqslant x \leqslant 3\}$;

(5) $D = \{(x,y) \mid y \leqslant x, y \geqslant a, x \leqslant b (0 \leqslant a \leqslant b)\}$;

(6) $D = \{(x,y) \mid x^2 + y^2 \leqslant a^2, x+y \geqslant a (a > 0)\}$.

2. 计算下列二次积分.

(1) $\int_1^3 \mathrm{d}y \int_1^2 (x^2-1)\mathrm{d}x$; (2) $\int_2^4 \mathrm{d}x \int_x^{2x} \frac{y}{x}\mathrm{d}y$;

(3) $\int_1^2 \mathrm{d}y \int_0^{\ln y} \mathrm{e}^x \mathrm{d}x$; (4) $\int_1^2 \mathrm{d}x \int_0^{\frac{1}{x}} \sqrt{xy}\,\mathrm{d}y$;

(5) $\int_0^a \mathrm{d}x \int_0^{\sqrt{x}} \mathrm{d}y$; (6) $\int_0^2 \mathrm{d}y \int_0^2 xy\,\mathrm{d}x$;

(7) $\int_1^9 \mathrm{d}x \int_0^4 \sqrt{xy}\,\mathrm{d}y$; (8) $\int_0^{\frac{\pi}{2}} \mathrm{d}x \int_{\cos x}^1 y^4\,\mathrm{d}y$;

(9) $\int_0^\pi \mathrm{d}x \int_0^{1+\cos x} y^2 \sin x\,\mathrm{d}y$; (10) $\int_{-\frac{\pi}{2}}^{\frac{\pi}{2}} \mathrm{d}y \int_0^{3\cos y} x^2 \sin^2 y\,\mathrm{d}x$.

3. 计算下列二重积分.

(1) $\iint\limits_{D} x\mathrm{e}^{xy}\mathrm{d}\sigma$,其中 $D = \{(x,y) \mid 0 \leqslant x \leqslant 1, -1 \leqslant y \leqslant 0\}$;

(2) $\iint\limits_{D} \frac{\mathrm{d}\sigma}{(x-y)^2}$,其中 $D = \{(x,y) \mid 1 \leqslant x \leqslant 2, 3 \leqslant y \leqslant 4\}$;

(3) $\iint\limits_{D} (x+6y)\mathrm{d}\sigma$,其中 D 是 $y=x, y=5x, x=1$ 所围成的区域;

(4) $\iint\limits_{D} x^2 y\cos(xy^2)\mathrm{d}\sigma$,其中 $D = \left\{(x,y) \mid 0 \leqslant x \leqslant \frac{\pi}{2}, 0 \leqslant y \leqslant 2\right\}$;

(5) $\iint\limits_{D} (x^2+y^2-y)\mathrm{d}\sigma$,其中 $D = \{(x,y) \mid 1 \leqslant x \leqslant 3, x \leqslant y \leqslant x+1\}$;

(6) $\iint\limits_{D} x\cos(x+y)\mathrm{d}\sigma$，其中 D 是以 $(0,0),(\pi,0),(\pi,\pi)$ 为顶点的三角形闭区域.

4. 化下列二次积分为极坐标形式的二次积分.

(1) $\int_0^1 \mathrm{d}x \int_0^1 f(x,y)\mathrm{d}y$;　　　　　(2) $\int_0^1 \mathrm{d}x \int_0^{x^2} f(x,y)\mathrm{d}y$;

(3) $\int_0^R \mathrm{d}x \int_0^{\sqrt{R^2-x^2}} f(x^2+y^2)\mathrm{d}y$;　　(4) $\int_0^{2R} \mathrm{d}x \int_0^{\sqrt{2Ry-y^2}} f(x,y)\mathrm{d}y$.

5. 用极坐标计算下列二重积分.

(1) $\iint\limits_{D} y\mathrm{d}\sigma$，$D$ 是圆 $x^2+y^2=a^2$ 所围成的第一象限中的区域；

(2) $\iint\limits_{D} \sqrt{x^2+y^2}\mathrm{d}\sigma$，$D$ 是圆域 $x^2+y^2\leqslant a^2$；

(3) $\iint\limits_{D} \sin\sqrt{x^2+y^2}\mathrm{d}\sigma$，$D$ 是环形区域 $\pi^2\leqslant x^2+y^2\leqslant 4\pi^2$；

(4) $\iint\limits_{D} (4-x-y)\mathrm{d}\sigma$，$D$ 是圆域 $x^2+y^2\leqslant 2y$；

(5) $\iint\limits_{D} \ln(1+x^2+y^2)\mathrm{d}x\mathrm{d}y$，$D: x^2+y^2\leqslant 1, x\geqslant 0, y\geqslant 0$；

(6) $\iint\limits_{D} \arctan\dfrac{y}{x}\mathrm{d}x\mathrm{d}y$，$D: 1\leqslant x^2+y^2\leqslant 4, y\geqslant 0, y\leqslant x$.

第九节　　二重积分的应用

二重积分在几何、物理等许多学科中有着广泛的应用，这里重点介绍它在几何方面的应用.

一、体积

根据二重积分的几何意义，$\iint\limits_{D} f(x,y)\mathrm{d}\sigma$ 表示以 $f(x,y)$ 为曲顶，以 $f(x,y)$ 在 xOy 坐标平面的投影区域 D 为底的曲顶柱体的体积. 因此，利用二重积分可以计算空间曲面所围立体的体积.

例 1　求椭球面 $\dfrac{x^2}{a^2}+\dfrac{y^2}{b^2}+\dfrac{z^2}{c^2}=1$ 所围椭球的体积.

解　由于椭球体在空间直角坐标系八个卦限上的体积是对称的. 令 D 表示椭球面在 xOy 坐标面第一象限的投影区域，则

$$D = \left\{ (x,y) \; \middle| \; \frac{x^2}{a^2} + \frac{y^2}{b^2} \leqslant 1, x \geqslant 0, y \geqslant 0 \right\},$$

体积 $V = 8\iint\limits_{D} z(x,y)\mathrm{d}x\mathrm{d}y$. 作广义极坐标变换 $x = ar\cos\theta, y = br\sin\theta$，则此变换的雅可比行列式 $J = abr$，与 D 相对应的积分区域

$$D^* = \left\{ (r,\theta) \; \middle| \; 0 \leqslant r \leqslant 1, 0 \leqslant \theta \leqslant \pi/2 \right\},$$

此时 $z = z(x,y) = c\sqrt{1-r^2}$，从而

$$V = 8\iint\limits_{D^*} z(ar\cos\theta, br\sin\theta)\,|\,J\,|\,\mathrm{d}r\mathrm{d}\theta = 8\int_0^{\frac{\pi}{2}} \mathrm{d}\theta \int_0^1 c\sqrt{1-r^2}\,abr\mathrm{d}r$$

$$= 8abc \cdot \frac{\pi}{2} \int_0^1 r\sqrt{1-r^2}\,\mathrm{d}r = \frac{4}{3}\pi abc.$$

例 2　求球面 $x^2 + y^2 + z^2 = 4a^2$ 与圆柱面 $x^2 + y^2 = 2ax$ $(a > 0)$ 所围立体的体积.

解　由对称性(图 4-26(a) 给出的是第一卦限部分) 可知,

$$V = 4\iint\limits_{D} \sqrt{4a^2 - x^2 - y^2}\,\mathrm{d}x\mathrm{d}y,$$

其中 D 为半圆周 $y = \sqrt{2ax - x^2}$ 及 x 轴所围成的闭区域(图 4-26(b)). 在极坐标系中,与闭区域 D 相应的区域 $D^* = \left\{ (r,\theta) \; \middle| \; 0 \leqslant r \leqslant 2a\cos\theta, 0 \leqslant \theta \leqslant \pi/2 \right\}$，于是

$$V = 4\iint\limits_{D} \sqrt{4a^2 - r^2}\,r\mathrm{d}r\mathrm{d}\theta = 4\int_0^{\frac{\pi}{2}} \mathrm{d}\theta \int_0^{2a\cos\theta} \sqrt{4a^2 - r^2}\,r\mathrm{d}r$$

$$= \frac{32}{3}a^3 \int_0^{\frac{\pi}{2}} (1 - \sin^3\theta)\mathrm{d}\theta = \frac{32}{3}a^3 \left(\frac{\pi}{2} - \frac{2}{3} \right).$$

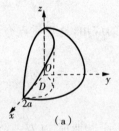
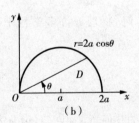

(a)　　　　　　　(b)

图 4-26

二、曲面的面积

设曲面 S 的方程为 $z = f(x,y)$，它在 xOy 面上的投影区域为 D_{xy}，求曲面 S 的面积 A.

若函数 $z = f(x,y)$ 在域 D_{xy} 上有一阶连续偏导数,可以证明,曲面 S 的面积为

$$A = \iint\limits_{D_{xy}} \sqrt{1 + f'^2_x(x,y) + f'^2_y(x,y)} \, \mathrm{d}x\mathrm{d}y. \tag{4-6}$$

例 3 计算抛物面 $z = x^2 + y^2$ 在平面 $z = 1$ 下方的面积.

解 $z = 1$ 下方的抛物面在 xOy 面的投影区域

$$D_{xy} = \{(x,y) \mid x^2 + y^2 \leqslant 1\}.$$

又 $z'_x = 2x, z'_y = 2y, \sqrt{1 + z'^2_x + z'^2_y} = \sqrt{1 + 4x^2 + 4y^2}$，代入公式(4-6)并用极坐标计算，可得抛物面的面积

$$A = \iint\limits_{D_{xy}} \sqrt{1 + 4x^2 + 4y^2} \, \mathrm{d}x\mathrm{d}y = \iint\limits_{D^*_{xy}} \sqrt{1 + 4r^2} \, r\mathrm{d}r\mathrm{d}\theta$$

$$= \int_0^{2\pi} \mathrm{d}\theta \int_0^1 (1 + 4r^2)^{\frac{1}{2}} r\mathrm{d}r = \frac{\pi}{6}(5\sqrt{5} - 1).$$

如果曲面方程为 $x = g(y,z)$ 或 $y = h(x,z)$，则可以把曲面投影到 yOz 或 xOz 平面上，其投影区域记为 D_{yz} 或 D_{xz}，类似地有

$$A = \iint\limits_{D_{yz}} \sqrt{1 + g'^2_y(y,z) + g'^2_z(y,z)} \, \mathrm{d}y\mathrm{d}z. \tag{4-7}$$

或

$$A = \iint\limits_{D_{xz}} \sqrt{1 + h'^2_x(z,x) + h'^2_z(z,x)} \, \mathrm{d}x\mathrm{d}z. \tag{4-8}$$

三、转动惯量

先讨论平面薄片的转动惯量.

设在 xOy 平面上有 n 个质点，它们分别位于 $(x_1,y_1),(x_2,y_2),\cdots,(x_n,y_n)$，质量分别为 $m_1,m_2,\cdots,m_n$. 由力学知识可知，该质点系对于 x 轴以及对于 y 轴的转动惯量依次为

$$I_x = \sum_{i=1}^{n} y_i^2 m_i, I_y = \sum_{i=1}^{n} x_i^2 m_i.$$

设有一薄片，占有 xOy 面的闭区域 D，在点 (x,y) 处的面密度为 $\mu(x,y)$，假定 $\mu(x,y)$ 在 D 上连续. 现在要求该薄片对于 x 轴的转动惯量 I_x 以及对于 y 轴的转动惯量 I_y.

应用元素法，在闭区域 D 上任取一直径很小的闭区域 $\mathrm{d}\sigma,(x,y)$ 是这闭区域上的一个点，因为 $\mathrm{d}\sigma$ 的直径很小，且 $\mu(x,y)$ 在 D 上连续，所以薄片中相应部分的质量近似等于 $\mu(x,y)\mathrm{d}\sigma$，这部分质量可近似看做集中在点 (x,y) 上，于是可写出薄片对于 x 轴以及对于 y 轴的转动惯量元素：

$$\mathrm{d}I_x = y^2 \mu(x,y)\mathrm{d}\sigma, \mathrm{d}I_y = x^2 \mu(x,y)\mathrm{d}\sigma.$$

以这些元素为被积表达式，在闭区域 D 上积分，得到

$$I_x = \iint\limits_D y^2 \mu(x,y) \, d\sigma, \quad I_y = \iint\limits_D x^2 \mu(x,y) \, d\sigma.$$

例4 已知均匀矩形板(面板密度为常数 μ)的长和宽分别为 b 和 h,计算此矩形板对于通过其形心且分别与一边平行的两轴的转动惯量.

解 取坐标系如图 4-7 所示,则薄片所占区域 D

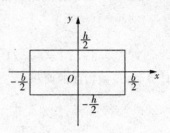

$$= \left\{ (x,y) \,\middle|\, -\frac{b}{2} \leqslant x \leqslant \frac{b}{2}, -\frac{h}{2} \leqslant y \leqslant \frac{h}{2} \right\},$$

而所求转动惯量即矩形薄片对于 x 轴的转动惯量为

$$I_x = \iint\limits_D y^2 \mu \, d\sigma = \iint\limits_D y^2 \mu \, dx dy = \mu \int_{-\frac{b}{2}}^{\frac{b}{2}} dx \int_{-\frac{h}{2}}^{\frac{h}{2}} y^2 \, dy = \frac{1}{12} \mu b h^3.$$

图 4-27

同理,可得对于 y 轴的转动惯量 I_y

$$I_y = \iint\limits_D x^2 \mu \, d\sigma = \iint\limits_D x^2 \mu \, dx dy = \mu \int_{-\frac{b}{2}}^{\frac{b}{2}} x^2 \, dx \int_{-\frac{h}{2}}^{\frac{h}{2}} dy = \frac{1}{12} \mu h b^3.$$

习　题　九

1. 求锥面 $z = \sqrt{x^2 + y^2}$ 被柱面 $z^2 = 2x$ 所截下部分曲面的面积.

2. 求底半径相同的两个直交圆柱面 $x^2 + y^2 = R^2, x^2 + z^2 = R^2$ 所围立体的表面积.

3. 求平面 $\dfrac{x}{a} + \dfrac{y}{b} + \dfrac{z}{c} = 1$ 被三个坐标面所割出部分的面积 $(a > 0, b > 0, c > 0)$.

第五章 微分方程

数学工作的一项重要任务就是要找出实际问题中所蕴含的变量之间的关系. 函数是客观事物的内部联系在数量方面的反映,利用函数关系又可以对客观事物的规律性进行研究. 因此如何寻找出所需要的函数关系,在实践中具有重要意义. 在许多问题中,往往不能直接找出所需要的函数关系,但是根据问题所提供的情况,有时可以列出含有要找的函数及其导数的关系式. 这样的关系就是所谓微分方程. 微分方程建立以后,对它进行研究,找出未知函数来,这就是解微分方程.

本章只就微分方程的基本概念和几种简单的一阶微分方程的解法作简要介绍.

第一节   微分方程的基本概念

一、引例

例 1   已知曲线上任一点的切线斜率等于这点横坐标的两倍,求其方程.

解   设所求曲线的方程为 $y = y(x)$,则应满足方程

$$\frac{\mathrm{d}y}{\mathrm{d}x} = 2x. \tag{5-1}$$

例 2   质量为 m 的物体只受重力的作用自由下落,试建立其路程 s 与时间 t 的关系.

解   把物体降落的铅垂线取作 s 轴,其指向朝下(朝向地心). 设物体在 t 时刻的位置为 $s = s(t)$,加速度 $a = \dfrac{\mathrm{d}^2 s}{\mathrm{d}t^2}$.

由牛顿第二定律 $F = ma$,得 $m\dfrac{\mathrm{d}^2 s}{\mathrm{d}t^2} = mg$ 或 $\dfrac{\mathrm{d}^2 s}{\mathrm{d}t^2} = g.$ \hfill (5-2)

二、微分方程及其相关概念

定义 1   表示自变量、未知函数及未知函数的导数(或微分)的关系式称之为微分方程.

未知函数是一元函数的微分方程叫做常微分方程,如(5-1)式、(5-2)式都是常微分方程. 未知函数是多元函数,从而出现多元函数的偏导数的方程,叫做偏微分方程. 如

$$\frac{\partial z}{\partial x} = m \frac{\partial z}{\partial y}$$

就是偏微分方程,本章只介绍常微分方程的有关知识.

定义2 微分方程中所出现未知函数的最高阶导数的阶数,称为微分方程的阶,如方程(5-1)是一阶微分方程,方程(5-2)是二阶微分方程.

一般地,n 阶微分方程如下:

$$F(x, y, y', \cdots, y^{(n)}) = 0. \tag{5-3}$$

$$y^{(n)} = f(x, y, y', \cdots, y^{(n-1)}). \tag{5-4}$$

注1 在方程(5-3)中,$y^{(n)}$ 是必须出现的,而 $x, y, y', \cdots, y^{(n-1)}$ 等变量则可不出现.

注2 以后我们讨论的微分方程都是已解出最高阶导数的方程(如式 5-4)或能够解出最高阶导数的方程,且(5-4)右端的函数在所讨论的范围内连续.

定义3 如果把某个函数以及它的导数代入微分方程,能使该方程成为恒等式,这个函数就叫做微分方程的解,即满足微分方程的函数叫做微分方程的解. 如例1中,$y = x^2 + c$ 是 $\frac{dy}{dx} = 2x$ 的解;例2 中,$s = \frac{1}{2}gt^2 + c_1 t + c_2$ 是 $\frac{d^2 s}{dt^2} = g$ 解.

定义4 如果微分方程的解中含有任意常数,且任意常数的个数与微分方程的阶数相同,这样的解称为微分方程的通解. 例如,由方程(5-1)得到的解 $y = x^2 + C$ 就是方程的通解. 在通解中,任意常数已确定的解称为特解. 如 $y = x^2 + 1, y = x^2 + 2$ 都是方程(5-1)的特解. 确定任意常数的条件称为初始条件. 通常特解都是将给定的条件代入通解,确定任意常数的特定值后得到的.

初值问题就是求微分方程满足初始条件的特解这样的问题. 如求微分方程 $y' = f(x, y)$ 满足初始条件 $y|_{x=x_0} = y_0$ 的解的问题,记为

$$\begin{cases} y' = f(x, y), \\ y|_{x=x_0} = y_0. \end{cases}$$

例3 验证函数 $\cos y = C(1 + e^x)$ 是微分方程 $\cos y dx + (1 + e^{-x}) \sin y dy = 0$ 的解,并求满足初始条件 $y|_{x=0} = \frac{\pi}{4}$ 下的特解.

解 求所给函数的导数:

$$\frac{dy}{dx} = -\frac{Ce^x}{\sin y},$$

而原方程可化为 $(1 + e^{-x}) \sin y \frac{dy}{dx} = -\cos y$,将 $\frac{dy}{dx}$ 的表达式代入所给方程,得

$$(1 + e^{-x}) \sin y \cdot \left(-\frac{Ce^x}{\sin y} \right) = Ce^x.$$

这表明函数 $\cos y = C(1 + e^x)$ 满足方程 $\cos y dx + (1 + e^{-x}) \sin y dy = 0$,因此所给函数是

所给微分方程的解.

由条件 $y\mid_{x=0}=\dfrac{\pi}{4}$，解得 $C=\dfrac{\sqrt{2}}{4}$. 把 $C=\dfrac{\sqrt{2}}{4}$ 代入 $\cos y=C(1+\mathrm{e}^x)$ 中，得 $\cos y$

$=\dfrac{\sqrt{2}}{4}(1+\mathrm{e}^x)$.

习 题 一

1. 下列方程中哪几个是微分方程?

(1) $y''-3y'+2y=x$；

(2) $y^2-3y+2=0$；

(3) $y'=2x+1$；

(4) $y=2x+1$；

(5) $\mathrm{d}y=(4x-1)\mathrm{d}x$；

(6) $\dfrac{\mathrm{d}^2y}{\mathrm{d}x^2}=\cos x$.

2. 说出下列微分方程的阶数.

(1) $\dfrac{\mathrm{d}y}{\mathrm{d}x}+\dfrac{\sqrt{1-y}}{\sqrt{1-x}}=0$；

(2) $y''+3y'+2y=\sin x$；

(3) $\dfrac{\mathrm{d}^3y}{\mathrm{d}x^3}-y=\mathrm{e}^x$；

(4) $y-x\dfrac{\mathrm{d}y}{\mathrm{d}x}=a\left(y^2-\dfrac{\mathrm{d}y}{\mathrm{d}x}\right)$.

3. 下列各题中的函数是否为所给微分方程的解?

(1) $xy'=2y,y=5x^2$；

(2) $y''=x^2+y^2,y=\dfrac{1}{x}$；

(3) $(x+y)\mathrm{d}x+x\mathrm{d}y=0,y=\dfrac{C^2-x^2}{2x}$ (C 为常数)；

(4) $y''+y=0,y=3\sin x-4\cos x$；

(5) $\dfrac{\mathrm{d}^2x}{\mathrm{d}t^2}+w^2x=0,x=C_1\cos wt+C_2\sin wt$ (C_1、C_2 为常数)；

(6) $y''-(\lambda_1+\lambda_2)+\lambda_1\lambda_2y=0,y=C_1\mathrm{e}^{\lambda_1 x}+C_2\mathrm{e}^{\lambda_2 x}$.

第二节　一阶微分方程

一、可分离变量的微分方程

一般地,我们把形如

$$g(y)\mathrm{d}y=f(x)\mathrm{d}x$$

或

$$f_1(x)g_1(y)\mathrm{d}x+f_2(x)g_2(y)\mathrm{d}y=0$$

的一阶微分方程称为可分离变量的微分方程. 这个转化过程称为分离变量.

可分离变量的微分方程的解法步骤：

(1) 分离变量，将方程写成 $g(y)\mathrm{d}y = f(x)\mathrm{d}x$ 的形式；

(2) 两端积分：$\int g(y)\mathrm{d}y = \int f(x)\mathrm{d}x$，设积分后得 $G(y) = F(x) + C$；

(3) 求出由 $G(y) = F(x) + C$ 所确定的隐函数 $y = \Phi(x)$ 或 $x = \Psi(y)$.

$G(y) = F(x) + C, y = \Phi(x)$ 或 $x = \Psi(y)$ 都是方程的通解，其中 $G(y) = F(x) + C$ 称为隐式(通)解.

注 1 有的微分方程不需要把隐式(通)解 $G(y) = F(x) + C$ 显化成 $y = \Phi(x)$ 或 $x = \Psi(y)$，但最后一定要化简.

例 1 求微分方程 $\dfrac{\mathrm{d}y}{\mathrm{d}x} = \mathrm{e}^{2x-y}$ 的通解和满足初始条件 $y\big|_{x=0} = 0$ 的特解.

解 将原方程分离变量得 $\mathrm{e}^y \mathrm{d}y = \mathrm{e}^{2x}\mathrm{d}x$，将两边分别积分，得

$$\int \mathrm{e}^y \mathrm{d}y \mathrm{d}y = \int \mathrm{e}^{2x}\mathrm{d}x.$$

求得通解

$$\mathrm{e}^y = \frac{1}{2}\mathrm{e}^{x^2} + C.$$

将初始条件 $y\big|_{x=0} = 0$ 代入通解得 $C = \dfrac{1}{2}$，于是方程的特解为 $\mathrm{e}^y = \dfrac{1}{2}(\mathrm{e}^{x^2} + 1)$.

例 2 求方程 $x\mathrm{d}y + 2y\mathrm{d}x = 0$ 的通解.

解 分离变量，得

$$\frac{\mathrm{d}y}{y} = -2\frac{\mathrm{d}x}{x},$$

两边积分

$$\int \frac{\mathrm{d}y}{y} = \int -2\frac{\mathrm{d}x}{x},$$

积分得

$$\ln|y| = -2\ln|x| + \ln C_1 = \ln x^{-2} + \ln C_1,$$

即

$$x^2 y = C.$$

例 3 镭的衰变速度与它的现存量 M 成正比. 由相关材料得知，镭经过 1600 年后，只有原始量 M_0 的一半，求镭的量 M 随时间 t 的函数关系.

解 镭的衰变速度就是 M 对时间 t 的导数 $\dfrac{\mathrm{d}M}{\mathrm{d}t}$. 由于镭的衰变速度与其含量成正比，故得微分方程

$$\frac{\mathrm{d}M}{\mathrm{d}t} = -kM.$$

由题意,初始条件为 $M|_{t=1600}=\dfrac{1}{2}M_0$,将方程分离变量,得

$$\frac{\mathrm{d}M}{M}=-k\mathrm{d}t.$$

两边积分,得

$$\int\frac{\mathrm{d}M}{M}=\int(-k)\mathrm{d}t,$$

即

$$\ln M=-kt+\ln C,$$

或

$$M=Ce^{-kt}.$$

因当 $t=0$ 时,$M=M_0$,故 $C=M_0$,$M=M_0\mathrm{e}^{-kt}$. 或将 $t=1600$,$M=\dfrac{1}{2}M_0$ 代入上式,得 $\dfrac{1}{2}=$

e^{-1600k},即得到 $k=\dfrac{\ln 2}{1600}$. 所以镭含量 M 随时间 t 变化的规律:$M=M_0\mathrm{e}^{-\frac{\ln 2}{1600}t}$.

二、可化为可分离变量的方程

1. 形如 $\dfrac{\mathrm{d}y}{\mathrm{d}x}=f(ax+by)$($a$、$b$ 为常数)

首先,作变量代换 $z=ax+by$,两端对 x 求导,得

$$\frac{\mathrm{d}z}{\mathrm{d}x}=a+b\frac{\mathrm{d}y}{\mathrm{d}x},$$

因 $\dfrac{\mathrm{d}y}{\mathrm{d}x}=f(z)$,故得 $\dfrac{\mathrm{d}z}{\mathrm{d}x}=a+bf(z)$ 或 $\dfrac{\mathrm{d}z}{a+bf(z)}=\mathrm{d}x$.

方程 $\dfrac{\mathrm{d}y}{\mathrm{d}x}=f(ax+by)$ 已化为可分离变量的方程,两边分别积分,得

$$x=\int\frac{\mathrm{d}z}{a+bf(z)}+C.$$

求出积分后再用 $ax+by$ 代替 z,便得方程 $\dfrac{\mathrm{d}y}{\mathrm{d}x}=f(ax+by)$ 的通解.

例 4 求微分方程 $\dfrac{\mathrm{d}y}{\mathrm{d}x}=\dfrac{1}{x-y}+1$ 的通解.

解 作变换 $z=x-y$,两端对 x 求导,得

$$\frac{\mathrm{d}z}{\mathrm{d}x}=1-\frac{\mathrm{d}y}{\mathrm{d}x},$$

又因 $\dfrac{\mathrm{d}y}{\mathrm{d}x}=\dfrac{1}{z}+1$,于是

$$\frac{\mathrm{d}z}{\mathrm{d}x}=1-\frac{1}{z}-1.$$

化简为　$z\mathrm{d}z=-\mathrm{d}x.$ 两边分别积分得 $z^2=-2x+C.$ 原方程的通解为 $(x-y)^2=-2x+C.$

2. 齐次微分方程

形如 $\dfrac{\mathrm{d}y}{\mathrm{d}x}=\varphi\left(\dfrac{y}{x}\right)$ 或 $\dfrac{\mathrm{d}x}{\mathrm{d}y}=\varphi\left(\dfrac{x}{y}\right)$ 的方程称为齐次微分方程.

对方程 $\dfrac{\mathrm{d}y}{\mathrm{d}x}=\varphi\left(\dfrac{y}{x}\right)$ 作变量代换 $\dfrac{y}{x}=u$,则 $y=xu$,两端对 x 求导数得

$$\frac{\mathrm{d}y}{\mathrm{d}x}=u+x\,\frac{\mathrm{d}u}{\mathrm{d}x},$$

又因 $\dfrac{\mathrm{d}y}{\mathrm{d}x}=\varphi(u)$,于是

$$u+x\,\frac{\mathrm{d}u}{\mathrm{d}x}=\varphi(u),$$

因此

$$\frac{\mathrm{d}u}{\varphi(u)-u}=\frac{\mathrm{d}x}{x}.$$

方程 $\dfrac{\mathrm{d}y}{\mathrm{d}x}=\varphi\left(\dfrac{y}{x}\right)$ 已化为可分离变量的方程,两边分别积分得

$$\int\frac{\mathrm{d}u}{\varphi(u)-u}=\ln x+C.$$

求出积分后,再用 $\dfrac{y}{x}$ 代替 u,便得方程 $\dfrac{\mathrm{d}y}{\mathrm{d}x}=\varphi\left(\dfrac{y}{x}\right)$ 的通解.

例 5　解方程 $x\,\dfrac{\mathrm{d}y}{\mathrm{d}x}=y\ln\dfrac{y}{x}.$

解　原方程可写成

$$\frac{\mathrm{d}y}{\mathrm{d}x}=\frac{y}{x}\ln\frac{y}{x},$$

因此原方程是齐次方程. 令 $\dfrac{y}{x}=u$,则 $y=ux$,$\dfrac{\mathrm{d}y}{\mathrm{d}x}=u+x\,\dfrac{\mathrm{d}u}{\mathrm{d}x}$,于是原方程变为 $u+x\,\dfrac{\mathrm{d}u}{\mathrm{d}x}=u\ln u.$ 分离变量,得

$$\frac{\mathrm{d}u}{u(\ln u-1)}=\frac{\mathrm{d}x}{x}.$$

两边积分,得 $\ln|\ln u-1|=\ln|x|+\ln C_1$,即 $\ln u-1=\pm C_1 x.$

以 $\dfrac{y}{x}$ 代替上式中的 u,便得所给方程的通解 $\ln\dfrac{y}{x}=Cx+1.$

例 6　求微分方程 $y\mathrm{d}x-(x+\sqrt{x^2+y^2})\mathrm{d}y=0$ 的通解.

解 将方程改写为 $\dfrac{\mathrm{d}x}{\mathrm{d}y}=\dfrac{x}{y}+\sqrt{\left(\dfrac{x}{y}\right)^2+1}$，故原方程为齐次方程. 作变量代换 $u=\dfrac{x}{y}$，

则 $x=uy$，两端求导得

$$\frac{\mathrm{d}x}{\mathrm{d}y}=u+y\frac{\mathrm{d}u}{\mathrm{d}y},$$

代入方程，化简可得 $\dfrac{\mathrm{d}y}{y}=\dfrac{\mathrm{d}u}{\sqrt{u^2+1}}$.

两端分别积分，得

$$\ln y=\ln\left(u+\sqrt{u^2+1}\right)+\ln C \ \text{或}\ u+\sqrt{u^2+1}=\frac{y}{C},$$

从而得

$$u-\sqrt{u^2+1}=-\frac{C}{y},$$

将 $u=\dfrac{x}{y}$ 代入并整理，得原方程通解

$$y^2=2C\left(x+\frac{C}{2}\right).$$

习 题 二

1. 求下列微分方程的通解.

$(1)(1+y)\mathrm{d}x+(x-1)\mathrm{d}y=0$；$(2)\sqrt{1-y^2}\,\mathrm{d}x=\sqrt{1-x^2}\,\mathrm{d}y$；$(3)y'=\dfrac{x^3}{y^3}$；

$(4)\mathrm{d}y-y\sin^2 x\mathrm{d}x=0$；$(5)(1+x^2)y'-y\ln y=0$；$(6)y'+\mathrm{e}^x y=0$.

2. 解下列微分方程.

$(1)\tan x\sin^2 y\mathrm{d}x+\cos^2 x\cot y\mathrm{d}y=0$；$(2)xyy'=1-x^2$；

$(3)3\mathrm{e}^x\tan y\mathrm{d}x+(1-\mathrm{e}^x)\sec^2 y\mathrm{d}y=0$；$(4)(1+\mathrm{e}^x)yy'=\mathrm{e}^x,y\big|_{x=0}=1$；

$(5)\dfrac{\mathrm{d}y}{\mathrm{d}x}=(x+y)^2$；$(6)\dfrac{\mathrm{d}y}{\mathrm{d}x}=\dfrac{x+y}{x-y}$.

3. 求下列微分方程的特解.

$(1)xy'-y=0,y\big|_{x=4}=2$；$(2)2y'\sqrt{x}=y,y\big|_{x=4}=1$；

$(3)(xy^2+x)\mathrm{d}x+(x^2y-y)\mathrm{d}y=0,y\big|_{x=0}=1$；

$(4)y'\sin x=y\ln y,y\big|_{x=\frac{\pi}{2}}=1$；

$(5)x\mathrm{d}y=(2x\tan\dfrac{y}{x}+y)\mathrm{d}x,y\big|_{x=2}=\dfrac{\pi}{2}$.

第三节　一阶线性微分方程

一、一阶线性微分方程的概念

形式为

$$\frac{\mathrm{d}y}{\mathrm{d}x} + P(x)y = Q(x) \qquad\qquad (5-5)$$

的方程称为一阶线性微分方程. 其中 $P(x)$，$Q(x)$ 都是 x 的已知连续函数.

若 $Q(x) \equiv 0$,方程（5-1）变成

$$\frac{\mathrm{d}y}{\mathrm{d}x} + P(x)y = 0, \qquad\qquad (5-6)$$

称为一阶线性齐次方程；当 $Q(x) \equiv 0$ 不成立时,方程（5-1）称为一阶线性非齐次方程. 方程 $\frac{\mathrm{d}y}{\mathrm{d}x} + P(x)y = 0$ 叫做对应于非齐次线性方程 $\frac{\mathrm{d}y}{\mathrm{d}x} + P(x)y = Q(x)$ 的齐次线性方程.

二、一阶线性方程的通解

1. 求一阶线性齐次方程 $\frac{\mathrm{d}y}{\mathrm{d}x} + P(x)y = 0$ 的通解

为了求出非齐次线性方程 $\frac{\mathrm{d}y}{\mathrm{d}x} + P(x)y = Q(x)$ 的解,我们先令 $Q(x) \equiv 0$,得到它所对应的齐次线性方程 $\frac{\mathrm{d}y}{\mathrm{d}x} + P(x)y = 0$.

$\frac{\mathrm{d}y}{\mathrm{d}x} + P(x)y = 0$ 是变量可分离方程,分离变量后 $\frac{\mathrm{d}y}{y} = -P(x)\mathrm{d}x (y \neq 0)$. 两边积分,得 $\ln |y| = -\int P(x)\mathrm{d}x + C_1$,故一阶线性齐次方程的通解为

$$y = \pm \mathrm{e}^{-\int P(x)\mathrm{d}x + C_1} = C\mathrm{e}^{-\int P(x)\mathrm{d}x} (C \text{ 为任意常数}).$$

注 1　这里, $\int P(x)\mathrm{d}x$ 表示 $P(x)$ 的某个确定的原函数.

注 2　$y = C\mathrm{e}^{-\int P(x)\mathrm{d}x}$ 可以直接作为 $\frac{\mathrm{d}y}{\mathrm{d}x} + P(x)y = 0$ 的通解公式使用.

2. 一阶线性非齐次方程 $\frac{\mathrm{d}y}{\mathrm{d}x} + P(x)y = Q(x)$ 的通解

前面已求得一阶线性齐次方程 $\frac{\mathrm{d}y}{\mathrm{d}x} + P(x)y = 0$ 的通解为

$$y = C\mathrm{e}^{-\int P(x)\mathrm{d}x}, \qquad\qquad (5-7)$$

其中 C 为任意常数. 有

$$y = C(x)\mathrm{e}^{-\int P(x)\mathrm{d}x} \qquad\qquad (5-8)$$

形式的解,将(5-8)以及它的导数 $y' = C'(x)\mathrm{e}^{-\int P(x)\mathrm{d}x} - C(x) \cdot P(x)\mathrm{e}^{-\int P(x)\mathrm{d}x}$ 代入方程(5-5)

中,得

$$C'(x)\mathrm{e}^{-\int P(x)\mathrm{d}x} - C(x) \cdot P(x)\mathrm{e}^{-\int P(x)\mathrm{d}x} + C(x)P(x)\mathrm{e}^{-\int P(x)\mathrm{d}x} = Q(x).$$

即 $C'(x)\mathrm{e}^{-\int P(x)\mathrm{d}x} = Q(x)$ 或 $\quad C'(x) = Q(x)\mathrm{e}^{\int P(x)\mathrm{d}x}.$

两端积分,得

$$C(x) = \int Q(x)\mathrm{e}^{\int P(x)\mathrm{d}x}\mathrm{d}x + C.$$

所以线性非齐次方程(5-1)的通解为

$$y = C(x)\mathrm{e}^{-\int P(x)\mathrm{d}x} = \mathrm{e}^{-\int P(x)\mathrm{d}x}\left[\int Q(x)\mathrm{e}^{\int P(x)\mathrm{d}x}\mathrm{d}x + C\right], \qquad\qquad (5-9)$$

这种求非齐次方程通解的方法,叫做常数变易法.

注 3 $\quad y = \mathrm{e}^{-\int P(x)\mathrm{d}x}\left[\int Q(x)\mathrm{e}^{\int P(x)\mathrm{d}x}\mathrm{d}x + C\right]$ 可以直接作为 $\dfrac{\mathrm{d}y}{\mathrm{d}x} + P(x)y = Q(x)$ 的通解公式

使用,称为公式法.

例 1 求方程 $xy' + y = \mathrm{e}^x$ 的通解.

解 $\quad y' + \dfrac{1}{x}y = \dfrac{\mathrm{e}^x}{x}, P(x) = \dfrac{1}{x}, Q(x) = \dfrac{\mathrm{e}^x}{x}$,先求

$$\int P(x)\mathrm{d}x = \int \frac{1}{x}\mathrm{d}x = \ln x,$$

故

$$\mathrm{e}^{\int P(x)\mathrm{d}x} = \mathrm{e}^{\ln x} = x, \mathrm{e}^{-\int P(x)\mathrm{d}x} = \mathrm{e}^{-\ln x} = \frac{1}{x}.$$

由(5-9)可得通解为

$$y = \frac{1}{x}\left(\int \frac{\mathrm{e}^x}{x} \cdot x\mathrm{d}x + C\right) = \frac{1}{x}\left(\int \mathrm{e}^x\mathrm{d}x + C\right) = \frac{1}{x}(\mathrm{e}^x + C).$$

例 2 求方程 $\dfrac{\mathrm{d}y}{\mathrm{d}x} + 2xy = 4x$ 的通解.

解 先求对应的齐次线性方程

$$\frac{\mathrm{d}y}{\mathrm{d}x} + 2xy = 0 \text{ 的通解}.$$

分离变量得

$$\frac{\mathrm{d}y}{y} = -2x\mathrm{d}x,$$

两边积分得

$$\ln y = -x^2 + C,$$

齐次线性方程的通解为

$$y = Ce^{-x^2}.$$

采用常数变易法,令 $C = C(x)$,则 $y = C(x)e^{-x^2}$,并与其导数 $\dfrac{dy}{dx} = C'(x)e^{-x^2} - x2C(x)e^{-x^2}$ 一起代入所给的非齐次线性方程,得

$$C'(x)e^{-x^2} - x2C(x)e^{-x^2} + 2xC(x)e^{-x^2} = 4x,$$

$$C'(x) = 4xe^{x^2},$$

两边积分,得 $\quad C(x) = 2e^{x^2} + C.$ 再把上式代入 $y = C(x)e^{-x^2}$ 中,即得所求方程的通解为

$$y = (2e^{x^2} + C) \cdot e^{-x^2}.$$

例 3 设一质量为 m 的质点作直线运动,从速度等于零的时刻起,有一个与运动方向一致、大小与时间成正比(比例系数为 k_1)的力作用于它,此外还有一个与速度成正比(比例系数为 k_2)的阻力作用. 求质点运动速度与时间的函数关系.

解 由运动学知道,$ma = k_1 t - k_2 v, a = \dfrac{dv}{dt}$,即

$$m\frac{dv}{dt} = k_1 t - k_2 v,$$

此方程可化为

$$\frac{dv}{dt} + \frac{k_2 v}{m} = \frac{k_1 t}{m}.$$

这个方程所对应的齐次方程为

$$\frac{dv}{dt} + \frac{k_2 v}{m} = 0,$$

方程可化为

$$\frac{dv}{v} = -\frac{k_2}{m}dt,$$

两边同时积分,得

$$v = Ce^{-\frac{k_2 t}{m}}.$$

采用常数变易法,令 $C = C(t)$,则 $v = C(t)e^{-\frac{k_2 t}{m}}$,并与其导数 $\dfrac{dv}{dt} = C'(t)e^{-\frac{k_2 t}{m}} - \dfrac{k_2}{m}C(t)e^{-\frac{k_2 t}{m}}$ 代入原方程得

$$C'(t)e^{-\frac{k_2 t}{m}} - \frac{k_2}{m}C(t)e^{-\frac{k_2 t}{m}} + \frac{k_2}{m}C(t)e^{-\frac{k_2 t}{m}} = \frac{k_1 t}{m},$$

$$C'(t)e^{-\frac{k_2 t}{m}} = \frac{k_1 t}{m}, C'(t) = \frac{k_1 t}{m}e^{\frac{k_2 t}{m}},$$

两边同时积分,得

$$C(t) = \frac{k_1}{k_2}e^{\frac{k_2 t}{m}} - \frac{mk_1}{k_2^2}e^{\frac{k_2 t}{m}} + C,$$

再把上式代入 $v=C(t)\mathrm{e}^{-\frac{k_2 t}{m}}$，得原方程通解

$$v=\left(\frac{k_1}{k_2}\mathrm{e}^{\frac{k_2 t}{m}}-\frac{mk_1}{k_2{}^2}\mathrm{e}^{\frac{k_2 t}{m}}+C\right)\mathrm{e}^{-\frac{k_2 t}{m}}=\frac{k_1}{k_2}-\frac{mk_1}{k_2{}^2}+C\mathrm{e}^{-\frac{k_2 t}{m}},$$

由于当 $t=0$ 时，$v=0$，得 $C=\dfrac{mk_1}{k_2{}^2}-\dfrac{k_1}{k_2}$，故速度与时间的函数关系为

$$v=\frac{k_1}{k_2}t-\frac{mk_1}{k_2{}^2}(1-\mathrm{e}^{-\frac{k_2 t}{m}}).$$

习 题 三

1. 求下列微分方程的通解.

(1) $\dfrac{\mathrm{d}y}{\mathrm{d}x}+y=\mathrm{e}^{-x}$；　(2) $\dfrac{\mathrm{d}y}{\mathrm{d}x}-3xy=2x$；　(3) $y'-\dfrac{2y}{x}=x^2\sin3x$；

(4) $y'+\dfrac{2y}{x}=\dfrac{\mathrm{e}^{-x^2}}{x}$；　(5) $(1+t^2)\mathrm{d}s-2ts\,\mathrm{d}t=(1+t^2)^2\mathrm{d}t$；

(6) $2y\mathrm{d}x+(y^2-6x)\mathrm{d}y=0$.（提示：把 x 看成 y 的函数）

2. 求下列微分方程满足初始条件的特解.

(1) $y'-y=\cos x,y\big|_{x=0}=0$；

(2) $y'+\dfrac{1-2x}{x^2}y=1,y\big|_{x=1}=0$.

3. 求下列微分方程的通解.

(1) $y'=y\tan x+\cos x$；

(2) $(1+y^2)\mathrm{d}x=(\sqrt{1+y^2}\,\sin y-xy)\mathrm{d}y$；

(3) $xy'+y-\mathrm{e}^x=0,y\big|_{x=a}=b$；

(4) $y'-\dfrac{2y}{1-x^2}-1-x=0,y\big|_{x=0}=0$.

4. 求下列伯努利方程的通解.

(1) $\dfrac{\mathrm{d}y}{\mathrm{d}x}+y=y^2(\cos x-\sin x)$；　　(2) $x\mathrm{d}y-[y+xy^3(1+\ln x)]\mathrm{d}x=0$.

5. 已知曲线上每一点处的切线斜率等于该点的横坐标与纵坐标之和，求经过点 $(0,-1)$ 的曲线方程.

第四节　二阶常系数线性齐次微分方程

一、基本概念

二阶常系数线性微分方程的一般形式为

$$y'' + py' + qy = f(x), \tag{5-10}$$

其中 p,q 是常数. 当 $f(x) \equiv 0$ 时,方程(5-10)变为

$$y'' + py' + qy = 0, \tag{5-11}$$

称为二阶常系数线性齐次方程. 当 $f(x) \neq 0$ 时,方程(5-10)称为二阶常系数非齐次线性微分方程.

二、二阶常系数线性齐次微分方程的解法

首先,我们给出二阶常系数齐次线性微分方程的通解结构定理.

定理 1　设函数 y_1 与 y_2 是方程(5-11)的两个解并且 $\dfrac{y_1}{y_2} \neq C$(C 为常数),则函数 $y = C_1 y_1 + C_2 y_2$(C_1, C_2 为常数)是方程(5-11)的通解.

由定理可知,要求方程(5-11)两个线性无关的特解是关键,那如何寻找方程(5-11)的特解呢? 我们从方程的结构可知左端是 y''、py' 和 qy 三项之和,而右端为 0,什么样的函数具有这个特征呢? 可以看出必须是同类型函数,才有可能使设方程右端为零,这自然想到函数 $y = e^{rx}$(r 为待定常数).

我们现在假设 $y = e^{rx}$ 为方程(5-11)的一个解,代入方程(5-11),有

$$r^2 e^{rx} + pr e^{rx} + q e^{rx} = 0,$$

即 $e^{rx}(r^2 + pr + q) = 0$. 因 $e^{rx} \neq 0$,故必然有

$$r^2 + pr + q = 0, \tag{5-12}$$

这是一元二次代数方程,它有两个根 $r_{1,2} = \dfrac{-p \pm \sqrt{p^2 - 4q}}{2}$.

因此,只要 r_1 和 r_2 分别为方程(5-12)的根,则 $y = e^{r_1 x}$、$y = e^{r_2 x}$ 就都是方程(5-11)的特解,代数方程(5-12)称为微分方程(5-11)的特征方程,它的根称为特征根.

下面就三种情况讨论方程(5-11)的通解.

(1) 特征方程有两个相异实根的情形

若 $p^2 - 4q > 0$,方程(5-10)有两个不相等的实根 r_1 和 r_2,这时 $y_1 = e^{r_1 x}$ 和 $y_2 = e^{r_2 x}$ 就是方程(5-11)的两个特解,由于 $\dfrac{y_1}{y_2} = \dfrac{e^{r_1 x}}{e^{r_2 x}} = e^{(r_1 - r_2)x} \neq$ 常数,所以 y_1、y_2 线性无关,故方程

$(5-11)$ 的通解为 $y = c_1 e^{r_1 x} + c_2 e^{r_2 x}$.

例1 求 $y'' + 5y' + 4y = 0$ 的通解.

解 特征方程为

$$r^3 + 5r + 4 = (r+4)(r+1) = 0,$$

特征根为 $r_1 = -4, r_2 = -1$. 故方程的通解为 $y = C_1 e^{-4x} + C_2 e^{-x}$.

(2) 特征方程有等根的情形

若 $p^2 - 4q = 0$, 则 $r = r_1 = r_2 = -\dfrac{p}{2}$, 这时仅得到方程$(5-11)$一个特解 $y_1 = e^{rx}$. 要求通解, 还需找一个与 $y_1 = e^{rx}$ 线性无关的特解 y_2.

既然 $\dfrac{y_2}{y_1} \neq$ 常数, 则必有 $\dfrac{y_2}{y_1} = u(x)$, 其中 $u(x)$ 为待定函数.

设 $y_2 = u(x) e^{rx}$, 则

$$y'_2 = e^{rx} [r u(x) + u'(x)], \quad y''_2 = e^{rx} [r^2 u(x) + 2r u'(x) + u''(x)],$$

代入方程$(5-2)$整理后得

$$e^{rx} [u''(x) + (2r+p) u'(x) + (r^2 + pr + q) u(x)] = 0.$$

因 $e^{rx} \neq 0$, 且因 r 为特征方程$(5-12)$的重根, 故 $r^2 + pr + q = 0$ 及 $2r + p = 0$, 于是上式成为 $u''(x) = 0$. 即若 $u(x)$ 满足 $u''(x) = 0$, 则 $y_2 = u(x) e^{rx}$ 即为方程$(5-11)$的另一特解. $u(x) = D_1 x + D_2$ 是满足 $u''(x) = 0$ 的函数, 其中 D_1, D_2 是任意常数.

我们取最简单的 $u(x) = x$, 于是 $y_2 = x e^{rx}$, 且 $\dfrac{y_2}{y_1} = x \neq$ 常数, 故方程$(5-11)$的通解为 $y = C_1 e^{rx} + C_2 x e^{rx} = e^{rx} (C_1 + C_2 x)$.

例2 求方程 $\dfrac{d^2 y}{dx^2} + 4 \dfrac{dy}{dx} + 4y = 0$ 满足初始条件: $y \big|_{x=0} = 4, \dfrac{dy}{dx} \big|_{x=0} = -2$ 的特解.

解 特征方程为 $r^2 + 4r + 4 = 0$, 特征根为 $r_1 = r_2 = -2$, 故方程通解为

$$y = e^{-2x} (C_1 + C_2 x).$$

以初始条件 $y \big|_{x=0} = 4$ 代入上式, 得 $C_1 = 4$, 从而 $y = e^{-2x} (4 + C_2 x)$.

由 $\dfrac{dy}{dx} = e^{-2x} (C_2 - 8 - 2C_2 x)$, 以 $\dfrac{dy}{dx} \big|_{x=0} = -2$ 代入得 $-2 = C_2 - 8$, 有 $C_2 = 6$.

所求特解为

$$y = e^{-2x} (4 + 6x).$$

(3) 特征方程有共轭复根的情形

若 $p^2 - 4q < 0$, 特征方程$(5-12)$有两个复根.

$$r_1 = \alpha + i\beta, \quad r_2 = \alpha - i\beta.$$

其中 $\alpha=-\dfrac{p}{2},\beta=\dfrac{\sqrt{4q-p^2}}{2}$.

方程(5-11)有两个特解 $y_1=\mathrm{e}^{(\alpha+i\beta)x},y_2=\mathrm{e}^{(\alpha-i\beta)x}$.

它们是线性无关的,故方程(5-11)的通解为 $y=C_1\mathrm{e}^{(\alpha+i\beta)x}+C_2\mathrm{e}^{(\alpha-i\beta)x}$.

这是复函数形式的解. 为了表示成实函数形式的解,我们利用欧拉公式,则

$$\mathrm{e}^{(\alpha\pm i\beta)x}=\mathrm{e}^{\alpha x}(\cos\beta x\pm i\sin\beta x).$$

故有 $\dfrac{y_1+y_2}{2}=\mathrm{e}^{\alpha x}\cos\beta x,\dfrac{y_1-y_2}{2i}=\mathrm{e}^{\alpha x}\sin\beta x.$

显然 $\mathrm{e}^{\alpha x}\cos\beta x$、$\mathrm{e}^{\alpha x}\sin\beta x$ 也是方程(5-11)的特解,且它们是线性无关的. 因此(5-11)的通解的实函数形式为 $y=\mathrm{e}^{\alpha x}[C_1\cos\beta x+C_2\sin\beta x]$.

例 3 求方程 $y''-4y'+13y=0$ 的通解.

解 特征方程为 $r^2-4r+13=0$,特征根为 $r_1=2+3i,r_2=2-3i$,故方程的通解为

$$y=\mathrm{e}^{2x}(C_1\cos\beta x+C_2\sin\beta x).$$

习 题 四

1. 验证 $y_1=\mathrm{e}^{x^2}$ 与 $y_2=x\mathrm{e}^{x^2}$ 都是方程 $y''-xxy'+(4x^2-2)y=0$ 的解,并写出该方程的通解.

2. 验证下列各题:

(1)$y=C_1\mathrm{e}^x+C_2\mathrm{e}^{2x}+\dfrac{1}{12}\mathrm{e}^{5x}(C_1$、$C_2$ 是任意常数)是方程 $y''-3y'+2y=\mathrm{e}^{5x}$ 的通解.

(2)$y=C_1\cos2+C_2\sin3x+\dfrac{1}{32}(4x\cos x+\sin x)(C_1$、$C_2$ 是任意常数)是方程 $y''+9y=x\cos x$ 的通解.

3. 已知特征方程的根为下面的形式,试写出相应的二阶常系数齐次微分方程和它们的通解:

(1)$r_1=2,r_2=-1$;

(2)$r_1=r_2=2$;

(3)$r_1=-1+i,r_2=-1-i$.

4. 求下列微分方程的通解.

(1)$y''-9y=0$; (2)$y''-4y'=0$;(3)$y''+6y'+13y=0$;

(4)$y''-2y'+(1-a^2)y=0(a>0)$;(5)$y''-4y'+5y=0$.

5. 求下列微分方程满足初始条件的特解.

(1) $y'' - 4y' + 3y = 0$, $\quad y|_{x=0} = 6$、$y'|_{x=0} = 0$;

(2) $4y'' + 4y' + y = 0$, $\quad y|_{x=0} = 2$、$y'|_{x=0} = 0$;

(3) $y'' + 4y' + 29y = 0$, $y|_{x=0} = 0$、$y'|_{x=0} = 15$;

(4) $\dfrac{d^2 S}{dt^2} + 2\dfrac{ds}{dt} + S = 0$, $S|_{t=0} = 4$、$\dfrac{ds}{dt}|_{t=0} = 2$.

6. 已知二阶常系数齐次线性微分方程的一个特解为 $y = e^{nx}$, 对应的特征方程的判别式等于零, 求此微分方程满足初始条件 $y|_{x=0} = 1$、$y'|_{x=0} = 1$ 的特解.

7. 一质点运动的加速度为 $a = -2v - 5s$. 如果该质点以初速度 $v_0 = 12(\text{m/s})$ 由原点出发, 试求质点的运动方程.

第六章　事件的概率

客观世界中,人们观察到的现象大体上可以分为两种类型,一类现象是事前可以预知结果的,即在一定条件下,某一确定的现象必然会发生,或者根据其过去的状态,完全可以预知其将来的发展状态,我们称之为确定现象. 如水在一个大气压力下,加热到 100℃ 会沸腾;向上抛掷一个五分硬币,会往下掉;太阳从东方升起等. 还有一类现象,它是事前不能预知结果的,即使在相同的条件下重复进行试验时,每次得到的结果未必相同,或者即使知道过去的状态,也不能肯定它将来的发展状态,我们称之为随机现象. 如用大炮轰击某一目标,可能击中,也可能击不中;在相同的条件下,抛一枚质地均匀的硬币,其结果可能是正面(我们常把有币值的一面称作正面)朝上,也可能是反面朝上;次品率为 50% 的产品,任取一个可能是正品,也可能是次品等.

对于不确定性现象,人们经过长时期观察或实践的结果表明,这些现象并非是杂乱无章的,而是有规律可循的. 例如,大量重复抛一枚硬币,得正面朝上的次数与正面朝下的次数大致都是抛掷总次数的一半. 在大量地重复试验或观察中所呈现出的固有规律性,就是我们以后所说的统计规律性. 而概率论正是研究这种随机现象,寻找它们内在的统计规律性的一门数学学科.

概率论是数理统计的基础,由于随机现象的普遍性,使得概率与数理统计具有极其广泛的应用. 另一方面,广泛的应用也促进概率论有了极大的发展.

第一节　随机事件及其运算

一、随机试验

在各种试验中,相同条件下可以重复进行,而不能确定其结果,但知其所有可能结果的试验称为随机试验,随机试验记为 E. 如:

例 1　E_1:投掷一枚硬币,观察正反面朝上的情况.

它有两种可能的结果就是"正面朝上"或"反面朝上",投掷之前不能预言哪一个结果出现,且这个试验可以在相同的条件下重复进行,所以 E_1 是一个随机试验.

例 2　E_2:掷一颗骰子,观察出现的点数.

它有 6 种可能的结果,就是"出现 1 点""出现 2 点"……"出现 6 点". 但在投掷之前不能预言哪一个结果出现,且这个试验可以在相同的条件下重复进行,所以 E_2 是一个随机试验.

例 3 E_3：在一批灯泡中任意抽取一只，测试它的寿命．

我们知道灯泡的寿命（以小时计）$t \geqslant 0$，但在测试之前不能确定它的寿命有多长，这一试验也可以在相同的条件下重复进行，所以 E_3 是一个随机试验．

综上可知，这些试验具有如下 3 个特点：

（1）试验可以在相同条件下重复进行；

（2）试验的所有可能结果是明确可知的，并且不止一个；

（3）每次试验总是恰好出现这些可能结果中的一个，但在一次试验之前不能肯定这次试验会出现哪一个结果．

二、样本空间随机事件

对于随机试验，我们感兴趣的是试验结果．随机试验 E 的每一个可能的结果，称之为基本事件，它是不能再分的最简单的事件．因为随机试验的所有结果是明确的，从而所有的基本事件也是明确的，我们把随机试验 E 的所有基本事件所组成的集合（全体）叫做试验 E 的样本空间，通常用字母 Ω 表示，Ω 中的点，即基本事件．有时也称作样本点，常用 ω 表示．

例 4 试验 E_1：投掷一枚硬币．

"正面朝上"和"反面朝上"是 E_1 的基本事件，所以基本事件空间 Ω＝{正面朝上，反面朝上}．

例 5 试验 E_2：掷一颗骰子．

令 i 表示"出现 i 点"$(i=1,2,3,\cdots,6)$ 是 E_2 的基本事件，所以基本事件空间 Ω＝{1,2,3,$\cdots$,6}．

例 6 试验 E_3：测试灯泡寿命．

令 t 表示"测得灯泡寿命为 t 小时"，则 $0 \leqslant t < +\infty$ 是 E_3 的基本事件，所以 Ω＝{$0 \leqslant t < +\infty$}．

例 7 一个盒子中有 10 个相同的球，但 5 个是白色的，另外 5 个是黑色的，搅匀后从中任意摸取一球．

令 ω_1＝{取得白球}，ω_2＝{取得黑球}，则 Ω＝{ω_1,ω_2}．

例 8 试验 E_4：将一硬币抛掷两次．

Ω＝{(正,正),(正,反),(反,正),(反,反)}．其中(正,正)表示"第一次正面朝上，第二次正面朝上"，余类推．

例 9 1 个盒子中有 10 个完全相同的球，分别标以号码 1,2,$\cdots$,10，从中任取一球，令 i＝{取得球的标号为 i}，则 Ω＝{1,2,3,$\cdots$,10}．

在随机试验中，有时关心的是带有某些特征的基本事件是否发生．如在例 5 的 E_2 试验中，我们可以研究：A 表示"出现 2 点"即 A＝{出现 2 点}；B 表示"出现偶数点"；C 表示"出现的点数 $\leqslant 4$"等结果是否发生．

在例 9 中，我们可以研究 D＝{球的标号等于 6}；E＝{球的标号是偶数}；F＝

{球的标号小于等于 5} 等结果是否发生.

其中 A 是一个基本事件,而 B 是由{出现 2 点}、{出现 4 点}和{出现 6 点}这三个基本事件组成的,当且仅当这三个基本事件中有一个发生,B 发生. 所以 B、C、E、F 是由若干个有某些特征的基本事件所组成的,相对于基本事件,就称它们是复合事件. 无论是基本事件还是复合事件,它们在试验中发生与否,都带有随机性,所以都叫随机事件或简称事件,今后我们常用大写字母 A,B,C 等表示事件.

我们已经知道样本空间 Ω 包含了全体基本事件,而任一随机事件不过是有某些特征的基本事件所组成,所以从集合论的观点来看,任一随机事件不过是基本事件空间 Ω 的一个子集而已,而且它发生,当且仅当它中的一个样本点发生. 如在例 5 中,随机事件 A、B、C 都是 Ω 的子集,它们可以简单地表示为 $\Omega = \{1,2,3,\cdots,6\}$,$A = \{2\}$,$B = \{2,4,6\}$,$C = \{1,2,3,4\}$;在例 9 中,$\Omega = \{1,2,3,\cdots,10\}$,$D = \{6\}$,$E = \{2,4,6,8,10\}$,$F = \{1,2,3,4,5\}$.

事件 D 只含一个试验结果,而在事件 E 和 F 中各含 5 个可能的试验结果. 所以我们也可以这样说,只包含一个试验结果的事件为基本事件,由两个或两个以上基本事件复合而成的事件为复合事件.

在试验 E 中必然会发生的事情叫必然事件,不可能发生的事情叫不可能事件. 例如例 5 中"点数不大于 6"是必然事件,"点数大于 6"是不可能事件,因为 Ω 是所有基本事件所组成的,因而在任一次试验中,必然要出现 Ω 中的某一基本事件 ω,即 $\omega \in \Omega$. 也就是在试验中,Ω 必然会发生,所以今后用 Ω 来代表必然事件. 类似地,空集 $\varnothing$ 可以看做是 Ω 的子集,它在任一次试验中都不会发生,所以 $\varnothing$ 是不可能事件. 为了今后研究的方便,我们把它们当做一种特殊的随机事件.

将随机事件表示成由样本点组成的集合,就可以将事件间的关系和运算归结为集合之间的关系和运算,这不仅对研究事件的关系和运算是方便的,而且对研究随机事件发生的可能性大小的数量指标 —— 概率的运算也是非常有益的.

三、事件之间的关系和运算

一个样本空间 Ω 中,可以有很多的随机事件. 概率论的任务之一,是研究随机事件的规律,通过对简单事件规律的研究去掌握更复杂事件的规律. 为此,下面我们引进事件之间的一些重要关系和运算,通过研究事件间的各种关系,进而研究事件间的概率的各种关系,这样就有可能利用较简单事件的概率去推算较复杂的事件的概率.

在以下的叙述中,设试验 E 的样本空间为 Ω,还给了 Ω 中的一些事件,如 A、B、$A_k (k = 1,2,\cdots)$ 等.

(一)事件的包含及相等

事件 B 发生时必然导致事件 A 发生,则称 B 包含于 A 或 A 包含 B,记为 $B \subset A$ 或 $A \supset B$. 即 $B \subset A \Leftrightarrow \{$若 $\omega \in B$,则 $\omega \in A\}$,用维恩图表示如图 6-1 所示.

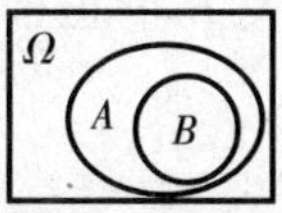

图 6-1

反之，$A \supset B \Leftrightarrow$ 若 A 不发生，则必然 B 也不会发生.

显然，对任意事件 A 有：(1)$A \subset A$；(2)$\varnothing \subset A \subset \Omega$；(3)若 $A \subset B$，$B \subset C$，则 $A \subset C$. 比如在例 5 中，$A = \{2\}$，$B = \{2, 4, 6\}$，显然 $A \subset B$.

如果将事件用集合表示，则事件 B 包含事件 A 即为 A 是 B 的子集合（B 包含集合 A）.

如果有 $A \subset B$ 且 $B \subset A$，则称事件 A 与事件 B 相等，记作 $A = B$.

易知，相等的两个事件 A、B，总是同时发生或同时不发生，亦即 $A = B$ 等价于它们是由相同的试验结果构成的.

如在例 9 中，若 $A = \{$球的标号是偶数$\}$，$B = \{2, 4, 6, 8, 10\}$，则显然有 $A = B$，所谓 $A = B$，就是 A、B 中含有相同的样本点.

显然有 $A = B \Leftrightarrow A \subset B$ 且 $B \subset A$.

（二）事件的和（并）

"二事件 A 与 B 中至少有一个事件发生"，这样的一个事件叫做事件 A 与 B 的和（或并），记作 $A \cup B$（或 $A + B$）. 即 $A \cup B = \{\omega | \omega \in A$ 或 $\omega \in B\}$，用维恩图表示如图 6-2 所示.

$A \cup B$ 是由所有包含在 A 中的或包含在 B 中的试验结果构成.

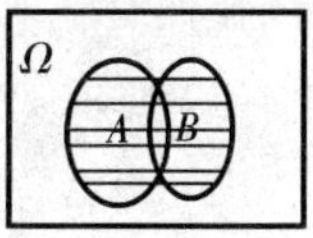

如果将事件用集合表示，则事件 A 与 B 的和事件 $A \cup B$ 即为集合 A 与 B 的并. 如在例 5 中，$A = \{2, 4, 6\}$，$B = \{1, 2, 3, 4\}$ 则 $C = A \cup B = \{1, 2, 3, 4, 6\}$.

图 6-2

显然有：

(1)$A \cup A = A$；

(2)$A \subset A \cup B$，$B \subset A \cup B$；

(3)若 $B \subset A$，则 $A \cup B = A$. 特别地，$A \cup \Omega = \Omega$，$A \cup \varnothing = A$.

事件的和可推广到有限多个事件和可列（数）无穷多个事件的情形.

事件 $A_1, A_2, \cdots, A_n$ 的和记为 $\bigcup_{i=1}^{n} A_i = A_1 \cup A_2 \cup \cdots \cup A_n$ 或 $A_1 + A_2 + \cdots + A_n$ 表示 $A_1, A_2, \cdots, A_n$ 中至少有一个发生这个事件.

（三）事件的积（交）

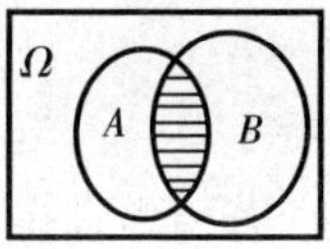

"二事件 A 与 B 同时发生"这样的事件称作事件 A 与 B 的积，记作 $A \cap B$ 或 AB. AB 是由既包含在 A 中又包含在 B 中的试验结果构成. 即 $A \cap B = \{\omega | \omega \in A$ 且 $\omega \in B\}$，用维恩图表示如图 6-3 所示.

图 6-3

如在例 5 中，$A = \{2, 4, 6\}$，$B = \{1, 2, 3, 4\}$，则 $C = A \cap B = \{2, 4\}$.

如果将事件用集合表示,则事件 A 与 B 的积事件 C 即为集合 A 与 B 的交.

显然有:

(1) $A \bigcap B \subset A, A \bigcap B \subset B$;

(2) 若 $A \subset B$ 则 $A \bigcap B = A$,特别地 $A\Omega = A$;

(3) 若 A 与 B 互斥,则 $AB = \varnothing$,特别地 $A\varnothing = \varnothing$.

类似地,也可以将事件的积推广到有限多个和可列(数)无穷多个事件的情况.

事件 $A_1, A_2, \cdots, A_n$ 的积记为 用 $\bigcap\limits_{i=1}^{n} A_i = A_1 \bigcap A_2 \bigcap \cdots \bigcap A_n$ 或 $A_1 A_2 \cdots A_n$ 表示 A_1, $A_2, \cdots, A_n$ 同时发生这一事件.

(四)事件的差

"事件 A 发生而事件 B 不发生"这样的事件称为事件 A 与 B 的差,记作 $A-B$, $A-B$ 是由所有包含在 A 中而不包含在 B 中的试验结果构成. 即 $A-B \Leftrightarrow \{\omega | \omega \in A \text{ 而 } \omega \notin B\}$,用维恩图表示如图 6-4 所示.

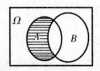

图 6-4

比如例 5 中,$A = \{2,4,6\}$,$B = \{1,2,3,4\}$,则 $C = A-B = \{6\}$.

显然有:

(1) 要求 $A \supset B$,才有 $A-B$,若 $A \subset B$ 则 $A-B = \varnothing$;

(2) 若 A 与 B 互斥,则 $A-B = A, B-A = B$;

(3) $A-B = A-AB$;

(4) $A-(B-C) \neq A-B+C$.

(五)事件的互不相容

如果事件 A 与事件 B 不能同时发生,也就是说 AB 是一个不可能事件,即 $AB = \varnothing$,则称二事件 A 与 B 是互不相容的(或互斥的). A, B 互不相容等价于它们不包含相同的试验结果. 互不相容事件 A 与 B 没有公共的样本点. 用维恩图表示如图 6-5 所示.

图 6-5

若用集合表示事件,则 A、B 互不相容,即为 A 与 B 是不交的.

如果 n 个事件 $A_1, A_2, \cdots, A_n$ 中,任意两个事件不可能同时发生,即 $A_i A_j = \varnothing$ $(1 \leqslant i < j \leqslant n)$,则称这 n 个事件 $A_1, A_2, \cdots, A_n$ 是互不相容的(或互斥的). 在任意一个随

机试验中,基本事件都是互不相容的. 还容易看出,事件 A 与 $B-A$ 是互不相容的.

（六）对立事件

若 A 是一个事件,令 $\bar{A}=\Omega-A$,称 $\bar{A}$ 是 A 的对立事件或逆事件.容易知道,在一次试验中,若 A 发生,则 $\bar{A}$ 必不发生（反之亦然）,即 A 与 $\bar{A}$ 中必然有一个发生,且仅有一个发生,即事件 A 与 $\bar{A}$ 满足条件 $A\bar{A}=\varnothing,A\bigcup\bar{A}=\Omega$.

$\bar{A}$ 由所有不包含在 A 中的试验结果构成,即 $\bar{A}=\{\omega\,|\,\omega\notin A,\omega\in\Omega\}$,用维恩图表示如图 6-6 所示.

图 6-6

比如例5中,$A=\{2,4,6\}$,$B=\{1,3,5\}$,则 $\bar{A}=B$,$\bar{B}=A$,所以 A、B 互为对立事件. 必然事件与不可能事件也是互为对立事件.

显然有:$A-B=A\bar{B}$（证明:$A-B=A-AB=A(\Omega-B)=A\bar{B}$）.

互逆事件与互斥事件的区别:互逆必定互斥,互斥不一定互逆;互逆只在样本空间只有两个事件时存在,互斥还可在样本空间有多个事件时存在.

例如,在抛硬币的试验中,设 $A=\{$出现正面$\}$,$B=\{$出现反面$\}$,则 A 与 B 互斥且 A 与 B 互为对立事件;而在掷骰子的试验中,设 $A=\{$出现1点$\}$,$B=\{$出现2点$\}$,则 A 与 B 互斥,但 A 与 B 不是对立事件.

由事件关系的定义看出,它与集合的关系是一致的,因此集合的运算性质对事件的运算也都适用.

（七）事件的运算法则

1. 交换律

$$A\bigcup B=B\bigcup A,AB=BA.$$

2. 结合律

$$A\bigcup B\bigcup C=A\bigcup(B\bigcup C)=(A\bigcup B)\bigcup C,ABC=A(BC)=(AB)C.$$

3. 分配律

$$A(B\bigcup C)=AB\bigcup AC,$$

$$A\bigcup BC=(A\bigcup B)(A\bigcup C).$$

4. 对偶性

$$\overline{A \bigcup B} = \overline{A}\,\overline{B}, \overline{AB} = \overline{A} \bigcup \overline{B}$$

例 10 掷一颗骰子的试验,观察出现的点数:事件 A 表示"奇数点";B 表示"点数小于 5";C 表示"小于 5 的偶数点".用集合的列举法表示下列事件:$\Omega, A, B, C, A \bigcup B, A - B$, $AB, AC, C - A, \overline{A} \bigcup B$.

解 由题意知,

$$\Omega = \{1,2,3,4,5,6\}, A = \{1,3,5\}, B = \{1,2,3,4\}, C = \{2,4\},$$

则

$$A \bigcup B = \{1,2,3,4,5\}, A - B = \{5\}, AB = \{1,3\}, AC = \varnothing,$$

$$C - A = \{2,4\}, \overline{A} \bigcup B = \{1,2,3,4,6\}.$$

例 11 事件 A_i 表示某射手第 i 次 $(i = 1,2,3)$ 击中目标,试用文字叙述下列事件:

$(1) A_1 \bigcup A_2$;$(2) A_1 \bigcup A_2 \bigcup A_3$;$(3)\overline{A_3}$;$(4) A_2 - A_3$;$(5)\overline{\overline{A_2} \bigcup \overline{A_3}}$;$(6)\overline{A_1} \bigcup \overline{A_2}$.

解

(1) $A_1 \bigcup A_2$ 表示前两次中至少有一次击中目标;

(2) $A_1 \bigcup A_2 \bigcup A_3$ 表示三次射击中至少有一次击中目标;

(3) $\overline{A_3}$ 表示第三次射击未击中目标;

(4) $A_2 - A_3 = A_2 \overline{A_3}$ 表示第二次射击目标而第三次射击目标未击中目标;

(5) $\overline{\overline{A_2} \bigcup \overline{A_3}} = A_2 A_3$ 表示后两次射击均击中目标;

(6) $\overline{A_1} \bigcup \overline{A_2} = \overline{A_1 A_2}$ 表示前两次射击中至少有一次未击中目标.

习 题 一

1. 甲、乙各射击一次,设事件 A 表示甲击中目标,事件 B 表示乙击中目标,则甲、乙两人中恰好有一人不击中目标怎么用事件表示?

2. 设 A、B、C 是三个事件,用 A、B、C 的运算关系表示下列事件:

(1) B、C 都发生,而 A 不发生;   (2) A、B、C 中至少有一个发生;

(3) A、B、C 中恰有一个发生;   (4) A、B、C 中恰有两个发生;

(5) A、B、C 中不多于一个发生;   (6) A、B、C 中不多于两个发生.

3. 口袋里装有若干个黑球与若干个白球,每次任取 l 个球,共抽取两次.设事件 A 表示第一次取到黑球,事件 B 表示第二次取到黑球,问:(1) 和事件 $A + B$ 表示什么?(2) 积事件 AB 表示什么?(3) 差事件 $A - B$ 表示什么?(4) 对立事件 $\overline{A}$ 表示什么?(5) 第一次取到白球且第二次取到黑球应如何表示?(6)两次都取到白球应如何表示?(7)两次取到球的颜色不一致应如何表示?(8)两次取到球的颜色一致应如何表示?

4. 甲、乙、丙三门炮各向同一目标发射一发炮弹,设事件 A 表示甲炮击中目标,事件 B 表示乙炮击中目标,事件 C 表示丙炮击中目标,问:(1)和事件 $A+B+C$ 表示什么?(2)和事件 $AB+AC+BC$ 表示什么?(3)积事件 $\overline{ABC}$ 表示什么?(4)和事件 $\overline{A}+\overline{B}+\overline{C}$ 表示什么?(5)恰好有一门炮击中目标应如何表示?(6)恰好有两门炮击中目标应如何表示?(7)三门炮都击中目标应如何表示?(8)目标被击中应如何表示?

第二节　　随机事件的概率

人们常会谈论一批产品的次品率是多少,或者某射手在一定条件下击中目标的命中率是多少. 这表明,在日常生活中,人们已经形成一种共识:尽管随机事件具有随机性,但在一次试验中发生的可能性大小是客观存在的,且是可以度量的. 我们称在随机试验中,事件 A 出现的可能性大小为事件 A 的概率,记为 $P(A)$. 在概率论的发展历史上,人们曾针对不同的问题,从不同的角度给出了概率的定义和计算概率的各种方法.

一、古典概型

在古代较早的时候,人们利用研究对象的物理或几何性质所具有的对称性确定了计算概率的一种方法,称为概率的古典定义. 为此,先介绍一个概念. 在有些随机试验中,每次试验可能发生的结果是有限的(基本事件空间中基本事件的个数有限),由于某种对称性条件,使得每种试验结果发生的可能性是相等的(基本事件发生的可能性相等),则称这些事件是等可能的.

例如,在第一节例 4 抛掷硬币试验中,样本空间 $\Omega=\{\omega_0,\omega_1\}$ 中有两个样本点,即 ω_0(正面朝上)、ω_1(反面朝上),且 ω_0 和 ω_1 发生的可能性是相等的,因而可以规定 $P(\omega_0)=P(\omega_1)=\frac{1}{2}$. 又如抽样检查产品时,一批产品中每一个产品被抽到的可能性在客观上是相同的,因而抽到任一产品是等可能的.

在第一节例 9 中,样本空间 $\Omega=\{1,2,3,\cdots,10\}$ 共有 10 个样本点,且基本事件发生的可能性都相等. 因而可以规定 $P(\{1\})=P(\{2\})=,\cdots,=P(\{10\})=\frac{1}{10}$.

一般情况下,我们给出古典概型及古典概率定义如下:

定义 1　如果随机试验 E 满足下述条件:

1. 试验结果的个数是有限的,即基本事件空间中的基本事件只有有限个,设 $\Omega=\{\omega_0,\omega_1,\cdots,\omega_n\}$.

2. 每个基本事件 $\{\omega_0\}$,$\{\omega_1\}$,$\cdots$,$\{\omega_n\}$ 的出现(发生)是等可能的. 则称这个问题为古典概型(或称这种数学模型为古典概型). 则任一随机事件 A 所包含的基本事件数 K 与基

本事件总数 N 的比值,叫做随机事件 A 的概率,记作 $P(A)$,即

$$P(A) = \frac{K}{N} = \frac{\text{事件 } A \text{ 包含的基本事件数}}{\text{基本事件总数}}, \qquad\qquad (6-1)$$

我们称由公式(6-1)给出的概率为古典概率,概率的这种定义,称为概率的古典定义.

对于古典概型应注意如下几点:(1)古典概型是学习概率统计的基础,因此它是非常重要的概率模型.(2)判断是否是古典概型的关键是等可能性,而有限性较容易看出,但等可能性较难判定,一般在包含有 N 个元素的基本事件空间中,如果没有理由认为某些基本事件发生的可能性比另一些基本事件发生的可能性大时,我们就可以认为每个基本事件出现的可能性相等,即都等于 $\frac{1}{N}$. 还有重要的一点,是把事件 A 包含的基本事件数数准、数够.对于较简单的情况,可以把试验 E 的所有基本事件全列出,这样就容易应用公式(6-1)式求之. 当 N 较大时,不可能全列出,这就要求读者具有分析想象能力,还应熟悉关于排列与组合的基本知识,事件间的关系及运算亦要熟,才能去计算古典概率.(3)计算古典概率时,首先要判断有限性和等可能性是否满足;其次要弄清楚样本空间是怎样构成的.对于复杂问题只要求基本事件的总数 N,同时求出所讨论事件 A 包含的基本事件数 K,再利用公式(6-1)计算出 $P(A)$.

下面举一些如何应用公式(6-1)计算概率的例子.

例1 一个盒子中装有15个蓝球和5个黑球,从中任取2个,求其中恰有一个黑球的概率.

解 设所讨论事件为 A,基本事件的总数为 $N = C_{20}^2$,事件 A 包含的基本事件数为 $K = C_5^1 C_{15}^1$.

所以 $P(A) = P(A) = \dfrac{C_5^1 C_{15}^1}{C_{20}^2} \approx 0.395$.

例2 100 个产品中有 3 个废品,任取 5 个,求其废品数分别为 $0, 1, 2, 3$ 的概率.

解 基本事件总数 $N = C_{100}^5$,设事件 $A_i (i = 0, 1, 2, 3)$ 表示取出的五个产品中有 i 个废品,A_i 所包含的基本事件数 $k = C_3^i C_{97}^{5-i} (i = 1, 2, 3)$. 所以有

$$P(A_0) = \frac{C_{97}^5}{C_{100}^5} = 0.856,$$

$$P(A_1) = \frac{C_3^1 C_{97}^4}{C_{100}^5} = 0.13806,$$

$$P(A_2) = \frac{C_3^2 C_{97}^3}{C_{100}^5} = 0.00588,$$

$$P(A_3) = \frac{C_3^3 C_{97}^2}{C_{100}^5} = 0.0000618.$$

例3 甲乙丙三人去住三间房子. 求:(1)每间恰有一人的概率是多少? (2)空一间的

概率是多少?

解 顾客去选房间,每人都有三间房可取,故基本事件总数(选法)有 $N=3^3=27$.

(1) 每房一人,甲有三间可选.甲选定后,乙只有两间可选.丙无选择余地,故 $K=3\times 2\times 1=6$,设 A 表示每房一人事件,所以有 $P(A)=\dfrac{K}{N}=\dfrac{6}{27}=\dfrac{2}{9}$.

(2) 空一间事件记为 B,三人中任二人结合,有 C_3^2 种结合法,分两组去选房 $K=C_3^2\times 3\times 2=18$,所以 $P(B)=\dfrac{K}{N}=\dfrac{18}{27}=\dfrac{2}{3}$.

例4 有 n 个不同的球,每一球以等可能落入 $N(N\geqslant n)$ 个盒子中的每一个盒子里(设每个盒子能容纳的球数是没有限制的). 设 $A=\{$指定的 n 盒子中各有一球$\}$,$B=\{$任何 n 个盒子中恰有一球$\}$,$C=\{$某指定的一个盒子中恰有 $m\ (m\leqslant n)$ 个球$\}$. 求:$P(A)$、$P(B)$、$P(C)$.

解 每一个球都可以放进这 N 个盒子中的任一个盒子,故有 N 种放法,n 个球放进 N 个盒子就有 N^n 种放法,所以基本事件总数为 N^n.

(1) 今固定 n 个盒,第一个球有 n 种放法,第二个球有 $n-1$ 种放法,$\cdots$,第 n 个球有 1 种放法,因此 A 包含的基本事件数为 $n!$,所以 $P(A)=\dfrac{n!}{N^n}$.

(2) 因为任何 n 个盒可以从 N 个盒中任意选取,共有 C_N^n 种选法,选出这 n 个盒后,再由(1)知事件 B 包含的基本事件数为 $C_N^n n!=P_N^n$,所以 $P(A)=\dfrac{C_N^n n!}{N^n}=\dfrac{P_N^n}{N^n}$.

(3) 因为 m 个球可以从 n 个球中任意选出,共有 C_n^m 种选法,其余 $n-m$ 个球可以任意落入其余的 $N-1$ 个盒中,共有 $(N-1)^{n-m}$ 种选法. 根据乘法原理,因此事件 C 包含的基本事件数为 $C_n^m(N-1)^{n-m}$,所以 $P(C)=\dfrac{C_n^m(N-1)^{n-m}}{N^n}$.

这个例子是古典概型中一个很典型的问题,不少实际问题都可以归结为它.

例5 袋中装有 10 个红球,5 个白球,从中一次随机地摸出 3 个球,求:(1) 摸出的 3 个球全是红球的概率;(2) 摸出的全是白球的概率;(3) 摸出的是一个红球,两个白球的概率.

解 (1) 从 15 个球中随机地任取 3 个球,所有可能取法有 C_{15}^3 种,即基本事件总数为 $N=C_{15}^3=455$.

设 $A=\{$所摸出的 3 个球全是红球$\}$,因为红球有 10 个,因此取 3 个都是红球的所有可能取法有 C_{10}^3 种,即 A 包含的基本事件数为 $K=C_{10}^3$,所以 $P(A)=\dfrac{C_{10}^3}{C_{15}^3}=\dfrac{14}{91}$.

(2) 设 $B=\{$所摸出的 3 个球全是白球$\}$,则

$$P(B)=\frac{C_5^3}{C_{15}^3}=\frac{2}{91}.$$

(3) 设 $C=\{$摸出的一个红球,两个白球$\}$,则

$$P(C) = \frac{C_{10}^1 C_5^2}{C_{15}^3} = \frac{20}{91}.$$

例6 把10本书任意地放在书架上．求其中指定的三本书放在一起的概率是多少？

解 设所求事件为 A，基本事件的总数为

$$N = P_{10}^{10} = 10!.$$

下面求事件 A 包含的基本事件数：

三本书必须排在一起的排法共有 $P_3^3 = 3!$ 种，如果将这3本书看做1本书，与剩下的7本书的所有排列共有 $P_8^8 = 8!$ 种，根据乘法原理，总共有 $P_3^3 \times P_8^8 = 3! \times 8!$ 种排法，所以 $K = 3! \times 8!$．故有

$$P(A) = \frac{3! \times 8!}{10!} = \frac{1}{15} = 0.067.$$

例7 袋中有10个小球，4个红的，6个白的．今按取法1和取法2连续从袋中取3个球，按两种取法分别求下列事件的概率：$A = \{3$ 个球都是白的$\}$，$B = \{2$ 个红的，1个白的$\}$．其中，取法1为每次抽取一个，看后放回袋中，再抽取下一个，这种取法称为放回抽样；取法2为每次抽取一个，不放回袋中，再抽取下一个，这种取法称为不放回抽样．

解 （1）放回抽样

由于每次抽取的小球看过颜色后都放回袋中．因此，每次都是从10个小球中抽取．根据乘法原理，从10个小球中取3个的所有可能的取法共有 $10^3 = 1000$ 种，即基本事件空间 Ω 中的元素个数为 $N = 10^3$．

若 A 发生，即3次取的都是白球，事件 A 包含的基本事件数为 $K = 6^3$，所以

$$P(A) = \frac{K}{N} = \frac{6^3}{10^3} = 0.216,$$

若 B 发生，即3次取的小球中有2次取的是红球，一次取的是白球，考虑到红球出现的次序，因此事件 B 包含的基本事件数为

$$K = C_3^2 \times 4^2 \times 6,$$

所以，

$$P(B) = \frac{K}{N} = \frac{C_3^2 \times 4^2 \times 6}{10^3} = 0.288.$$

（2）不放回抽样

第一次从10个小球中抽取1个，由于不再放回，因此第二次从9个球中抽取1个，第三次从8个球中抽取1个，因而基本事件总数为

$$N = P_{10}^3 = 10 \times 9 \times 8,$$

类似讨论可知,事件 A 包含的基本事件数 $K = P_6^3 = 6 \times 5 \times 4$,因而

$$P(A) = \frac{K}{N} = \frac{6 \times 5 \times 4}{10 \times 9 \times 8} = \frac{1}{6},$$

事件 B 包含的基本事件数 $K = C_3^2 \times 4 \times 3 \times 6$,所以

$$P(B) = \frac{K}{N} = \frac{C_3^2 \times 4 \times 3 \times 6}{10 \times 9 \times 8} = 0.3.$$

习　题　二

1. 随机安排甲、乙、丙三人在一星期内各学习一天,求:

(1) 恰好有一人在星期一学习的概率;

(2) 三人学习日期不相重的概率.

2. 箱子里装有 4 个一级品与 6 个二级品,任取 5 个产品,求:

(1) 其中恰好有 2 个一级品的概率;

(2) 其中至多有 1 个一级品的概率.

3. 某地区一年内刮风的概率为 $\frac{4}{15}$,下雨的概率为 $\frac{2}{15}$,既刮风又下雨的概率为 $\frac{1}{10}$,求:

(1) 刮风或下雨的概率;

(2) 既不刮风又不下雨的概率.

4. 盒子里装有 5 张壹角邮票、3 张贰角邮票及 2 张叁角邮票,任取 3 张邮票,求:

(1) 其中恰好有 1 张壹角邮票、2 张贰角邮票的概率;

(2) 其中恰好有 2 张壹角邮票、1 张叁角邮票的概率;

(3) 邮票面值总和为伍角的概率;

(4) 其中至少有 2 张邮票面值相同的概率.

5. 口袋里装有 6 个黑球与 3 个白球,每次任取 1 个球,不放回取两次,求:

(1) 第一次取到黑球且第二次取到白球的概率;

(2) 两次取到球的颜色一致的概率.

6. 从 5 个数字 $1,2,3,4,5$ 中等可能、有放回地连续抽取 3 个数字,试求下列事件的概率:

(1)$A = \{3$ 个数字完全不同$\}$;(2)$B = \{3$ 个数字不含 1 和 5$\}$;

(3)$C = \{3$ 个数字中 5 恰好出现两次$\}$;(4)$A = \{3$ 个数字中至少有一次出现 5$\}$.

7. 袋中有 a 个黑球、b 个白球,现将球随机地一个个摸出,求第 k 次摸出的球是黑球的概率$(1 \leqslant k \leqslant a+b)$.

8. 20 名运动员中有两名种子选手,现将运动员平分为两组,问两名种子选手:(1) 分在不同组的概率;(2) 分在同一组的概率.

第三节　条件概率、乘法公式及事件的独立性

一、条件概率

在实际问题中,一般除了要考虑事件 A 的概率 $P(A)$,有时我们还要提出附加的限制条件,也就是要求"在事件 B 已经发生的前提下"事件 A 发生的概率,这就是条件概率问题.为此,先考虑下述问题.

例1　某班有 30 名学生,其中 20 名男生,10 名女生,身高 1.70m 以上的有 15 名,其中 12 名男生,3 名女生.

(1) 任选一名学生,问该学生的身高在 1.70m 以上的概率是多少?

(2) 任选一名学生,选出来后发现是个男生,问该同学的身高在 1.70m 以上的概率是多少?

答案是很容易求出的.(1) 的答案是 $\dfrac{15}{30}=0.5$;(2) 的答案是 $\dfrac{12}{20}=0.6$.

但是,这两个问题的提法是有区别的,第二个问题是一种新的提法."是男生"本身也是一个随机事件,记作 A. 把在事件 A 发生(即发生是男生)的条件下,事件 B(身高 1.70m 以上)发生的概率叫做在事件 A 发生的条件下事件 B 的条件概率,记作 $P(B|A)$,即不同于 $P(AB)$.

注意到 $P(A)=\dfrac{2}{3}$,$P(AB)=0.4$,从而有

$$P(B|A)=0.6=\frac{\dfrac{12}{30}}{\dfrac{20}{30}}=\frac{P(AB)}{P(A)}.$$

这个式子的直观含义是明显的,在 A 发生的条件下 B 发生当然是 A 发生且 B 发生,即 AB 发生,但是,现在 A 发生成了前提条件,因此应该以 A 做为整个基本空间,而排除 A 以外的样本点,因此 $P(B|A)$ 是 $P(AB)$ 与 $P(A)$ 之比.

对于古典概型,设基本空间 Ω 含有 n 个样本点(n 个可能的试验结果),事件 A 含 m 个样本点($m \geqslant 0$),AB 含 r 个样本点($r \leqslant m$),而事件 A 发生的条件下事件 B 发生,即已知试验结果属于 A 中的 m 个结果的条件下,属于 B 中的 r 个结果,因而

$$P(B|A)=\frac{r}{m}=\frac{P(AB)}{P(A)}.$$

下面再看一例:

例2　盒中装有 16 个球.其中 6 个是玻璃球,另外 10 个是木质球.而玻璃球中有 2 个是红色的,4 个是蓝色的,木质球中有 3 个是红色的,7 个是蓝色的,现从中任取一个.

记 $A=\{$取到蓝球$\}$,$B=\{$取到玻璃球$\}$ 那么 $P(A)$,$P(B)$ 都是容易求得的,但是如果已

知取到的是蓝球,那么该球是玻璃球的概率是多少呢？也就是求在事件 A 已发生的前提下事件 B 发生的概率(此概率记为 $P(B|A)$).

解　将盒中球的分配情况如表 6-1 所示:

表 6-1

	玻璃	木质	总数
红	2	3	5
蓝	4	7	11
	6	10	16

由古典概型的公式(6-1)知

$$P(A) = \frac{11}{16}, P(B) = \frac{3}{8}, P(AB) = \frac{1}{4}.$$

至于 $P(B|A)$,也可以用古典概型来计算,因取到的是蓝球,我们知道蓝球共有 11 个而其中有 4 个是玻璃球,所以

$$P(B|A) = \frac{4}{11} = \frac{\frac{1}{4}}{\frac{11}{16}} = \frac{P(AB)}{P(A)}.$$

定义 1　设 A, B 为随机试验 E 的两个事件,且 $P(A) > 0$,则称

$$P(B|A) = \frac{P(AB)}{P(A)}$$

为在事件 A 发生的条件下事件 B 发生的条件概率.

计算条件概率 $P(B|A)$ 有两种方法:

(1) 在基本空间 Ω 的缩减基本空间 Ω_A 中计算 B 发生的概率,就得 $P(B|A)$.

(2) 在基本空间 Ω 中,计算 $P(AB)$, $P(A)$,然后按定义式求出 $P(B|A)$.

由条件概率的定义,易知下列性质成立.

性质 1　$P(\varnothing|A) = 0.$

性质 2　$P(B|A) = 1 - P(\overline{B}|A).$

性质 3　$P(B_1 \bigcup B_2|A) = P(B_1|A) + P(B_2|A) - P(B_1B_2|A).$

性质 4　若 $B_1 \subset B_2$,则 $P(B_1|A) \leqslant P(B_2|A).$

例 3　盒中有 5 个球(3 个新 2 个旧),每次取一个,不放回地取两次.求第一次取到新球的概率;第一次取到新球的条件下,第二次取到新球的概率.

解　设 $A = \{$第一次取到新球$\}$, $B = \{$第二次取到新球$\}$,显然

$$P(A) = \frac{3}{5}.$$

现在计算第二个问题,当事件 A 发生后,由于不放回抽取,故盒中只有 4 个球(2 新 2 旧),于是

$$P(B|A) = \frac{1}{2}.$$

再让我们在原样本空间中计算 $P(AB)$,它可用古典概率来解,事件 AB 表示第一次和第二次都抽到新球,由于抽取是不放回的,所以每次抽取一个连抽两次与 一次抽取两个是一样的,因而

$$P(AB) = \frac{C_3^2}{C_5^2} = \frac{3}{10}.$$

于是,

$$P(B|A) = \frac{P(AB)}{P(A)} = \frac{\frac{3}{10}}{\frac{3}{5}} = \frac{1}{2}.$$

例 4 设某种动物由出生算起活到 20 岁以上的概率为 0.8,活到 25 岁以上的概率为 0.4,如果一只动物现在已经 20 岁,问它能活到 25 岁的概率为多少?

解 设 $A = \{$活到 20 岁$\}$,$B = \{$活到 25 岁$\}$,则

$$P(A) = 0.8, P(B) = 0.4.$$

因为 $B \subset A$,所以 $P(AB) = P(B) = 0.4$.

由公式,有

$$P(B|A) = \frac{P(AB)}{P(A)} = \frac{0.4}{0.8} = 0.5.$$

二、乘法公式

条件概率说明 $P(A)$,$P(AB)$,$P(B|A)$ 三个量之间的关系,由条件概率的定义立即得到下述定理:

定理 1 (乘法公式)对于任意的事件 A、B,若

$$P(A) > 0,\text{则有 } P(AB) = P(A)P(B|A) . \tag{6-2}$$

同样,若 $P(A) > 0$,则有 $P(AB) = P(B)P(A|B.)$ $\tag{6-3}$

上面两个式子都称为概率的乘法公式.

例 5 设 50 件产品中有 5 件为次品,每次抽一件,不放回地抽取 3 件,A_i 表示第 i 次抽到次品($i = 1,2,3$),求 $P(A_1)$,$P(A_1 A_2)$,$P(A_1 \overline{A_2} A_3)$.

解 依题意及乘法公式得

$$P(A_1) = \frac{1}{10}, P(A_1 A_2) = P(A_1)P(A_2|A_1) = \frac{1}{10} \times \frac{4}{49} = 0.0082,$$

$$P(A_1\overline{A}_2 A_3) = P(A_1)P(\overline{A}_2 \mid A_1)P(A_3 \mid \overline{A}_2 A_1) = \frac{1}{10} \times \frac{45}{49} \times \frac{1}{12} = 0.0077 \,.$$

三、事件的独立性

我们已经知道了条件概率的概念,即在已知事件 A 发生的条件下,B 发生的可能性为条件概率,

$$P(B \mid A) = \frac{P(AB)}{P(A)}.$$

并且由此得到了一般的概率乘法公式:

$$P(AB) = P(A)P(B \mid A).$$

现在提出一个问题:如果事件 B 发生与否不受事件 A 是否发生的影响,那么会出现什么样的情况呢?为此,需要把"事件 B 发生与否不受事件 A 是否发生的影响"这句话表达成数学的语言.事实上,事件 B 发生与否不受事件 A 的影响,也就意味着有

$$P(B \mid A) = P(B).$$

这时,乘法公式就有了更自然的形式,即

$$P(AB) = P(A)P(B).$$

为了更好地理解这一节,我们将要引进一个重要的概念 —— 事件的独立性.为此,先看下例.

例 6 有产品 10 只,其中 3 只次品,从中取两次,每次取一只,设 $A = \{$第一次取到次品$\}$,$B = \{$第二次取到次品$\}$,求 $P(B \mid A)$ 及 $P(B)$.

解 (1) 不放回抽样

易知 $P(B \mid A) = \frac{2}{9}$,$P(B) = \frac{3}{10}$,所以

$$P(B \mid A) \neq P(B).$$

这说明事件 A 的发生对事件 B 发生的概率是有影响的.

(2) 放回抽样

$$P(B \mid A) = \frac{3}{10}, P(B) = \frac{3}{10}, 所以$$

$$P(B \mid A) = P(B).$$

这说明事件 A 的发生不影响事件 B 发生的概率,从直观上讲这很自然,因为是放回抽样,第一次抽到的产品实际上不影响第二次抽到的产品.在这种场合可以说事件 A 与事件 B 的发生有某种"独立性".

如果两事件中任一事件的发生不影响另一事件的概率,则称它们是相互独立的.

由乘法公式知,当 $P(A)>0,P(B)>0$ 时,

$$P(AB)=P(A)P(B|A)=P(B)P(A|B).$$

如果 $P(B|A)=P(B),P(A|B)=P(A)$,将它们代入上式得

$$P(AB)=P(A)P(B).$$

反之亦真.

它们都表明事件 A 与事件 B 从概率的意义上来说互不影响,也就是相互独立.

定义 2 对任意的两个事件 A、B,如果满足

$$P(AB)=P(A)P(B),$$

则称事件 A、B 是相互独立的,简称为独立的.

关于独立性还有下述定理:

定理 2 如果事件 A 与 B 相互独立,则事件 A 与 $\overline{B}$,$\overline{A}$ 与 B,$\overline{A}$ 与 $\overline{B}$ 都是相互独立的.

注:定理2还可叙述为:若四对事件 A 与 B,A 与 $\overline{B}$,$\overline{A}$ 与 B,$\overline{A}$ 与 $\overline{B}$ 中有一对独立,则另外三对也独立(即这四对事件或者都独立,或者都不独立).

关于独立性,还要注意两点:

(1) 不要把事件的独立与互不相容混为一谈.

(2) 实际应用中,对于事件的独立性,我们常常不是根据定义来判断,而是根据实际两事件中任一事件的发生是否影响另一事件的概率来判断.

例 7 甲、乙两射手在同样条件下进行射击,他们击中目标的概率分别是 0.9 和 0.8.如果两个射手同时发射,问击中目标的概率是多少?

解 设 $A=\{$甲击中目标$\}$、$B=\{$乙击中目标$\}$、$C=\{$击中目标$\}$,于是

$$P(A)=0.9,P(\overline{A})=0.1,P(B)=0.8,P(\overline{B})=0.2.$$

又 $C=A\bigcup B$,且 A、B 相互独立,故

$$P(C)=P(A\bigcup B)=P(A)+P(B)-P(AB)=0.9+0.8-0.9\times0.8=0.98.$$

事件的独立性概念,可以推广到三个和三个以上的事件的情况.

定义 3 设 $A_1,A_2,\cdots,A_n$ 是 n 个事件,如果对于任意的 $1\leqslant i<j\leqslant n$ 有

$$P(A_iA_j)=P(A_i)P(A_j),$$

则称这 n 个事件两两相互独立.

如果对于任意的 $k(k\leqslant n)$,任意的 $1\leqslant i_1<i_2<\cdots<i_k\leqslant n$,都有

$$P(A_{i_1}A_{i_2}\cdots A_{i_k})=P(A_{i_1})P(A_{i_2})\cdots P(A_{i_k}),$$

则称这 n 个事件相互独立.

显然,若 n 个事件相互独立,必蕴涵着 n 个事件两两相互独立,但反之不真.

对于三个事件 A_1, A_2, A_3 两两相互独立,仅要求下面三个等式成立:

$$P(A_1 A_2) = P(A_1) P(A_2),$$

$$P(A_1 A_3) = P(A_1) P(A_3),$$

$$P(A_2 A_3) = P(A_2) P(A_3).$$

若 A_1, A_2, A_3 相互独立,除了上面三个等式外还要 $P(A_1 A_2 A_3) = P(A_1) P(A_2) P(A_3)$ 成立.

一般情况下,前面三个等式成立并不蕴涵第四个等式的成立.

例 8 设袋中有 4 个乒乓球,1 个涂有白色,1 个涂有红色,1 个涂有蓝色,1 个涂有白、红、蓝三种颜色. 今从袋中随机地取一个球,设事件

$$A = \{\text{取出的球涂有白色}\},$$

$$B = \{\text{取出的球涂有红色}\},$$

$$C = \{\text{取出的球涂有蓝色}\}.$$

试验证事件 A, B, C 两两相互独立,但不相互独立.

解 事件 A, B 同时发生,只能是取到的球涂有白、红、蓝三种颜色的球,因而

$$P(AB) = \frac{1}{4}.$$

事件 A 发生,只能是取到的球是涂红色的球或涂三种颜色的球,因而

$$P(A) = \frac{1}{2}, \text{同理 } P(B) = \frac{1}{2}, P(A)P(B) = \frac{1}{2} \times \frac{1}{2} = \frac{1}{4}.$$

所以 $P(AB) = P(A)P(B)$,即事件 A, B 相互独立.

类似可证,事件 A 与事件 C 相互独立,事件 B 与事件 C 相互独立,即 A, B, C 两两相互独立.

但是 $P(ABC) = \frac{1}{4}$,而 $P(A)P(B)P(C) = \frac{1}{2} \times \frac{1}{2} \times \frac{1}{2} = \frac{1}{8} \neq \frac{1}{4}$. 所以 A, B, C 并不相互独立.

例 9 某型号的高射炮,每门炮发射一发炮弹击中飞机的概率为 0.6. 现若干门炮同时发射(每门炮射一发),问欲以 99% 的把握击中来犯的一架敌机,至少需配置几门高射炮?

解 设 n 是以 99% 的概率击中敌机需配置的高射炮门数,记 $A_i = \{\text{第 } i \text{ 门炮击中敌机}\}(i = 1, 2, \cdots, n)$,$A = \{\text{敌机被击中}\}$,注意到 $A = A_1 \bigcup A_2 \bigcup \cdots \bigcup A_n$,于是要求 n,使得

$$P(A) = P(A_1 \bigcup A_2 \bigcup \cdots \bigcup A_n) \geqslant \frac{99}{100}.$$

由于 $\overline{A_1 \bigcup A_2 \bigcup \cdots \bigcup A_n} = \overline{A_1}\,\overline{A_2} \cdots \overline{A_n}$,而 $\overline{A_1}, \overline{A_2}, \cdots, \overline{A_n}$ 是相互独立的,所以

$$P(A) = 1 - P(\overline{A}) = 1 - P(\overline{A_1}\,\overline{A_2} \cdots \overline{A_n}) = 1 - P(\overline{A_1})P(\overline{A_2}) \cdots P(\overline{A_n})$$

$$= 1 - (0.4)^n.$$

因此 $1-(0.4)^n \geqslant 0.99.$ 即 $(0.4)^n \leqslant 0.1.$ 解得

$$n \geqslant \frac{\lg 0.01}{\lg 0.4} = 5.026.$$

可见,至少需配置六门高射炮方能以 99% 以上的把握击中来犯的一架敌机.

习 题 三

1. 从所有 3 位数(100 ~ 999)中随机取一个数,求它能被 5 或 8 整除的概率.

2. 设 A,B 为两个事件,且已知概率 $P(A)=0.5,P(B)=0.6,P(B|\overline{A})=0.4.$ 求:(1) 概率 $P(\overline{A}B)$;(2) 概率 $P(AB)$;(3) 条件概率 $P(B|A)$;(4) 概率 $P(A+B)$.

3. 设 A,B 为两个事件,若概率 $P(A)=\frac{1}{4},P(B)=\frac{2}{3},P(AB)=\frac{1}{6}$,则求概率 $P(A+B)$.

4. 设 A,B 为两个事件,且已知概率 $P(A)=0.4,P(B)=0.3$,若事件 A,B 互斥,则求概率 $P(A+B)$.

5. 设 A,B 为两个事件,且已知概率 $P(A)=0.8,P(B)=0.4$,若事件 $A \supset B$,则求条件概率 $P(B|A)$.

6. 设 A,B 为两个事件,若概率 $P(B)=\frac{3}{10},P(B|A)=\frac{1}{6},P(A+B)=\frac{4}{5}$,则求概率 $P(A)$.

7. 设 A,B 为两个事件,且已知概率 $P(\overline{A})=0.7,P(B)=0.6$,若事件 A,B 相互独立,则求概率 $P(AB)$.

8. 设 A,B,C 为三个事件,且已知概率 $P(A)=0.9,P(B)=0.8,P(C)=0.7$,若事件 A,B,C 相互独立,则求概率 $P(A+B+C)$.

9. 设 A,B 为两个事件,若概率 $P(B)=0.84,P(\overline{A}B)=0.21$,则求概率 $P(AB)$.

10. 设 $A \subset B,P(A)=0.1,P(B)=0.5$,则(1)$P(AB)$;(2)$P(A \bigcup B)$;(3)$P(\overline{A} \bigcup \overline{B})$.

11. 设 A,B 为两个事件,$P(A \bigcup B)=0.6,P(A)=0.4$,当 A,B 为独立事件时,则 $P(B)$;当设 A,B 为互不相容事件时,则求 $P(B)$.

12. 有一种检验艾滋病毒的检验法,其结果有概率 0.005 报道为假阳性(即不带艾滋病毒者,经此检验法有 0.005 的概率被认为带艾滋病毒),今有 140 名不带艾滋病毒的正常人全部接受此种检验,被报道至少有一人带艾滋病毒的概率.

13. 某保险公司把被保险人分为三类:"谨慎的""一般的"和"冒失的",统计资料显示,上述三种人在一年内发生事故的概率依次是 0.05,0.15,0.30;如果"谨慎的"被保险人占 20%,"一般的"占 50%,"冒失的"占 30%,现知某被保险人在一年内出了事故,则他是"谨慎的"客户的概率.

第四节 伯努利概型

在前面我们曾介绍了古典概型,这里介绍另外一种常见的概率模型 —— 伯努利 (Bernoulli) 概型. 在这个模型中,基本事件的概率可以直接算出来,但这些基本事件发生的概率不一定相等. 例如,掷一枚硬币观察其出现正面还是反面;抽取一件产品,检验其是正品还是次品;一颗种子发芽或不发芽等. 有些试验虽然可能的结果不止两个,但我们总是可以将感兴趣的试验结果定义为 A,而所有其他结果都定义为 $\bar{A}$,这样该试验也就只含有 A 和 $\bar{A}$ 这两个对立的结果了. 我们将这样的试验独立地重复 n 次,称为 n 重伯努利试验,针对 n 重伯努利试验给出的概率模型,称为伯努利概型.

一般地,设一次试验中 A 出现的概率为 $p(0 < p < 1)$,则在 n 重伯努利试验中事件 A 恰好出现了 k 次的概率为

$$p_n(k) = C_n^k p^k (1-p)^{n-k} = C_n^k p^k q^{n-k}, k = 0, 1, 2, \cdots, n. \quad (q = 1 - p)$$

例 1 某彩票每周开奖一次,每次只有百万分之一中奖的几率. 若某彩民每周买一张彩票,坚持十年(每年 52 周),他从未中过奖的概率是多少?

解 每周买一张,不中奖的概率是 $1 - 10^{-6}$,十年中共购买 520 次,且每次开奖都相互独立,所以十年中从未中过奖的概率为

$$p = (1 - 10^{-6})^{520} = 0.99948.$$

例 2 现有 2500 名同一社会阶层的同龄人参加人寿保险,根据以往的资料,这一类人在一年中的死亡率为 0.002. 参加保险的人当年向保险公司支付 12 元保险费,若投保者死亡,其家属可获得 2000 元补偿. 若不考虑这笔保险费的利息收入及保险业务各项开支情况,求保险公司在一年中获利不少于 10000 元的概率.

解 本题属于 $n = 2500$,$p = 0.002$ 的伯努利概型. 设这一年中参保者死亡人数为 k,保险公司获利要不少于 10000 元,必有死亡人数 k 满足

$$12 \times 2500 - 2000k \geqslant 10000,$$

解出 $k \leqslant 10$,所以保险公司获利不小于 10000 元的概率为

$$p = p\{\text{这一年中参保者死亡人数} \leqslant 10 \text{ 人}\} = \sum_{k=0}^{10} p_{2500}(k) \approx 0.986035.$$

第七章　随机变量及其数字特征

为了对随机试验进行全面深入的研究，从中揭示出客观存在的统计规律性，我们常把随机试验的结果与实数对应起来，即把随机试验的结果数量化，引入随机变量的概念．随机变量是概率论与数理统计的最基本概念之一，本章将介绍随机变量及其分布、数字特征和各种常用的随机变量．

第一节　随机变量的概念

一、随机变量

在实际问题中，随机试验的结果可以是数量性的，也可以是非数量性的．这两种情况都可以把试验结果数量化，由此就产生了随机变量的概念．

例1　在装有 m 个红球、n 个白球的袋子中，随机取一球，观察取出球的颜色，此时观察对象为球的颜色，因而是定性的，我们引进如下量化指标（记为 X）：

$$X = \begin{cases} 1, & \text{当取到的是红球}, \\ 0, & \text{当取到的是白球}. \end{cases}$$

此试验的样本空间为 $\Omega = \{a_1, a_2, \cdots, a_m, b_1, b_2, \cdots, b_n\}$，其中 a_i 表示红球，b_j 表示白球，在试验前，将取什么值是不确定的，而一旦有了试验结果后，X 的值就完全确定．例如，对 $1 \leqslant i \leqslant m$，则 $X(a_i) = 1$，对 $1 \leqslant j \leqslant n$，$X(b_j) = 0$，而且

$$P(X = 1) = P(\text{取到红球}) = \frac{m}{m+n};$$

$$P(X = 0) = P(\text{取到白球}) = \frac{n}{m+n}.$$

从上例可知，随机变量由试验结果所确定，因而其取值是随机的，可以用计算事件概率的方法计算取任一可能值的概率．

定义1　设试验 E 的样本空间 $\Omega = \{\omega\}$，如果对每一个 $\omega \in \Omega$，有一个实数 $X(\omega)$ 与之对应，得到一个定义在 Ω 上的单值函数，称 $X(\omega)$ 为随机变量，简记为 X．

引入随机变量后，随机试验中的各种事件就可以通过随机变量的取值来表示，这样就把对随机事件及其概率的研究转化为对随机变量取值及其概率的研究．

通常随机变量分为两类：一类称为离散型随机变量，一类称为连续型随机变量，后面分别介绍它们.

二、随机变量的分布函数

设 $X(\omega)$ 是一个随机变量，称函数 $F(x)=P\{X\leqslant x\}$ 为随机变量的分布函数. 其中，$-\infty<x<+\infty$.

下面介绍分布函数的性质：

(1) $a<b$，总有 $F(a)\leqslant F(b)$（单调非减性）；

(2) $F(x)$ 是一个右连续的函数；

(3) $0\leqslant F(x)\leqslant 1$（有界性）. 即 $\lim\limits_{x\to-\infty}F(x)=0$，$\lim\limits_{x\to+\infty}F(x)=1$，并记：

$$\lim_{x\to-\infty}F(x)=F(-\infty),\ \lim_{x\to+\infty}F(x)=F(+\infty).$$

第二节　离散型随机变量及其分布律

一、定义

定义 2　对于随机变量，如果它只可能取有限个或可列个值，则称为离散型随机变量.

设 X 是一个离散型随机变量，它可能取的值是 $x_1,x_2,\cdots,x_n,\cdots$ 为了描述随机变量 X，我们不仅需要知道随机变量 X 的取值，而且还应知道 X 取每个值的概率. 设

$$P\{X=x_k\}=p_k(k=1,2,\cdots),\tag{7-1}$$

称 (7-1) 式为离散型随机变量的概率分布或分布律. 把 X 可能取的值及相应的概率列成表，如表 7-1 所示. 称表 7-1 为概率分布表.

表 7-1

X	x_1	x_2	$\cdots$	x_k	$\cdots$
P	p_1	p_2	$\cdots$	p_k	$\cdots$

关于离散型随机变量的概率分布或分布律，具有如下性质：

性质 1　$p_k\geqslant 0(k=1,2,\cdots)$；$\tag{7-2}$

性质 2　$\sum\limits_k p_k=1.$ $\tag{7-3}$

例 2　从 2 个白球、3 个红球中任取 3 个球，取到的白球数 X 是一个随机变量，X 可能取的值是 $0,1,2$. 取每个值的概率为

$$P(X=0)=\frac{C_3^3}{C_5^3},P(X=1)=\frac{C_3^2C_2^1}{C_5^3},P(X=2)=\frac{C_3^1C_2^2}{C_5^3},$$

且满足 $\sum\limits_{i=0}^{2} P(X=i)=1.$

这样,我们就掌握了 X 这个随机变量取值的概率规律.

离散型随机变量 X 在某范围内取值的概率,等于它在这个范围内一切可能取值对应的概率之和.

当离散型随机变量的概率分布被确定以后,不仅可以知道它取各个可能值的概率,而且还可以求出它在某范围内取值的概率,所以离散型随机变量的概率分布描述了相应的随机试验.

例 3 设随机变量 X 的概率分布为 $P(X=k)=\dfrac{a}{2^k}(k=1,2,\cdots)$,试确定常数 a.

解 依据概率分布的性质:

(1) $p_k \geqslant 0 (k=1,2,\cdots)$;

(2) $\sum\limits_{k=1}^{+\infty} p_k = 1.$

欲使上述函数为概率分布,应有

$$a>0, \sum_{k=0}^{+\infty} \frac{a}{2^k} = 1,$$

从中解得 $a=1.$

例 4 一个袋中装有 5 个球,编号分别为 1,2,3,4,5. 在袋中取 2 个球,以 X 表示取出的 2 个球中的最大号码,写出随机变量 X 的分布律.

解 X 的可能取的值为 2,3,4,5,且在 5 个号码中任取 2 个的取法总数为 C_5^2.

$\{X=2\}$ 表示取出的 2 个球中的最大号码为 2,另外一个球的号码只能为 1,仅有一种情况,故

$$P(X=2) = \frac{C_1^1}{C_5^2} = \frac{1}{10}.$$

$\{X=3\}$ 表示取出的 2 个球中的最大号码为 3,另外一个球的号码为 1 或 2,故

$$P(X=3) = \frac{C_2^1}{C_5^2} = \frac{1}{5}.$$

$\{X=4\}$ 表示取出的 2 个球中的最大号码为 4,另外一个球的号码为 1,2,3 中的任一个,故

$$P(X=4) = \frac{C_3^1}{C_5^2} = \frac{3}{10}.$$

$\{X=5\}$ 表示取出的 2 个球中的最大号码为 5,另外一个球的号码只能为 1,2,3,4 中任意一个,故

$$P(X=5) = \frac{C_4^1}{C_5^2} = \frac{2}{5}.$$

且 $P(X=2)+P(X=3)+P(X=4)+P(X=5)=1$.

列表表示为

表 7 - 2

X	2	3	4	5
P	$\frac{1}{10}$	$\frac{1}{5}$	$\frac{3}{10}$	$\frac{2}{5}$

这就是 X 的概率分布.

例 5　电子线路中装有两个并联的继电器. 假设这两个继电器是否接通具有随机性, 且彼此独立. 已知每个电器接通的概率为 0.8, 记 X 为线路中接通的继电器的个数. 求: (1)X 的分布律;(2) 线路接通的概率.

解　(1) 记 $A_i = \{$第 i 个继电器接通$\}$, $i = 1, 2$.

因为两个继电器是否接通是相互独立的, 所以 A_1 和 A_2 相互独立, 而 $P(A_1) = P(A_2) = 0.8$.

下面求 X 的分布律. 首先, X 可能取 $0, 1, 2$ 三个值.

$$P(X=0) = P\{表示两个继电器都没有接通\},$$

$$P(X=1) = P\{表示恰有一个继电器接通\},$$

$$P(X=2) = P\{表示两个继电器都接通\},$$

所以 X 的分布律为

$$P(X=0) = P(\overline{A_1}\,\overline{A_2}) = 0.2 \times 0.2 = 0.04,$$

$$P(X=1) = P(A_1\overline{A_2} + \overline{A_1}A_2) = 0.8 \times 0.2 + 0.2 \times 0.8 = 0.32,$$

$$P(X=2) = P(A_1 A_2) = 0.8 \times 0.8 = 0.64.$$

(2) 因为是并联电路, 所以 $P\{线路接通\} = P\{只要一个继电器接通\}$

$$= P(X \geqslant 1) = P(X=1) + P(X=2) = 0.32 + 0.64 = 0.96.$$

例 6　设离散型随机变量 X 的概率分布如下所示:

表 7 - 3

X	1	2	3
P	c	c	$2c$

求:(1) 常数 c 的值;(2) 概率 $P\{X < 2\}$.

解　(1) 根据离散型随机变量概率分布的性质 2, 有关系式

$$c + c + 2c = 1,$$

所以常数

$$c = \frac{1}{4}.$$

（2）离散型随机变量 X 的概率分布如下表所示：

表 7 - 4

X	1	2	3
P	$\frac{1}{4}$	$\frac{1}{4}$	$\frac{1}{2}$

由于在 $X < 2$ 范围内，离散型随机变量 X 的可能取值只有 1 一个值，所以概率

$$P\{X < 2\} = P\{X = 1\} = \frac{1}{4}.$$

二、常见的离散型随机变量的概率分布

下面介绍三种常见离散型随机变量的概率分布及其相应的分布.

1. 0 - 1 分布

如果 X 的分布律如表 7 - 5 所示

表 7 - 5

X	0	1
概率	$1 - p$	p

其中 $0 < p < 1$，则称 X 的分布为 0 - 1 分布.

一般在随机试验中虽然结果可以很多，但如只关注具有某种性质的结果，则可将样本空间重新划分为：A 与非 A，而 A 出现时，定义 $X = 1$；$\overline{A}$ 出现时，定义 $X = 0$，此时 X 的分布即为 0 - 1 分布.

2. 二项分布

在 n 重伯努利试验中，如果以随机变量 X 表示 n 次试验中事件 A 发生的次数，则可能取的值为 $0, 1, 2, \cdots, n$，且由二项概率得到 X 取 k 值的概率

$$P(X = k) = C_n^k p^k (1 - p)^{n-k} (k = 0, 1, 2, \cdots, n)$$

称这个离散型分布为参数为 n, p 的二项分布，记作 $X \sim B(n, p)$，这里 $0 < p < 1$，

$$p = P(A).$$

由二项式定理

$$(a + b)^n = \sum_{k=0}^{n} C_n^k a^k b^{n-k},$$

可得

$$\sum_{k=0}^{n} p_k = \sum_{k=0}^{n} P(X=k) = \sum_{k=0}^{n} C_n^k p^k q^{n-k} = (p+q)^n = 1,$$

由于 $P(X=k)=C_n^k p^k q^{n-k}$ 正好是二项式 $(p+q)^n$ 的展开式中出现 p^k 的项，因此称此分布为二项分布.

服从参数为 n,p 的二项分布的随机变量所有可能取的值有 $n+1$ 个，即 $0,1,2,\cdots,n$，特别当 $n=1$ 时，二项分布成为 $0-1$ 分布，因此也可用 $B(1,p)$ 表示 $0-1$ 分布.

例 7 设事件 A 在每一次试验中发生的概率为 0.3，当 A 发生不少于 3 次时，指示灯发出信号. 求进行 5 次试验，指示灯发出信号的概率.

解 进行 5 次试验，如果指示灯发出信号则事件 A 至少要发生 3 次，用 X 表示事件 A 发生的次数，用 B 表示指示灯发出信号. 则有

$$P(B) = P(X \geqslant 3) = P(X=3) + P(X=4) + P(X=5),$$

而

$$P(X=3) = C_5^3 (0.3)^3 (0.7)^2, \quad P(X=4) = C_5^3 (0.3)^4 (0.7)^1,$$
$$P(X=5) = C_5^5 (0.3)^5 (0.7)^0.$$

故 $P(B)=P(X \geqslant 3)=C_5^3 (0.3)^3 (0.7)^2 + C_5^4 (0.3)^4 (0.7)^1 + C_5^5 (0.3)^5 (0.7)^0 = 0.1613.$

常见的二项分布实际问题：

(1) 有放回或总量大的无放回抽样问题；

(2) 打枪、投篮问题（试验 n 次发生 k 次）；

(3) 设备使用、设备故障问题.

3. 泊松(Poisson) 分布

设随机变量 X 的分布律为

$$P(X=k) = \frac{\lambda^k}{k!} e^{-\lambda} \quad (k=0,1,2,\cdots).$$

则称随机变量 X 服从参数为 λ 的泊松分布，其中 $\lambda > 0$ 为常数，并记泊松分布为 $P(\lambda)$.

服从泊松分布的随机变量所有可能取的值为非负整数，是可列个. 由微积分知识可得

$$\sum_{k=0}^{\infty} P(X=k) = \sum_{k=0}^{\infty} \frac{\lambda^k}{k!} = e^{-\lambda} \sum_{k=0}^{\infty} \frac{\lambda^k}{k!} = e^{-\lambda} \times e^{\lambda} = 1.$$

在实际问题中，有很多随机变量服从泊松分布. 如在一个时间间隔内，某地区发生的交通事故的次数；某电话总机接到的呼叫次数；放射性物质放射出的粒子个数；某交通道口一分钟内的汽车流量；公共汽车站等候的乘客数；显微镜下某个区域内的细菌个数等都可用泊松分布来描述.

例 8 某电话交换台接到电话呼叫的次数 X 服从参数为 4 的泊松分布，求：(1) 每分钟恰有 8 次呼叫的概率；(2) 每分钟的呼叫次数大于 10 的概率.

解 (1) 由题设知 X 服从参数为 4 的泊松分布，即

$$P(X=k) = \frac{4^k}{k!} e^{-4} \quad (k=0,1,2,\cdots).$$

故每分钟恰有 8 次呼叫的概率为

$$P(X=8)=\frac{4^8 e^{-4}}{8!},$$

由附表 1 可以查到值为 0.02977.

(2) $P(X>10)=1-P(X\leqslant 10)$

$$=1-[P(X=0)+P(X=1)+\cdots+P(X=10)],$$

由附表 1 可以查到 $P(X=0)=0.01831,P(X=1)=0.07326,\cdots,P(X=10)=0.00529.$ 从而 $P(X>10)=0.00284.$

最后给出一个当 n 很大,p 很小时的二项分布的近似计算公式,这就是泊松定理:

设随机变量 $X_n(n=1,2,\cdots)$ 服从二项分布,其分布列为 $P(X_n=k)=C_n^k p_n^k$ $(1-p_n)^{n-k}(k=0,1,2,\cdots,n).$ 又设 $np_n=\lambda>0$ 是常数,则对于人为固定的非负整数 k,有

$$\lim_{n\to\infty}C_n^k p_n^k(1-p_n)^{n-k}=\frac{\lambda^k e^{-\lambda}}{k!}.$$

一般当 $n\geqslant 20,p=0.05$ 时用 $\dfrac{\lambda^k e^{-\lambda}}{k!}(\lambda=np)$ 作为 $C_n^k p_n^k(1-p_n)^{n-k}$ 的近似效果颇佳.

习 题 二

1. 设离散型随机变量 X 的概率分布如表所示:

表 7-6

X	-1	0	1	2
P	c	$2c$	$3c$	$4c$

求常数 c.

2. 已知离散型随机变量 X 的概率分布如表所示:

X	1	2	3
P	$\frac{1}{2}$	$\frac{1}{4}$	$\frac{1}{4}$

求概率 $P(X<3)$.

3. 设随机变量 $X\sim\begin{pmatrix}-1 & 0 & 1\\ \frac{1}{3} & \frac{1}{6} & \frac{1}{2}\end{pmatrix}$,求 X 的分布函数.

4. 一批灯泡共有 40 只,其中有 3 只坏的,其余 37 只是好的,现从中随机地取 4 只进行检验,令 X 表示 4 只灯中坏的只数,试写出 X 的分布.

5. 汽车从出发点至终点,沿路直行经过 3 个十字路口,每个十字路口都设有红绿信号灯,每盏红绿信号灯相互独立,均以 $\frac{2}{3}$ 的概率允许汽车往前通行,以 $\frac{1}{3}$ 的概率禁止汽车往前通行,求汽车停止前进时所通过的红绿信号灯盏数 X 的概率分布.

6. 一批产品共 10 件,其中 7 件正品,3 件次品,每次从中任取一件,在下述三种情况下,分别求直至取得正品为止所需次数 X 的概率分布:(1) 每次取出的产品不再放回;(2) 每次取出的产品仍放回;(3) 每次取出一件产品后,总是另取一件正品放回到这批产品中.

7. 某种产品表面上疵点的个数 X 是一个离散型随机变量,它服从参数为 $\lambda=2$ 的泊松分布,规定表面上疵点的个数不超过 2 个为合格品,求产品的合格率.

8. 每 10 分钟内电话交换台收到呼唤的次数 X 是一个离散型随机变量,它服从参数为 $\lambda(\lambda>0)$ 的泊松分布,已知每 10 分钟内收到 3 次呼唤与收到 4 次呼唤的可能性相同,求:

(1) 平均每 10 分钟内电话交换台收到呼唤的次数;

(2) 任意 10 分钟内电话交换台收到 2 次呼唤的概率.

9. 设离散型随机变量 X 服从参数为 $\lambda(\lambda>0)$ 的泊松分布,且已知概率 $P\{X=1\}=\frac{3}{e^{3}}$,求:(1) 参数 λ 值;(2) 概率 $P\{1<X\leqslant 3\}$.

10. 设离散型随机变量 $X\sim B(2,p)$,若概率 $P\{X\geqslant 1\}=\frac{5}{9}$,求:(1) 参数 p 值;(2) 概率 $P\{X=2\}$.

11. 假设一厂家生产的每台仪器,以概率 0.7 可以直接出厂,以概率 0.3 需进一步调试,经调试后以概率 0.8 可以出厂,以概率 0.2 定为不合格不能出厂. 现该厂生产了 n 台仪器(假设每台仪器的生产过程相互独立),求:(1) 全部能出厂的概率;(2) 其中恰好有两件不能出厂的概率;(3) 其中至少有两件不能出厂的概率.

第三节　　连续型随机变量

上一节中讨论的离散型随机变量只可能取有限个或可列个值. 而实际问题中还有一些随机变量可能充满一个区间,以后可以定义这类随机变量为连续型随机变量. 如对灯泡的使用寿命,通常我们感兴趣的不是灯泡的寿命为 1000 小时的概率,而是灯泡的寿命大于 1000 小时的概率.

一、基本概念

连续型随机变量 X 所有可能取值充满一个区间,对这种类型的随机变量,不能像离散型随机变量那样,以指定它取每个值概率的方式,去给出其概率分布,而是通过给出所谓"概率密度函数"的方式来给出其概率分布.

下面我们就来介绍对连续型随机变量的描述方法.

1. 概率密度函数

(1) 连续型随机变量及其概率密度函数的定义

对于随机变量 X，如果存在非负可积函数 $f(x)x \in (-\infty, +\infty)$，有

$$F(x) = P(-\infty < X \leqslant x) = \int_{-\infty}^{x} f(t)\mathrm{d}t, x \in (-\infty, +\infty),$$

则称 X 为连续型随机变量，称 $f(x)$ 为 X 的概率密度函数，简称为概率密度或密度. 记作 $X \sim f(x)$.

(2) 概率密度函数的性质

1) $f(x) \geqslant 0$;

2) $\int_{-\infty}^{+\infty} f(x)\mathrm{d}x = 1$.

这两条性质是判定一个函数 $f(x)$ 是否为某随机变量 X 的概率密度函数的充要条件. 连续型随机变量 X 在区间 $(a, b]$ 上取值的概率等于其概率密度 $f(x)$ 在区间 $(a, b]$ 上的定积分，即 $P\{a < X \leqslant b\} = \int_{a}^{b} f(x)\mathrm{d}x$.

当 $a = b = x_0$ 时，根据定积分基本运算法则，有概率

$$P\{X = x_0\} = \int_{x_0}^{x_0} f(x)\mathrm{d}x = 0,$$

这说明连续型随机变量取任一值的概率为 0. 由此可见，由 $P(A) = 0$，不能推出 $A = \varnothing$；由 $P(B) = 1$，不能推出 $B = \Omega$，B 并非必然事件. 同时也说明连续型随机变量在任一区间上取值的概率与是否含区间端点无关，即概率

$$P\{a < X < b\} = P\{a \leqslant X < b\} = P\{a < X \leqslant b\} = P\{a \leqslant X \leqslant b\} = \int_{a}^{b} f(x)\mathrm{d}x.$$

例 1 设随机变量 X 具有概率密度

$$f(x) = \begin{cases} A(1-x), & 0 \leqslant x \leqslant 1, \\ 0, & \text{其他}. \end{cases}$$

求：(1) 常数 A；(2) $P\left\{-4 < X \leqslant \dfrac{1}{2}\right\}$.

解 (1) $\displaystyle\int_{-\infty}^{+\infty} f(x)\mathrm{d}x = \int_{-\infty}^{0} f(x)\mathrm{d}x + \int_{0}^{1} f(x)\mathrm{d}x + \int_{1}^{+\infty} f(x)\mathrm{d}x$

$$= \int_{-\infty}^{0} 0\mathrm{d}x + \int_{0}^{1} A(1-x)\mathrm{d}x + \int_{1}^{+\infty} 0\mathrm{d}x$$

$$= \int_{0}^{1} A(1-x)\mathrm{d}x = A\int_{0}^{1} \mathrm{d}x - A\int_{0}^{1} x\mathrm{d}x = \frac{A}{2},$$

由概率密度函数性质 2，得

$$\int_{-\infty}^{+\infty} f(x)\mathrm{d}x = 1.$$

所以，

$$\frac{A}{2} = 1.$$

即

$$A = 2.$$

$(2)P\left\{-4 < X \leqslant \frac{1}{2}\right\} = \int_{0}^{\frac{1}{2}} 2(1-x)\mathrm{d}x = 0.75.$

2. 连续型随机变量的分布函数

已知连续型随机变量 X 的概率密度为 $f(x)$，由分布函数的定义知：连续型随机变量 X 的分布函数 $F(x) = P\{X \leqslant x\} = \int_{-\infty}^{x} f(x)\mathrm{d}x.$

连续型随机变量 X 的分布函数的性质：

(1) 分布函数 $F(x)$ 是连续函数；

(2) 在概率密度函数 $f(x)$ 的连续点处，有 $F'(x) = f(x)$.

例 2　设连续型随机变量 X 的概率密度函数为

$$f(x) = \begin{cases} \dfrac{2}{\pi}\sqrt{1-x^2}, & -1 \leqslant x \leqslant 1, \\ \\ 0, & \text{其他}. \end{cases}$$

求 X 的分布函数 $F(x)$.

解　由 $F(x) = P(X \leqslant x) = \int_{-\infty}^{x} f(t)\mathrm{d}t$，可知对 $x < -1, F(x) = 0$；对 $-1 \leqslant x \leqslant 1$，

$$F(x) = \int_{-\infty}^{-1} 0\mathrm{d}t + \int_{0}^{x} \frac{2}{\pi}\sqrt{1-t^2}\,\mathrm{d}t$$

$$= \frac{x}{\pi}\sqrt{1-x^2} + \frac{1}{\pi}\arcsin x + \frac{1}{2};$$

对 $x > 1, F(x) = 1$.

即

$$F(x) = \begin{cases} 0, & x < -1, \\ \dfrac{x}{\pi}\sqrt{1-x^2} + \dfrac{1}{\pi}\arcsin x + \dfrac{1}{2}, & -1 \leqslant x \leqslant 1, \\ \\ 1, & x > 1. \end{cases}$$

二、常用连续型分布

1. 均匀分布

设随机变量 X 的密度函数为

$$f(x) = \begin{cases} \dfrac{1}{b-a}, & a < x < b; \\ \\ 0, & \text{其他}. \end{cases}$$

则称 X 服从区间 (a, b) 上的均匀分布,其中 a, b 为两个参数,且 $a < b$,并记为 $X \sim U(a, b)$.

如果 X 服从 (a, b) 上的均匀分布,则对于满足 $a < c < d < b$ 的 c 和 d,由 $P\{a < X < b\} = \int_a^b f(x)\mathrm{d}x$,可得

$$P\{c < X < d\} = \int_c^d f(x)\mathrm{d}x = \frac{d-c}{b-a},$$

由于 $\dfrac{1}{b-a}$ 是确定的常数,因此 X 取值于 (a, b) 内任一小区间的概率与该小区间的长度成正比,而与该小区间的位置无关,见下图 7-1,这就是均匀分布的几何意义.

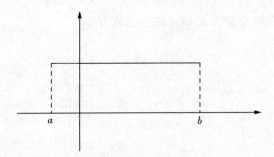

图 7-1

例 3 设随机变量 X 在 $[2, 6]$ 上服从均匀分布,现对 X 进行 3 次独立观察,试求至少有两次观测值大于 3 的概率.

解 X 的概率密度为

$$f(x) = \begin{cases} \dfrac{1}{4}, & 2 \leqslant x \leqslant 6, \\ \\ 0, & \text{其他}. \end{cases}$$

记 $A = \{X > 3\}$,则

$$P(A) = P\{X > 3\} = \int_3^6 \frac{1}{4}\mathrm{d}x = \frac{3}{4}.$$

设 Y 表示"三次独立观测中事件 $\{X > 3\}$ 出现的次数",则 $Y \sim B\left(3, \dfrac{3}{4}\right)$,故所求的概

率为

$$P\{Y \geqslant 2\} = \begin{bmatrix} 3 \\ 2 \end{bmatrix} \left(\frac{3}{4}\right)^2 \left(\frac{1}{4}\right) + \begin{bmatrix} 3 \\ 3 \end{bmatrix} \left(\frac{3}{4}\right)^3 \left(\frac{1}{4}\right)^0 = \frac{27}{32}.$$

2. 指数分布

如果 X 的密度函数为

$$f(x) = \begin{cases} \lambda e^{-\lambda x}, & x > 0, \\ 0, & x \leqslant 0, \end{cases}$$

式中 $\lambda > 0$，则称 X 服从参数为 λ 的指数分布，记为 $X \sim E(\lambda)$.

服从指数分布的随机变量的分布函数为

$$F(x) = \begin{cases} 1 - e^{-\lambda x}, & x \geqslant 0, \\ 0, & x < 0. \end{cases}$$

指数分布在实际中有重要的应用，如在可靠性问题中，许多产品的使用寿命服从指数分布.

例4 某种型号电子元件的使用寿命 X 小时是一个连续型随机变量，它服从参数为 $\lambda = \dfrac{1}{1000}$ 的指数分布，求该电子元件使用寿命超过 1000 小时的概率.

解 所求概率为 $P(X > 1000)$，即

$$P(X > 1000) = \int_{1000}^{+\infty} f(x)\mathrm{d}x,$$

这里 $f(x)$ 是 $\lambda = 0.001$ 的指数分布的密度函数为

$$f(x) = \begin{cases} \dfrac{1}{1000} e^{-\frac{x}{1000}}, & x \geqslant 0, \\ 0, & x < 0. \end{cases}$$

于是，

$$P\{X > 1000\} = \int_{1000}^{+\infty} f(x)\mathrm{d}x = \int_{1000}^{+\infty} \frac{1}{1000} e^{-\frac{1}{1000}x}\mathrm{d}x = -\int_{1000}^{+\infty} e^{-\frac{x}{1000}}\mathrm{d}\left(-\frac{x}{1000}\right)$$

$$= -e^{-\frac{x}{1000}} \Big|_{1000}^{+\infty} = \frac{1}{e} \approx 0.3679.$$

3. 正态分布

如果随机变量 X 的密度函数为

$$f(x) = \frac{1}{\sqrt{2\pi}\,\sigma} e^{-\frac{(x-\mu)^2}{2\sigma^2}} \quad (-\infty < x < +\infty), \tag{7-4}$$

式中 $\sigma > 0$，则称服从 X 参数为 σ, μ 的正态分布，记作 $X \sim N(\mu, \sigma^2)$.

$f(x)$ 的图形呈钟形状，见下图 7-2. 在 $x = \mu$ 处取最大值，最大值为 $\dfrac{1}{\sqrt{2\pi}\,\sigma}$；曲线关于直线 $x = \mu$ 对称；在 $x = \mu \pm \sigma$ 处，曲线有拐点；当 $x \to \pm\infty$ 时，曲线以 x 轴为其渐近线. 另外，当 σ 较大时，曲线较平缓；当 σ 较小时，曲线较陡峭. 因此可以说，μ 决定图形的位置，σ 决定其形状.

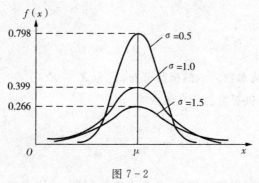

图 7-2

特别地，当 $\mu = 0$, $\sigma = 1$ 时，称 X 服从标准正态分布，记作 $X \sim N(0,1)$，这时 X 的概率密度记为 $\varphi(x)$，

$$\varphi(x) = \frac{1}{\sqrt{2\pi}} \mathrm{e}^{-\frac{x^2}{2}} \quad (-\infty < x < +\infty). \tag{7-5}$$

$\varphi(x)$ 的图形关于纵轴对称，见下图 7-3.

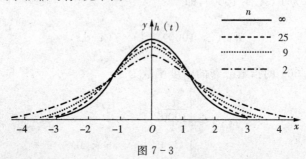

图 7-3

利用微积分知识可以验证

$$\int_{-\infty}^{+\infty} \varphi(x)\,\mathrm{d}x = \int_{-\infty}^{+\infty} \frac{1}{\sqrt{2\pi}} \mathrm{e}^{-\frac{x^2}{2}}\,\mathrm{d}x = 1, \tag{7-6}$$

这样，对于一般的正态分布，

$$\int_{-\infty}^{+\infty} f(x)\,\mathrm{d}x = \int_{-\infty}^{+\infty} \frac{1}{\sqrt{2\pi}\,\sigma} \mathrm{e}^{-\frac{(x-\mu)^2}{2\sigma^2}}\,\mathrm{d}x,$$

作变量代换，令 $t = \dfrac{x - \mu}{\sigma}$，则

$$\int_{-\infty}^{+\infty} f(x)\,\mathrm{d}x = \int_{-\infty}^{+\infty} \frac{1}{\sqrt{2\pi}} \mathrm{e}^{-\frac{t^2}{2}}\,\mathrm{d}t = 1. \tag{7-7}$$

服从正态分布的随机变量也称为正态随机变量,它有着广泛的应用.如测量某零件长度的误差、一个地区成年人的身高、某地区居民的年收入、海洋波浪的高度等,都可以或近似看成服从正态分布.正态分布在概率统计的理论和应用中占有特别重要的地位.

下面介绍关于正态分布的计算,首先介绍关于标准正态分布的计算.

设 $X \sim N(0,1)$,其概率密度函数为 $\varphi(x)$,令

$$\Phi(x) = \int_{-\infty}^{x} \varphi(t)\mathrm{d}t = \frac{1}{\sqrt{2\pi}} \int_{-\infty}^{x} \mathrm{e}^{-\frac{t^2}{2}}\mathrm{d}t, \qquad (7-8)$$

$\Phi(x)$ 是 x 的普通实值函数,当给定 x 的具体数值时,可计算 $\Phi(x)$ 的值.现已编制了 $\Phi(x)$ 的数值表,可供查用,见附表 2.

由上式知,对 $X \sim N(0,1)$,有

$$P(a < X < b) = \int_{a}^{b} \varphi(x)\mathrm{d}x = \int_{-\infty}^{b} \varphi(x)\mathrm{d}x - \int_{-\infty}^{a} \varphi(x)\mathrm{d}x = \Phi(b) - \Phi(a), \quad (7-9)$$

特别地,

$$P\{X > a\} = \int_{a}^{+\infty} \varphi(x)\mathrm{d}x = \int_{-\infty}^{+\infty} \varphi(x)\mathrm{d}x - \int_{-\infty}^{a} \varphi(x)\mathrm{d}x = 1 - \Phi(x), \quad (7-10)$$

$$P\{X < b\} = \int_{-\infty}^{b} \varphi(x)\mathrm{d}x = \Phi(b). \qquad (7-11)$$

在附表 2 中,只对 $x \geqslant 0$ 给出了 $\Phi(x)$ 的数值;当 $x < 0$ 时,可以使用下面的公式计算 $\Phi(x)$ 的值.

定理 1 $\Phi(-x) = 1 - \Phi(x)$.

关于一般正态分布,设 $X \sim N(\mu, \sigma^2)$,其概率密度 $f(x) = \frac{1}{\sqrt{2\pi}\,\sigma} \mathrm{e}^{-\frac{(x-\mu)^2}{2\sigma^2}}$,于是

$$P\{a < X < b\} = \int_{a}^{b} f(x)\mathrm{d}x = \frac{1}{\sqrt{2\pi}\,\sigma} \int_{a}^{b} \mathrm{e}^{-\frac{(x-\mu)^2}{2\sigma^2}}\mathrm{d}x,$$

作变量代换,令 $t = \dfrac{x-\mu}{\sigma}$,

$$\frac{1}{\sqrt{2\pi}\,\sigma} \int_{a}^{b} \mathrm{e}^{-\frac{(x-\mu)^2}{2\sigma^2}}\mathrm{d}x = \frac{1}{\sqrt{2\pi}} \int_{\frac{a-\mu}{\sigma}}^{\frac{b-\mu}{\sigma}} \mathrm{e}^{-\frac{t^2}{2}}\mathrm{d}t = \int_{\frac{a-\mu}{\sigma}}^{\frac{b-\mu}{\sigma}} \varphi(t)\mathrm{d}t = \Phi\left(\frac{b-\mu}{\sigma}\right) - \Phi\left(\frac{a-\mu}{\sigma}\right),$$

得到关于一般正态分布的计算公式

$$P\{a < X < b\} = \Phi\left(\frac{b-\mu}{\sigma}\right) - \Phi\left(\frac{a-\mu}{\sigma}\right). \qquad (7-12)$$

特别地,

$$P\{X > a\} = 1 - \Phi\left(\frac{a-\mu}{\sigma}\right), \qquad (7-13)$$

$$P\{X < b\} = \Phi\left(\frac{b - \mu}{\sigma}\right). \tag{7-14}$$

例 5 设 $X \sim N(0,1)$，求：(1) $P\{1.4 < X < 2.4\}$；(2) $P\{X \leqslant -1\}$；(3) $P\{|X| < 1.3\}$.

解 (1) 由 (2-8) 式，得到

$$P\{1.4 < X < 2.4\} = \Phi(2.4) - \Phi(1.4) = 0.9918 - 0.9192 = 0.0726.$$

(2) 由 (2-10)，得到

$$P\{X \leqslant -1\} = P\{X < -1\} = \Phi(-1),$$

再由定理 1 知，$\Phi(-1) = 1 - \Phi(1)$，即

$$P\{X \leqslant -1\} = \Phi(-1) = 1 - \Phi(1) = 1 - 0.8413 = 0.1587.$$

(3) $P\{|X| < 1.3\} = P\{-1.3 < X < 1.3\} = \Phi(1.3) - \Phi(-1.3)$
$= \Phi(1.3) - [1 - \Phi(1.3)] = 2\Phi(1.3) - 1 = 2 \times 0.9032 - 1 = 0.8064.$

例 6 设 $X \sim N(3,4)$，求：(1) $P\{2 < X \leqslant 5\}$；(2) $P\{|X| > 2\}$.

解 (1) 由 (2-11) 式，可得

$$P\{2 < X \leqslant 5\} = \Phi\left(\frac{5-3}{2}\right) - \Phi\left(\frac{2-3}{2}\right) = \Phi(1) - \Phi\left(-\frac{1}{2}\right)$$

$$= \Phi(1) - \left[1 - \Phi\left(\frac{1}{2}\right)\right] = \Phi(1) + \Phi\left(\frac{1}{2}\right) - 1$$

$$= 0.8413 + 0.6915 - 1 = 0.5328.$$

(2) $P\{|X| > 2\} = 1 - P\{|X| \leqslant 2\} = 1 - P\{-2 \leqslant X \leqslant 2\}$

$$= 1 - \left[\Phi\left(\frac{2-3}{2}\right) - \Phi\left(\frac{-2-3}{2}\right)\right] = 1 - [\Phi(-0.5) - \Phi(-2.5)]$$

$$= 1 - [\Phi(2.5) - \Phi(0.5)] = 1 - 0.9938 + 0.6915 = 0.6977.$$

为了便于今后应用，对于标准正态分布，引入上侧分位数的概念.

设 $X \sim N(0,1)$，其概率密度为 $\varphi(x)$，对于给定的数 $\alpha : 0 < \alpha < 1$，称满足条件

$$P\{X > u_\alpha\} = \int_{u_\alpha}^{\infty} \varphi(x) \mathrm{d}x = \alpha$$

的数 u_α 为标准正态分布的上侧分位数，其几何意义如图 7-4.

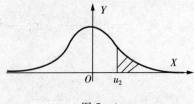

图 7-4

对于给定的值这样求得:由(2-9)式,

$$P\{X > u_\alpha\} = 1 - \Phi(u_\alpha) = \alpha,$$

从而 $\Phi(u_\alpha) = 1 - \alpha$.

由附表 2 可以查出 u_α 的值.

习 题 三

1. 已知连续型随机变量 X 服从区间 $[1,9]$ 上的均匀分布,求:(1)概率 $P\{2 < X < 4\}$;(2)概率 $P\{X \geqslant 6\}$.

2. 已知连续型随机变量 $X \sim N(3,4)$,求:(1) $P\{-3 < X \leqslant 5\}$;(2) $P\{|X-3| > 3.9\}$.

3. 某种型号电子元件的寿命 X 小时是连续型随机变量,其概率密度为

$$\varphi(x) = \begin{cases} \dfrac{100}{x^2}, & x \geqslant 100, \\ 0, & \text{其他}. \end{cases}$$

任取 1 只这种型号电子元件,求它经使用 150 小时不需要更换的概率.

4. 某城镇每天用电量 X 万度是连续型随机变量,其概率密度为

$$\varphi(x) = \begin{cases} kx(1-x^2), & 0 < x < 1, \\ 0, & \text{其他}. \end{cases}$$

求:(1)常数 k 值;(2)当每天供电量为 0.8 万度时,供电量不够的概率.

5. 设连续型随机变量 X 的概率密度为

$$\varphi(x) = \begin{cases} cx, & 2 \leqslant x \leqslant 4, \\ 0, & \text{其他}. \end{cases}$$

求:(1)常数 c 值;(2)概率 $P\{X > 3\}$.

6. 设连续型随机变量 X 的概率密度为

$$\varphi(x) = \begin{cases} k\cos \dfrac{x}{2}, & 0 \leqslant x \leqslant \pi, \\ 0, & \text{其他}. \end{cases}$$

求:(1)常数 k 值;(2)概率 $P\left\{-\dfrac{\pi}{2} < X < \dfrac{\pi}{2}\right\}$.

7. 设随机变量 X 的概率密度函数为

$$f(x) = \begin{cases} Ax, & 0 < x \leqslant 1, \\ 2-x, & 1 < x \leqslant 2, \\ 0, & \text{其他}. \end{cases}$$

试求:(1) 常数 A;(2)X 的分布函数;(3)$P\left(\dfrac{1}{2} < X \leqslant \dfrac{3}{2}\right)$.

8. 以 X 表示某商店从早晨开始营业直到第一个顾客到达的等待时间(以分记)其分布函数是

$$F(x) = \begin{cases} 1 - \mathrm{e}^{-0.4x}, & x \geqslant 0, \\ 0, & x < 0. \end{cases}$$

求下列概率:(1)$P(X \leqslant 3)$;(2)$P(X \geqslant 4)$;(3)$P(3 \leqslant X \leqslant 4)$;(4)$P(X = 2.5)$.

9. 设随机变量 X 的分布函数为

$$F(x) = \begin{cases} 0, & x < 1, \\ \ln x, & 1 \leqslant x < \mathrm{e}, \\ 1, & x \geqslant \mathrm{e}. \end{cases}$$

求:(1)$P(X \leqslant 2)$;(2)$P\left(2 \leqslant X \leqslant \dfrac{5}{2}\right)$;(3) 求密度函数.

10. 设随机变量 X 的密度函数为

$$(1)f(x) = \begin{cases} 2\left(1 - \dfrac{1}{x^2}\right), & 1 \leqslant x < 2, \\ 0, & \text{其他}. \end{cases}$$

$$(2)f(x) = \begin{cases} \dfrac{1}{\pi}\dfrac{1}{\sqrt{1-x^2}}, & -1 \leqslant x \leqslant 1, \\ 0, & \text{其他}. \end{cases}$$

求各自的分布函数.

11. 某地区 18 岁女青年的血压服从 $N(110, 12^2)$,在该地区任选一 18 岁的女青年,测量她的血压 X. 求:(1)$P(X \leqslant 105)$,$P(100 < X \leqslant 120)$;(2) 确定最小的 x,使得 $P(X > x) \leqslant 0.05$.

12. 某批螺栓直径 Xcm 是一个连续型随机变量,它服从均值为 0.8cm、方差为 0.0004 的正态分布,随机抽取 1 个螺栓,求这个螺栓直径小于 0.81cm 概率.

13. 某省文凭考试高等数学成绩 X 是一个离散型随机变量,近似认为连续型随机变量,它服从正态分布 $N(58, 10^2)$,规定考试成绩达到或超过 60 分为合格,求:

(1) 任取 1 份高等数学试卷成绩为合格的概率;

(2) 任取 3 份高等数学试卷中恰好有 2 份试卷成绩为合格的概率.

14. 一工厂生产的电子管寿命 X(以小时计)服从参数 $\mu = 160$,σ 的正态分布,若要求 $P(120 < X \leqslant 200) \geqslant 0.8$,允许 σ 最大为多少?

15. 某种型号的电子管寿命 X(以小时计)具有以下的概率密度:

$$f(x) = \begin{cases} \dfrac{1000}{x^2}, & x > 1000, \\ \\ 0, & \text{其他}. \end{cases}$$

现有一大批此种电子管(设电子管损坏与否相互独立),任取5只,问其中至少有2只寿命大于1500的概率.

第四节　　随机变量的数字特征

上节讨论了随机变量的分布,我们看到分布函数能够完整地描述随机变量的统计特性,但是在一些实际问题中,不需要去全面考察随机变量的变化情况,而只要知道随机变量的某些特征,因而不需要求出它的分布函数.这些特征就是随机变量的数字特征,是由随机变量的分布所决定的常数,刻画了随机变量某一方面的性质.

2.4.1　数学期望

一、离散型随机变量的期望

某商店向工厂进货,该货物有四个等级:一、二、三和等外,产品属于这些等级的概率依次是:0.50、0.30、0.15、0.05.若商店每销出一件一等品获利10.50元,销出一件二、三等品分别获利8元和3元,而销出一件等外品则亏损6元,问平均销出一件产品获利多少元?

解　假设该商店进货量 N 极大,则平均说来其中有一等品 $0.50N$ 件,二等品和三等品和等外品数分别为 $0.30N$ 件、$0.15N$ 件、$0.05N$ 件.这 N 件产品总的销售获利为

$$0.50N \times 10.5 + 0.30N \times 8 + 0.15N \times 3 + 0.05N \times (-6) (\text{元}),$$

故平均获利为

$$\frac{1}{N}[0.50N \times 10.5 + 0.30N \times 8 + 0.15N \times 3 + 0.05N \times (-6)]$$

$$= 0.50 \times 10.5 + 0.30 \times 8 + 0.15 \times 3 + 0.05 \times (-6) = 7.8 (\text{元}).$$

从结果来看,平均获利与进货量 N 并无关系,只与各等级的概率和获利情况有关,等于它们乘积之和 $\sum_{i=1}^{k} x_i p_i$. 即这个量不依赖于试验的次数,它体现了随机变量 X 的客观属性,我们把它称为随机变量 X 的数学期望或理论均值.

定义1　设离散型随机变量 X 的分布律为 $P\{X = x_k\} = p_k, k = 1, 2, 3, \cdots$,若级数 $\sum_{k=1}^{\infty} x_k p_k$ 绝对收敛,则称级数 $\sum_{k=1}^{\infty} x_k p_k$ 为随机变量 X 的数学期望,记为 $E(X)$. 即 $E(X) = \sum_{k=1}^{\infty} x_k p_k$.

若级数 $\sum_{k=1}^{\infty} |x_k| p_k$ 发散,则称 X 的数学期望不存在.

数学期望简称期望,又称为均值.

例1　甲、乙两台机床生产同一种零件,在一天生产中的次品数分别记为 X,Y,已知 X,Y 的概率分布如下:

表 7-7

X	0	1	2	3
P_K	0.4	0.3	0.2	0.1

表 7-8

Y	0	1	2	3
P_K	0.5	0.3	0.2	0

如果两台机床的产量一样,问那台机床生产状况较好?

解　$E(X) = 0 \times 0.4 + 1 \times 0.3 + 2 \times 0.2 + 3 \times 0.1 = 1.$

$E(Y) = 0 \times 0.5 + 1 \times 0.3 + 2 \times 0.2 + 3 \times 0 = 0.7.$

乙台机床生产的废品的均值较小,所以乙机床的生产状况较好.

例2　100 件产品中有 5 件不合格品,从中任意抽取 10 件进行检查,求次品个数的数学期望.

解　设 X 为查得的不合格产品数,则 X 的分布律为

$$P(X=m) = \frac{C_5^m C_{95}^{10-m}}{C_{100}^{10}} \qquad (m=0,1,2,3,4,5)$$

由期望计算公式得

$$E(X) = \sum_{m=0}^{5} m \times \frac{C_5^m C_{95}^{10-m}}{C_{100}^{10}} = 0.5.$$

二、连续型随机变量的数学期望

定义2　设连续型随机变量 X 的密度函数为 $f(x)$,若积分 $\int_{-\infty}^{\infty} |x| f(x) \mathrm{d}x$ 绝对收敛,则称积分 $\int_{-\infty}^{\infty} xf(x) \mathrm{d}x$ 的值为随机变量 X 的数学期望,记为 $E(X)$. 即 $E(X) = \int_{-\infty}^{\infty} xf(x) \mathrm{d}x$.

若 $\int_{-\infty}^{\infty} \mid x \mid f(x)\mathrm{d}x$ 积分发散,则称 X 的数学期望不存在. 连续型随机变量的期望 $E(X)$ 反映了随机变量 X 取值的"平均水平". 假如 X 表示寿命,则 $E(X)$ 就表示平均寿命;假如 X 表示重量,$E(X)$ 就表示平均重量. 从分布的角度看,数学期望是分布的中心位置.

例 3 设 X 的分布函数为

$$F(x) = \begin{cases} \dfrac{\mathrm{e}^x}{2}, & x < 0, \\[2mm] \dfrac{1}{2}, & 0 \leqslant x \leqslant 1, \\[2mm] 1 - \dfrac{1}{2}\mathrm{e}^{-(x-1)}, & x > 1. \end{cases}$$

求 $E(X)$.

解 X 的概率密度为

$$f(x) = \begin{cases} \dfrac{\mathrm{e}^x}{2}, & x < 0, \\[2mm] 0, & 0 \leqslant x \leqslant 1, \\[2mm] \dfrac{1}{2}\mathrm{e}^{-(x-1)}, & x > 1. \end{cases}$$

根据定义 2 和由定积分知识得

$$E(X) = \int_{-\infty}^{+\infty} xf(x)\mathrm{d}x = \int_{-\infty}^{0} x \cdot \dfrac{1}{2}\mathrm{e}^x \mathrm{d}x + \int_{0}^{1} x \cdot 0 \mathrm{d}x + \int_{1}^{+\infty} x \cdot \dfrac{1}{2}\mathrm{e}^{-(x-1)} \mathrm{d}x$$

$$= -\dfrac{1}{2} + 1 = \dfrac{1}{2}.$$

例 4 设连续型随机变量 X 的概率密度 $f(x) = \begin{cases} a + bx, & 0 \leqslant x \leqslant 2, \\ 0, & 其他. \end{cases}$ 已知数学期望 $E(X) = \dfrac{4}{5}$,求常数 a 与 b 的值.

解 根据连续型随机变量概率密度的性质 2,有关系式

$$\int_{-\infty}^{+\infty} f(x)\mathrm{d}x = 1,$$

计算分段函数的积分

$$\int_{-\infty}^{+\infty} f(x)\mathrm{d}x = \int_{0}^{2} (a + bx)\mathrm{d}x = \left. \left(ax + \dfrac{b}{2}x^2\right) \right|_{0}^{2} = 2a + 2b,$$

因而有关系式

$$2a + 2b = 1,$$

再计算数学期望

$$E(X) = \int_{-\infty}^{+\infty} x f(x) \mathrm{d}x = \int_0^2 x(a + bx) \mathrm{d}x$$

$$= \int_0^2 (ax + bx^2) \mathrm{d}x = \left(\frac{a}{2} x^2 + \frac{b}{3} x^3 \right) \Big|_0^2 = 2a + \frac{8}{3} b.$$

由于已知数学期望 $E(X) = \dfrac{4}{5}$，因而有关系式

$$2a + \frac{8}{3} b = \frac{4}{5},$$

解线性方程组

$$\begin{cases} 2a + 2b = 1, \\ 2a + \dfrac{8}{3} b = \dfrac{4}{5}. \end{cases}$$

所以常数

$$a = \frac{4}{5}, b = -\frac{3}{10}.$$

三、期望的性质

期望具有以下 4 个重要性质：

性质 1　设 C 是常数，则有 $E(C) = C$.

性质 2　设 X 是一个随机变量，C 是常数，则有 $E(CX) = CE(X)$.

性质 3　设 X、Y 是两个随机变量，则有 $E(X + Y) = E(X) + E(Y)$.

这一性质可以推广到任意有限个随机变量之和的情况：

$$E(X_1 + X_2 + \cdots + X_n) = E(X_1) + E(X_2) + \cdots + E(X_n).$$

性质 4　设 X、Y 是相互独立的随机变量，则有 $E(XY) = E(X)E(Y)$.

这一性质可以推广到任意有限个随机变量之积的情况：

若 $X_2, X_2, \cdots, X_n$ 相互独立，$E(X_1 X_2 \cdots X_n) = E(X_1)E(X_2) \cdots E(X_n)$.

2.4.2　方差

先看一个例子.

设甲、乙两家灯泡厂生产的灯泡寿命分别为 X_1、X_2，并有如下的分布律：

表 7 - 9

X_1	900	1000	1100
P	0.1	0.8	0.1

表 7 - 10

X_2	950	1000	1050
P	0.3	0.4	0.3

由计算可知,两家厂家生产的灯泡的平均寿命相同,但比较两组数据可知:乙厂比甲厂生产的灯泡要好,因为乙厂生产的灯泡寿命与其平均寿命的离散程度较小,比较集中在平均寿命周围.

可见在实际问题中,仅靠期望值不能完全了解随机变量的分布特征,还必须研究其离散程度.通常人们关心的随机变量 X 对期望值 $E(X)$ 的离散程度.

对于随机变量 X,若其数学期望 $E(X)$ 存在,则称差 $X-E(X)$ 为随机变量 X 的离差. $X-E(X)$ 当然也是一个随机变量,它的可能取值有正有负,也可能为零,而且它的数学期望等于零,因此不能用离差的数学期望衡量随机变量 X 对数学期望 $E(X)$ 的离散程度.为了消除离差 $X-E(X)$ 可能取值正负号的影响,采用离差平方 $(X-E(X))^2$ 的数学期望衡量随机变量 X 对数学期望 $E(X)$ 的离散程度.

定义 3 设 X 是随机变量,如果 $E\{[X-E(X)]^2\}$ 存在,则称其为 X 的方差,记为 $D(X)$ 或 $\mathrm{Var}(X)$,即

$$D(X) = E\{[X-E(X)]^2\},$$

并称 $\sqrt{D(X)}$ 为 X 的标准差或均方差.

对于离散型随机变量 X,若其概率分布为 $P\{X=x_k\}=p_k(k=1,2,\cdots)$,则有

$$D(X) = E\{[X-E(X)]^2\} = \sum_{i=1}^{\infty} (x_i - E(X))^2 p_i.$$

对连续型随机变量 X,若其概率密度为 $f(x)$,则有

$$D(X) = E(X-E(X))^2 = \int_{-\infty}^{+\infty} (x-E(X))^2 f(x)\mathrm{d}x.$$

注意:任何一个连续型随机变量 X 的数学期望 $E(X)$、方差 $D(X)$ 都不再是随机变量,而是某个确定的常量;一般情况下,$E(X^2) \neq (E(X))^2$.

使用期望的性质,我们能得到一个计算方差的重要公式,即 $D(X) = E(X^2) - [E(X)]^2$,这是因为

$$D(X) = E\{[X-E(X)]^2\} = E\{X^2 - 2XE(X) + E^2(X)\}$$

$$= E(X^2) - 2E(X)E(X) + E^2(X) = E(X^2) - E^2(X).$$

注意:方差是考查随机变量取值分散程度的一个指标.方差越小,说明随机变量取值越集中在均值附近;方差越大,说明随机变量取值离均值越远.

例 5 设随机变量 X 的概率分布为

$$P\{X=0\}=\frac{7}{24}, P\{X=1\}=\frac{21}{40}, P\{X=2\}=\frac{7}{40}, P\{X=3\}=\frac{1}{120},$$

求 $D(X)$.

解 $E(X)=0\times\frac{7}{24}+1\times\frac{21}{40}+2\times\frac{7}{40}+3\times\frac{1}{120}=0.9.$

故由离散型随机变量的方差定义,得

$$D(X)=E\{[X-E(X)]^2\}=\sum_{i=0}^{3}(x_i-E(X))^2 p_i$$

$$=(0-0.9)^2\times\frac{7}{24}+(1-0.9)^2\times\frac{21}{40}$$

$$+(2-0.9)^2\times\frac{7}{40}+(3-0.9)^2\times\frac{1}{120}$$

$$=0.49$$

例 6 已知连续型随机变量 X 的密度函数为

$$f(x)=\begin{cases}1+x, & -1\leqslant x\leqslant 0,\\ 1-x, & 0<x\leqslant 1,\\ 0, & \text{其他}.\end{cases}$$

求:(1) 数学期望 $E(X)$;(2) 方差 $D(X)$.

解 (1) 数学期望

$$E(X)=\int_{-\infty}^{+\infty}xf(x)\mathrm{d}x=\int_{-1}^{0}x(1+x)\mathrm{d}x+\int_{0}^{1}x(1-x)\mathrm{d}x$$

$$=\int_{-1}^{0}(x+x^2)\mathrm{d}x+\int_{0}^{1}(x-x^2)\mathrm{d}x$$

$$=\left(\frac{1}{2}x^2+\frac{1}{3}x^3\right)\Big|_{-1}^{0}+\left(\frac{1}{2}x^2-\frac{1}{3}x^3\right)\Big|_{0}^{1}=-\frac{1}{6}+\frac{1}{6}=0.$$

(2) 首先计算数学期望

$$E(X^2)=\int_{-\infty}^{+\infty}x^2 f(x)\mathrm{d}x=\int_{-1}^{0}x^2(1+x)\mathrm{d}x+\int_{0}^{1}x^2(1-x)\mathrm{d}x$$

$$=\int_{-1}^{0}(x^2+x^3)\mathrm{d}x+\int_{0}^{1}(x^2-x^3)\mathrm{d}x$$

$$= \left(\frac{1}{3} x^3 + \frac{1}{4} x^4 \right) \Big|_{-1}^{0} + \left(\frac{1}{3} x^3 - \frac{1}{4} x^4 \right) \Big|_{0}^{1}$$

$$= \frac{1}{12} + \frac{1}{12} = \frac{1}{6},$$

所以方差

$$D(X) = E(X^2) - (E(X))^2 = \frac{1}{6} - 0^2 = \frac{1}{6}.$$

现在来说明一下方差的几个重要性质:

(1) $D(C) = 0$(C 是常数).

(2) $D(CX) = C^2 D(X)$(C 是常数).

(3) $D(X + C) = D(X)$(C 是常数).

(4) $D(X + Y) = D(X) + D(Y) - 2E[(X - E(X))(Y - E(Y))]$;

特别地,若相互独立,则有

$$D(X + Y) = D(X) + D(Y).$$

(5) $D(X) = 0$ 的充分必要条件是 X 以概率 1 取常数 C,即

$$P\{X = C\} = 1.$$

最后来介绍几种重要随机变量的期望及方差.

1. 0 − 1 分布

设 X 服从参数为 p 的两点分布,即 $P\{X = 1\} = p, P\{X = 0\} = 1 - p (0 < p < 1)$,则

$$E(X) = 1 \times p + 0 \times (1 - p) = p,$$

$$D(X) = (1 - p)^2 \times p + (-p)^2 \times (1 - p) = p(1 - p).$$

2. 二项分布

设 $X \sim B(n, p)$,其概率分布为

$$P\{X = k\} = \binom{n}{k} p^k (1 - p)^{n-k}, k = 0, 1, 2, \cdots, n, 0 < p < 1.$$

则

$$E(X) = \sum_{k=0}^{n} k \binom{n}{k} p^k (1 - p)^{n-k} = \sum_{k=1}^{n} \frac{n!}{(k-1)!\,(n-k)!} p^k (1 - p)^{n-k}$$

$$= np \sum_{k=1}^{n} \binom{n-1}{k-1} p^{k-1} (1-p)^{(n-1)-(k-1)}.$$

令 $m = k - 1$，则

$$\sum_{k=1}^{n} \binom{n-1}{k-1} p^{k-1} (1-p)^{(n-1)-(k-1)}$$

$$= \sum_{m=1}^{n} \binom{n-1}{m} p^{m} (1-p)^{n-1-m} = [p + (1-p)]^{n-1} = 1.$$

故

$$E(X) = np ; D(X) = np(1-p).$$

3. 泊松分布

设随机变量 $X \sim P(\lambda)$，其概率分布为 $P(X=k) = \dfrac{\lambda^k}{k!} \mathrm{e}^{-\lambda} (k=0,1,2,\cdots)$. 则

$$E(X) = \sum_{k=0}^{\infty} k \cdot \frac{\lambda^k}{k!} \mathrm{e}^{-\lambda} = \lambda \mathrm{e}^{-\lambda} \sum_{k=1}^{\infty} \frac{\lambda^{k-1}}{(k-1)!} ,$$

令 $m = k - 1$，则

$$\sum_{k=1}^{\infty} \frac{\lambda^{k-1}}{(k-1)!} = \sum_{m=0}^{\infty} \frac{\lambda^m}{m!} = \mathrm{e}^{\lambda} ,$$

从而有 $E(X) = \lambda, D(X) = \lambda$.

4. 均匀分布

设 $X \sim U(a,b)$，其概率分布为

$$f(x) = \begin{cases} \dfrac{1}{b-a}, & a < x < b, \\ 0, & \text{其他}. \end{cases}$$

则

$$E(X) = \int_{-\infty}^{+\infty} x f(x) \mathrm{d}x = \int_{a}^{b} \frac{x}{b-a} \mathrm{d}x = \frac{a+b}{2} ,$$

$$D(X) = \frac{(b-a)^2}{12} .$$

5. 正态分布

设 $X \sim N(\mu, \sigma^2)$，其概率分布为 $f(x) = \dfrac{1}{\sqrt{2\pi}\,\sigma} \mathrm{e}^{-\frac{(x-\mu)^2}{2\sigma^2}}$ $(-\infty < x < +\infty)$，则

$$E(X)=\mu,D(X)=\sigma^2.$$

6. 指数分布

设 $X \sim E(\lambda)$,其概率分布为

$$f(x)=\begin{cases} \lambda e^{-\lambda x}, & x>0, \\ 0, & x \leqslant 0, \end{cases} \quad (\lambda>0)$$

则

$$E(X)=\frac{1}{\lambda},D(X)=\frac{1}{\lambda^2}.$$

习 题 四

1. 某菜市场零售某种蔬菜,进货后第一天售出的概率为 0.7,每 500g 售价为 10 元;进货后第二天售出的概率为 0.2,每 500g 售价为 8 元;进货后第三天售出的概率为 0.1,每 500g 售价为 4 元. 求任取 500g 蔬菜售价 X 的数学期望 $E(X)$ 与方差 $D(X)$.

2. 某车间只有 5 台同型号机床,每台机床开动时所消耗的电功率皆为 15 单位,每台机床开动的概率皆为 $\frac{2}{3}$,且各台机床开动与否是相互独立的. 求:

(1) 这个车间消耗电功率恰好为 60 单位的概率;

(2) 这个车间消耗电功率至多为 30 单位的概率;

(3) 开动机床台数的均值;

(4) 开动机床台数的标准差.

3. 某商品计价以元为单位,并将小数部分经四舍五入归为整数,所产生的误差 X 元是一个连续型随机变量,它服从区间 $(-0.5,0.5]$ 上的均匀分布. 求:

(1) 误差的绝对值小于 0.2 的概率;

(2) 误差的均值.

4. 一辆飞机场的交通车,送 25 名乘客到 9 个站,假设每一位乘客都等可能的在任一站下车,并且他们下车与否相互独立,又知,交通车只在下车时才停,求该交通车停车次数的数学期望.

5. 根据水情资料,某地汛期出现平水水情的概率为 0.7,出现高水水情的概率为 0.2,出现洪水水情的概率为 0.1,位于江边的某工地对其大型施工设备拟定三个处置方案:

(1) 运走,需支付运费 20 万元;

(2) 修堤坝保护,需支付 8 万元修坝费;

(3) 不做任何防范,不需支付任何费用.

若采用方案(1),那么出现任何水清都不会遭受损失;若采用方案(2),则仅当发生洪水时,因堤坝冲垮损失 600 万元的设备;若采用方案(3),那么当出现平水时不遭受损失,发生

高水水位时损失部分设备而损失 600 万元,发生洪水时损失 600 万元. 根据上述条件,选择最佳方案.

6. 已知随机变量 X 的数学期望 $E(X) = -2$,方差 $D(X) = 5$,求:(1) 数学期望 $E(5X-2)$;(2) 方差 $D(-2X+5)$.

7. 设连续型随机变量 X 的概率密度为

$$\varphi(x) = \begin{cases} kx^{\alpha}, & 0 < x < 1, \\ 0, & \text{其他} \, . \end{cases} \quad (k > 0, \alpha > 0)$$

已知数学期望 $E(X) = \dfrac{4}{5}$,求常数 k 与 α 的值.

8. 已知连续型随机变量 X 的概率密度为

$$\varphi(x) = \begin{cases} 3x^2, & 0 \leqslant x \leqslant 1, \\ 0, & \text{其他} \, . \end{cases}$$

求:(1) 数学期望 $E(X)$;(2) 方差 $D(X)$.

第八章　数理统计初步

前几章我们介绍了概率论的基本内容,随后的几章将介绍数理统计.数理统计是具有广泛应用的数学分支,它以概率论为理论基础,根据试验或观察得到的数据来研究随机现象,对研究对象的客观规律性作出种种合理的估计和判断.

数理统计的内容很丰富,我们只介绍参数估计、假设检验、回归分析的部分内容.

第一节　数理统计的基本概念

一、抽样方法

在使用随机变量描述随机现象时,最好知道随机变量的分布函数,至少也要知道它的数字特征,如期望和方差.怎样才能知道随机变量的分布函数或者数字特征,一种很重要也是很常用的方法就是随机抽样法.

先举一个例子,说明随机抽样的方法.假如有一批产品,共 100 箱,每箱 20 件,从中选择 200 个样品.一般有以下几种抽样方法:

(1) 从整体中,任意抽取 200 件;

(2) 从整批中,先分成 10 组,每组 10 箱,然后分别从各组中任取 20 件;

(3) 从整批中,分别从每箱中任意抽取 2 件;

(4) 从整批中,任意抽取 10 箱,对这 10 箱进行全面检测.

上述四种方法,分别称为单纯随机抽样、系统抽样、分层抽样、密集群抽样.在公路工程质量检验中一般采用单纯随机抽样、系统抽样和分层抽样这三种抽样方法.

二、总体与样本

总体是指与所研究的问题有关的对象(个体)的全体所构成的集合.例如,要研究某大学学生的学习情况,则该校的全体学生构成问题的总体,而每个学生则是该总体中的一个个体.总体随所研究的范围而定,如在上例中,若研究全国大学生的学习成绩,则总体就大多了,它包含全国所有在校的大学生.总体如何确定取决于研究目的,也受人力、物力、时间等因素的限制.然而研究对象并非是现象所涉及的人和物,而是现象的数量特征或统计指标,因此可以直接定义总体就是研究对象的统计指标,个体就是统计指标的特定观察.

总体中所含个体的数量称为总体容量.一个总体根据其包括个体的数目可以分为有

限总体和无限总体. 如果组成总体的个体其数目有限,则称为有限总体. 如果组成总体的个体其数目无限,则称为无限总体. 例如,在进行科学试验时,每一次试验结果可以看做是组成总体的一个个体,而试验是可以反复不断地进行下去,于是这些试验结果就组成了一个无限总体.

样本是按一定的规定从总体中抽出的一部分个体. 所谓"按一定规定",就是指总体中的每个个体有同等被抽出的机会. 例如,现在检验一批沥青是否符合工程的要求,一批沥青有10000桶,抽查了200个试样做试验,则这200个试样就是样本,其数量是有限的,所以是有限总体. 在总体中抽取样本的过程称之为抽样,抽取规定称之为抽样方案.

如果用ω表示个体,用$\Omega=\{\omega\}$表示所有个体ω的集合,用$X=X(\omega),\omega\in\Omega$表示个体$\omega$的数量指标,那么$X$就是一个具有确切分布的随机变量. 为方便起见,通常称随机变量X为总体,这样就把总体和表示它的随机变量等同起来. 总体中的每一个个体是随机试验的一个观察值,因此它是某一随机变量X的值,这样,一个总体对应于一个随机变量X. 我们对总体的研究就是对一个随机变量X的研究,X的分布函数和数字特征就称为总体的分布函数和数字特征. 将不区分总体与相应的随机变量,统称为总体X.

在实际中,总体的分布一向是未知的,或只知道它具有某种形式、其中包含着未知参数. 在数理统计中,通过从总体中抽取一部分个体,根据获得的数据来对总体分布得出推断的.

既然是从局部推断整体,当然要求抽样取到的个体能较好地代表总体. 为了做到这一点,抽样应该是随机的,使得每个个体被抽到的机会是等同的,也应该使得每抽到一个个体时总体的分布是不变的,这样的抽样称为简单随机抽样,以后所讨论的抽样都是简单随机抽样. 容易看出,放回随机抽样是简单随机抽样. 在抽取个体数量相对于所有个体数量很小的情况下,即使是不放回随机抽样,也近似为简单随机抽样.

定义1 设X是具有分布函数F的随机变量,若$X_1,X_2,\cdots,X_n$是具有同一分布函数F且相互独立的变量,则称$X_1,X_2,\cdots,X_n$为从分布函数F(或总体F或总体X)得到的容量为n的简单随机样本,简称样本,它们的观察值$x_1,x_2,\cdots,x_n$称为样本值,又称为X的n个独立的观察值.

样本是统计推断的依据,在应用时,往往不是直接使用样本,而是对不同的问题构造样本的适当函数,其中不应含总体分布的未知参数,利用这些样本的函数统计推断.

三、统计量

定义2 设$X_1,X_2,\cdots,X_n$是来自总体X的一个样本,$g(X_1,X_2,\cdots,X_n)$是$X_1,X_2,\cdots,X_n$的函数,若g是连续函数且g中不含总体分布中的未知参数,则称$g(X_1,X_2,\cdots,X_n)$是统计量.

因为$X_1,X_2,\cdots,X_n$都是随机变量,而统计量$g(X_1,X_2,\cdots,X_n)$是随机变量的函数,因此统计量是一个随机变量. 设$x_1,x_2,\cdots,x_n$是相应于样本$X_1,X_2,\cdots,X_n$的样本值,则称$g(x_1,x_2,\cdots,x_n)$是$g(X_1,X_2,\cdots,X_n)$的观察值.

常用统计量分为两类:一是描述数据分布的中心位置;二是描述数据分布的分散程度.

这两类统计量提供了总体分布的相应信息. 下面给出几个常用的统计量,设 $X_1, X_2, \cdots, X_n$ 是来自总体 X 的一个样本, $x_1, x_2, \cdots, x_n$ 是这一样本的观察值.

样本平均值

$$\overline{X} = \frac{1}{n} \sum_{i=1}^{n} X_i,$$

样本方差

$$S^2 = \frac{1}{n-1} \sum_{i=1}^{n} (X_i - \overline{X})^2 = \frac{1}{n-1} \left(\sum_{i=1}^{n} X_i^2 - n\overline{X}^2 \right).$$

样本均值可以描述数据的中心位置;而样本方差则用来刻画数据的分散程度, S^2 越大,分散程度越高.

样本标准差

$$S = \sqrt{S^2} = \sqrt{\frac{1}{n-1} \sum_{i=1}^{n} (X_i - \overline{X})^2},$$

样本 k 阶原点矩

$$A_k = \frac{1}{n} \sum_{i=1}^{n} X_i^k, \quad k = 1, 2, \cdots,$$

样本 k 阶中心矩

$$B_k = \frac{1}{n} \sum_{i=1}^{n} (X_i - \overline{X})^k, \quad k = 2, 3, \cdots,$$

它们的观察值分别为

$$\overline{x} = \frac{1}{n} \sum_{i=1}^{n} x_i,$$

$$s^2 = \frac{1}{n-1} \sum_{i=1}^{n} (x_i - \overline{x})^2 = \frac{1}{n-1} \left(\sum_{i=1}^{n} x_i^2 - n\overline{x}^2 \right),$$

$$s = \sqrt{\frac{1}{n-1} \sum_{i=1}^{n} (x_i - \overline{x})^2},$$

$$a_k = \frac{1}{n} \sum_{i=1}^{n} x_i^k, \quad k = 1, 2, \cdots,$$

$$b_k = \frac{1}{n} \sum_{i=1}^{n} (x_i - \overline{x})^k, \quad k = 1, 2, 3, \cdots.$$

这些观察值分别称为样本均值、样本方差、样本标准差、样本 k 阶原点矩以及样本 k 阶中心矩.

引进统计量的目的就是为了将杂乱无章的样本值整理成便于对所研究问题进行统计推断、分析的形式,因此统计量可以看做是对样本的一种"加工",把样本中所含的(某一方面的)信息集中起来,上述 $\overline{X}$ 用于估计未知的 μ. 可以这样看:原始数据 $X_1, X_2, \cdots, X_n$ 中的每一个都包含有若干信息,但这些是杂乱无章的,一经集中到 $\overline{X}$ 就有了更明确的概念. 当然,选择的统计量应较好地集中样本中所含的关于所研究问题的信息,而不过多的丢失有用的信息. 这里有一个问题需要注意,我们说统计量本身虽然不含未知参数,但是它的分布却可能含有参数,在后面的内容中将进行介绍.

四、抽样分布

统计量是个随机变量,如何求得它的分布呢? 统计量是总体 X 的样本 $X_1, X_2, \cdots, X_n$ 这 n 个随机变量的函数. 一般,如果总体 X 的分布已知,注意到 $X_1, X_2, \cdots, X_n$ 和 X 有相同的分布,则统计量的分布可以求得.

统计量的分布称为抽样分布. 确定抽样分布是数理统计中的一个基本问题,但需指出,确定抽样分布一般并不容易. 然而,对一些重要的特殊情况,如正态总体,已经有了许多关于抽样分布的结论. 关于正态总体 X 的样本 $X_1, X_2, \cdots, X_n$ 的统计量的分布称之为关于正态总体的抽样分布. 下面介绍几种常用的分布.

1. χ^2 分布

设 $X_1, X_2, \cdots, X_n$ 是 n 个相互独立的随机变量,并且都服从标准正态分布:$X_i \sim N(0, 1)(i=1, 2, \cdots, n)$,称随机变量

$$\chi^2 = X_1{}^2 + X_2{}^2 + \cdots + X_n{}^2 \tag{8-1}$$

的分布为自由度为 n 的 χ^2 分布,记为 $\chi^2 \sim \chi^2(n)$.

此处自由度为(8-1)式右端的独立随机变量的个数.

$\chi^2(n)$ 分布的概率密度为

$$f(y) = \begin{cases} \dfrac{1}{2^{\frac{n}{2}} \Gamma\left(\dfrac{n}{2}\right)} y^{\frac{n}{2}-1} \mathrm{e}^{-\frac{y}{2}}, & y > 0, \\ 0, & \text{其他}. \end{cases} \tag{8-2}$$

在(8-2)式中,$\Gamma\left(\dfrac{n}{2}\right)$ 是函数 $\Gamma(x)$ 在 $\dfrac{n}{2}$ 的函数值. 函数 $\Gamma(x)$ 不是初等函数,称为特殊函数,有着广泛的用途,它的定义为

$$\Gamma(x) = \int_0^{+\infty} \mathrm{e}^{-t} t^{x-1} \mathrm{d}t \,(x > 0). \tag{8-3}$$

Γ 函数的数值已制成表,可供使用时查阅. 常用的有 $\Gamma(1)=1$;$\Gamma(n)=(n-1)!$,其中 n 为正整数;$\Gamma\left(\dfrac{1}{2}\right) = \sqrt{\pi}$.

服从 χ^2 分布的随机变量 χ^2 的概率密度 $f(y)$ 的图形与自由度 n 的值有关,图8-1画出

了取不同值时的图形.

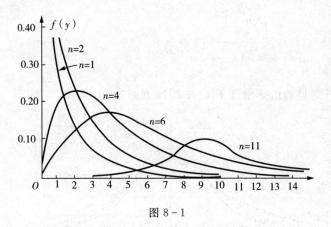

图 8-1

与标准正态分布的上侧分位数 u_α 相类似, χ^2 分布也有上侧分位数. 设 $\chi^2 \sim \chi^2(n)$, $f(y)$ 是概率密度函数, 对于给定的数 $\alpha : 0 < \alpha < 1$, 称满足条件

$$P(\chi^2 > \chi_\alpha^2(n)) = \int_{\chi_\alpha^2(n)}^\infty f(y)\mathrm{d}y = \alpha \qquad (8-4)$$

的数 $\chi_\alpha^2(n)$ 是自由度为 n 的 χ^2 分布的上侧分位数, 几何意义见图 8-2.

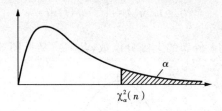

图 8-2

上侧分位数 $\chi_\alpha^2(n)$ 不仅与 α 有关, 也与自由度 n 有关. 对于不同的 α 和 n, 上侧分位数 $\chi_\alpha^2(n)$ 的值已制成表格, 见附表 4.

当 $n > 45$ 时,

$$\chi_\alpha^2(n) \approx \frac{1}{2}(u_\alpha + \sqrt{2n-1})^2,$$

其中, u_α 是标准正态分布的上侧分位数.

2. t 分布

设 X, Y 是两个相互独立的随机变量, 并且 $X \sim N(0,1)$, $Y \sim \chi^2(n)$, 则称随机变量

$$t = \frac{X}{\sqrt{\dfrac{Y}{n}}} \qquad (8-5)$$

服从自由度为 n 的 t 分布, 记为 $t \sim t(n)$.

$t(n)$ 分布的密度函数为

$$f(t) = \frac{\Gamma(\frac{n+1}{2})}{\sqrt{n\pi}\,\Gamma(\frac{n}{2})}(1+\frac{t^2}{n})^{-\frac{n+1}{2}} \quad (-\infty < t < +\infty),\qquad (8-6)$$

服从 t 分布的随机变量的概率密度 $f(t)$ 的图形如图 8-3 所示.

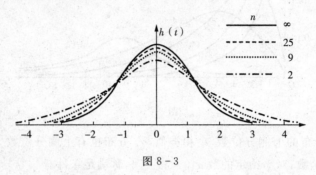

图 8-3

图中画出了 n 取不同值时的图形,这些图形都是关于 y 轴对称,并且与标准正态分布的概率密度函数 $\varphi(x)$ 的图形类似,随着 n 的增大,与 $\varphi(x)$ 的图形越接近.

设 $t \sim t(n)$,$f(t)$ 是概率密度函数,对于给定的数 $\alpha:0 < \alpha < 1$,称满足条件

$$P(t > t_\alpha(n)) = \int_{t_\alpha(n)}^{\infty} f(t)\mathrm{d}t = \alpha \qquad (8-7)$$

的数 $t_\alpha(n)$ 是自由度为 n 的 t 分布的上侧分位数,几何意义见图 8-4.

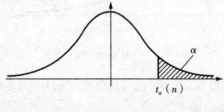

图 8-4

对于给定的 α 和 n,$t_\alpha(n)$ 的值可以由附表 3 查到. 在 $n > 45$ 时,用标准正态的上侧分位数近似:$t_\alpha(n) \approx u_\alpha$. 此外,由 $f(t)$ 的图形关于 y 轴对称得到

$$t_{1-\alpha}(n) = -t_\alpha(n),\qquad (8-8)$$

所以附表 3 中对接近于 0 的 α 值给出了的值 $t_\alpha(n)$,对于接近于 1 的值时的 $t_\alpha(n)$ 值可由(8-8)算出.

五、关于正态总体的抽样分布

设总体 X(不管服从什么分布,只要均值和方差存在)的均值为 μ,方差为 σ^2,X_1,X_2,$\cdots,X_n$ 是正态总体 X 的一个样本,n 是样本容量,$\overline{X}$ 为样本均值,S^2 为样本方差,则总有

$$E(\overline{X}) = \mu, D(\overline{X}) = \frac{\sigma^2}{n}.$$

进而设 $X \sim N(\mu, \sigma^2)$，由前面所学的知识知道：$\overline{X} = \frac{1}{n} \sum_{i=1}^{n} X_i$ 也服从正态分布，于是对于正态总体 X 有

$$\overline{X} \sim N(\mu, \frac{\sigma^2}{n}).$$

对于正态总体 $N(\mu, \sigma^2)$ 的样本方差 S^2，有如下定理．

定理 1 设 $X_1, X_2, \cdots, X_n$ 是正态总体 $N(\mu, \sigma^2)$ 的一个样本，$\overline{X}$ 为样本均值，S^2 为样本方差，则有

(1) $\overline{X} \sim N(\mu, \frac{\sigma^2}{n})$；

(2) $\overline{X}$ 与 S^2 独立；

(3) $\frac{(n-1)S^2}{\sigma^2} \sim \chi^2(n-1)$.

通常 S^2 可用于总体方差 σ^2 的估计，它与 $S, \overline{X}$ 构成最常用的统计量．由定理 1 的结论 (1) 可知：样本均值 $\overline{X}$ 有很好的性质，它的分布以总体均值 μ 为对称中心，但分散程度是总体的 $\frac{1}{n}$，也就是说，如以 $\overline{X}$ 作 μ 的估计，其估计精度要比用单个样本 X_1 作估计要高 n 倍．结论 (2) 表明：在正态总体情形下，S^2 与 $\overline{X}$ 两个重要统计量是相互独立的．结论 (3) 表明，对正态总体来说，总体方差的估计 S^2 经过适当的变换后，其分布为 $\chi^2(n-1)$，这对总体方差的统计推断是重要的．

定理 2 设 $X_1, X_2, \cdots, X_n$ 是正态总体 $X \sim N(\mu, \sigma^2)$ 的样本，$\overline{X}$ 为样本均值，S^2 为样本方差，则有

$$\frac{\overline{X} - \mu}{\sqrt{\frac{S^2}{n}}} \sim t(n-1).$$

第二节 可疑数据的取舍方法

对于任何一种产品，不可能也没有必要要求每件产品的质量完全一样．同样，对于公路工程中所有材料的质量或者构造物的修建质量，也不可能丝毫不差的．例如，在水泥混凝土路面施工中，同一批混凝土的质量特征是参差不齐的，但只要这些数据以一定的概率落在规定的范围之内，就可以认为这批混凝土是合格产品．又如，在路基施工中，对某段路基测得几组压实度数据有一定的偏差，但只要这些数据均不低于所要求的压实度，则认为是合格的．

我们在检测产品是否合格的过程当中，就要采集各种必要的数据，这些数据往往并非一目了然．例如，在新修建好的路基上进行弯沉测定，所测得的弯沉数据往往是参差不齐的，这就要我们从大量的数据中去粗取精，去伪存真，对数据进行科学的整理和分析，尽可能充分和正确地从中提取有用的结果．因此，所谓数据，就是只能客观地反映事实的资料和数字．由于质量的波动，必然引起质量检测数据的参差不齐，有时会出现一些明显过大或过小的数据，我们称这些数据为可疑数据．如果有可疑数据混入整个检测质量数据之中，将可能导致对检测结果的分析判断出完全不同的结论，因此，在进行数据分析之前，必须对这些可疑数据作甄别，或将其从整个数据中剔除．甄别可疑数据的准则如下．

一、3σ 准则

如果检验质量数据的总体服从正态分布，由 3σ 原则可知，对于每个质量数据落在区间 $(\mu-3\sigma,\mu+3\sigma)$ 内的概率为 99.73%，而落在这个区间外面的概率为 0.27%，即 1000 次测量中只可能出现 3 次．因此，在有限的测量中发生这种情况的可能性是很小的，而一旦有这样的数据出现，则可认为它是可疑数据，应予以剔除．

判断方法如下：

设 $x_1,x_2,\cdots,x_k,\cdots,x_n$ 是从总体中抽取的样本，其中 x_k 为过大或者过小值．

(1) 计算数据的平均值 $\bar{x}$，如总体标准差 σ 未知时，同时求出样本标准差 s；

(2) 计算 $|x_k-\bar{x}|$，如果

$$|x_k-\bar{x}|>3\sigma \quad (\sigma \text{ 未知时以 } s \text{ 估计 } \sigma),$$

则将 x_k 剔除，否则保留．

3σ 准则应用比较广泛，我国有关混凝土试验过程中对混凝土一组 3 块试件抗压强度值的取舍原则就是按 3σ 准则制定的．混凝土试件的抗压强度值按以下原则取舍：当 3 块试件抗压强度最大值或最小值与 3 块试件的中间值之差超过中间值时，将该最大值或最小值予以剔除，并以中间值作为该组试件的抗压强度代表值．

二、肖维勒准则

设 $x_1,x_2,\cdots,x_i,\cdots,x_n$ 是从总体中抽取的样本．

判断方法如下：

(1) 计算数据的平均值 $\bar{x}$，如总体标准差 σ 未知时，同时求出样本标准差 s；

(2) 对每个样本值 x_i，计算 $|x_i-\bar{x}|$，如果

$$|x_i-\bar{x}|>k_n\sigma \quad (\sigma \text{ 未知时，以 } s \text{ 估计 } \sigma),$$

则将 x_i 剔除，否则保留．上式中 k_n 是与样本容量 n 有关的系数，可查表 8-1．

表 8-1

n	k_n	n	k_n	n	k_n
5	1.65	19	2.22	50	2.58
6	1.73	20	2.24	60	2.64
7	1.79	21	2.26	70	2.69
8	1.80	22	2.28	80	2.73
9	1.92	23	2.30	90	2.78
10	1.96	24	2.31	100	2.81
11	2.00	25	2.33	150	2.93
12	2.04	26	2.34	185	3.00
13	2.07	27	2.35	200	3.02
14	2.10	28	2.37	250	3.11
15	2.13	29	2.38	500	3.29
16	2.16	30	2.39	1000	3.48
17	2.18	35	2.45	2000	3.66
18	2.20	40	2.50	5000	3.89

三、拉格布斯准则

设 $x_1, x_2, \cdots, x_i, \cdots, x_n$ 是从总体中抽取的样本.

判断方法如下:

(1) 计算数据的平均值 $\bar{x}$,如总体标准差 σ 未知时,同时求出样本标准差 s;

(2) 对每个样本值 x_i,计算 $|x_i - \bar{x}|$,如果

$$|x_i - \bar{x}| > g_0(\alpha, n)\sigma \quad (\sigma \text{ 未知时,以 } s \text{ 估计 } \sigma),$$

则将 x_i 剔除,否则保留.

上式中 $g_0(\alpha, n)$ 是与样本容量 n 及给定的检验水平 α(即把不是可疑的数据错判为可疑数据而被剔除的概率)有关的系数,α 通常取 0.01 和 0.05,$g_0(\alpha, n)$ 的值参见表 8-2.

表 8-2

α n	0.01	0.05	α n	0.01	0.05	α n	0.01	0.05
3	1.15	1.15	12	2.55	2.28	21	2.91	2.58
4	1.49	1.46	13	2.61	2.33	22	2.94	2.60

$\frac{\alpha}{n}$	0.01	0.05	$\frac{\alpha}{n}$	0.01	0.05	$\frac{\alpha}{n}$	0.01	0.05
5	1.75	1.67	14	2.66	2.37	23	2.96	2.62
6	1.94	1.82	15	2.70	2.41	24	2.99	2.64
7	2.10	1.94	16	2.75	2.44	25	3.01	2.66
8	2.22	2.03	17	2.78	2.48	30	3.10	2.74
9	2.32	2.11	18	2.82	2.50	35	3.18	2.81
10	2.41	2.18	19	2.85	2.53	40	3.24	2.87
11	2.48	2.23	20	2.88	2.56	50	3.34	2.99

应用上述三种判断准则时应注意以下几点：

(1)剔除可疑数据时，首先应对样本观测值中的最小值和最大值进行判断，因为这两个值有可能是可疑数据；

(2)可疑数据每次只能剔除一个，然后按剩下的样本观测值重新计算，再做第二次判断，如此逐个地剔除，直到所剩下的值不再是可疑数据为止，不允许一次同时剔除多个样本观测值；

(3)采用不同准则对可疑数据进行判断时，可能会出现不同的结论，此时要对所选用准则的适用范围、给定的检验水平的合理性，以及产生可疑数据的原因等作进一步的分析.

例 1 对一盘混凝土，取 15 个试件进行抗压试验，测试结果如下（单位：MPa）

31.2　33.1　30.5　31.0　32.3　31.2　29.4　24.0

30.4　33.0　32.2　31.0　28.6　29.2　30.3

试判断这些数据中是否混有可疑数据？

解　分别用不同准则进行判断，以作比较

(1)3σ 准则

由测试结果可知：

$$n=15, x_{\max}=33.1, x_{\min}=24.0,$$

首先，怀疑最小值 24.0，对数据进行统计计算，得 $\bar{x}=30.49, s=2.23, 3s=6.69$，

$$|24.0-30.49|=6.49<6.69,$$

说明此值在 $3s$ 内，不应剔除.

其次，怀疑最大值 33.1，同上计算，得

$$|33.1-30.49|=2.61<6.69,$$

故 33.1 应保留，全部数据中均无须剔除.

（2）肖维勒准则

由 $n=15$，查表 8-1 得 $k_x=2.13$，并计算出：$\bar{x}=30.49$，$s=2.23$，

$$k_x s=2.13\times 2.23=4.75.$$

首先，怀疑最小值 24.0，由于

$$|24.0-30.49|=6.49>4.75,$$

故认为特异数据 24.0 应剔除．

对剩下的数据重新计算得 $\bar{x}'=30.96$，$s'=1.37$，由 $n=14$ 在表 8-1 中查出 $k_x=2.10$，并算出 $k_x s'=2.10\times 1.37=2.88$，再对最大值 33.1 和最小值 28.6 怀疑，因

$$|33.1-30.96|=2.14<2.88,$$

$$|28.6-30.96|=2.36<2.88,$$

所以认为 33.1 和 28.6 应保留，至此全部数据中已不含有可疑数据．

采用格拉布斯准则也可得出应剔除特异数据 24.0 而保留其他数据的结论．

由此例计算结果表明，3σ 准则相对于其他准则在特异数据取舍方面偏于保守．

第三节　参数估计

在许多实际问题中，总体 X 的分布函数的形式已知，但分布中有一个或多个未知参数，这时只要对参数作出推断即可确定总体的分布．如泊松分布完全由参数 λ 确定，正态分布完全由参数 μ 和 σ^2 确定．参数估计就是通过总体的样本构造和适当的统计量，对未知参数进行估计．参数估计分为点估计和区间估计．

一、参数的点估计

设总体 X 的分布函数为 $F(x,\theta)$ 形式已知，其中参数 θ 未知（可以是一个未知参数，也可以是多个未知参数），样本为 $X_1,X_2,\cdots,X_n$，对一个未知参数 θ 进行点估计，就是构造一个适当的统计量 $\hat{\theta}=(X_1,X_2,\cdots,X_n)$，用它的观察值 $\hat{\theta}=(x_1,x_2,\cdots,x_n)$ 估计 θ. 称 $\hat{\theta}=(X_1,X_2,\cdots,X_n)$ 为 θ 的估计量，$\hat{\theta}=(x_1,x_2,\cdots,x_n)$ 为 θ 的估计值，都简记为 $\hat{\theta}$. 主要介绍矩估计法．

矩估计法使用总体的矩和样本矩建立参数的估计量满足方程或方程组，首先介绍矩和样本矩的概念．

设随机变量 X，若 $E(X^k)(k=1,2,\cdots)$ 存在，则称它为 X 的 k 阶原点矩，简称为 k 阶矩，记为 μ_k，即

$$\mu_k=E(X^k)(k=1,2,\cdots),$$

设 X 的样本为 $X_1,X_2,\cdots,X_n$，记

$$A_k = \frac{1}{n}\sum_{i=1}^{n} X_i^k (k=1,2,\cdots),\qquad\qquad (8-9)$$

称 A_k 为 k 阶样本原点距,简称 k 阶样本矩.

很多分布的数学期望与方差都是分布中的参数或某个参数的函数,如泊松分布的数学期望和方差都是它的参数 λ;均匀分布的数学期望是 $\frac{a+b}{2}$,方差是 $\frac{(b-a)^2}{12}$,于是人们就设想可否令样本矩与总体矩相等,再利用总体矩与参数之间的关系,从而导出参数的一个点估计,这就是矩估计法.

矩估计法解题的主要步骤:

设总体分布已知,但含有 k 个未知数 $\theta_1,\theta_2,\cdots,\theta_k$,若总体 X 的前 k 阶矩都存在,则可令

$$E(X^r) = \frac{1}{n}\sum_{i=1}^{n} X_i^r (r=1,2,\cdots,k),$$

再利用总体 X 分布已知具体求出,显然它是未知参数 $\theta_1,\theta_2,\cdots,\theta_k$ 的函数,这样就得到含有 k 个未知数和 k 个方程的方程组,解方程组即得

$$\begin{cases} \hat{\theta}_1 = \hat{\theta}_1(X_1,X_2,\cdots,X_n), \\ \qquad\vdots \\ \qquad\vdots \\ \hat{\theta}_k = \hat{\theta}_k(X_1,X_2,\cdots,X_n). \end{cases}$$

这就是 $\theta_1,\theta_2,\cdots,\theta_k$ 的矩估计量.

例 1 设总体 X 在 $[a,b]$ 上服从均匀分布,a,b 未知,$X_1,X_2,\cdots,X_n$ 是来自 X 的样本.求 a,b 的估计量.

解 此分布中含有两个参数,令

$$\begin{cases} E(X) = \frac{1}{n}\sum_{i=1}^{n} X_i, \\ E(X^2) = \frac{1}{n}\sum_{i=1}^{n} X_i^2. \end{cases}$$

由于服从的是均匀分布,故

$$E(X) = \frac{a+b}{2},$$

$$E(X^2) = D(X) + [E(X)]^2 = \frac{(b-a)^2}{12} + \frac{(a+b)^2}{4},$$

即

$$\begin{cases} \dfrac{a+b}{2} = \dfrac{1}{n}\sum_{i=1}^{n} X_i, \\ \dfrac{(b-a)^2}{12} + \dfrac{(a+b)^2}{4} = \dfrac{1}{n}\sum_{i=1}^{n} X_i^2. \end{cases}$$

令 $A_1 = \dfrac{1}{n}\sum_{i=1}^{n} X_i, A_2 = \dfrac{1}{n}\sum_{i=1}^{n} X_i^2$,解方程组,得

$$\begin{cases} a = \overline{X} - \sqrt{\dfrac{3}{n}\sum_{i=1}^{n}(X_i - \overline{X})^2}, \\ b = \overline{X} + \sqrt{\dfrac{3}{n}\sum_{i=1}^{n}(X_i - \overline{X})^2}. \end{cases}$$

例2 用测距仪对某两点之间的距离进行 10 次测量,得测量值(单位:m)为
321.30;321.47;321.45;321.48;321.30;32145;321.53;321.15;321.50;321.40.
设测量值 $X \sim N(\mu, \sigma^2)$,其中 μ 是距离真值,σ 为测距仪的精度.

(1) 用矩估计方法估计 μ;

(2) 求 σ^2 的估计值.

解 (1)μ 是距离真值,而测量会有误差,故用样本一阶原点矩来代替真实值.

$$\overline{X} = \dfrac{1}{10} \times (321.30 + 321.47 + 321.45 + 321.48 + 321.30 + 321.45$$
$$+ 321.53 + 321.15 + 321.50 + 321.40) = 321.40$$

所以 μ 的估计值为:$\mu = 321.40$.

(2)σ^2 的估计值可用样本的二阶中心距来代替,即

$$B_2 = \dfrac{1}{10}\sum_{i=1}^{10}(X_i - \overline{X})^2 = \dfrac{1}{10}\big[(321.30 - 321.40)^2 + (321.47 - 321.40)^2$$
$$+ (321.45 - 321.40)^2 + \cdots + (321.40 - 321.40)^2\big] = 0.01257$$

所以 σ^2 的估计值为 0.01257.

二、估计量的评选标准

由于在总体 X 的参数中,最重要的是总体数学期望 $E(X)$ 与总体方差 $D(X)$,若它们未知,那么用什么统计量估计它们? 自然想到用样本均值 $\overline{X}$ 估计总体数学期望 $E(X)$,用样本方差 $S^2 = \dfrac{1}{n-1}\sum_{i=1}^{n}(X_i - \overline{X})^2 = \dfrac{1}{n-1}\Big(\sum_{i=1}^{n} X_i^2 - n\overline{X}^2\Big)$ 估计总体方差 $D(X)$,但总体数学期望 $E(X)$ 与总体方差 $D(X)$ 的估计量都不止一个,那么如何评价这些估计量的优劣? 评价

未知参数估计量的标准很多,其中常用的标准有无偏性、有效性和一致性.本节只对无偏性和有效性作简单介绍.

1. 无偏性

设 $X_1,X_2,\cdots,X_n$ 是总体 X 的一个样本,$\theta\in\Theta$ 是包含在总体 X 的分布中的待估参数,这里 Θ 是 θ 的取值范围.

若估计量 $\hat{\theta}=\hat{\theta}(X_1,X_2,\cdots,X_n)$ 的数学期望 $E(\hat{\theta})$ 存在,且对于任意 $\theta\in\Theta$ 有 $E(\hat{\theta})=\theta$,则称 $\hat{\theta}$ 是 θ 的无偏估计量.

定理 1 已知总体 X 存在数学期望 $E(X)$ 与方差 $D(X)$,若 $X_1,X_2,\cdots,X_n$ 是总体 X 的一个样本,则样本均值 $\overline{X}$ 的数学期望与方差分别为

$$E(\overline{X})=E(X),$$

$$E(S^2)=D(X),$$

其中 $S^2=\dfrac{1}{n-1}\sum_{i=1}^{n}(X_i-\overline{X})^2=\dfrac{1}{n-1}(\sum_{i=1}^{n}X_i{}^2-n\overline{X}^2)$.

证明略.

注意:该定理说明,样本均值 $\overline{X}$ 的取值比总体 X 的取值密集在总体数学期望 $E(X)$ 的附近,密集的程度与样本容量 n 的大小有关.若样本容量 n 较大,则密集程度较高;若样本容量 n 较小,则密集程度较低.

例 3 样本 X_1,X_2,X_3 来自总体 $N(\mu,\sigma^2)$,且 $Y=\dfrac{1}{3}X_1+\dfrac{1}{6}X_2+aX_3$ 为 μ 的无偏估计量,则 a 为多少?

分析:由于 $Y=\dfrac{1}{3}X_1+\dfrac{1}{6}X_2+aX_3$ 为 μ 的无偏估计量,于是

$$E(Y)=(\frac{1}{3}+\frac{1}{6}+a)\mu=\mu,$$

从而 $a=\dfrac{1}{2}$.

由此可见一个未知参数可以有不同的无偏估计量.事实上,在本例中,$X_1,X_2,\cdots,X_n$ 中的每一个都可以作为 θ 的无偏估计量.

由定理 1,有 $E(\overline{X})=E(X),E(S^2)=D(X)$,由无偏估计量的定义知,样本均值 $\overline{X}$ 是总体数学期望 $E(X)$ 的无偏估计量,样本方差 $S^2=\dfrac{1}{n-1}\sum_{i=1}^{n}(X_i-\overline{X})^2$ 是总体方差 $D(X)$ 的无偏估计量.

注意:一个参数的无偏估计量可能有无穷多个,例如只要 $\sum_{i=1}^{n}a_i=1$,则 $\sum_{i=1}^{n}a_iX_i$ 均为总体均值 μ 的无偏估计量.

2. 有效性

设 $\dot\theta_1 = \dot\theta_1(X_1, X_2, \cdots, X_n)$ 与 $\dot\theta_2 = \dot\theta_2(X_1, X_2, \cdots, X_n)$ 都是 θ 的无偏估计量,若对于任意 $\theta \in \Theta$,有

$$D(\dot\theta_1) \leqslant D(\dot\theta_2),$$

且至少对于某一个 $\theta \in \Theta$,上式中的不等号成立,则称 $\dot\theta_1$ 较 $\dot\theta_2$ 有效.

在引例中,$D(\dot\mu_1) = \frac{5}{3}\sigma^2$,$D(\dot\mu_2) = \frac{1}{2}\sigma^2$,$D(\dot\mu_3) = \frac{26}{36}\sigma^2$,从而易知 $\dot\mu_2$ 较 $\dot\mu_1$ 有效,$\dot\mu_2$ 较 $\dot\mu_3$ 有效,$\dot\mu_3$ 较 $\dot\mu_1$ 有效.

注意:(1)只有对无偏估计量,比较其有效性才有意义.

(2)在 μ 的所有线性无偏估计中,$\overline X$ 是最有效的估计量,实际上,$\overline X$ 是 μ 的有效估计量.

三、区间估计

对于一个未知量,人们在测量或计算时,常不以得到近似值为满足,还需估计误差,即要求知道近似值的精确程度(亦即所求真值所在的范围).类似地,对于未知参数 θ,除了求出它的点估计 $\dot\theta$ 外,我们还希望估计出一个范围,并希望知道这个范围包含参数 θ 真值的可信程度,这样的范围通常以区间的形式给出,同时还给出此区间包含参数 θ 真值的可信程度.这种形式的估计称为区间估计,这样的区间即所谓置信区间.

1. 置信区间和置信度

定义 1 设总体 X 的分布函数 $F(x, \theta)$ 含有一个未知参数 θ,对于给定值 $\alpha(0 < \alpha < 1)$,若由来自 X 的样本 $X_1, X_2, \cdots, X_n$ 确定的两个统计量 $\underline\theta = \underline\theta(X_1, X_2, \cdots, X_n)$ 和 $\overline\theta = \overline\theta(X_1, X_2, \cdots, X_n)(\underline\theta < \overline\theta)$,对于任意 $\theta \in \Theta$ 满足

$$P(\underline\theta < \theta < \overline\theta) = 1 - \alpha, \tag{8-10}$$

则称随机区间 $(\underline\theta, \overline\theta)$ 是 θ 的置信度为 $1 - \alpha$ 的双侧置信区间,简称为置信区间,$\underline\theta$ 和 $\overline\theta$ 分别称为置信水平为 $1 - \alpha$ 的双侧置信区间的置信下限和置信上限,$1 - \alpha$ 称为置信水平或置信度.

注意:(8-10)式是指 $(\underline\theta, \overline\theta)$ 包含 θ 的概率为 $1 - \alpha$,而不是 θ 落入 $(\underline\theta, \overline\theta)$ 的概率是 $1 - \alpha$,因为 $\underline\theta, \overline\theta$ 是随机变量,而 θ 不是随机变量.如果反复抽样多次,每次的样本容量都是 n,则每一次抽样得到的样本观察值 $x_1, x_2, \cdots, x_n$ 可确定一个区间 $(\underline\theta(x_1, x_2, \cdots, x_n), \overline\theta(x_1, x_2, \cdots, x_n))$,这个区间或者包含 θ 的真值在内,或不包含 θ 的真值在内.在多次抽样后得到的多个区间中,包含真值在内的区间数约占 $1 - \alpha$,不包含的约占 α.

对于未知参数 θ,我们给出了两个统计量 $\underline\theta, \overline\theta$,得到 θ 的双侧置信区间 $(\underline\theta, \overline\theta)$.但是在某些实际问题中,例如,对于水泥混凝土的抗压强度来说,平均抗压强度大是我们所希望的,我们关心的是平均抗压强度的下限;与之相反,在考虑产品的废品率 p 时,我们关心的是参数 p 的上限.这就引出了单侧置信区间的概念.

对于给定的 $\alpha(0 < \alpha < 1)$，若由样本 $X_1, X_2, \cdots, X_n$ 确定的统计量 $\underline{\theta} = \underline{\theta}(X_1, X_2, \cdots, X_n)$，满足

$$P\{\theta > \underline{\theta}\} = 1 - \alpha,$$

则称随机区间 $(\underline{\theta}, \infty)$ 是 θ 的置信度为 $1-\alpha$ 的单侧置信区间，称 $\underline{\theta}$ 为置信度为 $1-\alpha$ 的单侧置信下限.

又若统计量 $\overline{\theta} = \overline{\theta}(X_1, X_2, \cdots, X_n)$ 满足

$$P\{\theta < \overline{\theta}\} = 1 - \alpha,$$

则称随机区间 $(-\infty, \overline{\theta})$ 是 θ 的置信度为 $1-\alpha$ 的单侧置信区间，称 $\overline{\theta}$ 为置信度为 $1-\alpha$ 的单侧置信上限.

2. 单个正态总体期望的区间估计

考虑一个正态总体 $X \sim N(\mu, \sigma^2)$，$X_1, X_2, \cdots, X_n$ 是正态总体 X 的一个样本，n 为样本容量，$\overline{X}$ 为样本均值，S^2 为样本方差，置信度为 $1-\alpha(0 < \alpha < 1)$，对正态总体 X 的数学期望 μ 做区间估计，分下面两种情况讨论.

(1) 已知正态总体 X 的方差 $\sigma^2 = \sigma_0^2$，对 μ 进行区间估计

用 $\overline{X}$ 作为 μ 的点估计，由于 $\overline{X} \sim N\left(\mu, \dfrac{\sigma^2}{n}\right)$，从而 $\dfrac{\overline{X} - \mu}{\sqrt{\sigma^2/n}} \sim N(0,1)$，将该随机变量记为 U：

$$U = \frac{\overline{X} - \mu}{\sqrt{\sigma^2/n}} \sim N(0,1).$$

按照标准正态分布上侧分位数的定义，对给定的 $\alpha : 0 < \alpha < 1$，

$$P\{|U| < z_{\frac{\alpha}{2}}\} = P\left\{\left|\frac{\overline{X} - \mu}{\sqrt{\sigma^2/n}}\right| < z_{\frac{\alpha}{2}}\right\} = 1 - \alpha, \qquad (8-11)$$

见图 8-5 所示.

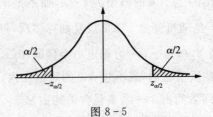

图 8-5

由 (8-11) 式得到

$$P\left\{-z_{\frac{\alpha}{2}} < \frac{\overline{X} - \mu}{\sqrt{\sigma^2/n}} < z_{\frac{\alpha}{2}}\right\} = 1 - \alpha,$$

即

$$P\left\{\overline{X}-z_{\frac{\alpha}{2}}\sqrt{\frac{\sigma^2}{n}}<\mu<\overline{X}+z_{\frac{\alpha}{2}}\sqrt{\frac{\sigma^2}{n}}\right\}=1-\alpha. \tag{8-12}$$

这样就得到了置信度为 $1-\alpha$ 的置信区间 $\left(\overline{X}-z_{\frac{\alpha}{2}}\sqrt{\frac{\sigma^2}{n}},\overline{X}+z_{\frac{\alpha}{2}}\sqrt{\frac{\sigma^2}{n}}\right).$ $\tag{8-13}$

这个区间的中点为 $\overline{X}$,长度为 $2z_{\frac{\alpha}{2}}\sqrt{\frac{\sigma^2}{n}}.$

综上,利用 U 变量求正态总体数学期望 μ 的置信区间的步骤如下:

步骤1:明确所给正态总体标准差 σ_0 的值、样本容量 n 的值;

步骤2:明确或计算样本均值 $\overline{x}$;

步骤3:根据所给置信度 $1-\alpha$ 的值,即检验水平 α 的值求出标准正态分布双侧分位数 $u_{\frac{\alpha}{2}}$;

步骤4:计算分式 $\frac{z_{\frac{\alpha}{2}}\sigma_0}{\sqrt{n}}$ 的值,从而得到置信下限 $\overline{x}-\frac{z_{\frac{\alpha}{2}}\sigma_0}{\sqrt{n}}$ 的值与置信上限 $\overline{x}+\frac{z_{\frac{\alpha}{2}}\sigma_0}{\sqrt{n}}$ 的值,所以所求 μ 的置信区间为

$$\left(\overline{x}-\frac{z_{\frac{\alpha}{2}}\sigma_0}{\sqrt{n}},\overline{x}+\frac{z_{\frac{\alpha}{2}}\sigma_0}{\sqrt{n}}\right).$$

例 4 已知每袋食糖净重 $X\mathrm{g}$ 服从正态分布 $N(\mu,25^2)$,从一批袋装食糖中随机抽取 9 袋,测量其净重分别为 497、506、518、524、488、510、515、515、511. 试以 0.95 的置信度,求每袋食糖平均净重 μ 的置信区间.

解 这是已知正态总体方差求数学期望置信区间的问题,利用 U 变量求解. 所给正态总体标准差 $\sigma_0=25$,样本容量 $n=9$,计算样本均值

$$\overline{x}=\frac{1}{9}\times(497+506+518+524+488+510+515+515+511)=509.3.$$

由所给置信度 $1-\alpha=0.95$ 可求得对应的标准正态分布双侧分位数 $z_{\frac{\alpha}{2}}=1.96$,计算分式

$$\frac{z_{\frac{\alpha}{2}}\sigma_0}{\sqrt{n}}=\frac{1.96\times25}{\sqrt{9}}=16.3,$$

从而得到置信下限

$$\overline{x}-\frac{z_{\frac{\alpha}{2}}\sigma_0}{\sqrt{n}}=509.3-16.3=493.0$$

与置信上限

$$\bar{x} + \frac{z_{\frac{\alpha}{2}}\sigma_0}{\sqrt{n}} = 509.3 + 16.3 = 525.6.$$

所以每袋食糖平均净重 μ 的置信区间为 $(493.0, 525.6)$.

例 5 已知某小区每户居民每月对某商品的需求量 X kg 服从正态分布 $N(\mu, 9)$,从小区居民中随机调查 30 户居民,他们每户每月对此商品的平均需求量为 20kg,试以 0.99 为置信度,求小区每户居民每月对此商品的平均需求量 μ 的置信区间.

解 这是已知正态总体方差求数学期望置信区间的问题,利用 U 变量求解. 所给正态总体标准差 $\sigma_0 = 3$,样本容量 $n = 30$,样本均值 $\bar{x} = 20$. 由所给置信度 $1 - \alpha = 0.99$ 可求得对应的标准正态分布双侧分位数 $z_{\frac{\alpha}{2}} = 2.58$,计算分式

$$\frac{z_{\frac{\alpha}{2}}\sigma_0}{\sqrt{n}} = \frac{2.58 \times 3}{\sqrt{30}} = 1.4,$$

从而得到置信下限

$$\bar{x} - \frac{z_{\frac{\alpha}{2}}\sigma_0}{\sqrt{n}} = 20 - 1.4 = 18.6$$

与置信上限

$$\bar{x} + \frac{z_{\frac{\alpha}{2}}\sigma_0}{\sqrt{n}} = 20 + 1.4 = 21.4.$$

所以小区每户居民每月对此商品的平均需求量 μ 的置信区间为 $(18.6, 21.4)$.

(2) 未知正态总体 X 的方差 σ^2,对期望 μ 进行区间估计

在施工质量评价中,常需要解决总体标准偏差 σ 未知,如何估计平均置信区间的问题.

假设已知正态总体 X 的数学期望 μ,那么哪个区间以概率 $1 - \alpha (0 < \alpha < 1)$ 盖住它? 这时根据抽样分布的讨论,由样本均值 $\overline{X}$ 与样本方差 s^2 构造的统计量 T 变量服从自由度为 $n - 1$ 的 t 分布,即变量

$$T = \frac{\overline{X} - \mu}{S}\sqrt{n} \sim t(n-1), \tag{8-14}$$

可以利用 T 变量确定正态总体数学期望 μ 的置信区间. 其几何意义如图 8-6 所示.

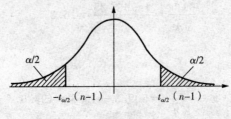

图 8-6

对于给定的置信度 $1-\alpha$ 即检验水平 $\alpha(0<\alpha<1)$,存在 t 分布双侧分位数 $t_{\frac{\alpha}{2}}$ 使得概率等式

$$P\{|T|<t_{\frac{\alpha}{2}}(n-1)\}=P\left\{\left|\frac{\overline{X}-\mu}{S}\sqrt{n}\right|<t_{\frac{\alpha}{2}}(n-1)\right\}=1-\alpha, \qquad (8-15)$$

由(8-15)式得

$$P\left\{-t_{\frac{\alpha}{2}}(n-1)<\frac{\overline{X}-\mu}{S}\sqrt{n}<t_{\frac{\alpha}{2}}(n-1)\right\}=1-\alpha,$$

即

$$P\left\{\overline{X}-\frac{t_{\frac{\alpha}{2}}(n-1)S}{\sqrt{n}}<\mu<\overline{X}+\frac{t_{\frac{\alpha}{2}}(n-1)S}{\sqrt{n}}\right\}=1-\alpha. \qquad (8-16)$$

得到的置信度为 $1-\alpha$ 的置信区间是 $\left(\overline{X}-\dfrac{t_{\frac{\alpha}{2}}(n-1)S}{\sqrt{n}},\overline{X}+\dfrac{t_{\frac{\alpha}{2}}(n-1)S}{\sqrt{n}}\right).$ \qquad (8-17)

利用 T 变量求正态总体数学期望 μ 的置信区间的步骤如下:

步骤 1:明确所给正态总体样本容量 n 的值;

步骤 2:明确或计算样本均值 $\overline{X}$、样本方差 s^2;

步骤 3:根据所给置信度 $1-\alpha$ 的值即检验水平 α 的值,查 t 分布表得到对应的 t 分布双侧分位数 $t_{\frac{\alpha}{2}}$ 的值;

步骤 4:计算分式 $\dfrac{t_{\frac{\alpha}{2}}s}{\sqrt{n}}$ 的值,从而得到置信下限 $\overline{X}-\dfrac{t_{\frac{\alpha}{2}}s}{\sqrt{n}}$ 的值与置信上限 $\overline{X}+\dfrac{t_{\frac{\alpha}{2}}s}{\sqrt{n}}$ 的值,所以所求 μ 的置信区间为

$$\left(\overline{X}-\frac{t_{\frac{\alpha}{2}}s}{\sqrt{n}},\overline{X}+\frac{t_{\frac{\alpha}{2}}s}{\sqrt{n}}\right).$$

例 6 检查某段路基压实度,共测 30 点,得压实度的平均值 $\overline{K}=93.5\%$,标准偏差 $s=3.0\%$,现推定其保证率为 99% 的平均值置信区间.

解 这是未知正态总体方差求数学期望置信区间的问题,利用 T 变量求解. 所给样本容量 $n=30$,样本均值为 $\overline{K}=93.5\%$,样本标准差为 $s=3.0\%$,先构造统计量 $t=\dfrac{\overline{X}-\mu}{\frac{s}{\sqrt{n}}}\sim$ $t(n-1)$. 由所给置信度 $1-\alpha=0.99$ 知检验水平 $\alpha=0.01$,查 t 分布表,在表中第一行找到概率值 $p=\alpha=0.01$,再在表中第一列找到自由度 $m=n-1=30-1=29$,其纵横交叉处的数值即为对应的 t 分布双侧分位数 $t_{\frac{\alpha}{2}}=2.756$,计算分式

$$\frac{t_{\frac{\alpha}{2}}s}{\sqrt{n}}=\frac{2.756\times3}{\sqrt{30}}=1.51\%,$$

从而得到置信下限

$$\overline{X} - \frac{t_{\frac{\alpha}{2}}s}{\sqrt{n}} = 93.5\% - 1.51\% = 91.99\%$$

与置信上限

$$\overline{X} + \frac{t_{\frac{\alpha}{2}}s}{\sqrt{n}} = 93.5\% + 1.51\% = 95.01\%.$$

即 $91.99\% < \mu < 95.01\%$.

这说明该路基平均压实度的真值在 $91.99\% < \mu < 95.01\%$ 范围的概率有 99%.

例 7 已知某公司每星期投入 1 万元广告费使得所属每个零售网点每星期增加销售糖果数量 Xkg 服从正态分布 $N(\mu, \sigma^2)$,从公司所属众多零售网点中随机调查 12 个零售网点,它们每星期增加销售糖果平均数量为 418kg,标准差为 25kg,试以 0.90 的置信度,求每个零售网点每星期增加销售糖果平均数量 μ 的置信区间.

解 这是未知正态总体方差求数学期望置信区间的问题,利用 T 变量求解. 所给样本容量 $n=12$,样本均值 $\overline{X}=418$,样本标准差 $s=25$,由所给置信度 $1-\alpha=0.90$ 知检验水平 $\alpha=0.10$,查 t 分布表,t 分布双侧分位数 $t_{\frac{\alpha}{2}}=1.796$,计算分式

$$\frac{t_{\frac{\alpha}{2}}s}{\sqrt{n}} = \frac{1.796 \times 25}{\sqrt{12}} = 13,$$

从而得到置信下限

$$\overline{X} - \frac{t_{\frac{\alpha}{2}}s}{\sqrt{n}} = 418 - 13 = 405$$

与置信上限

$$\overline{X} + \frac{t_{\frac{\alpha}{2}}s}{\sqrt{n}} = 418 + 13 = 431,$$

所以每个零售网点每星期增加销售糖果平均数量 μ 的置信区间为 $(405, 431)$.

第四节 假设检验

在许多实际问题中参数估计虽然能解决一类总体 X 的分布类型已知而参数未知的问题,但还是有很多实际问题仅用参数估计是不能解决的. 例如,有一批枪弹,其初速度 $v \sim N(\mu_0, \sigma_0^2)$ (μ_0, σ_0^2 都是表示已知数),经过一段较长时间储存,使用者必须知道这批枪弹的初速度期望与初速度方差是否发生变化?设储存过的枪弹初速度仍然服从 $N(\mu, \sigma^2)$. 上述问题变成 $\mu = \mu_0, \sigma = \sigma_0$ 是否成立?像这样的问题参数估计是无法解决的,这就需要对所

研究的总体作出某种假设,如在刚才提及的问题中,可先假设 $\mu = \mu_0$ 或 $\sigma = \sigma_0$,然后利用样本值 $x_1, x_2, \cdots, x_n$ 所提供的信息,应用统计分析方法检验这个假设是否正确,从而作出拒绝或接受假设的判断,这就是本节即将讨论的假设检验.

一、假设检验的基本原理

例 1 某车间用一台包装机包装葡萄糖.包得的袋装糖重是一个随机变量,它服从正态分布.当机器正常时,其均值为 0.5kg,标准差为 0.015kg.某日开工后为检验包装机是否正常,随机地抽去它包装的糖 9 袋,称得净重为(kg):

   0.497　0.506　0.518　0.524　0.498　0.511　0.520　0.515　0.512

问机器是否正常?

以 μ, σ 分别表示这一天袋装糖重总体 X 的均值和标准差.由于长期实践表明标准差比较稳定,我们就设 $\sigma = 0.015$,则 $X \sim N(\mu, 0.015^2)$,这里 μ 未知.问题是根据样本值来判断 $\mu = 0.5$ 还是 $\mu \neq 0.5$.为此,我们提出两个相互对立的假设

$$H_0 : \mu = \mu_0 \text{ 和 } H_1 : \mu \neq \mu_0$$

定义 1 对总体分布类型或未知参数值提出的假设称为待检假设或原假设,用 H_0 表示.对某问题提出待检假设 H_0 的同时,也就给出了相对立的备择假设,用 H_1 表示.

假设检验的基本原理:首先提出原假设 H_0,其次在 H_0 成立的条件下,考虑已经观测到的样本信息出现的概率.如果这个概率很小,这就表明一个概率很小的事件在一次实验中发生了.而小概率原理认为,概率很小的事件在一次实验中几乎是不发生的,也就是说在 H_0 成立的条件下导出了一个违背小概率原理的结论,这表明假设 H_0 是不正确的,因此拒绝 H_0,否则接受 H_0.

下面举一个例子说明

例 2 某箱子中有白球及黑球,总数为 100,但不知白球及黑球各占多少.现提出假设 H_0:其中 99 个是白球.

现在根据假设检验的基本原理来判断这个假设是否成立.先假设 H_0 成立(H_0 为真),那么"从箱子中任取一球,取得黑球"这一事件的概率为 0.01,我们认为这是一个小概率事件.如果抽一球居然抽得是黑球,那么就应该拒绝 H_0,即认为白球的个数不是 99.如果抽一球抽得白球,此时没有拒绝 H_0 的理由,则接受 H_0.

二、假设检验的两类错误

假设检验中作出推断的基础是一个样本,是以部分来推断总体,因此不可避免地会犯错误.第一类错误(弃真错误):H_0 为真而拒绝 H_0,;第二类错误(取伪错误):H_0 不真而接受 H_0.

犯第一类错误的概率记为 $P\{$ 当 H_0 为真拒绝 $H_0\}$,犯第二类错误的概率记为 $P\{$ 当 H_0 不真接受 $H_0\}$.我们当然希望犯两类错误的概率都很小,但是,进一步讨论可知,当样本容

量固定时,若减少犯一类错误的概率,则犯另一类错误的概率往往增大.若要使犯两类错误的概率都减小,则须增加样本容量.

在给定样本容量的情况下,一般来说,我们总是控制犯第一类错误的概率,使它不大于 α,即令 $P\{$当 H_0 为真拒绝 $H_0\}\leqslant\alpha$,α 通常取 0.1,0.05,0.01 等.这种只对犯第一类错误的概率加以控制.而不考虑犯第二类错误的概率的检验,称为显著性检验.α 是一个事先指定的小的正数,称为显著性水平或检验水平.

三、单个正态总体均值 μ 的检验(无论样本大小)

设总体 $X\sim N(\mu,\sigma^2)$,$x_1,x_2,\cdots,x_n$ 为来自总体 X 的样本观察值,给定显著性水平 α,检验假设:

(1) 双侧检验 $H_0:\mu=\mu_0,H_1:\mu\neq\mu_0$

(2) 右侧检验 $H_0:\mu\leqslant\mu_0,H_1:\mu>\mu_0$

(3) 左侧检验 $H_0:\mu\geqslant\mu_0,H_1:\mu<\mu_0$

（一）已知正态总体 X 的方差 $\sigma^2=\sigma_0^2$,对数学期望 μ 作假设检验.

1. 方差已知的,μ 的双边检验

所谓的双边检验时检验假设

$$H_0:\mu=\mu_0,H_1:\mu\neq\mu_0$$

因为 $\overline{X}$ 是 μ 的无偏估计,它带来 μ 的取值信息.由于 $\overline{X}$ 是随机变量,即便 $H_0:\mu=\mu_0$ 成立,$\overline{X}$ 的观测值也会偏离 μ_0,但观测值满足什么条件时,我们有理由拒绝 H_0?

在 H_0 为真的条件下,选取统计量

$$U=\frac{\overline{X}-\mu_0}{\sigma}\sqrt{n}$$

这时有 $E(U)=\frac{\sqrt{n}}{\sigma}E(\overline{X}-\mu_0)=\frac{\sqrt{n}}{\sigma}(E\overline{X}-\mu_0)=0$.由此可知 U 取值应当在 0 的附近随机摆动,远离 0 的可能性较小.即如果 H_0 成立,$|\overline{X}-\mu_0|$ 的值应该很小;如果太大了,那就认为原假设 H_0 不成立,而拒绝它.但是 $|\overline{X}-\mu_0|$ 大到什么程度才算"太大"呢? 这时就必须根据 $|\overline{X}-\mu_0|$ 的分布来确定一个合理的判断标准,即确定一个数 k,使得当 $|\overline{X}-\mu_0|<k$ 时就认为 H_0 成立,当 $|\overline{X}-\mu_0|>k$ 时,就认为 H_0 不成立,而接受 H_1.但因求不出 $|\overline{X}-\mu_0|$ 的分布,而求得出 $\frac{\overline{X}-\mu_0}{\sigma}\sqrt{n}$ 的分布,故应由下式确定 k:

$\frac{\overline{X}-\mu_0}{\sigma}\sqrt{n}\geqslant k$,其中 $k\geqslant 0$ 与显著性水平 α 有关.

如何求出 k 的大小呢? 注意到 $P\left(\left|\frac{\overline{X}-\mu_0}{\sigma}\sqrt{n}\right|\geqslant k\right)$ 为小概率事件,有

$$P\left(\left|\frac{\overline{X}-\mu_0}{\sigma}\sqrt{n}\right|\geqslant k\right)=\alpha,\text{即 }P\left(\left|\frac{\overline{X}-\mu_0}{\sigma}\sqrt{n}\right|\leqslant k\right)=1-\alpha$$

因 $U = \dfrac{\overline{X} - \mu_0}{\sigma}\sqrt{n} \sim N(0,1)$，故有 $2\Phi(k) - 1 = 1 - \alpha$，即 $\Phi(k) = 1 - \dfrac{\alpha}{2}$.

设 z_α 为标准正态分布的上侧分位点，则

$$P(U > z_\alpha) = \alpha, \qquad 即 \qquad \Phi(z_\alpha) = 1 - \alpha,$$

$\Phi(z_{\frac{\alpha}{2}}) = 1 - \dfrac{\alpha}{2}$，所以 $k = z_{\frac{\alpha}{2}}$. 于是的拒绝域为 $D = (-\infty, -z_{\frac{\alpha}{2}}) \bigcup (z_{\frac{\alpha}{2}}, +\infty)$，且称 $z_{\frac{\alpha}{2}}$ 为拒绝域的临界值，$(-z_{\frac{\alpha}{2}}, z_{\frac{\alpha}{2}})$ 称为 H_0 的接受域. 几何意义如图 8-7 所示.

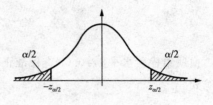

图 8-7

例 3 根据长期经验和资料分析，某砖厂生产的砖的"抗断强度"服从正态分布，方差为，今从该厂产品中随机抽取 6 块，测得抗断强度如下（单位：kg/cm²）：32.56 29.66 31.64 30.00 31.87 31.03，问这批砖的平均抗断强度为 32.50kg/cm² 是否成立？（$\alpha = 0.05$）

解 根据实际问题的要求提出假设

$$H_0: \mu = \mu_0 = 32.50 \qquad H_1: \mu \neq \mu_0$$

在 H_0 为真时有 $\mu = \mu_0$，由于 σ^2 已知，于是有

$$U = \frac{\overline{X} - \mu_0}{\sigma/\sqrt{n}} \sim N(0,1)$$

在 H_0 为真时，对于给定的显著性水平 $\alpha = 0.05$，有

$$P(|U| \geqslant z_{\frac{\alpha}{2}}) = \alpha$$

故拒绝域为 $\left| \dfrac{\overline{X} - \mu_0}{\sigma/\sqrt{n}} \right| \geqslant z_{\frac{\alpha}{2}}$

$\alpha = 0.05, z_{\frac{\alpha}{2}} = 1.96$，将样本观察值代入 $U = \dfrac{\overline{X} - \mu_0}{\sigma/\sqrt{n}}$，这里 $\mu_0 = 32.50, \sigma = 1.1, n = 6$，得到 U 的观察值 z

$$\left| \frac{\overline{x} - \mu_0}{\sigma/\sqrt{n}} \right| = \left| \frac{31.13 - 32.50}{1.1/\sqrt{6}} \right| = 3.05 > z_{\frac{\alpha}{2}} = 1.96$$

故拒绝 H_0，即认为这批砖的平均抗断强度不是 32.50kg/cm².

例 4 已知某面粉自动装袋机包装面粉，每袋面粉重量 X kg 服从正态分布 $N(25, 0.02)$，长期实践表明方差 σ^2 比较稳定，从某日所生产的一批袋装面粉中随机抽取 10 袋，测量其重量分别为

$$24.9, 25.0, 25.1, 25.2, 25.2, 25.1, 25.0, 24.9, 24.8, 25.1$$

试在检验水平 $\alpha = 0.05$ 下，检验这批袋装面粉的平均重量 μ 显著合乎标准是否成立.

解   这是检验正态总体数学期望 μ 是否为 25,其零假设 H_0 与备择假设 H_1 分别记作

$$H_0:\mu=25, \qquad H_1:\mu\neq 25$$

由于已知正态总体方差 $\sigma^2=0.02$,因此此假设检验为 U 检验.所给正态总体标准差 σ_0 $=\sqrt{0.02}=0.14$,样本容量 $n=10$,当零假设 H_0 成立时,构造变量

$$U=\frac{\overline{X}-\mu_0}{\sigma_0}\sqrt{n}=\frac{\overline{X}-25}{0.14}\sqrt{10}\sim N(0,1)$$

由所给检验水平 $\alpha=0.05$ 查标准正态分布表得到对应的双侧分位数 $z_{\frac{\alpha}{2}}=1.96$,使得概率等式

$$P\{|U|\geqslant 1.96\}=0.05$$

成立.这说明事件 $|U|\geqslant 1.96$ 是一个小概率事件,于是得到拒绝域

$$|u|\geqslant 1.96$$

计算样本均值

$$\overline{x}=\frac{1}{10}\times(24.9+25.0+25.1+25.2+25.2+25.1+25.0+24.9+24.8+25.1)=$$

25.03

得到 U 变量的观测值

$$u=\frac{\overline{x}-\mu_0}{\sigma_0}\sqrt{n}=\frac{25.03-25}{0.14}\sqrt{10}=0.68$$

它没有落入拒绝域,于是不能拒绝零假设 H_0,而应接受零假设 H_0,即可以认为 $\mu=25$.

所以可以认为这批袋装面粉的平均重量 μ 显著合乎标准.

于是得到双边检验的方法和步骤如下:

(1) 选取统计量 $U=\dfrac{\overline{X}-\mu_0}{\sigma}\sqrt{n}$;

(2) 确定的 H_0 拒绝域 D;

具体办法是:对于给定的显著性水平 α,根据查标准正态分布表得 $z_{\frac{\alpha}{2}}$,则拒绝域为

$$D=(-\infty,-z_{\frac{\alpha}{2}})\bigcup(z_{\frac{\alpha}{2}},+\infty)$$

(3) 作推断.

根据样本观测值 $x_1,x_2,\cdots,x_n$,计算统计量的值:

$$|u_0|=\left|\frac{\overline{x}-\mu_0}{\sigma/\sqrt{n}}\right|$$

若 $|u_0|>z_{\frac{\alpha}{2}}$,则拒绝 H_0,认为 $\mu\neq\mu_0$;若 $|u_0|\leqslant z_{\frac{\alpha}{2}}$,则接受 H_0,认为 $\mu=\mu_0$.

2. 方差 σ^2 已知,均值 μ 的单边检验

有时我们只关心总体均值是否减小.如,有一批枪弹经过一段时间储存,使用者需知道

其初始速度是否显著降低,此时需检验假设

$$H_0:\mu \leqslant \mu_0, \qquad H_1:\mu > \mu_0$$

这里作了不言而喻的假定,即储存后的枪弹初速不可能比储存前大,称为右边检验.

类似地,有时只关心总体均值是否增大.如试验新工艺以提高材料的强度,这时所考虑的总体均值应该越大越好,于是需检验假设

$$H_0:\mu \geqslant \mu_0, H_1:\mu < \mu_0$$

称为左边检验.

右边检验和左边检验统称单边检验.

单边检验的方法和步骤与双边检验类似,不同的是在于拒绝域的确定.下面讨论确定它的方法.

(i) 已知 σ^2,检验 $H_0:\mu \geqslant \mu_0, H_1:\mu < \mu_0$

当 H_0 成立时,统计量为

$$U = \frac{\overline{X} - \mu_0}{\sigma}\sqrt{n} \sim N(0,1)$$

H_0 的拒绝域形式与前面介绍的双边检验的拒绝域形式不同.

由于拒绝 H_0 意味着接受 $H_1:\mu < \mu_0$,即 μ 的取值要比 μ_0 小很多才行,而 $\overline{X}$ 比较集中地反映总体均值 μ 的取值信息,因此只有当 $\overline{X}$ 的观测值比 μ_0 小很多时,才有理由拒绝 H_0,接受 H_1;若 $\overline{X}$ 的观测值接近 μ_0,就没有理由拒绝 H_0.这样只有当 $U = \frac{\overline{X} - \mu_0}{\sigma}\sqrt{n}$ 的样本观察值小于零,且绝对值远大于零时,才有理由拒绝 H_0,于是 H_0 的拒绝域的形式为 $(-\infty, -k)$,其中 $k > 0$ 与显著性水平 α 有关.又因为 $EU=0$,U 的样本观测值远离零的可能性较小,故 $\left\{\frac{(\overline{X} - \mu)\sqrt{n}}{\sigma} < -k\right\}$ 为小概率事件,且对于给定的显著性水平 α,有

$$P\left\{\frac{(\overline{X} - \mu)\sqrt{n}}{\sigma} < -k\right\} = \alpha$$

下面给出 k 的求法,由上式得到

$$\Phi(-k) = \alpha \qquad 即 \qquad \Phi(k) = 1 - \Phi(-k) = 1 - \alpha$$

又因为 $\Phi(u_\alpha) = 1 - \alpha$,故 $k = z_\alpha$,所以 H_0 的拒绝域为 $D = (-\infty, -k) = (-\infty, -z_\alpha)$,即 $u > z_\alpha$,它处于数轴的左侧,这样的拒绝域称为左边拒绝域.

例5 要求一种原件使用寿命的平均值为1000小时,今从一批这种元件中随机抽取25件,测得其寿命平均值为950小时.已知该种元件寿命服从标准差 $\sigma = 100$ 小时的正态分布,是在显著性水平 $\alpha = 0.05$ 下确定这批原件是否合格?

解 此为已知方差,正态总体均值的左边检验问题

$$H_0:\mu \geqslant 1000, H_1:\mu < 1000.$$

选用统计量:$U=\dfrac{\overline{X}-1000}{\sigma}\sqrt{n}$,且 H_0 的拒绝域为 $u<-u_a$,因为 $\alpha=0.05$,故 $\Phi(u_a)=1-\alpha=$

0.95,查表得 $u_a=1.645$,即 $u\leqslant-1.645$.

将 $n=25$,　$\bar{x}=950$,　$\sigma=100$ 代入统计量得观测值

$$u_0=\frac{950-1000}{100}\sqrt{25}=-2.5<-1.645$$

即 u 的值落在拒绝域中,故在显著性水平 $\alpha=0.05$ 下拒绝 H_0.

例6　某工厂对废水进行处理,要求处理后的水中某种有毒物质的浓度不超过 $19\,\mathrm{mg/L}$,现抽取的样本 $n=10$,得到 $\bar{x}=17.1\,\mathrm{mg/L}$,假设有毒物质的含量服从正态分布,且已直总体方差 $\sigma^2=8.5\,(\mathrm{mg/L})^2$,问在显著性水平 $\alpha=0.01$ 下处理后的废水是否合格.

解　希望得到的结论是"合格",即 $\mu<19$,取其反面为原假设,则

$$H_0:\mu\geqslant19,\qquad H_1:\mu<19$$

这种情况下的零假设 H_0 所代表的检验关系式中不等号可以省略不写,记作

$$H_0:\mu=19,\qquad H_1:\mu<19$$

由于已知正态总体方差 $\sigma^2=8.5$,因此此假设检验为 U 检验.所给正态总体标准差 $\sigma=\sqrt{8.5}$,样本容量 $n=10$,当零假设 H_0 成立时,构造变量

$$U=\frac{\overline{X}-\mu_0}{\sigma_0}\sqrt{n}=\frac{\overline{X}-19}{\sqrt{8.5}}\sqrt{10}\sim N(0,1)$$

由所给检验水平 $\alpha=0.01$ 查标准正态分布表得到对应的上侧分位数 $z_a=2.33$,使得概率等式

$$P\{U\leqslant-2.33\}=0.01$$

成立.这说明事件 $U\leqslant-2.33$ 是一个小概率事件,于是得到拒绝域

$$u\leqslant-2.33$$

所给样本均值 $\bar{x}=1990$,得到 U 变量的观测值

$$u=\frac{\bar{x}-\mu_0}{\sigma_0}\sqrt{n}=\frac{17.1-19}{\sqrt{8.5}}\sqrt{10}=-2.06$$

显然 $-2.06>-2.33$,落入接受域,所以接受 H_0.

(ii) 已知 σ^2,检验 $H_0:\mu\leqslant\mu_0,H_1:\mu>\mu_0$.

仿(i)易得 H_0 的显著性水平 α 的拒绝域为 $D=(z_a,+\infty)$,即 $u>z_a$.

例7　公司从生产商购买牛奶,公司怀疑生产商在牛奶中掺水谋利,通过测定牛奶的冰点,可以检测出牛奶是否掺水,天然牛奶的冰点温度近似服从正态分布,均值 $\mu_0=-0.545℃$,$\sigma=0.008℃$ 标准差,牛奶掺水可是冰点温度升高而接近水的冰点,测得生产商提交的 5 批牛奶的冰点温度,其均值为 $\bar{x}=-0.535℃$,问是否可以认为生产商在牛奶中掺水?

$(\alpha = 0.05)$

解 按题意检验假设

$$H_0 : \mu \leqslant \mu_0, \qquad H_1 : \mu > \mu_0$$

其拒绝域为

$$u = \frac{\overline{x} - \mu_0}{\sigma_0} \sqrt{n} \geqslant z_{0.05} = 1.645$$

而 $u = \dfrac{-0.535 - (-0.545)}{0.008} \sqrt{5} = 2.7951 > 1.645$，的值落在拒绝域中，所以在显著性水平 α $= 0.05$ 下拒绝 H_0，即生产商在牛奶中掺水.

小   结

假设检验问题	拒绝域
$H_0 : \mu = \mu_0, H_1 : \mu \neq \mu_0$	$(-\infty, -z_{\frac{\alpha}{2}}) \bigcup (z_{\frac{\alpha}{2}}, +\infty)$
$H_0 : \mu \leqslant \mu_0, H_1 : \mu > \mu_0$	$(z_\alpha, +\infty)$
$H_0 : \mu \geqslant \mu_0, H_1 : \mu < \mu_0$	$(-\infty, -z_\alpha)$

（二）已知正态总体 X 的方差未知，对数学期望 μ 作假设检验.

1. 方差未知时，均值的双边检验

所谓的双边检验时检验假设

$$H_0 : \mu = \mu_0, \qquad H_1 : \mu \neq \mu_0$$

因为 $\overline{X}$ 是 μ 的无偏估计，它带来 μ 的取值信息. 由于 $\overline{X}$ 是随机变量，即便 $H_0 : \mu = \mu_0$ 成立，$\overline{X}$ 的观测值也会偏离 μ_0，但的观测值满足什么条件是，我们有理由拒绝 H_0？由于 σ 未知，就不能利用 $\dfrac{\overline{X} - \mu_0}{\sigma} \sqrt{n}$ 来确定拒绝域了，我们注意到 s^2 是 σ^2 的无偏估计，故可以用 s^2 代替 σ^2.

在 H_0 为真的条件下，选取统计量

$$T = \frac{\overline{X} - \mu_0}{s} \sqrt{n} \qquad P\left(\left| \frac{\overline{X} - \mu_0}{s} \sqrt{n} \right| \geqslant k \right) = \alpha,$$

即

$$P\left(\left| \frac{\overline{X} - \mu_0}{s} \sqrt{n} \right| \leqslant k \right) = 1 - \alpha$$

因 $T = \dfrac{\overline{X} - \mu_0}{s} \sqrt{n} \sim t(n-1)$，故得 $k = t_{\frac{\alpha}{2}}(n-1)$.

于是的拒绝域为 $D = (-\infty, -t_{\frac{\alpha}{2}}(n-1)) \bigcup (t_{\frac{\alpha}{2}}(n-1), +\infty)$，称 $t_{\frac{\alpha}{2}}(n-1)$ 为拒绝域的临界值，$(-t_{\frac{\alpha}{2}}(n-1), t_{\frac{\alpha}{2}}(n-1))$ 称为 H_0 的接受域. 利用 T 统计量得出的检验法称为 T 检验法.

例8 已知多名实习学生相互独立测量同一块土地面积，每名实习学生得到的测量数

据 X m² 服从正态分布 $N(\mu, \sigma^2)$,从这些测量数据中随机抽取 7 个,它们分别

$$127, 124, 121, 128, 123, 124, 128$$

试在检验水平 $\alpha = 0.10$ 下,检验这块土地的面积 μ 显著为 124m^2 是否成立.

解 这是检验这块土地面积即测量数据构成的正态总体数学期望 μ 是否 124,其零假设 H_0 与备择假设 H_1 分别记作

$$H_0 : \mu = 124, \qquad H_1 : \mu \neq 124$$

由于未知正态总体方差 σ^2,因而此假设检验为 T 检验. 所给样本容量 $n = 7$,当零假设 H_0 成立时,构造变量

$$T = \frac{\overline{X} - \mu_0}{S}\sqrt{n} = \frac{\overline{X} - 124}{S}\sqrt{7} \sim t(6)$$

查 t 分布表,在表中第一行找到概率值 $p = \dfrac{\alpha}{2} = 0.05$,再在表中第一列找到自由度 $m = n - 1 = 7 - 1 = 6$,其纵横交叉处的数值即为对应的 t 分布双侧分位数 $t_{\frac{\alpha}{2}} = 1.943$,使得概率等式

$$P\{|T| \geqslant 1.943\} = 0.05$$

成立. 这说明事件 $|T| \geqslant 1.943$ 是一个小概率事件,于是得到拒绝域

$$|t| \geqslant 1.943$$

计算样本均值

$$\overline{x} = \frac{1}{7} \times (127 + 124 + 121 + 128 + 123 + 124 + 128) = 125$$

计算样本方差

$$s^2 = \frac{1}{7 - 1} \times \big[(127 - 125)^2 + (124 - 125)^2 + (121 - 125)^2 + (121 - 125)^2$$
$$+ (128 - 125)^2 + (123 - 125)^2 + (124 - 125)^2\big]$$
$$= 7.33 = 2.71^2$$

得到 T 的观测值

$$t = \frac{\overline{x} - \mu_0}{s}\sqrt{n} = \frac{125 - 124}{2.71}\sqrt{7} = 0.976$$

它没有落入拒绝域内,于是不能拒绝零假设 H_0,而应接受零假设 H_0,即可以认为 $\mu = 124$.

所以可以认为这块土地的面积 μ 显著为 124m^2.

于是得到双边检验的方法和步骤如下:

(1) 选取统计量 $T = \dfrac{\overline{X} - \mu_0}{s}\sqrt{n}$;

(2) 确定的 H_0 拒绝域 D；

具体办法是：对于给定的显著性水平 α，根据查标准正态分布表得 $t_{\frac{\alpha}{2}}$，则拒绝域为

$$D = (-\infty, t_{\frac{\alpha}{2}}) \bigcup (t_{\frac{\alpha}{2}}, +\infty)$$

(3) 作推断.

根据样本观测值 $x_1, x_2, \cdots, x_n$，计算统计量的值：

$$|t_0| = \left| \frac{\bar{x} - \mu_0}{s/\sqrt{n}} \right|$$

若 $|t_0| > t_{\frac{\alpha}{2}}$，则拒绝 H_0，认为 $\mu \neq \mu_0$；若 $|t_0| \leqslant t_{\frac{\alpha}{2}}$，则接受 H_0，认为 $\mu = \mu_0$.

2. 方差未知时，均值的单边检验

关于在方差未知的情况下做均值的单边检验方法和方差已知情形下做均值的单边检验方法一样，只是选取的统计量有所不同，在方差未知的情形下选用统计量为 $T = \dfrac{\bar{X} - \mu_0}{s}$ $\sqrt{n}$，在这里就不再赘述了.

例 9 已知某厂排放工业废水中某有害物质的含量 $X‰$ 服从正态分布 $N(\mu, \sigma^2)$，环境保护条例规定排放工业废水中该有害物质的含量不得超过 $0.50‰$，从该厂所排放工业废水中随机抽取 5 份水样，测量该有害物质的含量分别为 $0.53, 0.54, 0.51, 0.49, 0.53$，试在检验水平 $\alpha = 0.05$ 下，检验该厂排放工业废水中该有害物质的平均含量 μ 显著超过规定标准是否成立.

解 这是检验正态总体数学期望 μ 是否大于 0.50，即检验关系式 $\mu > 0.50$ 是否成立，其对立检验关系式为 $\mu \leqslant 0.50$，因此零假设 H_0 与备择假设 H_1 分别记作

$$H_0: \mu \leqslant 0.50, \qquad H_1: \mu > 0.50$$

这种情况下的零假设 H_0 所代表的检验关系式中不等号可以省略不写，记作

$$H_0: \mu = 0.50, \qquad H_1: \mu > 0.50$$

由于未知正态总体方差 σ^2，因而此假设检验为 T 检验. 所给样本容量 $n = 5$，当零假设 H_0 成立时，构造变量

$$T = \frac{\bar{X} - \mu_0}{S} \sqrt{n} = \frac{\bar{X} - 0.50}{S} \sqrt{5} \sim t(4)$$

查 t 分布数表，在表中第一行找到概率值 $p = \alpha = 0.05$，再在表中第一列找到自由度 $m = n - 1 = 5 - 1 = 4$，其纵横交叉处的数值即为对应的 t 分布上侧分位数 $t_\alpha = 2.132$，使得概率等式

$$P\{T \geqslant 2.132\} = 0.05$$

成立. 这说明事件 $T \geqslant 2.132$ 是一个小概率事件，于是得到拒绝域

$$t \geqslant 2.132$$

计算样本均值

$$\bar{x} = \frac{1}{5} \times (0.53 + 0.54 + 0.51 + 0.49 + 0.53) = 0.52$$

计算样本方差

$$s^2 = \frac{1}{5-1} \times \big[(0.53-0.52)^2 + (0.54-0.52)^2 + (0.51-0.52)^2$$

$$+ (0.49-0.52)^2 + (0.53-0.52)^2\big]$$

$$= 0.0004 = 0.02^2$$

得到 T 变量的观测值

$$t = \frac{\bar{x} - \mu_0}{s}\sqrt{n} = \frac{0.52 - 0.50}{0.02}\sqrt{5} = 2.236$$

它落入拒绝域,于是拒绝零假设 H_0,而接受备择假设 H_1,即可以认为 $\mu > 0.50$.

所以可以认为该厂排放工业废水中该有害物质的平均含量 μ 显著超过规定标准.

例 10 某新建公路路基施工中,对其中的一段压实质量进行检查,压实度检测结果如表所示,压实度标准 $\mu_0 = 95\%$. 请按保证率 0.95 计算该路段的代表性压实度并进行质量评定.

压实度检测结果

序号	1	2	3	4	5	6	7	8	9	10
压实度	96.4	95.4	93.5	97.3	96.3	95.8	95.9	96.7	95.3	95.6
序号	11	12	13	14	15	16	17	18	19	20
压实度	97.6	95.8	96.8	95.7	96.1	96.3	95.1	95.5	97.0	95.1

解 根据实际问题提出假设

$$H_0 : \mu \geqslant \mu_0 \qquad H_1 : \mu < \mu_0$$

由于总体方差未知,选择统计量

$$t = \frac{\overline{X} - \mu_0}{s}\sqrt{n} \sim t(n-1),$$

经计算:

$$\bar{x} = 95.97\% \quad s = 0.91\%, \alpha = 0.05, n = 20$$

故

$$t = \frac{\overline{X} - \mu_0}{s}\sqrt{n} = \frac{95.97\% - 95\%}{0.91\%}\sqrt{20} = 1.066 \times \sqrt{20}, \text{而} - t_\alpha(n-1) = -1.729$$

显然 $t > -t_\alpha(n-1)$,故接受 H_0,从而可以认定这段路的压实度是合格的.

在《公路工程质量检测评定标准》中，关于压实度的质量评定，即以上述计算为基础，提出压实度代表值(用 K 表示)的概念，把压实度代表值与压实度的标准值比较称为压实度的质量评定标准.其中，压实度代表值为压实度检测值的算术平均值的下置信界限，即

$$K = \overline{K} - \frac{t_a}{\sqrt{n}}S.$$

若将例 5 中的数据代入 $K = \overline{K} - \frac{t_a}{\sqrt{n}}S$，得到压实度代表值为

$$K = \overline{K} - \frac{t_a}{\sqrt{n}}S = 0.9597 - 0.387 \times 0.91 = 95.62\%$$

因为压实度的代表值为 95.62% 大于压实度的标准值 95%，所以该路段压实度是合格的.

例 11 某新建高速公路竣工后，在不利季节测得某路面的弯沉值如表所示，路面设计弯沉值为 $40(0.01 \text{ mm})$，假设弯沉值服从正态分布，试判断该路段的弯沉值在显著性水平 $\alpha = 0.05$ 下是否符合设计要求.

弯沉检测结果

序号	1	2	3	4	5	6	7	8	9	10	11
弯沉	30	29	31	28	27	26	33	32	30	30	31
序号	12	13	14	15	16	17	18	19	20	21	22
弯沉	29	27	26	32	31	33	31	30	29	28	28

解 希望得到的结论是"$\mu = 40(0.01)$"，取其反面为原假设，则

$$H_0 : \mu \leqslant \mu_0 = 40, \qquad H_1 : \mu > \mu_0 = 40$$

由于总体方差未知，故构造统计量

$$t = \frac{\overline{X} - \mu_0}{s}\sqrt{n} \sim t(n-1)$$

经计算有 $\overline{x} = 29.59$ $\quad s = \sqrt{\dfrac{\sum\limits_{i=1}^{22}(x_i - \overline{x})^2}{21}} = 2.09$ $\quad n = 22$ $\quad \alpha = 0.05$

$$P\left(\frac{\overline{X} - \mu_0}{s}\sqrt{n} > k\right) = 0.05 \qquad k = 1.721$$

$t = \dfrac{\overline{X} - \mu_0}{s}\sqrt{n} = \dfrac{29.59 - 40}{2.09} \times \sqrt{22} = -5.459 \times \sqrt{22} < 1.721$，故接受 H_0 即该路段的弯沉是满足要求的.

小 结

假设检验问题	拒绝域
$H_0 : \mu = \mu_0, H_1 : \mu \neq \mu_0$	$(-\infty, -t_{\frac{a}{2}}(n-1)) \bigcup (t_{\frac{a}{2}}(n-1), +\infty)$
$H_0 : \mu \leqslant \mu_0, H_1 : \mu > \mu_0$	$(t_a(n-1), +\infty)$
$H_0 : \mu \geqslant \mu_0, H_1 : \mu < \mu_0$	$(-\infty, -t_a(n-1))$

习 题 四

1. 什么是参数估计、点估计、矩估计以及矩估计法的一般步骤？

2. 设总体 X 服从任何分布，且 X 的期望 $\mu = E(X)$ 和方差 $\sigma^2 = E(X-\mu)^2$ 均存在，这里 μ 和 σ^2 是两个未知参数，求 μ 和 σ^2 的矩估计量.

3. 设总体 X 在 $[a,b]$ 上服从均匀分布，a,b 未知，$X_1, X_2, \cdots, X_n$ 是一个样本，求 a, b 的矩估计量.

4. 从一批电子元件中抽取 8 个进行寿命测试，得到如下数据（单位:h）：

$$1050, 1100, 1130, 1040, 1250, 1300, 1200, 1080,$$

试对这批元件的平均寿命以及分布的标准差给出矩估计.

5. 设总体 $X \sim U(0, \theta)$，现从该总体中抽取容量为 10 的样本，样本值为

$$0.5, 1.3, 0.6, 1.7, 2.2, 1.2, 0.8, 1.5, 2.0, 1.6,$$

试对参数 θ 给出矩估计.

6. 设 $X_1, X_2, \cdots, X_n$ 为来自总体 X 的样本，$X_1, X_2, \cdots, X_n$ 是样本观察值，总体 X 有密度函数 $f(x, \theta) = \begin{cases} \theta x^{\theta-1}, 0 < x < 1, \\ 0, \quad 其他. \end{cases}$ 求 θ 的矩估计量.

7. 什么是统计量的评选标准？（基本概念、统计量、评选标准）

8. 什么是置信度、置信上限和置信下限，以及区间估计？

9. 试述区间估计的基本思想和步骤.

10. 如何确定一个正态总体下未知参数的置信区间？

11. 参数的点估计是区间估计的一种特殊形式吗？

12. 从一批零件中抽取 10 枚，测得零件的长度为（单位:cm）

$$3.12, 3.11, 3.13, 3.12, 3.14, 3.13, 3.10, 3.11, 3.12, 3.11,$$

设零件的长度服从正态分布. 在下列的两种情况下求总体均值 μ 的置信度为 90% 的置信区间 .（1）已知 $\sigma = 0.01$;（2）σ^2 未知.

第九章　行列式与矩阵

本章主要介绍与方程组有关的行列式与矩阵的一些基本内容,通过学习希望读者能掌握行列式、矩阵的基本性质、运算方法,为将来进一步学习打下基础.

第一节　行列式

一、行列式的定义

1. 二阶行列

用消元法解二元线性方程组

$$\begin{cases} a_{11}x_1 + a_{12}x_2 = b_1, \\ a_{21}x_1 + a_{22}x_2 = b_2. \end{cases} \tag{9-1}$$

为消去未知数 x_2,以 a_{22} 与 a_{12} 分别乘上列两方程的两端,然后再两个方程相减,得

$$(a_{11}a_{22} - a_{12}a_{21})x_1 = b_1 a_{22} - a_{12} b_2.$$

类似地,消去 x_1 得

$$(a_{11}a_{22} - a_{12}a_{21})x_2 = b_2 a_{11} - a_{21} b_1.$$

当 $a_{11}a_{22} - a_{12}a_{21} \neq 0$ 时,求得方程组(9-1)的解为

$$x_1 = \frac{b_1 a_{22} - a_{12} b_2}{a_{11}a_{22} - a_{12}a_{21}}, \quad x_2 = \frac{b_2 a_{11} - a_{21} b_1}{a_{11}a_{22} - a_{12}a_{21}}. \tag{9-2}$$

(9-2)式中的分子分母都是四个数分两对相乘再相减而得. 其中分母 $a_{11}a_{22} - a_{12}a_{21}$ 是由方程组(9-1)的四个系数确定的,把这两个数按它们在方程组(9-1)中的位置,排成两行两列的数表,为

$$\begin{matrix} a_{11} & a_{12} \\ a_{21} & a_{22} \end{matrix} \tag{9-3}$$

表达式 $a_{11}a_{22} - a_{12}a_{21}$ 称为数表(9-3)所确定的二阶行列式,并记作

$$\begin{vmatrix} a_{11} & a_{12} \\ a_{21} & a_{22} \end{vmatrix}. \tag{9-4}$$

数 $a_{ij}(i=1,2;j=1,2)$ 称为行列式(9-4)的元素. 元素 a_{ij} 的第一个下标 i 称为行标,表明该元素位于第 i 行,第二个下标 j 称为列标,表明该元素位于第 j 列.

可用对角线法则来记忆,把 a_{11} 到 a_{22} 的实连线称为主对角线,把 a_{12} 到 a_{21} 的虚连线称为副对角线,于是二阶行列式便是主对角线上的两元素之积减去副对角线上两元素之积所得的差.

例 1 求解二元线性方程组.

$$\begin{cases} 4x_1 - 2x_2 = 7, \\ 3x_1 - 2x_2 = 5. \end{cases}$$

解 由于

$$D = \begin{vmatrix} 4 & -2 \\ 3 & -2 \end{vmatrix} = -8 + 6 = -2,$$

$$D_1 = \begin{vmatrix} 7 & -2 \\ 5 & -2 \end{vmatrix} = -14 + 10 = -4,$$

$$D_2 = \begin{vmatrix} 4 & 7 \\ 3 & 5 \end{vmatrix} = 20 - 21 = -1.$$

因此

$$x_1 = \frac{D_1}{D} = 2, \quad x_2 = \frac{D_2}{D} = \frac{1}{2}.$$

2. 三阶行列式

定义 1 设有 9 个数排成 3 行 3 列的数表

$$\begin{matrix} a_{11} & a_{12} & a_{13} \\ a_{21} & a_{22} & a_{23} \\ a_{31} & a_{32} & a_{33} \end{matrix} \tag{9-5}$$

记

$$\begin{vmatrix} a_{11} & a_{12} & a_{13} \\ a_{21} & a_{22} & a_{23} \\ a_{31} & a_{32} & a_{33} \end{vmatrix} = \begin{matrix} a_{11}a_{22}a_{33} + a_{12}a_{23}a_{31} + a_{13}a_{21}a_{32} \\ - a_{11}a_{23}a_{32} - a_{12}a_{21}a_{33} - a_{13}a_{22}a_{31}, \end{matrix} \tag{9-6}$$

将(9-6)式称为数表(9-5)所确定的三阶行列式.

例 2 计算三阶行列式

$$D = \begin{vmatrix} 1 & -1 & 0 \\ 4 & -5 & -3 \\ 2 & 3 & 6 \end{vmatrix}.$$

解 按对角线法则,有

$$D = 1 \times (-5) \times 6 + (-1) \times (-3) \times 2 + 0 \times 4 \times 3 - 0 \times (-5)$$

$$\times 2 - 1 \times (-3) \times 3 - (-1) \times 4 \times 6$$

$$= -30 + 6 + 9 + 24 = 9.$$

3. n 阶行列式

对角线法则只适用于二阶行列式和三阶行列.为了研究四阶和四阶以上的更高阶的行列式,我们先来考察二阶行列式和三阶行列式的关系.

观察

$$D = \begin{vmatrix} a_{11} & a_{12} & a_{13} \\ a_{21} & a_{22} & a_{23} \\ a_{31} & a_{32} & a_{33} \end{vmatrix} = a_{11}a_{22}a_{33} + a_{12}a_{23}a_{31} + a_{13}a_{21}a_{32} - a_{11}a_{23}a_{32} - a_{12}a_{21}a_{32} - a_{13}a_{22}a_{31}$$

$$= a_{11} \begin{vmatrix} a_{22} & a_{23} \\ a_{32} & a_{33} \end{vmatrix} - a_{12} \begin{vmatrix} a_{21} & a_{23} \\ a_{31} & a_{33} \end{vmatrix} + a_{13} \begin{vmatrix} a_{21} & a_{22} \\ a_{31} & a_{32} \end{vmatrix},$$

由此可见,三阶行列式等于它第一行每个元素分别与一个二阶行列式的乘积的代数和.为了进一步了解这三个二阶行列式与原来三阶行列式的关系,我们引入余子式和代数余子式的概念.

在三阶行列式

$$D = \begin{vmatrix} a_{11} & a_{12} & a_{13} \\ a_{21} & a_{22} & a_{23} \\ a_{31} & a_{32} & a_{33} \end{vmatrix}$$

中,把元素 $a_{ij} (i, j = 1, 2, \cdots, n)$ 所在的第 i 行和第 j 列划去后,剩下的元素保持原来相对位置不变而构成的二阶行列式称为元素 a_{ij} 的余子式,记作 M_{ij}.

例如,在三阶行列式 D 中,元素 a_{11} 的余子式是在 D 中划去第一行和第一列后所构成的

二阶行列式 $M_{11} = \begin{vmatrix} a_{22} & a_{23} \\ a_{32} & a_{33} \end{vmatrix}$;元素 a_{13} 的余子式是在 D 中划去第一行和第三列后所构成的

二阶行列式 $M_{13} = \begin{vmatrix} a_{21} & a_{22} \\ a_{31} & a_{32} \end{vmatrix}$.

若记 $A_{ij} = (-1)^{i+j} M_{ij}$,则称 A_{ij} 为元素 a_{ij} 的代数余子式.

例如,$D = \begin{vmatrix} 3 & -6 & 4 \\ 2 & 3 & 1 \\ -6 & 1 & 5 \end{vmatrix}$ 中元素 2 的代数余子式为

$$A_{21} = (-1)^{2+1} M_{21} = - \begin{vmatrix} -6 & 4 \\ 1 & 5 \end{vmatrix} = 34,$$

应用余子式和代数余子式的概念,式子(9-6)可写成

$$D = \begin{vmatrix} a_{11} & a_{12} & a_{13} \\ a_{21} & a_{22} & a_{23} \\ a_{31} & a_{32} & a_{33} \end{vmatrix} = a_{11}A_{11} + a_{12}A_{12} + a_{13}A_{13}. \tag{9-7}$$

由此可见,三阶行列式的值等于第一行元素与其对应的代数余子式乘积之和. 称(9-7)为三阶行列式按第一行展开的展开式.

以此类推,我们可以用三阶行列式定义四阶行列,在已定义 $n-1$ 阶行列式后,可以定义 n 阶行列式.

二、行列式的性质

记

$$D = \begin{vmatrix} a_{11} & \cdots & a_{1n} \\ \vdots & & \vdots \\ a_{n1} & \cdots & a_{nn} \end{vmatrix}, D^{\mathrm{T}} = \begin{vmatrix} a_{11} & \cdots & a_{n1} \\ \vdots & & \vdots \\ a_{1n} & \cdots & a_{nn} \end{vmatrix}$$

将行列式 D^{T} 称为行列式 D 的转置行列式.

性质 1 设 $D = \begin{vmatrix} a_{11} & \cdots & a_{1n} \\ \vdots & & \vdots \\ a_{n1} & \cdots & a_{nn} \end{vmatrix}, D^{\mathrm{T}} = \begin{vmatrix} a_{11} & \cdots & a_{n1} \\ \vdots & & \vdots \\ a_{1n} & \cdots & a_{nn} \end{vmatrix},$ 则 $D^{\mathrm{T}} = D.$

证明略.

性质 2 设 $i < j, D = \begin{vmatrix} \cdots & \cdots & \cdots \\ a_{i1} & \cdots & a_{in} \\ \cdots & \cdots & \cdots \\ a_{j1} & \cdots & a_{jn} \\ \cdots & \cdots & \cdots \end{vmatrix}, D_1 = \begin{vmatrix} \cdots & \cdots & \cdots \\ a_{j1} & \cdots & a_{jn} \\ \cdots & \cdots & \cdots \\ a_{i1} & \cdots & a_{in} \\ \cdots & \cdots & \cdots \end{vmatrix},$ 则 $D_1 = -D.$

证明略.

推论 1 D 对调两列得 D_2,则 $D_2 = -D.$

推论 2 D 中某两行(列)元素对应相等,则 $D = 0.$

例如,对于任意的 a, b, c,都有 $\begin{vmatrix} 1 & 2 & 3 \\ a & b & c \\ 1 & 2 & 3 \end{vmatrix} = 0.$

性质 3
$$\begin{vmatrix} a_{11} & \cdots & a_{1n} \\ \cdots & \cdots & \cdots \\ ka_{i1} & \cdots & ka_{in} \\ \cdots & \cdots & \cdots \\ a_{n1} & \cdots & a_{nn} \end{vmatrix} = kD, \quad \begin{vmatrix} a_{11} & \cdots & ka_{1j} & \cdots & a_{1n} \\ \vdots & & \vdots & & \vdots \\ a_{n1} & \cdots & ka_{nj} & \cdots & a_{nn} \end{vmatrix} = kD.$$

推论 1 D 中某行(列)元素全为 0,则 $D=0$.

推论 2 D 中某两行(列)元素成比例,则 $D=0$.

性质 4 若对某个 i,有 $a_{ij}=b_{ij}+c_{ij}(j=1,2,\cdots,n)$,则

$$\begin{vmatrix} a_{11} & \cdots & a_{1n} \\ \cdots & \cdots & \cdots \\ a_{i1} & \cdots & a_{in} \\ \cdots & \cdots & \cdots \\ a_{n1} & \cdots & a_{nn} \end{vmatrix} = \begin{vmatrix} a_{11} & \cdots & a_{1n} \\ \cdots & \cdots & \cdots \\ b_{i1} & \cdots & b_{in} \\ \cdots & \cdots & \cdots \\ a_{n1} & \cdots & a_{nn} \end{vmatrix} + \begin{vmatrix} a_{11} & \cdots & a_{1n} \\ \cdots & \cdots & \cdots \\ c_{i1} & \cdots & c_{in} \\ \cdots & \cdots & \cdots \\ a_{n1} & \cdots & a_{nn} \end{vmatrix}.$$

注意:性质 4 对于列的情形也成立.

性质 5
$$\begin{vmatrix} \cdots & \cdots & \cdots \\ a_{i1} & \cdots & a_{in} \\ \cdots & \cdots & \cdots \\ a_{j1} & \cdots & a_{jn} \\ \cdots & \cdots & \cdots \end{vmatrix} \overset{r_i+kr_j}{=} \begin{vmatrix} \cdots & \cdots & \cdots \\ a_{i1}+ka_{j1} & \cdots & a_{in}+ka_{jn} \\ \cdots & \cdots & \cdots \\ a_{j1} & \cdots & a_{jn} \\ \cdots & \cdots & \cdots \end{vmatrix} \quad (i \neq j).$$

注意:性质 5 对于列的情形也成立.

例 3 计算 $D=\begin{vmatrix} 1 & -5 & 3 & -3 \\ 2 & 0 & 1 & -1 \\ 3 & 1 & -1 & 2 \\ 4 & 1 & 3 & -1 \end{vmatrix}$.

解 $D=\begin{vmatrix} 1 & -5 & 3 & -3 \\ 0 & 10 & -5 & 5 \\ 0 & 16 & -10 & 11 \\ 0 & 21 & -9 & 11 \end{vmatrix} = 5\begin{vmatrix} 1 & -5 & 3 & -3 \\ 0 & 2 & -1 & 1 \\ 0 & 0 & -2 & 3 \\ 0 & 1 & 1 & 1 \end{vmatrix} = (-5)\begin{vmatrix} 1 & -5 & 3 & -3 \\ 0 & 1 & 1 & 1 \\ 0 & 0 & -2 & 3 \\ 0 & 2 & -1 & 1 \end{vmatrix}$

$= (-5)\begin{vmatrix} 1 & -5 & 3 & -3 \\ 0 & 1 & 1 & 1 \\ 0 & 0 & -2 & 3 \\ 0 & 0 & -3 & -1 \end{vmatrix} = (-5)\begin{vmatrix} 1 & -5 & 3 & -3 \\ 0 & 1 & 1 & 1 \\ 0 & 0 & -2 & 3 \\ 0 & 0 & 0 & -\dfrac{11}{2} \end{vmatrix} = -55.$

三、克莱姆法则

讨论含有 n 个方程的 n 元线性方程组

$$\begin{cases} a_{11}x_1 + a_{12}x_2 + \cdots + a_{1n}x_n = b_1, \\ a_{21}x_1 + a_{22}x_2 + \cdots + a_{2n}x_n = b_2, \\ \qquad\qquad \cdots\cdots \\ a_{n1}x_1 + a_{n2}x_2 + \cdots + a_{nn}x_n = b_n. \end{cases} \tag{9-8}$$

的求解公式.

记线性方程组(9-8)的系数行列式为 D,用方程组(9-8)的常数项(自由项) $b_i(i=1,2,\cdots,n)$ 代换系数行列式 D 的第 j 列元素 $a_{ij}(i=1,2,\cdots,n)$,所得到的行列式记为 D_j,则

$$D = \begin{vmatrix} a_{11} & a_{12} & \cdots & a_{1n} \\ a_{21} & a_{22} & \cdots & a_{2n} \\ \vdots & \vdots & & \vdots \\ a_{n1} & a_{n2} & \cdots & a_{nn} \end{vmatrix}, D_j = \begin{vmatrix} a_{11} & \cdots & b_1 & \cdots & a_{1n} \\ \vdots & & \vdots & & \vdots \\ a_{j1} & \cdots & b_j & \cdots & a_{jn} \\ \vdots & & \vdots & & \vdots \\ a_{n1} & \cdots & b_n & \cdots & a_{nn} \end{vmatrix}.$$

用 D 中第 j 列元素的代数余子式 $A_{1j}, A_{2j}, \cdots, A_{nj}$ 依次乘方程组(9-8)中的 n 个方程,再把它们相加,得

$$\left(\sum_{k=1}^{n} a_{k1}A_{kj}\right)x_1 + \cdots + \left(\sum_{k=1}^{n} a_{kj}A_{kj}\right)x_j + \cdots + \left(\sum_{k=1}^{n} a_{kn}A_{kj}\right)x_n = \sum_{k=1}^{n} b_k A_{kj}.$$

根据代数余子式的重要性质可知,上面等式中左边 x_j 的系数等于 D,而其余 $x_i(i \neq j)$ 的系数均为 0;而等式右边即是 D_j,于是

$$D \cdot x_j = D_j(j=1,2,\cdots,n).$$

当 $D \neq 0$ 时,方程组(9-8)有唯一解

$$x_j = \frac{D_j}{D}(j=1,2,\cdots,n); \tag{9-9}$$

反过来,将解(9-9)代入方程组(9-8),容易验证

$$\sum_{j=1}^{n} a_{ij} \frac{D_j}{D} = b_i(i=1,2,\cdots,n),$$

即(9-9)式是方程组(9-8)的解.

定理1（G. Cramer 法则）若线性方程组(9-8)的系数行列式 $D \neq 0$,则方程组(9-8)有唯一解

$$x_j = \frac{D_j}{D} (j = 1, 2, \cdots, n).$$

例 4　解线性方程组

$$\begin{cases} x_1 + 2x_2 - 5x_3 + x_4 = 8, \\ 2x_1 - x_3 + 4x_4 = -5, \\ 6x_1 - x_2 + 3x_4 = -9, \\ 6x_1 + x_2 - 7x_3 + 4x_4 = 0. \end{cases}$$

解　$D = \begin{vmatrix} 1 & 2 & -5 & 1 \\ 2 & 0 & -1 & 4 \\ 6 & -1 & 0 & 3 \\ 6 & 1 & -7 & 4 \end{vmatrix} = \begin{vmatrix} 1 & 2 & -5 & 1 \\ 0 & -4 & 9 & 2 \\ 0 & -13 & 30 & -3 \\ 0 & -4 & 23 & -2 \end{vmatrix} = 89$

$D_1 = \begin{vmatrix} 8 & 2 & -5 & 1 \\ -5 & 0 & -1 & 4 \\ -9 & -1 & 0 & 3 \\ 0 & 1 & -7 & 4 \end{vmatrix} = \begin{vmatrix} 8 & 0 & 9 & -7 \\ -5 & 0 & -1 & 4 \\ -9 & 0 & -7 & 7 \\ 0 & 1 & -7 & 4 \end{vmatrix} = (-1)^{4+2} \begin{vmatrix} 8 & 9 & -7 \\ -5 & -1 & 4 \\ -9 & -7 & 7 \end{vmatrix} = -23,$

$D_2 = \begin{vmatrix} 1 & 8 & -5 & 1 \\ 2 & -5 & -1 & 4 \\ 6 & -9 & 0 & 3 \\ 6 & 0 & -7 & 4 \end{vmatrix} = \begin{vmatrix} -9 & 33 & 0 & -19 \\ 2 & -5 & -1 & 4 \\ 6 & -9 & 0 & 3 \\ -8 & 35 & 0 & -24 \end{vmatrix} = (-1) \cdot (-1)^{2+3} \begin{vmatrix} -9 & 33 & -19 \\ 6 & -9 & 3 \\ -8 & 35 & -24 \end{vmatrix}$

$= 339,$

$D_3 = \begin{vmatrix} 1 & 2 & 8 & 1 \\ 2 & 0 & -5 & 4 \\ 6 & -1 & -9 & 3 \\ 6 & 1 & 0 & 4 \end{vmatrix} = \begin{vmatrix} -11 & 0 & 8 & -7 \\ 2 & 0 & -5 & 4 \\ 12 & 0 & -9 & 7 \\ 6 & 1 & 0 & 4 \end{vmatrix} = (-1)^{4+2} \begin{vmatrix} -11 & 8 & -7 \\ 2 & -5 & 4 \\ 12 & -9 & 7 \end{vmatrix} = -33,$

$$D_4 = \begin{vmatrix} 1 & 2 & -5 & 8 \\ 2 & 0 & -1 & -5 \\ 6 & -1 & 0 & -9 \\ 6 & 1 & -7 & 0 \end{vmatrix} = \begin{vmatrix} -9 & 2 & 0 & 33 \\ 2 & 0 & -1 & -5 \\ 6 & -1 & 0 & -9 \\ -8 & 1 & 0 & 35 \end{vmatrix} = (-1) \cdot (-1)^{2+3} \begin{vmatrix} -9 & 2 & 33 \\ 6 & -1 & -9 \\ -8 & 1 & 35 \end{vmatrix}$$

$$= -108,$$

故

$$x_1 = \frac{D_1}{D} = -\frac{23}{89}, x_2 = \frac{D_2}{D} = -\frac{339}{89},$$

$$x_3 = \frac{D_3}{D} = -\frac{33}{89}, x_4 = \frac{D_4}{D} = -\frac{108}{89}.$$

习 题 一

1. 计算下列行列式.

1. $\begin{vmatrix} \sqrt{2}-1 & 1 \\ 1 & \sqrt{2}+1 \end{vmatrix}$; 2. $\begin{vmatrix} x-1 & x^3 \\ 1 & x^2+x+1 \end{vmatrix}$; 3. $\begin{vmatrix} 3 & -6 & 4 \\ 2 & 3 & 1 \\ -6 & 1 & 5 \end{vmatrix}$;

4. $\begin{vmatrix} 2 & -1 & -2 \\ 3 & 4 & 1 \\ 1 & 6 & 2 \end{vmatrix}$; 5. $\begin{vmatrix} 7 & 10 & 13 \\ 8 & 11 & 14 \\ 9 & 12 & 15 \end{vmatrix}$; 6. $\begin{vmatrix} 1 & 1 & 1 \\ 2 & 3 & 4 \\ 2^2 & 3^2 & 4^2 \end{vmatrix}$;

7. $\begin{vmatrix} 1 & 2 & 3 & 4 \\ 2 & 3 & 4 & 1 \\ 3 & 4 & 1 & 2 \\ 4 & 1 & 2 & 3 \end{vmatrix}$; 8. $\begin{vmatrix} 3 & 1 & 1 & 1 \\ 1 & 3 & 1 & 1 \\ 1 & 1 & 3 & 1 \\ 1 & 1 & 1 & 3 \end{vmatrix}$;

9. $\begin{vmatrix} 2 & 1 & -1 & 2 \\ -4 & 1 & 2 & -4 \\ 3 & 0 & 1 & -1 \\ 1 & -3 & 0 & -2 \end{vmatrix}$; 10. $\begin{vmatrix} 3 & 5 & 1 & 1 \\ 1 & -2 & -1 & -2 \\ 0 & 2 & 0 & 2 \\ -1 & 3 & 2 & 2 \end{vmatrix}$.

2. 算出下列行列式的全部代数余子式.

1. $\begin{vmatrix} 1 & 2 & 1 & 4 \\ 0 & -1 & 2 & 1 \\ 0 & 0 & 2 & 1 \\ 0 & 0 & 0 & 3 \end{vmatrix}$; 2. $\begin{vmatrix} 1 & -1 & 2 \\ 3 & 2 & 1 \\ 0 & 1 & 4 \end{vmatrix}$; 3. $\begin{vmatrix} 1 & 1 & 1 & 1 \\ 2 & 1 & 1 & -3 \\ 1 & 2 & 2 & 5 \\ 4 & 3 & 2 & 1 \end{vmatrix}$.

第二节 矩阵的概念及其运算

一、矩阵的概念

矩阵是数(或函数)的矩形阵表.

定义1 由 $m \times n$ 个元素(element) $a_{ij} = (i = 1, 2, \cdots, m; j = 1, 2, \cdots, n)$ 排列成的一个 m 行 n 列(横称行,纵称列)有序矩形数表,并加圆括号或方括号标记

$$\begin{bmatrix} a_{11} & a_{12} & \cdots & a_{1n} \\ a_{21} & a_{22} & \cdots & a_{2n} \\ \vdots & \vdots & & \vdots \\ a_{m1} & a_{m2} & \cdots & a_{mn} \end{bmatrix} \text{或} \begin{bmatrix} a_{11} & a_{12} & \cdots & a_{1n} \\ a_{21} & a_{22} & \cdots & a_{2n} \\ \vdots & \vdots & & \vdots \\ a_{m1} & a_{m2} & \cdots & a_{mn} \end{bmatrix}$$

称为 m 行 n 列矩阵,简称 $m \times n$ 矩阵. 矩阵通常用大写字母 $\boldsymbol{A}, \boldsymbol{B}, \boldsymbol{C}, \cdots$ 表示,例如上述矩阵可以记为 $\boldsymbol{A}$ 或 $\boldsymbol{A}_{m \times n}$,也可记为

$$\boldsymbol{A} = \begin{bmatrix} a_{ij} \end{bmatrix}_{m \times n}$$

特别地,当 $m = n$ 时,称 $\boldsymbol{A}$ 为 n 阶矩阵或 n 阶方阵. 在 n 阶方阵中,从左上角到右下角的对角线称为主对角线,从右上角到左下角的对角线称为次对角线.

当 $m = 1$ 或 $n = 1$ 时,矩阵只有一行或只有一列,即

$$\boldsymbol{A} = \begin{bmatrix} a_{11} & a_{12} & \cdots & a_{1n} \end{bmatrix} \text{或} \boldsymbol{A} = \begin{bmatrix} a_{11} \\ a_{21} \\ \vdots \\ a_{m1} \end{bmatrix},$$

分别称为行矩阵或列矩阵,亦称为行向量或列向量.

当 $m = n = 1$ 时,矩阵为一阶方阵. 一阶方阵可作为数对待,但决不可将数看做是一阶方阵.

注意:矩阵与行列式有着本质的区别.

(1)矩阵是一个数表;而行列式是一个算式,一个数字行列式通过计算可求得其值.

(2)矩阵的行数与列数可以相等,也可以不等;而行列式的行数与列数则必须相等.

(3)对于 n 阶方阵 $\boldsymbol{A}$,有时也需计算它对应的行列式(记为 $|\boldsymbol{A}|$ 或 $\det \boldsymbol{A}$),但方阵 $\boldsymbol{A}$ 和方阵行列式 $\det \boldsymbol{A}$ 是不同的概念.

若两个矩阵的行数与列数分别相等,则称它们是同型矩阵.

若矩阵 $\boldsymbol{A} = \begin{bmatrix} a_{ij} \end{bmatrix}$ 与 $\boldsymbol{B} = \begin{bmatrix} b_{ij} \end{bmatrix}$ 是同型矩阵,并且它们的对应元素相等,即

$$a_{ij} = b_{ij}(i=1,2,\cdots,m;j=1,2,\cdots,n),$$

则称矩阵 A 与矩阵 B 相等,记为 $A=B$.

矩阵按元素的取值类型可分为实矩阵(元素都是实数)、复矩阵(元素都是复数)和超矩阵(元素本身是矩阵或其他更一般的数学对象).本教程除预先说明外,一般只讨论实矩阵.

二、矩阵的初等变换

(1) 把矩阵的某行乘以非零常数 k(相当于方程组某个方程等式两边同乘以非零数),记作 kr_i.

(2) 矩阵某两行对调(相当于两个方程对换位置),记作 $r_i \leftrightarrow r_j$.

(3) 某行乘以数 k 加到另外一行上(相当于某个方程的倍数与另外一个方程相加),记作 $r_i + kr_j$.

以上三种变换称为矩阵的初等行变换,用方程组的话来说,初等行变换不改变方程组的解.矩阵还有初等列变换,它与初等行变换统称初等变换.

三、矩阵的秩

矩阵的秩是矩阵的一个重要数字特征,它不仅与讨论可逆矩阵的问题密切相关,而且在讨论线性方程组的解的情况中也有重要地应用.

1. 矩阵秩的概念

定义 2.2 设 A 是一 $m \times n$ 矩阵,在 A 中任意选取 k 行 k 列交点上的 k^2 个元素,按原来次序组成的 k 阶行列式,称为矩阵 A 的一个 k 阶子式(minor),记为 $D_k(A)$,其中 $1 \leqslant k \leqslant \min\{m,n\}$.

矩阵 $A_{m \times n}$ 的 k 阶子式 $D_k(A)$ 共有 $C_m^k \cdot C_n^k$ 个.

定义 2.3 矩阵 A 的非零子式的最高阶数称为矩阵 A 的秩(rank),记为 $rank(A)$ 或 $R(A)$.

规定:零矩阵 O 的秩为零,即 $R(O)=0$.

由矩阵秩的定义,可以知道以下结论:

(1) 对于任何 $m \times n$ 矩阵 A,都有唯一确定的秩,且 $0 \leqslant R(A) \leqslant \min\{m,n\}$.

(2) 矩阵 A 的秩等于其转置矩阵 A^T 的秩,即 $R(A) = R(A^T)$.

(3) 若矩阵 A 中有一个 r 阶子式不为零,则 $R(A) \geqslant r$;若矩阵 A 的所有 $r+1$ 阶子式(若存在时)全等于零,则 $R(A) \leqslant r$.

此结论也可叙述为:若 $R(A)=r$,则矩阵 A 中至少有一个 $D_r(A) \neq 0$,而所有的 $D_{r+1}(A) = 0$.

(4) 对于 n 阶方阵 A,若 A 可逆,则

$$\det(A) \neq 0 \Leftrightarrow R(A) = n$$

反之,若 A 奇异,则

$$\det(\boldsymbol{A}) = 0 \Leftrightarrow R(\boldsymbol{A}) < n$$

（5）对于 $m \times n$ 矩阵 $\boldsymbol{A}$，当 $R(\boldsymbol{A}) = m$ 时，称为行满秩矩阵；当 $R(\boldsymbol{A}) = n$ 时，称为列满秩矩阵．

例1 求矩阵 $\boldsymbol{A} = \begin{bmatrix} 0 & 1 & 2 & 3 \\ 1 & 0 & 1 & 0 \\ 0 & 2 & 4 & 6 \end{bmatrix}$ 的秩．

解 在 $\boldsymbol{A}$ 中，容易看出一个 2 阶子式 $\begin{vmatrix} 0 & 1 \\ 1 & 0 \end{vmatrix} = -1 \neq 0$，而所有的三阶子式都等于零，故该矩阵的秩为 2．

2. 矩阵秩的计算

若按照矩阵秩的定义计算矩阵的秩，由于要计算很多行列式，这是相当麻烦的事．如果我们注意到矩阵的秩只涉及子式是否为零，并不需要知道子式的准确值，而初等变换不改变行列式是否为零的性质，这样我们可以利用初等变换来求矩阵的秩．

定理 2.1 矩阵的初等变换不改变矩阵的秩．即若 $\boldsymbol{A} \sim \boldsymbol{B}$，则 $R(\boldsymbol{A}) = R(\boldsymbol{B})$．

根据此定理，在求矩阵 $\boldsymbol{A}$ 的秩时，可以利用矩阵的初等行变换尽量化简 $\boldsymbol{A}$，然后对化简后的矩阵求秩．

例2 设矩阵 $\boldsymbol{A} = \begin{bmatrix} 3 & 2 & 0 & 5 & 0 \\ 3 & -2 & 3 & 6 & -1 \\ 2 & 0 & 1 & 5 & -3 \\ 1 & 6 & -4 & -1 & 4 \end{bmatrix}$，求 $\boldsymbol{A}$ 的秩，并写出 $\boldsymbol{A}$ 的一个最高阶非零子式．

解 对矩阵 $\boldsymbol{A}$ 进行初等行变换得

$$\boldsymbol{A} = \begin{bmatrix} 3 & 2 & 0 & 5 & 0 \\ 3 & -2 & 3 & 6 & -1 \\ 2 & 0 & 1 & 5 & -3 \\ 1 & 6 & -4 & -1 & 4 \end{bmatrix} \rightarrow \begin{bmatrix} 1 & 6 & -4 & -1 & 4 \\ 3 & -2 & 3 & 6 & -1 \\ 2 & 0 & 1 & 5 & -3 \\ 3 & 2 & 0 & 5 & 0 \end{bmatrix} \rightarrow \begin{bmatrix} 1 & 6 & -4 & -1 & 4 \\ 0 & -20 & 15 & 9 & -13 \\ 0 & -12 & 9 & 7 & -11 \\ 0 & -16 & 12 & 8 & -12 \end{bmatrix}$$

$$\rightarrow \begin{bmatrix} 1 & 6 & -4 & -1 & 4 \\ 0 & 4 & -3 & -5 & 9 \\ 0 & -12 & 9 & 7 & -11 \\ 0 & -16 & 12 & 8 & -12 \end{bmatrix} \rightarrow \begin{bmatrix} 1 & 6 & -4 & -1 & 4 \\ 0 & 4 & -3 & -5 & 9 \\ 0 & 0 & 0 & -8 & 16 \\ 0 & 0 & 0 & -12 & 24 \end{bmatrix} \rightarrow \begin{bmatrix} 1 & 6 & -4 & -1 & 4 \\ 0 & 4 & -3 & -5 & 9 \\ 0 & 0 & 0 & -8 & 16 \\ 0 & 0 & 0 & 0 & 0 \end{bmatrix}$$

故 $R(\boldsymbol{A}) = 3$，其中一个最高阶非零子式为

$$\begin{vmatrix} 3 & 2 & 5 \\ 3 & -2 & 6 \\ 2 & 0 & 5 \end{vmatrix}$$

定义 2.4　满足下列两个条件的矩阵称为行阶梯形矩阵,记为 J.

(1) 若矩阵有零行(元素全部为 0 的行),零行全部在下方;

(2) 各非零行的首非零元(第一个不为 0 的元素)的列标随着行标的递增而严格增大.

由此定义可知,若行阶梯形矩阵 J 有 r 个非零行,且第一行的首非零元是 a_{1j_1},第二行的首非零元是 a_{2j_2},…,第 r 行的首非零元是 a_{rj_r},则有 $1 \leqslant j_1 < j_2 < \cdots < j_r \leqslant n$,其中 n 是行阶梯形矩阵 J 的列数.行阶梯形矩阵中非零行的行数就是矩阵 J 的矩阵.

定理 2.2　设 A 是 $m \times n$ 矩阵,则 $R(A) = r$ 的充分必要条件是通过初等行变换能把 A 化成具有 r 个非零行的行阶梯形矩阵 J.

例 3　求矩阵 $A = \begin{bmatrix} 1 & 1 & 2 & 2 & 1 \\ 0 & 2 & 1 & 5 & -1 \\ 2 & 0 & 3 & -1 & 3 \\ 1 & 1 & 0 & 4 & -1 \end{bmatrix}$ 的秩.

解　对 A 进行初等行变换得

$$A = \begin{bmatrix} 1 & 1 & 2 & 2 & 1 \\ 0 & 2 & 1 & 5 & -1 \\ 2 & 0 & 3 & -1 & 3 \\ 1 & 1 & 0 & 4 & -1 \end{bmatrix} \rightarrow \begin{bmatrix} 1 & 1 & 2 & 2 & 1 \\ 0 & 2 & 1 & 5 & -1 \\ 0 & -2 & -1 & -5 & 1 \\ 0 & 0 & -2 & 2 & -2 \end{bmatrix}$$

$$\rightarrow \begin{bmatrix} 1 & 1 & 2 & 2 & 1 \\ 0 & 2 & 1 & 5 & -1 \\ 0 & 0 & 0 & 0 & 0 \\ 0 & 0 & -2 & 2 & -2 \end{bmatrix} \rightarrow \begin{bmatrix} 1 & 1 & 2 & 2 & 1 \\ 0 & 2 & 1 & 5 & -1 \\ 0 & 0 & -2 & 2 & -2 \\ 0 & 0 & 0 & 0 & 0 \end{bmatrix}$$

所以 $R(A) = 3$

标准型矩阵:左上角是一 $R(A)$ 阶单位矩阵,其他元素是 0,一般可用分块矩阵表示为

$$\begin{bmatrix} E_r & O \\ O & O \end{bmatrix}$$

例 4　设矩阵 $A = \begin{bmatrix} 1 & -1 & 1 & 2 \\ 3 & \mu & -1 & 2 \\ 5 & 3 & \lambda & 6 \end{bmatrix}$,若 $R(A) = 2$,求 λ 与 μ 的值.

解 对进行初等变换得

$$A = \begin{bmatrix} 1 & -1 & 1 & 2 \\ 3 & \mu & -1 & 2 \\ 5 & 3 & \lambda & 6 \end{bmatrix} \rightarrow \begin{bmatrix} 1 & -1 & 1 & 2 \\ 0 & \mu+3 & -4 & -4 \\ 0 & 8 & \lambda-5 & -4 \end{bmatrix}$$

由于 $R(A)=2$ 所以 $\mu+3=8 \Rightarrow \mu=5$ $\lambda-5=-4 \Rightarrow \lambda=1$

例 5 设矩阵

$$A = \begin{bmatrix} 1 & 3 & 1 & 4 \\ 2 & 5 & 2 & 0 \end{bmatrix}, B = \begin{bmatrix} 1 & 2 & 3 & -4 \\ 2 & -2 & -3 & 8 \\ 3 & -6 & -9 & -4 \\ -4 & 4 & 6 & 0 \end{bmatrix}$$

求 $R(A), R(B), R(AB)$.

解 对 A 和 B 进行初等行变换得

$$A = \begin{bmatrix} 1 & 3 & 1 & 4 \\ 2 & 5 & 2 & 0 \end{bmatrix} \rightarrow \begin{bmatrix} 1 & 3 & 1 & 4 \\ 0 & -1 & 0 & -8 \end{bmatrix}$$

所以 $R(A)=2$

$$B = \begin{bmatrix} 1 & 2 & 3 & -4 \\ 2 & -2 & -3 & 8 \\ 3 & -6 & -9 & -4 \\ -4 & 4 & 6 & 0 \end{bmatrix} \rightarrow \begin{bmatrix} 1 & 2 & 3 & -4 \\ 0 & -6 & -9 & 16 \\ 0 & -12 & -18 & 8 \\ 0 & 12 & 18 & -16 \end{bmatrix}$$

$$\rightarrow \begin{bmatrix} 1 & 2 & 3 & -4 \\ 0 & -6 & -9 & 16 \\ 0 & 0 & 0 & -24 \\ 0 & 0 & 0 & 16 \end{bmatrix} \rightarrow \begin{bmatrix} 1 & 2 & 3 & -4 \\ 0 & -6 & -9 & 16 \\ 0 & 0 & 0 & -8 \\ 0 & 0 & 0 & 0 \end{bmatrix}$$

所以 $R(B)=3$

$$AB = \begin{bmatrix} 1 & 3 & 1 & 4 \\ 2 & 5 & 2 & 0 \end{bmatrix} \times \begin{bmatrix} 1 & 2 & 3 & -4 \\ 2 & -2 & -3 & 8 \\ 3 & -6 & -9 & -4 \\ -4 & 4 & 6 & 0 \end{bmatrix} = \begin{bmatrix} -6 & 6 & 9 & 16 \\ 18 & -18 & -27 & -24 \end{bmatrix}$$

现对 AB 进行初等变换

$$AB = \begin{bmatrix} -6 & 6 & 9 & 16 \\ 18 & -18 & -27 & -24 \end{bmatrix} \rightarrow \begin{bmatrix} -6 & 6 & 9 & 16 \\ 0 & 0 & 0 & 24 \end{bmatrix}$$

所以 $R(AB) = 2$

对于矩阵运算的秩,有下面的结论.

(1) 若矩阵 A,B 是同型矩阵,则 $R(A+B) \leqslant R(A) + R(B)$;

(2) 若矩阵 A,B 可相乘,则 $R(AB) \leqslant \min\{R(A), R(B)\}$;

(3) 若矩阵 $A_{m \times s}B_{s \times n} = O$,则 $R(A) + R(B) \leqslant s$

(4) 若矩阵 P,Q 可逆,则 $R(PAQ) = R(A)$;

(4) 若矩阵 A,B 可合并,则 $\max\{R(A), R(B)\} \leqslant R(A \mid B) \leqslant R(A) + R(B)$.

四、矩阵的运算

1. 矩阵的加法

定义 2 设 $A = [a_{ij}], B = [b_{ij}]$ 是两个 $m \times n$ 矩阵,规定:

$$A + B = [a_{ij} + b_{ij}]_{m \times n} = \begin{bmatrix} a_{11} + b_{11} & a_{12} + b_{12} & \cdots & a_{1n} + b_{1n} \\ a_{21} + b_{21} & a_{22} + b_{22} & \cdots & a_{2n} + b_{2n} \\ \vdots & \vdots & & \vdots \\ a_{m1} + b_{m1} & a_{m2} + b_{m2} & \cdots & a_{mn} + b_{mn} \end{bmatrix},$$

称矩阵 $A + B$ 为 A 与 B 的和.

定义中蕴含了同型矩阵是矩阵相加的必要条件,故在确认记号 $A+B$ 有意义时,即已承认了 A 与 B 是同型矩阵的事实.

若 $A = [a_{ij}], B = [b_{ij}]$ 是两个 $m \times n$ 矩阵,由矩阵加法和负矩阵的概念,规定:

$$A - B = A + (-B) = [a_{ij}] + [-b_{ij}] = [a_{ij} - b_{ij}],$$

则称 $A - B$ 为 A 与 B 的差.

例 1 设 $A = \begin{bmatrix} 2 & 5 & -1 \\ 5 & 2 & 3 \end{bmatrix}, B = \begin{bmatrix} 1 & -5 & 4 \\ 4 & 3 & 6 \end{bmatrix}$. 求 $A + B, A - B$.

解
$$A + B = \begin{bmatrix} 2 & 5 & -1 \\ 5 & 2 & 3 \end{bmatrix} + \begin{bmatrix} 1 & -5 & 4 \\ 4 & 3 & 6 \end{bmatrix} = \begin{bmatrix} 3 & 0 & 3 \\ 9 & 5 & 9 \end{bmatrix},$$

$$A - B = \begin{bmatrix} 2 & 5 & -1 \\ 5 & 2 & 3 \end{bmatrix} - \begin{bmatrix} 1 & -5 & 4 \\ 4 & 3 & 6 \end{bmatrix} = \begin{bmatrix} 1 & 10 & -5 \\ 1 & -1 & -3 \end{bmatrix}.$$

2. 矩阵的数乘

定义 3 设 λ 是任意一个实数,$A = [a_{ij}]$ 是一个 $m \times n$ 矩阵,规定:

$$\lambda \boldsymbol{A} = \left[\lambda a_{ij}\right]_{m \times n} = \begin{bmatrix} \lambda a_{11} & \lambda a_{12} & \cdots & \lambda a_{1n} \\ \lambda a_{21} & \lambda a_{22} & \cdots & \lambda a_{2n} \\ \vdots & \vdots & & \vdots \\ \lambda a_{m1} & \lambda a_{m1} & \cdots & \lambda a_{mn} \end{bmatrix},$$

称矩阵 $\lambda \boldsymbol{A}$ 为数 λ 与矩阵 $\boldsymbol{A}$ 的数量乘积或简称之为矩阵的数乘.

由定义可知,用数 λ 乘一个矩阵 $\boldsymbol{A}$,需要用数 λ 乘矩阵 $\boldsymbol{A}$ 的每一个元素.特别地,当 $\lambda = -1$ 时,即得到 $\boldsymbol{A}$ 的负矩阵 $-\boldsymbol{A}$.

例 2 设 $\boldsymbol{A} = \begin{bmatrix} 3 & 1 & 4 \\ 1 & 5 & 9 \end{bmatrix}$, $\boldsymbol{B} = \begin{bmatrix} 1 & 2 & 3 \\ 7 & 8 & 9 \end{bmatrix}$. 求 $2\boldsymbol{A} - 3\boldsymbol{B}$.

解 $\boldsymbol{A} - 3\boldsymbol{B} = 2 \times \begin{bmatrix} 3 & 1 & 4 \\ 1 & 5 & 9 \end{bmatrix} - 3 \times \begin{bmatrix} 1 & 2 & 3 \\ 7 & 8 & 9 \end{bmatrix}$

$$= \begin{bmatrix} 6 & 2 & 8 \\ 2 & 10 & 18 \end{bmatrix} - \begin{bmatrix} 3 & 6 & 9 \\ 21 & 24 & 27 \end{bmatrix} = \begin{bmatrix} 3 & -4 & -1 \\ -19 & -14 & -9 \end{bmatrix}.$$

矩阵的加法与数乘合起来,统称为矩阵的线性运算. 即

$$\alpha \boldsymbol{A} + \beta \boldsymbol{B} = \left[\alpha a_{ij} + \beta b_{ij}\right].$$

例 3 设 $\boldsymbol{A} = \begin{bmatrix} 1 & 0 \\ 0 & 0 \\ 0 & 1 \end{bmatrix}$, $\boldsymbol{B} = \begin{bmatrix} 2 & 7 \\ 1 & 8 \\ 2 & 8 \end{bmatrix}$, $\boldsymbol{C} = \begin{bmatrix} 3 & 1 \\ 1 & 5 \\ 4 & 9 \end{bmatrix}$. 试解矩阵方程

$$3\boldsymbol{X} - 2\boldsymbol{A} + 3\boldsymbol{B} = 2\boldsymbol{X} - 5\boldsymbol{C}.$$

解 由题意知,$\boldsymbol{X} = 2\boldsymbol{A} - 3\boldsymbol{B} - 5\boldsymbol{C}$.

$$2\boldsymbol{A} - 3\boldsymbol{B} - 5\boldsymbol{C} = 2 \times \begin{bmatrix} 1 & 0 \\ 0 & 0 \\ 0 & 1 \end{bmatrix} - 3 \times \begin{bmatrix} 2 & 7 \\ 1 & 8 \\ 2 & 8 \end{bmatrix} - 5 \times \begin{bmatrix} 3 & 1 \\ 1 & 5 \\ 4 & 9 \end{bmatrix}$$

$$= \begin{bmatrix} 2 & 0 \\ 0 & 0 \\ 0 & 2 \end{bmatrix} - \begin{bmatrix} 6 & 21 \\ 3 & 24 \\ 6 & 24 \end{bmatrix} - \begin{bmatrix} 15 & 5 \\ 5 & 25 \\ 20 & 45 \end{bmatrix} = \begin{bmatrix} -19 & -26 \\ -8 & -49 \\ -26 & -67 \end{bmatrix}.$$

3. 矩阵的乘法

定义 4 设 $\boldsymbol{A}$ 是一个 $m \times s$ 矩阵,$\boldsymbol{B}$ 是一个 $s \times n$ 矩阵,$\boldsymbol{C}$ 是一个 $m \times n$ 矩阵,

$$\boldsymbol{A} = \begin{bmatrix} a_{11} & a_{12} & \cdots & a_{1s} \\ a_{21} & a_{22} & \cdots & a_{2s} \\ \vdots & \vdots & & \vdots \\ a_{m1} & a_{m2} & \cdots & a_{ms} \end{bmatrix}, \boldsymbol{B} = \begin{bmatrix} b_{11} & b_{12} & \cdots & b_{1n} \\ b_{21} & b_{22} & \cdots & b_{2n} \\ \vdots & \vdots & & \vdots \\ b_{s1} & b_{s2} & \cdots & b_{sn} \end{bmatrix}, \boldsymbol{C} = \begin{bmatrix} c_{11} & c_{12} & \cdots & c_{1n} \\ c_{21} & c_{22} & \cdots & c_{2n} \\ \vdots & \vdots & & \vdots \\ c_{m1} & c_{m2} & \cdots & c_{mn} \end{bmatrix},$$

其中，$c_{ij} = a_{i1}b_{1j} + a_{i2}b_{2j} + \cdots + a_{is}b_{sj} = \sum\limits_{k=1}^{s} a_{ik}b_{kj} \, (i=1,2,\cdots,m; j=1,2,\cdots,n)$，则矩阵 C 称为矩阵 A 与 B 的乘积，记为 $AB = C$.

在矩阵的乘法定义中，要求左矩阵的列数与右矩阵的行数相等，否则不能进行乘法运算. 乘积矩阵 $C = AB$ 中的第 i 行第 j 列个元素等于 A 的第 i 行元素与 B 的第 j 列对应元素的乘积之和，简称为行乘列法则.

例 4 设 $A = \begin{bmatrix} 1 & 2 \\ 3 & 4 \end{bmatrix}$，$B = \begin{bmatrix} 3 & 1 & 4 \\ 1 & 5 & 9 \end{bmatrix}$. 求 AB.

解 $AB = \begin{bmatrix} 1 & 2 \\ 3 & 4 \end{bmatrix} \times \begin{bmatrix} 3 & 1 & 4 \\ 1 & 5 & 9 \end{bmatrix} = \begin{bmatrix} 5 & 11 & 22 \\ 13 & 23 & 48 \end{bmatrix}$.

因为矩阵 B 的列数与 A 的行数不等，所以 B 与 A 是不能相乘.

例 5 设 A 是一个 $1 \times n$ 的行矩阵，B 是一个 $n \times 1$ 的列矩阵，且

$$A = \begin{bmatrix} a_1 & a_2 & \cdots & a_n \end{bmatrix}, \quad B = \begin{bmatrix} b_1 \\ b_2 \\ \vdots \\ b_n \end{bmatrix}.$$

求 AB 和 BA.

解 $AB = \begin{bmatrix} a_1 & a_2 & \cdots & a_n \end{bmatrix} \times \begin{bmatrix} b_1 \\ b_2 \\ \vdots \\ b_n \end{bmatrix} = (a_1 b_1 + a_2 b_2 + \cdots + a_n b_n),$

$$BA = \begin{bmatrix} b_1 \\ b_2 \\ \vdots \\ b_n \end{bmatrix} \times \begin{bmatrix} a_1 & a_2 & \cdots & a_n \end{bmatrix} = \begin{bmatrix} b_1 a_1 & b_1 a_2 & \cdots & b_1 a_n \\ b_2 a_1 & b_2 a_2 & \cdots & b_2 a_n \\ \vdots & \vdots & & \vdots \\ b_n a_1 & b_n a_2 & \cdots & b_n a_n \end{bmatrix}.$$

计算结果表明，乘积矩阵 AB 是一个一阶矩阵，BA 是一个 n 阶矩阵. 一般而言，运算结果是一个一阶矩阵时，可以将其作为一个数看待，可以不加矩阵记号 [ ]，但在运算过程中，却不可以将一阶矩阵看成是一个数.

例 6 设 $A = \begin{bmatrix} 1 & 1 \\ -1 & -1 \end{bmatrix}$，$B = \begin{bmatrix} 1 & -1 \\ -1 & 1 \end{bmatrix}$. 求 AB 和 BA.

解 $AB = \begin{bmatrix} 1 & 1 \\ -1 & -1 \end{bmatrix} \times \begin{bmatrix} 1 & -1 \\ -1 & 1 \end{bmatrix} = \begin{bmatrix} 0 & 0 \\ 0 & 0 \end{bmatrix},$

$$BA = \begin{bmatrix} 1 & -1 \\ -1 & 1 \end{bmatrix} \times \begin{bmatrix} 1 & 1 \\ -1 & -1 \end{bmatrix} = \begin{bmatrix} 2 & 2 \\ -2 & -2 \end{bmatrix}.$$

由以上三例可知,给定两个矩阵 A 和 B,它们的乘积矩阵 AB 和 BA 未必都有意义,即使都有意义时,也未必相等. 矩阵乘法运算一般不满足交换律. 因此,在进行乘法运算时,一定要注意乘法的次序,不能随意改变.

凡事有例外. 若两个矩阵 A 和 B 满足乘法交换律,即

$$AB = BA,$$

则称矩阵 A 和 B 是可交换相乘的矩阵.

特别地,n 阶数量矩阵与所有 n 阶方阵可交换;反之,能够与所有 n 阶方阵可交换的矩阵一定是 n 阶数量矩阵.

例 7 设矩阵 $A = \begin{bmatrix} 0 & 1 \\ 4 & 3 \end{bmatrix}$,$B = \begin{bmatrix} -1 & 1 \\ 4 & 2 \end{bmatrix}$,试判断 A 和 B 是否可交换?

解
$$AB = \begin{bmatrix} 0 & 1 \\ 4 & 3 \end{bmatrix} \times \begin{bmatrix} -1 & 1 \\ 4 & 2 \end{bmatrix} = \begin{bmatrix} 4 & 2 \\ 8 & 10 \end{bmatrix},$$

$$BA = \begin{bmatrix} -1 & 1 \\ 4 & 2 \end{bmatrix} \times \begin{bmatrix} 0 & 1 \\ 4 & 3 \end{bmatrix} = \begin{bmatrix} 4 & 2 \\ 8 & 10 \end{bmatrix}.$$

因为 $AB = BA$,故可以交换.

单位矩阵 E 是矩阵乘法的幺元,起着类似于数 1 在数的乘法中的作用. 在满足矩阵相乘的条件时,对任意矩阵 $A_{m \times n}$ 总有

$$E_m A = A E_n = A.$$

零矩阵 O 是矩阵乘法的零元,起着类似于数 0 在数的乘法中的作用. 在满足矩阵相乘的条件时,对任意矩阵 A 总有

$$OA = AO = O,$$

即零矩阵与任何矩阵的乘积都是零矩阵,反之则未必. 也就是,当 $AB = O$ 时,不可确定 A 和 B 中至少有一个是零矩阵. 如例 6,$A \neq O$,$B \neq O$,但 $AB = O$. 即两个非零矩阵的乘积可能是零矩阵,矩阵乘法中存在非零的零因子.

例 8 设 $A = \begin{bmatrix} 2 & 4 \\ -3 & -6 \end{bmatrix}$,$B = \begin{bmatrix} -1 & 4 \\ 2 & -1 \end{bmatrix}$,$C = \begin{bmatrix} 1 & 0 \\ 1 & 1 \end{bmatrix}$. 求 AB 和 AC.

解
$$AB = \begin{bmatrix} 2 & 4 \\ -3 & -6 \end{bmatrix} \times \begin{bmatrix} -1 & 4 \\ 2 & -1 \end{bmatrix} = \begin{bmatrix} 6 & 4 \\ -9 & -6 \end{bmatrix},$$

$$AC = \begin{bmatrix} 2 & 4 \\ -3 & -6 \end{bmatrix} \times \begin{bmatrix} 1 & 0 \\ 1 & 1 \end{bmatrix} = \begin{bmatrix} 6 & 4 \\ -9 & -6 \end{bmatrix}.$$

一般地,当乘积矩阵 $AB = AC$,且 $A \neq O$ 时,不能消去矩阵 A 而得到 $B = C$. 即矩阵乘法

不满足消去律.

综上,矩阵乘法不满足交换律和消去律,而且两个非零矩阵的乘积有可能是零矩阵. 这些都是矩阵乘法与数的乘法不同的地方,但矩阵乘法也有与数的乘法相似的地方,即矩阵乘法满足以下运算规则.

(1) 乘法结合律:$(AB)C = A(BC)$.

(2) 左乘分配律:$A(B + C) = AB + AC$;

右乘分配律:$(A + B)C = AC + BC$.

(3) 数乘结合律:$\lambda(AB) = (\lambda A)B = A(\lambda B)$.

4. 矩阵的转置

定义 5   将矩阵 A 的行与列按顺序互换所得到的矩阵,称为矩阵 A 的转置矩阵,记为 A^T,即

$$A = \begin{bmatrix} a_{11} & a_{12} & \cdots & a_{1n} \\ a_{21} & a_{22} & \cdots & a_{2n} \\ \vdots & \vdots & & \vdots \\ a_{m1} & a_{m2} & \cdots & a_{mn} \end{bmatrix}, A^T = \begin{bmatrix} a_{11} & a_{21} & \cdots & a_{m1} \\ a_{12} & a_{22} & \cdots & a_{m2} \\ \vdots & \vdots & & \vdots \\ a_{1n} & a_{2n} & \cdots & a_{mn} \end{bmatrix}.$$

矩阵的转置方法与行列式相类似,但是,若矩阵不是方阵,则矩阵转置后,行、列数都变了,各元素的位置也变了,所以通常 $A \neq A^T$.

转置矩阵满足以下运算规则:

(1) $(A^T)^T = A$;

(2) $(A + B)^T = A^T + B^T$;

(3) $(\lambda A)^T = \lambda A^T$;

(4) $(AB)^T = B^T A^T$,$(ABC)^T = C^T B^T A^T$.

其中 A, B, C 是矩阵,λ 是常数.

运算规则(4)可以推广到多个矩阵的情形:若已知矩阵 $A_1, A_2, \cdots, A_m$,则有

$$(A_1 A_2 \cdots A_m)^T = A_m^T \cdots A_2^T A_1^T.$$

例 10   设 $A = \begin{bmatrix} 2 & 0 & -1 \\ 1 & 3 & 2 \end{bmatrix}$,计算 AA^T 和 $A^T A$.

解   因为 $A^T = \begin{bmatrix} 2 & 1 \\ 0 & 3 \\ -1 & 2 \end{bmatrix}$,所以 $AA^T = \begin{bmatrix} 2 & 0 & -1 \\ 1 & 3 & 2 \end{bmatrix} \times \begin{bmatrix} 2 & 1 \\ 0 & 3 \\ -1 & 2 \end{bmatrix} = \begin{bmatrix} 5 & 0 \\ 0 & 14 \end{bmatrix}$,

$$A^{T}A = \begin{bmatrix} 2 & 1 \\ 0 & 3 \\ -1 & 2 \end{bmatrix} \times \begin{bmatrix} 2 & 0 & -1 \\ 1 & 3 & 2 \end{bmatrix} = \begin{bmatrix} 5 & 3 & 0 \\ 3 & 9 & 6 \\ 0 & 6 & 5 \end{bmatrix}.$$

例 11 设矩阵 $A = [a_1 \quad a_2 \quad \cdots \quad a_n]$，写出它的转置矩阵，并求 AA^T 和 A^TA.

解 因为 $A^{T} = \begin{bmatrix} a_1 \\ a_2 \\ \vdots \\ a_n \end{bmatrix}$，所以

$$AA^{T} = [a_1 \quad a_2 \quad \cdots \quad a_n] \times \begin{bmatrix} a_1 \\ a_2 \\ \vdots \\ a_n \end{bmatrix} = a_1^2 + a_2^2 +, \cdots, + a_n^2,$$

$$A^{T}A = \begin{bmatrix} a_1 \\ a_2 \\ \vdots \\ a_n \end{bmatrix} \times [a_1 \quad a_2 \quad \cdots \quad a_n] = \begin{bmatrix} a_1^2 & a_1 a_2 & \cdots & a_1 a_n \\ a_1 a_2 & a_2^2 & \cdots & a_2 a_n \\ \cdots\cdots\cdots\cdots\cdots\cdots\cdots\cdots \\ a_1 a_n & a_2 a_n & \cdots & a_n^2 \end{bmatrix}.$$

定义 6 若方阵 $A = [a_{ij}]$ 满足 $A^T = A$，则称 A 是对称矩阵；若方阵 $A = [a_{ij}]$ 满足 $A^T = -A$，则称 A 是反对称矩阵.

5. 可逆矩阵与逆矩阵

定义 7 对于 n 阶方阵，若存在矩阵 B，满足

$$AB = BA = E,$$

则称矩阵 A 为可逆矩阵，简称 A 可逆，称 B 为 A 的逆矩阵，记为 A^{-1}，即 $A^{-1} = B$.

由定义可知，A 与 B 一定是同阶的方阵，而且 A 若可逆，则 A 的逆矩阵是唯一的.

这是因为，若矩阵 B 和 C 都是 A 的逆矩阵，则有

$$AB = BA = E, AC = CA = E,$$

则

$$B = BE = B(AC) = (BA)C = EC = C.$$

所以逆矩阵是唯一的.

由于在逆矩阵的定义中，矩阵 A 与 B 的地位是平等的，因此也可以称 B 为可逆矩阵，称 A 为 B 的逆矩阵，即 $B^{-1} = A$，也就是说，A 与 B 互为逆矩阵.

定理 1 （逆矩阵的存在定理）n 阶矩阵 A 可逆的充分必要条件是 $\det A \neq 0$，有

$$A^{-1} = \frac{\mathrm{adj}A}{\det A}$$

其中 adj$A$ 叫矩阵 A 的伴随矩阵.

逆矩阵的存在定理不但给出了判别一个矩阵 A 是否可逆的一种方法,并且给出了求逆矩阵 A^{-1} 的一种方法 —— 伴随矩阵法.

例 12 已知矩阵 $A = \begin{bmatrix} 1 & -2 & 1 \\ 2 & -3 & 1 \\ 3 & 1 & -3 \end{bmatrix}$,判断 A 是否可逆,若可逆,求出 A^{-1}.

解 因为 $\det A = \begin{vmatrix} 1 & -2 & 1 \\ 2 & -3 & 1 \\ 3 & 1 & -3 \end{vmatrix} = 1 \neq 0$,所以矩阵 A 可逆.

而矩阵 A 的伴随矩阵为

$$A^* = \begin{bmatrix} 8 & -5 & 1 \\ 9 & -6 & 1 \\ 11 & -7 & 1 \end{bmatrix},$$

故逆矩阵为

$$A^{-1} = \frac{A^*}{|A|} = \begin{bmatrix} 8 & -5 & 1 \\ 9 & -6 & 1 \\ 11 & -7 & 1 \end{bmatrix}.$$

习　题　二

1. 填空题

1. 设 $A = \begin{bmatrix} 1 & 2 \\ -1 & 3 \end{bmatrix}$,$B = \begin{bmatrix} 3 & -2 \\ 2 & 1 \end{bmatrix}$,则 $3A + 2B = $ _____;$AB = $ _____;$B^{\mathrm{T}} = $ _____.

2. 设矩阵 $A = \begin{bmatrix} -1 & 5 \\ 1 & 3 \end{bmatrix}$,$B = \begin{bmatrix} 3 & 1 \\ -2 & 0 \end{bmatrix}$,则 $3A - B = $ _____,$A^{-1}B = $ _____.

3. 设 A 为三阶矩阵,且 $|A| = 2$,则 $|2A^* - A^{-1}| = $ _____.

4. 设矩阵 A 为 3 阶方阵,且 $|A| = 5$,则 $|A^*| = $ _____,$|2A| = $ _____.

5. 设 $A = \begin{bmatrix} 1 & 2 & 0 \\ 3 & 4 & 0 \\ -1 & 2 & 1 \end{bmatrix}$,$B = \begin{bmatrix} 2 & 3 & -1 \\ -2 & 4 & 0 \end{bmatrix}$,则 $AB^{\mathrm{T}} = $ _____.

6. (1) 求 A^{-1}:(1)$A = \begin{bmatrix} 2 & 2 & 3 \\ 1 & -1 & 0 \\ -1 & 2 & 1 \end{bmatrix}$;　　(2)$A = \begin{bmatrix} 1 & 1 & 1 & 1 \\ 1 & 1 & -1 & -1 \\ 1 & -1 & 1 & -1 \\ 1 & -1 & -1 & 1 \end{bmatrix}$;

$$(3)\boldsymbol{A}=\begin{vmatrix} \cos\alpha & \sin\alpha & 0 \\ -\sin\alpha & \cos\alpha & 0 \\ 0 & 0 & 1 \end{vmatrix};\qquad (4)\boldsymbol{A}=\begin{vmatrix} 0 & 0 & 0 & 1 \\ 0 & 0 & 1 & 0 \\ 0 & 1 & 0 & 0 \\ 1 & 0 & 0 & 0 \end{vmatrix};$$

$$(5)\boldsymbol{A}=\begin{vmatrix} 5 & 2 & 0 & 0 \\ 2 & 1 & 0 & 0 \\ 0 & 0 & 1 & -2 \\ 0 & 0 & 1 & 1 \end{vmatrix};\qquad (6)\boldsymbol{A}=\begin{vmatrix} 1 & 1 & 0 & 0 \\ 2 & 1 & 0 & 0 \\ 0 & 0 & 3 & 5 \\ 0 & 0 & 2 & 4 \end{vmatrix}.$$

7. 若 $\boldsymbol{AX}=\boldsymbol{B}$,其中 $\boldsymbol{A}=\begin{vmatrix} 1 & 0 & 0 \\ -1 & 1 & 0 \\ 1 & 2 & -1 \end{vmatrix}$,$\boldsymbol{B}=\begin{vmatrix} 1 & 0 \\ 0 & 1 \\ 2 & 0 \end{vmatrix}$,求 $(1)\boldsymbol{A}^{-1}$;$(2)\boldsymbol{X}$.

8. 解矩阵方程 $\boldsymbol{X}\begin{vmatrix} 2 & 1 \\ 5 & 3 \end{vmatrix}=\begin{vmatrix} 1 & 3 \\ 2 & 0 \\ 3 & 1 \end{vmatrix}$,求 $\boldsymbol{X}$.

9. $\begin{vmatrix} 0 & 1 & 0 \\ 1 & 0 & 0 \\ 0 & 0 & 1 \end{vmatrix}\boldsymbol{A}\begin{vmatrix} 1 & 2 & 0 \\ 0 & 1 & 0 \\ 0 & 0 & 1 \end{vmatrix}=\begin{vmatrix} 3 & 1 & 2 \\ 2 & 0 & 4 \\ 1 & 2 & 1 \end{vmatrix}$,求 $\boldsymbol{A}$.

10. 设 $\boldsymbol{A}=\begin{vmatrix} 3 & 1 & 0 \\ -1 & 2 & 1 \\ 3 & 4 & 2 \end{vmatrix}$,$\boldsymbol{B}=\begin{vmatrix} 1 & -1 & 0 \\ 2 & -2 & 5 \\ 3 & 4 & 1 \end{vmatrix}$. 求 $(1)\boldsymbol{AB}-\boldsymbol{BA}$;$(2)\boldsymbol{A}^2-\boldsymbol{B}^2$;$(3)\boldsymbol{B}^{\mathrm{T}}\boldsymbol{A}^{\mathrm{T}}$.

第三节　线性方程组

一、基本概念

设含有 m 个方程、n 个未知数的线性方程组

$$\begin{cases} a_{11}x_1+a_{12}x_2+\cdots+a_{1n}x_n=b_1, \\ a_{21}x_1+a_{22}x_2+\cdots+a_{2n}x_n=b_2, \\ \qquad\cdots\cdots \\ a_{m1}x_1+a_{m2}x_2+\cdots+a_{mn}x_n=b_m, \end{cases}\qquad (9-10)$$

将其简称 $m \times n$ 线性方程组. 其中系数 a_{ij},常数 b_i 都是已知数,x_j 是未知量(未知数). 当右端常数项 $b_1, b_2, \cdots, b_m$ 不全为零时,称方程组(9-10)为非齐次线性方程组;当常数项 $b_1 = b_2 = \cdots = b_m = 0$ 时,即

$$\begin{cases} a_{11}x_1 + a_{12}x_2 + \cdots + a_{1n}x_n = 0, \\ a_{21}x_1 + a_{22}x_2 + \cdots + a_{2n}x_n = 0, \\ \qquad\qquad \cdots\cdots \\ a_{m1}x_1 + a_{m2}x_2 + \cdots + a_{mn}x_n = 0, \end{cases} \qquad (9-11)$$

称为齐次线性方程组.

设 $S = [s_1, s_2, \cdots, s_n]$ 是由 n 个数 $s_1, s_2, \cdots, s_n$ 构成的一个有序数组,若将它们依次替代方程组(9-10)中的 $x_1, x_2, \cdots, x_n$ 后,(9-10)中的每个方程都变成恒等式,则称这个有序数组 $S = [s_1, s_2, \cdots, s_n]$ 为线性方程组的一个解. 显然,由 $x_1 = 0, x_2 = 0, \cdots, x_n = 0$ 构成的有序数组 $S_0 = [0, 0, \cdots, 0]$ 是齐次方程组(9-11)的一个解,称之为齐次线性方程组的零解(平凡解),而当齐次线性方程组的未知量不全为零时,称之为非零解(非平凡解).

显然,若知道了一个线性方程组的全部系数和常数项,则这个线性方程组也就基本上确定了. 因而用矩阵表示线性方程组或求解线性方程组是方便的.

非齐次线性方程组(9-10)的矩阵表示形式为

$$AX = B \qquad (9-12)$$

其中

$$A = \begin{bmatrix} a_{11} & a_{12} & \cdots & a_{1n} \\ a_{21} & a_{22} & \cdots & a_{2n} \\ \vdots & \vdots & & \vdots \\ a_{m1} & a_{m2} & \cdots & a_{mn} \end{bmatrix}, X = \begin{bmatrix} x_1 \\ x_2 \\ \vdots \\ x_n \end{bmatrix}, B = \begin{bmatrix} b_1 \\ b_2 \\ \vdots \\ b_m \end{bmatrix}.$$

称 A 为线性方程组的系数矩阵,X 为未知量矩阵,B 为常数项矩阵. 将系数矩阵 A 和常数项矩阵 B 合并构成的矩阵

$$[A \mid B] = \begin{bmatrix} a_{11} & a_{12} & \cdots & a_{1n} & b_1 \\ a_{21} & a_{22} & \cdots & a_{2n} & b_2 \\ \vdots & \vdots & & \vdots & \vdots \\ a_{m1} & a_{m2} & \cdots & a_{mn} & b_m \end{bmatrix},$$

称为线性方程组的增广矩阵. 用增广矩阵 $[A \mid B]$ 即可清楚地表示出一个线性方程组.

齐次线性方程组(9-12)的矩阵表示形式为

$$AX = O, \qquad (9-13)$$

其中 $\boldsymbol{O} = [\,0 \quad 0 \quad \cdots \quad 0\,]^{\mathrm{T}}$.

中学代数中,我们曾用加减消元法和代入消元法求解二元或三元一次方程组,实际上,用加减消元法比用行列式法解线性方程组更具有普遍性.加减消元的过程即是对方程组同解变形的过程.

定理 1 若用初等行变换将增广矩阵 $[\boldsymbol{A} \mid \boldsymbol{B}]$ 化成 $[\boldsymbol{C} \mid \boldsymbol{D}]$,则方程组 $\boldsymbol{AX} = \boldsymbol{B}$ 与 $\boldsymbol{CX} = \boldsymbol{D}$ 是同解方程组.

例 1 解线性方程组.

$$\begin{cases} x_1 - x_2 + 2x_4 = 7, \\ 3x_1 - x_2 - x_3 + 7x_4 = 26, \\ x_1 - 2x_2 - x_3 = -6, \\ 4x_1 + 4x_2 + 2x_3 + 18x_4 = 90. \end{cases} \tag{9-14}$$

解 方程组的系数矩阵为

$$\boldsymbol{A} = \begin{bmatrix} 1 & -1 & 0 & 2 \\ 3 & -1 & -1 & 7 \\ 1 & -2 & -1 & 0 \\ 4 & 4 & 2 & 18 \end{bmatrix} \qquad \boldsymbol{B} = \begin{bmatrix} 7 \\ 26 \\ -6 \\ 90 \end{bmatrix}$$

$$[\boldsymbol{A} \mid \boldsymbol{B}] = \begin{bmatrix} 1 & -1 & 0 & 2 & 7 \\ 3 & -1 & -1 & 7 & 26 \\ 1 & -2 & -1 & 0 & -6 \\ 4 & 4 & 2 & 18 & 90 \end{bmatrix} \rightarrow \begin{bmatrix} 1 & -1 & 0 & 2 & 7 \\ 0 & 2 & -1 & 1 & 5 \\ 0 & -1 & -1 & -2 & -13 \\ 0 & 8 & 2 & 10 & 62 \end{bmatrix}$$

$$\rightarrow \begin{bmatrix} 1 & -1 & 0 & 2 & 7 \\ 0 & -1 & -1 & -2 & -13 \\ 0 & 0 & 1 & 3 & 31 \\ 0 & 0 & -6 & 26 & 166 \end{bmatrix} \rightarrow \begin{bmatrix} 1 & -1 & 0 & 2 & 7 \\ 0 & 1 & 0 & 1 & 2 & 13 \\ 0 & 0 & 1 & 1 & 7 \\ 0 & 0 & 0 & 0 & 0 \end{bmatrix}$$

$$\rightarrow \begin{bmatrix} 1 & 0 & 0 & 3 & 13 \\ 0 & 1 & 0 & 1 & 6 \\ 0 & 0 & 1 & 1 & 7 \\ 0 & 0 & 0 & 0 & 0 \end{bmatrix}$$

故非齐次方程有解

$$\begin{cases} x_1 = 13 - 3x_4 \\ x_2 = 6 - x_4 \\ x_3 = 7 - x_4 \end{cases}$$

解得 $x = k \begin{pmatrix} -3 \\ -1 \\ -1 \\ 1 \end{pmatrix} + \begin{pmatrix} 13 \\ 6 \\ 7 \\ 0 \end{pmatrix}$.

解的表示式中可以取任意值的未知量,称为自由未知量. 用自由未知量表示其他未知量的解表示式称为线性方程组的一般解(通解),当解表示式中的自由未知量取定一个值时,得到线性方程组的一个解,称为线性方程组的特解,此例中通解为 $x = k(-1 \quad -1 \quad -1 \quad 1)^{\mathrm{T}} + (13 \quad 6 \quad 7 \quad 0)^{\mathrm{T}}$,特解为 $(13 \quad 6 \quad 7 \quad 0)^{\mathrm{T}}$.

二、线性方程组解情况的判定

线性方程组解的情况有三种:无穷多解、唯一解和无解. 归纳求解过程,相当于是对方程组(9-10)的增广矩阵

$$[\boldsymbol{A} \mid \boldsymbol{B}] = \begin{bmatrix} a_{11} & a_{12} & \cdots & a_{1n} & b_1 \\ a_{21} & a_{22} & \cdots & a_{2n} & b_2 \\ \vdots & \vdots & & \vdots & \vdots \\ a_{m1} & a_{m2} & \cdots & a_{mn} & b_m \end{bmatrix}$$

进行初等行变换,将其化成阶梯形矩阵:

$$\begin{bmatrix} c_{11} & c_{12} & \cdots & c_{1r} & c_{1,r+1} & \cdots & c_{1n} & d_1 \\ 0 & c_{22} & \cdots & c_{2r} & c_{2,r+1} & \cdots & c_{2n} & d_2 \\ \vdots & \vdots & & \vdots & \vdots & & \vdots & \vdots \\ 0 & 0 & \cdots & c_{rr} & c_{r,r+1} & \cdots & c_{rn} & d_r \\ 0 & 0 & \cdots & 0 & 0 & \cdots & 0 & d_{r+1} \\ \vdots & \vdots & & \vdots & \vdots & & \vdots & \vdots \\ 0 & 0 & \cdots & 0 & 0 & \cdots & 0 & 0 \end{bmatrix} \tag{9-15}$$

其中 $c_{ii} \neq 0 (i = 1, 2, \cdots, r)$,或

$$\begin{bmatrix} c_{11} & \cdots & c_{1,s-1} & c_{1s} & \cdots & c_{1,t-1} & c_{1t} & \cdots & c_{1n} & d_1 \\ 0 & \cdots & 0 & c_{2s} & \cdots & c_{2,t-1} & c_{2t} & \cdots & c_{2n} & d_2 \\ \vdots & & \vdots & \vdots & & \vdots & \vdots & & \vdots & \vdots \\ 0 & \cdots & 0 & 0 & \cdots & 0 & c_{rt} & \cdots & c_{rn} & d_r \\ 0 & \cdots & 0 & 0 & \cdots & 0 & 0 & \cdots & 0 & d_{r+1} \\ \vdots & & \vdots & \vdots & & \vdots & \vdots & & \vdots & \vdots \\ 0 & \cdots & 0 & 0 & \cdots & 0 & 0 & \cdots & 0 & 0 \end{bmatrix} \qquad (9-16)$$

由定理 1 可知,阶梯形矩阵(9-15)或(9-16)所表示的方程组与方程组(9-10)是同解方程组,据此,可以得出线性方程组的解的结论.

(1) 当 $d_{r+1} \neq 0$ 时,阶梯形矩阵(9-15)或(9-16)所表示的方程组中的第 $r+1$ 个方程 "$0 = d_{r+1}$" 是一个矛盾方程,因此,方程组(3-1)无解.

(2) 当 $d_{r+1} = 0$ 时,方程组(9-10)有解,其解有两种情况.

① 若 $r = n$,则阶梯形矩阵(9-15)表示的方程组为

$$\begin{cases} c_{11}x_1 + c_{12}x_2 + \cdots + c_{1n}x_n = d_1, \\ c_{22}x_2 + \cdots + c_{2n}x_n = d_2, \\ \cdots\cdots \\ c_{nn}x_n = d_n. \end{cases}$$

用回代的方法,自下而依次求出 $x_n, x_{n-1}, \cdots, x_1$. 此时,方程组(9-10)有唯一解.

② 若 $r < n$,则阶梯形矩阵(9-15)表示的方程组为

$$\begin{cases} c_{11}x_1 + c_{12}x_2 + \cdots + c_{1r}x_r + c_{1,r+1}x_{r+1} + \cdots + c_{1n}x_n = d_1, \\ c_{22}x_2 + \cdots + c_{2r}x_r + c_{2,r+1}x_{r+1} + \cdots + c_{2n}x_n = d_2, \\ \cdots\cdots \\ c_{rr}x_r + c_{r,r+1}x_{r+1} + \cdots + c_{rn}x_n = d_r. \end{cases}$$

将后 $n-r$ 个未知量项移至等号的右侧,有

$$\begin{cases} c_{11}x_1 + c_{12}x_2 + \cdots + c_{1r}x_r = d_1 - c_{1,r+1}x_{r+1} - \cdots - c_{1n}x_n, \\ c_{22}x_2 + \cdots + c_{2r}x_r = d_2 - c_{2,r+1}x_{r+1} - \cdots - c_{2n}x_n, \\ \cdots\cdots \\ c_{rr}x_r = d_r - c_{r,r+1}x_{r+1} - \cdots - c_{rn}x_n. \end{cases}$$

再用回代的方法,自下而依次求出 $x_r, x_{r-1}, \cdots, x_1$,其中 $x_{r+1}, \cdots, x_n$ 为自由未知量. 此时,方程组(9-10)有无穷多解.

综上所述,线性方程组(9-10)是否有解,关键在于其增广矩阵 $[\mathbf{A} \mid \mathbf{B}]$ 化成梯形矩阵后非零行的行数与系数矩阵 $\mathbf{A}$ 化成阶梯形矩阵后非零行的行数是否相等. 再由矩阵秩的理

论,线性方程组是否有解,则可用其系数矩阵与增广矩阵的秩来描述.

定理 2 设非齐次线性方程组(9-10)的系数矩阵 $\boldsymbol{A}$ 和增广矩阵 $[\boldsymbol{A}\mid\boldsymbol{B}]$:

(1) 当 $R(\boldsymbol{A})=R(\boldsymbol{A}\mid\boldsymbol{B})$ 时,方程组相容,即有解.

① 若 $R(\boldsymbol{A})=R(\boldsymbol{A}\mid\boldsymbol{B})=n$,则方程组有唯一确定的解;

② 若 $R(\boldsymbol{A})=R(\boldsymbol{A}\mid\boldsymbol{B})<n$,方程组有无穷多解,且其通解中含有 $n-R(\boldsymbol{A})$ 个自由未知量.

(2) 当 $R(\boldsymbol{A})<R(\boldsymbol{A}\mid\boldsymbol{B})$ 时,方程组不相容,即无解.

对于齐次线性方程组(9-11),因为总有 $R(\boldsymbol{A})=R(\boldsymbol{A}\mid\boldsymbol{B})$,所以齐次线性方程组总是相容的,即一定有解.并且有下面定理.

定理 3 对于齐次线性方程组(9-11)的系数矩阵 $\boldsymbol{A}$:

(1) 当 $R(\boldsymbol{A})=n$ 时,齐次线性方程组只有零解;

(2) 当 $R(\boldsymbol{A})<n$时,齐次线性方程组有非零解,且其通解中含有 $n-R(\boldsymbol{A})$ 个自由未知量.

特别地,在齐次线性方程组(9-11)中,当方程个数少于未知量个数($m<n$)时,必有 $R(\boldsymbol{A})<n$. 此时方程组(9-11)必有非零解.

例 2 判别下列方程组解的情况.

$$(1)\begin{cases}5x_1-x_2+2x_3+x_4=7,\\2x_1+x_2+4x_3-2x_4=1,\\x_1-3x_2-6x_3+5x_4=0;\end{cases}\qquad(2)\begin{cases}x_1+3x_2-x_3-2x_4=3,\\x_1-4x_2+3x_3+5x_4=9,\\2x_1-x_2+2x_3+3x_4=12,\\3x_1+2x_2+x_3+x_4=15;\end{cases}$$

$$(3)\begin{cases}x_1-2x_2+3x_3-4x_4=-4,\\x_2-x_3+x_4=-3,\\x_1+3x_2+x_4=1,\\-7x_2+3x_3+x_4=-3.\end{cases}$$

解 (1) 对方程组的增广矩阵的行进行初等变换:

$$\overline{\boldsymbol{A}}=\begin{bmatrix}5&-1&2&1&7\\2&1&4&-2&1\\1&-3&-6&5&0\end{bmatrix}\to\begin{bmatrix}1&-3&-6&5&0\\2&1&4&-2&1\\5&-1&2&1&7\end{bmatrix}$$

$$\to\begin{bmatrix}1&-3&-6&5&0\\0&7&16&-12&1\\0&14&32&-24&7\end{bmatrix}\to\begin{bmatrix}1&-3&-6&5&0\\0&7&16&-12&1\\0&0&0&0&5\end{bmatrix}.$$

由上面最后一个矩阵可知 $R(\boldsymbol{A})\neq R(\overline{\boldsymbol{A}})$,故此方程组没有解.

(2) 对方程组的增广矩阵的行进行初等变换：

$$\bar{A} = \begin{bmatrix} 1 & 3 & -1 & -2 & 3 \\ 1 & -4 & 3 & 5 & 9 \\ 2 & -1 & 2 & 3 & 12 \\ 3 & 2 & 1 & 1 & 15 \end{bmatrix} \rightarrow \begin{bmatrix} 1 & 3 & -1 & -2 & 3 \\ 0 & -7 & 4 & 7 & 6 \\ 0 & -7 & 4 & 7 & 6 \\ 0 & -7 & 4 & 7 & 6 \end{bmatrix} \rightarrow \begin{bmatrix} 1 & 3 & -1 & -2 & 3 \\ 0 & -7 & 4 & 7 & 6 \\ 0 & 0 & 0 & 0 & 0 \\ 0 & 0 & 0 & 0 & 0 \end{bmatrix}.$$

由上面最后一个矩阵可知，$R(A) = R(\bar{A}) = 2$，故方程组有无数个解．其中自由未知量的个数为 2，不妨设为 x_3, x_4．

因此 $x_2 = -\dfrac{1}{7}(6 - 4x_3 - 7x_4)$，$x_1 = \dfrac{39}{7} - \dfrac{5}{7}x_3 - x_4$，其中 x_3, x_4 为任意数．

(3) 对方程组的增广矩阵的行进行初等变换：

$$\bar{A} = \begin{bmatrix} 1 & -2 & 3 & -4 & -4 \\ 0 & 1 & -1 & 1 & -3 \\ 1 & 3 & 0 & 1 & 1 \\ 0 & -7 & 3 & 1 & -3 \end{bmatrix} \rightarrow \begin{bmatrix} 1 & -2 & 3 & -4 & -4 \\ 0 & 1 & -1 & 1 & -3 \\ 0 & 5 & -3 & 5 & 5 \\ 0 & -7 & 3 & 1 & -3 \end{bmatrix}$$

$$\rightarrow \begin{bmatrix} 1 & -2 & 3 & -4 & -4 \\ 0 & 1 & -1 & 1 & -3 \\ 0 & 0 & 2 & 0 & 20 \\ 0 & 0 & -4 & 8 & -24 \end{bmatrix} \rightarrow \begin{bmatrix} 1 & -2 & 3 & -4 & -4 \\ 0 & 1 & -1 & 1 & -3 \\ 0 & 0 & 2 & 0 & 20 \\ 0 & 0 & 0 & 8 & 16 \end{bmatrix}.$$

由上面最后一个矩阵可知，原方程组有唯一的解为：$x_1 = -16, x_2 = 5, x_3 = 10, x_4 = 2$.

习 题 三

1. 求解下列线性方程组．

(1) $\begin{cases} 3x_1 + x_2 - 6x_3 - 4x_4 + 2x_5 = 0, \\ 2x_1 + 2x_2 - 3x_3 - 5x_4 + 3x_5 = 0, \\ x_1 - 5x_2 - 6x_3 + 8x_4 - 6x_5 = 0; \end{cases}$ (2) $\begin{cases} 2x_1 + x_2 + x_3 - x_4 = 0, \\ 2x_1 + 2x_2 + x_3 + 2x_4 = 0, \\ x_1 + x_2 + 2x_3 - x_4 = 0; \end{cases}$

(3) $\begin{cases} 2x_1 + 3x_2 - x_3 + 5x_4 = 0, \\ 3x_1 + x_2 + 2x_3 - 7x_4 = 0, \\ 4x_1 + x_2 - 3x_3 + 6x_4 = 0, \\ x_1 - 2x_2 + 4x_3 - 7x_4 = 0; \end{cases}$ (4) $\begin{cases} x_1 + 2x_2 + x_3 - x_4 = 0, \\ 5x_1 + 10x_2 + x_3 - 5x_4 = 0, \\ 3x_1 + 6x_2 - x_3 - 3x_4 = 0; \end{cases}$

$$(5)\begin{cases}3x_1+4x_2-5x_3+7x_4=0,\\4x_1+11x_2-13x_3+16x_4=0,\\7x_1-2x_2+x_3+3x_4=0,\\2x_1-3x_2+3x_3-2x_4=0;\end{cases}(6)\begin{cases}x_1+3x_2+3x_3-2x_4+x_5=3,\\2x_1+6x_2+x_3-3x_4=2,\\x_1+3x_2-2x_3-x_4-x_5=-1,\\3x_1+9x_2+x_3-5x_4+x_5=5;\end{cases}$$

$$(7)\begin{cases}x_1+x_2-3x_3=-1,\\2x_1+x_2-2x_3=1,\\x_1+2x_2-3x_3=1,\\x_1+x_2+x_3=100;\end{cases}(8)\begin{cases}2x_1-x_2+3x_3-x_4=1,\\3x_1-2x_2-2x_3+3x_4=3,\\x_1-x_2-5x_3+4x_4=2,\\7x_1-5x_2-9x_3+10x_4=8;\end{cases}$$

$$(9)\begin{cases}3x_1-x_2+2x_3=10,\\4x_1+2x_2-x_3=2,\\11x_1+3x_2=8;\end{cases}(10)\begin{cases}2x_1+3x_2+x_3=4,\\3x_1+8x_2-2x_3=13,\\4x_1-x_2+9x_3=-6,\\x_1-2x_2+4x_3=-5;\end{cases}$$

$$(11)\begin{cases}2x_1+x_2-x_3+x_4=1,\\3x_1-3x_2+x_3-3x_4=4,\\x_1+4x_2-3x_3+5x_4=-2.\end{cases}$$

2. 求方程组

$$\begin{cases}x_1-5x_2+2x_3-3x_4=11,\\-3x_1+x_2-4x_3+2x_4=-5,\\-x_1-9x_2-4x_4=17\end{cases}$$

的通解,并满足方程组及条件 $5x_1+3x_2+6x_3-x_4=1$ 的全部解.

3. 设有线性方程组

$$\begin{cases}x_1+3x_2+x_3=0,\\3x_1+2x_2+3x_3=-1,\\-x_1+4x_2+mx_3=k.\end{cases}$$

问 m,k 为何值时,方程组有唯一解? 有无穷多解? 在有无穷多解时,求出一般解.

4. 问 λ 为何值时,线性方程组 $\begin{cases}x_1+x_3=\lambda,\\4x_1+x_2+2x_3=\lambda+2,\\6x_1+x_2+4x_3=2\lambda+3\end{cases}$ 有解,并求出解的一般形式.

附录 1 泊松分布概率值表

$$P\{X=k\}=\frac{\lambda^k e^{-\lambda}}{k!} \quad (\lambda > 0)$$

k \ λ	0.5	1	2	3	4	5	8	10
0	0.6065	0.3679	0.1353	0.0498	0.0183	0.0067	0.0003	0.0000
1	0.3033	0.3679	0.2707	0.1494	0.0733	0.0337	0.0027	0.0005
2	0.0758	0.1839	0.2707	0.2240	0.1465	0.0842	0.0107	0.0023
3	0.0126	0.0613	0.1804	0.2240	0.1954	0.1404	0.0286	0.0076
4	0.0016	0.0153	0.0902	0.1680	0.1954	0.1755	0.0573	0.0189
5	0.0002	0.0031	0.0361	0.1008	0.1563	0.1755	0.0916	0.0378
6	0.0000	0.0005	0.0120	0.0504	0.1042	0.1462	0.1221	0.0631
7	0.0000	0.0001	0.0034	0.0216	0.0595	0.1044	0.1396	0.0901
8	0.0000	0.0000	0.0009	0.0081	0.0298	0.0653	0.1396	0.1126
9	0.0000	0.0000	0.0002	0.0027	0.0132	0.0363	0.1241	0.1251
10	0.0000	0.0000	0.0000	0.0008	0.0053	0.0181	0.0993	0.1251
11	0.0000	0.0000	0.0000	0.0002	0.0019	0.0082	0.0722	0.1137
12	0.0000	0.0000	0.0000	0.0001	0.0006	0.0034	0.0481	0.0948
13	0.0000	0.0000	0.0000	0.0000	0.0002	0.0013	0.0296	0.0729
14	0.0000	0.0000	0.0000	0.0000	0.0001	0.0005	0.0169	0.0521
15	0.0000	0.0000	0.0000	0.0000	0.0000	0.0002	0.0090	0.0347
16	0.0000	0.0000	0.0000	0.0000	0.0000	0.0000	0.0045	0.0217
17	0.0000	0.0000	0.0000	0.0000	0.0000	0.0000	0.0021	0.0128
18	0.0000	0.0000	0.0000	0.0000	0.0000	0.0000	0.0009	0.0071
19	0.0000	0.0000	0.0000	0.0000	0.0000	0.0000	0.0004	0.0037
20	0.0000	0.0000	0.0000	0.0000	0.0000	0.0000	0.0002	0.0019
21	0.0000	0.0000	0.0000	0.0000	0.0000	0.0000	0.0001	0.0009
22	0.0000	0.0000	0.0000	0.0000	0.0000	0.0000	0.0000	0.0004
23	0.0000	0.0000	0.0000	0.0000	0.0000	0.0000	0.0000	0.0002
24	0.0000	0.0000	0.0000	0.0000	0.0000	0.0000	0.0000	0.0001

附录 2　标准正态分布表

$$\Phi(x) = \int_{-\infty}^{x} \frac{1}{\sqrt{2\pi}} e^{-\frac{t^2}{2}} dt = P(X \leqslant x)$$

x	0.00	0.01	0.02	0.03	0.04	0.05	0.06	0.07	0.08	0.09
0.0	0.500 0	0.504 0	0.508 0	0.512 0	0.516 0	0.519 9	0.523 9	0.527 9	0.531 9	0.535 9
0.1	0.539 8	0.543 8	0.547 8	0.551 7	0.555 7	0.559 6	0.563 6	0.567 5	0.571 4	0.575 3
0.2	0.579 3	0.583 2	0.587 1	0.591 0	0.594 8	0.598 7	0.602 6	0.606 4	0.610 3	0.614 1
0.3	0.617 9	0.621 7	0.625 5	0.629 3	0.633 1	0.636 8	0.640 4	0.644 3	0.648 0	0.651 7
0.4	0.655 4	0.659 1	0.662 8	0.666 4	0.670 0	0.673 6	0.677 2	0.680 8	0.684 4	0.687 9
0.5	0.691 5	0.695 0	0.698 5	0.701 9	0.705 4	0.708 8	0.712 3	0.715 7	0.719 0	0.722 4
0.6	0.725 7	0.729 1	0.732 4	0.735 7	0.738 9	0.742 2	0.745 4	0.748 6	0.751 7	0.754 9
0.7	0.758 0	0.761 1	0.764 2	0.767 3	0.770 3	0.773 4	0.776 4	0.779 4	0.782 3	0.785 2
0.8	0.788 1	0.791 0	0.793 9	0.796 7	0.799 5	0.802 3	0.805 1	0.807 8	0.810 6	0.813 3
0.9	0.815 9	0.818 6	0.821 2	0.823 8	0.826 4	0.828 9	0.835 5	0.834 0	0.836 5	0.838 9
1.0	0.841 3	0.843 8	0.846 1	0.848 5	0.850 8	0.853 1	0.855 4	0.857 7	0.859 9	0.862 1
1.1	0.864 3	0.866 5	0.868 6	0.870 8	0.872 9	0.874 9	0.877 0	0.879 0	0.881 0	0.883 0
1.2	0.884 9	0.886 9	0.888 8	0.890 7	0.892 5	0.894 4	0.896 2	0.898 0	0.899 7	0.901 5
1.3	0.903 2	0.904 9	0.906 6	0.908 2	0.909 9	0.911 5	0.913 1	0.914 7	0.916 2	0.917 7
1.4	0.919 2	0.920 7	0.922 2	0.923 6	0.925 1	0.926 5	0.927 9	0.929 2	0.930 6	0.931 9
1.5	0.933 2	0.934 5	0.935 7	0.937 0	0.938 2	0.939 4	0.940 6	0.941 8	0.943 0	0.944 1
1.6	0.945 2	0.946 3	0.947 4	0.948 4	0.949 5	0.950 5	0.951 5	0.952 5	0.953 5	0.953 5
1.7	0.955 4	0.956 4	0.957 3	0.958 2	0.959 1	0.959 9	0.960 8	0.961 6	0.962 5	0.963 3
1.8	0.964 1	0.964 8	0.965 6	0.966 4	0.967 2	0.967 8	0.968 6	0.969 3	0.970 0	0.970 6
1.9	0.971 3	0.971 9	0.972 6	0.973 2	0.973 8	0.974 4	0.975 0	0.975 6	0.976 2	0.976 7
2.0	0.977 2	0.977 8	0.978 3	0.978 8	0.979 3	0.979 8	0.980 3	0.980 8	0.981 2	0.981 7
2.1	0.982 1	0.982 6	0.983 0	0.983 4	0.983 8	0.984 2	0.984 6	0.985 0	0.985 4	0.985 7
2.2	0.986 1	0.986 4	0.986 8	0.987 1	0.987 4	0.987 8	0.988 1	0.988 4	0.988 7	0.989 0
2.3	0.989 3	0.989 6	0.989 8	0.990 1	0.990 4	0.990 6	0.990 9	0.991 1	0.991 3	0.991 6
2.4	0.991 8	0.992 0	0.992 2	0.992 5	0.992 7	0.992 9	0.993 1	0.993 2	0.993 4	0.993 6
2.5	0.993 8	0.994 0	0.994 1	0.994 3	0.994 5	0.994 6	0.994 8	0.994 9	0.995 1	0.995 2
2.6	0.995 3	0.995 5	0.995 6	0.995 7	0.995 9	0.996 0	0.996 1	0.996 2	0.996 3	0.996 4
2.7	0.996 5	0.996 6	0.996 7	0.996 8	0.996 9	0.997 0	0.997 1	0.997 2	0.997 3	0.997 4
2.8	0.997 4	0.997 5	0.997 6	0.997 7	0.997 7	0.997 8	0.997 9	0.997 9	0.998 0	0.998 1
2.9	0.998 1	0.998 2	0.998 2	0.998 3	0.998 4	0.998 4	0.998 5	0.998 5	0.998 6	0.998 6
x	0.0	0.1	0.2	0.3	0.4	0.5	0.6	0.7	0.8	0.9
3	0.998 7	0.999 0	0.999 3	0.999 5	0.999 7	0.999 8	0.999 8	0.999 9	0.999 9	1.000 0

附录 3　t 分布表

$$P(t(n) > t_\alpha(n)) = \alpha$$

n \ α	0.2	0.15	0.10	0.05	0.025	0.01	0.005
1	1.376	1.963	3.0777	6.3138	12.7062	31.8207	63.6574
2	1.061	1.386	1.8856	2.9200	4.3027	6.9646	9.9248
3	0.978	1.250	1.6377	2.3534	3.1824	4.5407	5.8409
4	0.941	1.190	1.5332	2.1318	2.7764	3.7469	4.6041
5	0.920	1.156	1.4759	2.0150	2.5706	3.3649	4.0322
6	0.906	1.134	1.4398	1.9432	2.4469	3.1427	3.7074
7	0.896	1.119	1.4149	1.8946	2.3646	2.9980	3.4995
8	0.889	1.108	1.3968	1.8595	2.3060	2.8965	3.3554
9	0.883	1.100	1.3830	1.8331	2.2622	2.8214	3.2498
10	0.879	1.093	1.3722	1.8125	2.2281	2.7638	3.1693
11	0.876	1.088	1.3634	1.7959	2.2010	2.7181	3.1058
12	0.873	1.083	1.3562	1.7823	2.1788	2.6810	3.0545
13	0.870	1.079	1.3502	1.7709	2.1604	2.6503	3.0123
14	0.868	1.076	1.3450	1.7613	2.1448	2.6245	2.9768
15	0.866	1.074	1.3406	1.7531	2.1315	2.6025	2.9467
16	0.865	1.071	1.3368	1.7459	2.1199	2.5835	2.9208
17	0.863	1.069	1.3334	1.7396	2.1098	2.5669	2.8982
18	0.862	1.067	1.3304	1.7341	2.1009	2.5524	2.8784
19	0.861	1.066	1.3277	1.7291	2.0930	2.5395	2.8609
20	0.860	1.064	1.3253	1.7247	2.0860	2.5280	2.8453
21	0.859	1.063	1.3232	1.7207	2.0796	2.5177	2.8314
22	0.858	1.061	1.3212	1.7171	2.0739	2.5083	2.8188
23	0.858	1.060	1.3195	1.7139	2.0687	2.4999	2.8073
24	0.857	1.059	1.3178	1.7109	2.0639	2.4922	2.7969
25	0.856	1.058	1.3163	1.7081	2.0595	2.4851	2.7874
26	0.856	1.058	1.3150	1.7056	2.0555	2.4786	2.7787

n＼α	0.2	0.15	0.10	0.05	0.025	0.01	0.005
27	0.855	1.057	1.3137	1.7033	2.0518	2.4727	2.7707
28	0.855	1.056	1.3125	1.7011	2.0484	2.4671	2.7633
29	0.854	1.055	1.3114	1.6991	2.0452	2.4620	2.7564
30	0.854	1.055	1.3104	1.6973	2.0423	2.4573	2.7500
31	0.8535	1.0541	1.3095	1.6955	2.0395	2.4528	2.7440
32	0.8531	1.0536	1.3086	1.6939	2.0369	2.4487	2.7385
33	0.8527	1.0531	1.3077	1.6924	2.0345	2.4448	2.7333
34	0.8525	1.0526	1.3070	1.6909	2.0322	2.4411	2.7284
35	0.8521	1.0521	1.3062	1.6896	2.0301	2.4377	2.7238
36	0.8518	1.0516	1.3055	1.6883	2.0281	2.4345	2.7195
37	0.8515	1.0512	1.3049	1.6871	2.0262	2.4314	2.7154
38	0.8512	1.0508	1.3042	1.6860	2.0244	2.4286	2.7116
39	0.8510	1.0504	1.3036	1.6849	2.0227	2.4258	2.7079
40	0.8507	1.0501	1.3031	1.6839	2.0211	2.4233	2.7045
41	0.8505	1.0498	1.3025	1.6829	2.0195	2.4208	2.7012
42	0.8503	1.0494	1.3020	1.6820	2.0181	2.4185	2.6981
43	0.8501	1.0491	1.3016	1.6811	2.0167	2.4163	2.6951
44	0.8499	1.0488	1.3011	1.6802	2.0154	2.4141	2.6923
45	0.8497	1.0485	1.3006	1.6794	2.0141	2.4121	2.6896

附录4 χ^2 方分布表

n	P												
	0.995	0.99	0.975	0.95	0.9	0.75	0.5	0.25	0.1	0.05	0.025	0.01	0.005
1	...	...	...	...	0.02	0.1	0.45	1.32	2.71	3.84	5.02	6.63	7.88
2	0.01	0.02	0.02	0.1	0.21	0.58	1.39	2.77	4.61	5.99	7.38	9.21	10.6
3	0.07	0.11	0.22	0.35	0.58	1.21	2.37	4.11	6.25	7.81	9.35	11.34	12.84
4	0.21	0.3	0.48	0.71	1.06	1.92	3.36	5.39	7.78	9.49	11.14	13.28	14.86
5	0.41	0.55	0.83	1.15	1.61	2.67	4.35	6.63	9.24	11.07	12.83	15.09	16.75
6	0.68	0.87	1.24	1.64	2.2	3.45	5.35	7.84	10.64	12.59	14.45	16.81	18.55
7	0.99	1.24	1.69	2.17	2.83	4.25	6.35	9.04	12.02	14.07	16.01	18.48	20.28
8	1.34	1.65	2.18	2.73	3.4	5.07	7.34	10.22	13.36	15.51	17.53	20.09	21.96
9	1.73	2.09	2.7	3.33	4.17	5.9	8.34	11.39	14.68	16.92	19.02	21.67	23.59
10	2.16	2.56	3.25	3.94	4.87	6.74	9.34	12.55	15.99	18.31	20.48	23.21	25.19
11	2.6	3.05	3.82	4.57	5.58	7.58	10.34	13.7	17.28	19.68	21.92	24.72	26.76
12	3.07	3.57	4.4	5.23	6.3	8.44	11.34	14.85	18.55	21.03	23.34	26.22	28.3
13	3.57	4.11	5.01	5.89	7.04	9.3	12.34	15.98	19.81	22.36	24.74	27.69	29.82
14	4.07	4.66	5.63	6.57	7.79	10.17	13.34	17.12	21.06	23.68	26.12	29.14	31.32
15	4.6	5.23	6.27	7.26	8.55	11.04	14.34	18.25	22.31	25	27.49	30.58	32.8
16	5.14	5.81	6.91	7.96	9.31	11.91	15.34	19.37	23.54	26.3	28.85	32	34.27
17	5.7	6.41	7.56	8.67	10.09	12.79	16.34	20.49	24.77	27.59	30.19	33.41	35.72
18	6.26	7.01	8.23	9.39	10.86	13.68	17.34	21.6	25.99	28.87	31.53	34.81	37.16
19	6.84	7.63	8.91	10.12	11.65	14.56	18.34	22.72	27.2	30.14	32.85	36.19	38.58
20	7.43	8.26	9.59	10.85	12.44	15.45	19.34	23.83	28.41	31.41	34.17	37.57	40
21	8.03	8.9	10.28	11.59	13.24	16.34	20.34	24.93	29.62	32.67	35.48	38.93	41.4
22	8.64	9.54	10.98	12.34	14.04	17.24	21.34	26.04	30.81	33.92	36.78	40.29	42.8
23	9.26	10.2	11.69	13.09	14.85	18.14	22.34	27.14	32.01	35.17	38.08	41.64	44.18
24	9.89	10.86	12.4	13.85	15.66	19.04	23.34	28.24	33.2	36.42	39.36	42.98	45.56
25	10.52	11.52	13.12	14.61	16.47	19.94	24.34	29.34	34.38	37.65	40.65	44.31	46.93

n	P												
	0.995	0.99	0.975	0.95	0.9	0.75	0.5	0.25	0.1	0.05	0.025	0.01	0.005
26	11.16	12.2	13.84	15.38	17.29	20.84	25.34	30.43	35.56	38.89	41.92	45.64	48.29
27	11.81	12.88	14.57	16.15	18.11	21.75	26.34	31.53	36.74	40.11	43.19	46.96	49.64
28	12.46	13.56	15.31	16.93	18.94	22.66	27.34	32.62	37.92	41.34	44.46	48.28	50.99
29	13.12	14.26	16.05	17.71	19.77	23.57	28.34	33.71	39.09	42.56	45.72	49.59	52.34
30	13.79	14.95	16.79	18.49	20.6	24.48	29.34	34.8	40.26	43.77	46.98	50.89	53.67
40	20.71	22.16	24.43	26.51	29.05	33.66	39.34	45.62	51.8	55.76	59.34	63.69	66.77
50	27.99	29.71	32.36	34.76	37.69	42.94	49.33	56.33	63.17	67.5	71.42	76.15	79.49
60	35.53	37.48	40.48	43.19	46.46	52.29	59.33	66.98	74.4	79.08	83.3	88.38	91.95
70	43.28	45.44	48.76	51.74	55.33	61.7	69.33	77.58	85.53	90.53	95.02	100.42	104.22
80	51.17	53.54	57.15	60.39	64.28	71.14	79.33	88.13	96.58	101.88	106.63	112.33	116.32
90	59.2	61.75	65.65	69.13	73.29	80.62	89.33	98.64	107.56	113.14	118.14	124.12	128.3
100	67.33	70.06	74.22	77.93	82.36	90.13	99.33	109.14	118.5	124.34	129		

附录5　三角函数基本公式

正弦、余弦的和差化积

$$\sin\alpha + \sin\beta = 2\sin\frac{\alpha+\beta}{2}\cdot\cos\frac{\alpha-\beta}{2}$$

$$\sin\alpha - \sin\beta = 2\cos\frac{\alpha+\beta}{2}\cdot\sin\frac{\alpha-\beta}{2}$$

$$\cos\alpha + \cos\beta = 2\cos\frac{\alpha+\beta}{2}\cdot\cos\frac{\alpha-\beta}{2}-$$

$$\cos\alpha - \cos\beta = -2\sin\frac{\alpha+\beta}{2}\cdot\sin\frac{\alpha-\beta}{2}\text{（注意右式前的负号）}$$

正切和差化积

$$\tan\alpha \pm \tan\beta \frac{\sin(\alpha\pm\beta)}{\cos\alpha\cdot\cos\beta}$$

$$\cot\alpha \pm \cot\beta = \frac{\sin(\alpha\pm\beta)}{\sin\alpha\cdot\sin\beta}$$

$$\tan\alpha + \cot\beta = \frac{\cos(\alpha-\beta)}{\cos\alpha\cdot\sin\beta}$$

$$\tan\alpha - \cot\beta = -\frac{\cos(\alpha+\beta)}{\cos\alpha\cdot\sin\beta}$$

在应用和差化积时，必须是一次同名三角函数方可实行．若是异名，必须用诱导公式化为同名；若是高次函数，必须用降幂公式降为一次

记忆口诀（正弦余弦）

正加正，正在前，余加余，余并肩

正减正，余在前，余减余，负正弦

积化和差公式

$$\sin\alpha\cdot\sin\beta = \frac{\big[\cos(\alpha-\beta)-\cos(\alpha+\beta)\big]}{2}\text{（注意：此时差的余弦在和的余弦前面）}$$

或写作：

$$\sin\alpha\cdot\sin\beta = -\frac{\big[\cos(\alpha+\beta)-\cos(\alpha-\beta)\big]}{2}\text{（注意：此时公式前有负号）}$$

$$\cos\alpha\cdot\cos\beta = \frac{\big[\cos(\alpha+\beta)+\cos(\alpha-\beta)\big]}{2}$$

$$\sin\alpha\cdot\cos\beta = \frac{\big[\sin(\alpha+\beta)+\sin(\alpha-\beta)\big]}{2}$$

$$\cos\alpha\cdot\sin\beta = \frac{\big[\sin(\alpha+\beta)-\sin(\alpha-\beta)\big]}{2}$$

使用同名三角函数的和差

无论乘积项中的三角函数是否同名,化为和差形式时,都应是同名三角函数的和差.这一点主要是根据证明记忆,因为如果不是同名三角函数,两角和差公式展开后乘积项的形式都不同,就不会出现相抵消和相同的项,也就无法化简下去了.

使用哪种三角函数的和差

仍然要根据证明记忆.注意两角和差公式中,余弦的展开中含有两对同名三角函数的乘积,正弦的展开则是两对异名三角函数的乘积.所以反过来,同名三角函数的乘积,化作余弦的和差;异名三角函数的乘积,化作正弦的和差.

是和还是差?

这是积化和差公式的使用中最容易出错的一项.规律为:"小角"β 以 $\cos\beta$ 的形式出现时,乘积化为和;反之,则乘积化为差.

由函数的奇偶性记忆这一点是最便捷的.如果 β 的形式是 $\cos\beta$,那么若把 β 替换为 $-\beta$,结果应当是一样的,也就是含 $\alpha+\beta$ 和 $\alpha-\beta$ 的两项调换位置对结果没有影响,从而结果的形式应当是和;另一种情况可以类似说明.

正弦 - 正弦积公式中的顺序相反/负号

这是一个特殊情况,完全可以死记下来.

当然,也有其他方法可以帮助这种情况的判定,如$[0,\pi]$内余弦函数的单调性.因为这个区间内余弦函数是单调减的,所以 $\cos(\alpha+\beta)$ 不大于 $\cos(\alpha-\beta)$.但是这时对应的 α 和 β 在$[0,\pi]$的范围内,其正弦的乘积应大于等于 0,所以要么反过来把 $\cos(\alpha-\beta)$ 放到 $\cos(\alpha+\beta)$ 前面,要么就在式子的最前面加上负号.

参考答案

习题 1.1

1. (1)否　(2)否　(3)否　(4)是

2. (1)$\{x \mid x \geqslant -\dfrac{4}{3}\}$　(2)$\{x \mid x \in R, x \neq 1 \text{ 且 } x \neq 2\}$　(3)$\{x \mid -1 \leqslant x \leqslant 1\}$

   (4)$\{x \mid x - 1 < x < 1\}$

3. $f(0) = 0$；$f(-1) = -\dfrac{\pi}{2}$；$f\left(\dfrac{\sqrt{3}}{2}\right) = \dfrac{\pi}{3}$；$f(1) = \dfrac{\pi}{2}$

4. $V = (a - 2x)^2 \cdot x$，$0 < x < \dfrac{a}{2}$

5. $V = \dfrac{\pi}{3}\left(\dfrac{R}{H}h\right)^2 \cdot h$，$0 < h \leqslant H$

6. $V = \pi\left(R^2 - \dfrac{h^2}{4}\right) \cdot h$，$0 < h < 2R$

7. $L = \dfrac{S_0}{h} - \dfrac{h}{\tan\varphi} + \dfrac{h}{\sin\varphi}$，$0 < h < \sqrt{S_0 \tan\varphi}$

8. $y = \begin{cases} 0.15x & x \leqslant 50 \\ 0.15 \times 50 + 0.25(x - 50) & 50 < x \end{cases}$

9. $S(x) = \begin{cases} \dfrac{x^2}{2}, & 0 \leqslant x \leqslant 2 \\ 2 + 2(x - 2), & 2 \leqslant x \leqslant 4 \\ 2 + 4 + \left[2 - \dfrac{(6 - x)^2}{2}\right], & 4 \leqslant x \leqslant 6 \end{cases}$

10. $p = 2x + 2\dfrac{b}{h}(h - x)$，$S = \dfrac{b}{h}(h - x)x$，$0 < x < h$

习题 1.2

1. (1)0；(2)0；(3)0；(4)2

2. (1)0；(2)1；(3)-2；(4)-1

3. 否，$\because \lim\limits_{x \to 0^+}(x + 1) = 1$，$\lim\limits_{x \to 0^-}(x - 1) = -1$

4. $\lim\limits_{x \to 1^-}(x^2 + 1) = 2$，$\lim\limits_{x \to 1^+}(-1) = -1$

习题 1.3

1. $(1)-\dfrac{3}{2}$;$(2)4$;$(3)0$;$(4).0$;$(5)\dfrac{1}{2}$;$(6)2$

2. $(1)\dfrac{3}{2}$;$(2)\dfrac{1}{3}$;$(3)\dfrac{1}{5}$;$(4)0$;$(5)3x^2$;$(6)\infty$;$(7)0$;$(8)\dfrac{1}{2}$

3. $(1)\dfrac{3}{2}$;$(2)3$;$(3)2$;$(4)3$;$(5)-\sin x$;$(6)1$;$(7)1$;$(8)\sqrt{2}$

4. $(1)e^2$;$(2)e^2$;$(3)e^3$;$(4)e^{-3}$;$(5)e$

习题 1.4

1. $(1)x\to\infty$,$x\to0$　$(2)x\to\infty$,$x\to-1$　$(3)x\to(2k-1)\dfrac{\pi}{2}$,$x\to k\pi$

   $(4)x\to1$,$x\to0^+$ 或 $+\infty$

2. $(1)\infty$;$(2)\infty$;$(3)\infty$;$(4)0$;$(5)0$

3. x^2-x^3

4. x^2+6x+9

5. （1）等价　　（2）同阶

习题 1.5

1. -0.005

2. $\Delta y=\ln(x+\Delta x)-\ln x=\ln\left(1+\dfrac{\Delta x}{x}\right)$

3. $x=\dfrac{1}{2}$,$x=2$ 连续,$x=1$ 跳跃间断点

4. 连续区间 $(-\infty,-3)\bigcup(-3,2)\bigcup(2,+\infty)$,$\lim\limits_{x\to0}f(x)=\dfrac{1}{2}$,$\lim\limits_{x\to2}f(x)=\infty$,

   $\lim\limits_{x\to-3}f(x)=-\dfrac{8}{5}$

5. $(1)x=-1$ 无穷间断点;$(2)x=1$ 可取间断点 $f(1)=-2$,$x=2$ 无穷间断点;

   $(3)x=0$,可去间断点 $f(0)=\dfrac{1}{2}$;$(4)x=1$ 跳跃间断点;$(5)x=0$ 连续

6. $a=1$

7. $a=-\pi$,$b=0$

8. $(1)\sqrt{5}$;$(2)1$;$(3)1$;$(4)-\dfrac{\sqrt{2}}{2}$;$(5)0$;$(6)-1$;$(7)e^3$;$(8)e^2$;$(9)2$;$(10)1$

9. $a=-3$,$b=2$

习题 2. 1

1. (1)√ (2)× (3)√ (4)× (5)× (6)×

2. 连续不可导

3. $V(t) = S'(t) = 3t^2$，$V(2) = 12 \text{m/s}$

4. $k_{\frac{2\pi}{3}} = -\dfrac{1}{2}$　$k_{\pi} = -1$

5. $y' = 2x$　$k = 4$

切线：$y - 4 = 4(x - 2)$，即 $y = 4x - 4$；法线：$y - 4 = -\dfrac{1}{4}(x - 2)$，即 $y = -\dfrac{1}{4}x - \dfrac{7}{4}$

习题 2. 2

1. (1) $-6(4 - 2x)^2$；(2) $2x\sin x^2$；(3) $-3\mathrm{e}^{-3x}$；(4) $\dfrac{1}{x - 1}$；(5) $2x\sin 2x^2$；

(6) $\dfrac{2x}{\sqrt{1 - x^4}}$；(7) $\dfrac{\mathrm{e}^x}{1 + \mathrm{e}^{2x}}$；(8) $\dfrac{a^{\sqrt{x+1}}\ln a}{2\sqrt{x + 1}}$；(9) $\dfrac{x}{(1 - x^2)^{\frac{3}{2}}}$；

(10) $y' = \dfrac{2\sqrt{x} + 1}{4\sqrt{x^2 + x\sqrt{x}}}$；(11) $3(1 - x)^2(3x + 1)(1 - 5x)$

(12) $y' = \dfrac{1}{x\sqrt{x^2 - 1}}$；(13) $\dfrac{2 + x}{(x^2 + 1)^{\frac{3}{2}}}$；(14) $-\dfrac{a^2}{x^2\sqrt{a^2 + x^2}}$

2. (1) $\dfrac{4\sqrt{3}}{3}$；(2) $\dfrac{\sqrt{3}}{6}$；(3) $\dfrac{\sqrt{2}}{2\mathrm{e}}$；(4) $\dfrac{7}{2}$；(5) $\dfrac{3}{25}$；(6) 2

3. (1) $\dfrac{10}{27}$；(2) $\dfrac{\sin 2 - 2\cos 2}{\mathrm{e}^2}$

习题 2. 3

1. (1) $y' = \dfrac{3x^2 - 1 + y}{3y^2 - x + 1}$　(2) $y' = \dfrac{2x + y}{x - 2y}$　(3) $y' = -\sqrt{\dfrac{y}{x}}$

(4) $y' = \dfrac{y - \mathrm{e}^{x+y}}{\mathrm{e}^{x+y} - x}$　(5) $y' = \dfrac{\sqrt{1 - y^2}}{1 + \sqrt{1 - y^2}}$　(6) $y' = \dfrac{y\cos(xy) - 1}{1 - x\cos(xy)}$

2. (1) $y' = 2x^{2x}(1 + \ln x) + (2x)^x\left(\dfrac{1}{2} + \ln 2x\right)$

(2) $y' = \dfrac{1}{2}\sqrt{x\sin x\sqrt{1 - \mathrm{e}^x}}\left(\dfrac{1}{x} + \cot x - \dfrac{\mathrm{e}^x}{2(1 - \mathrm{e}^x)}\right)$

$(3)\,y'=\dfrac{1}{3}\sqrt{\dfrac{x(x^2+1)}{(x^2-1)^2}}\left(\dfrac{1}{x}+\dfrac{2x}{x^2+1}-\dfrac{4x}{x^2-1}\right)$

$(4)\,y'=(\cos x)^{\sin x}(\cos x\ln\cos x-\tan x\sin x)$

3. $(1)\ \dfrac{\cos t-t\sin t}{1-\sin t-t\cos t}$ $(2)\ \dfrac{3t^2-1}{2t}$ $(3)\ -\dfrac{1}{2\mathrm{e}^{2t}}$ $(4)\,\sec t-\tan t$

4. $\sqrt{2}\,x+6y-9\sqrt{2}=0$

5. $(1)\,y'=\dfrac{\mathrm{e}^y}{1-x\mathrm{e}^y}$, $y''=\dfrac{\mathrm{e}^{2y}(2-x\mathrm{e}^y)}{(1-x\mathrm{e}^y)^3}$ $(2)\,y'=\dfrac{2x}{1-3y^2}$, $y''=\dfrac{2}{(1-3y^2)}+\dfrac{24x^2y}{(1-3y^2)^3}$

$(3)\ \dfrac{\mathrm{d}y}{\mathrm{d}x}=\dfrac{3}{2}t-\dfrac{1}{2t}$, $\dfrac{\mathrm{d}^2y}{\mathrm{d}x^2}=-\dfrac{1}{4t}(3+\dfrac{1}{t^2})$ $(4)\ \dfrac{\mathrm{d}y}{\mathrm{d}x}=\dfrac{t}{2}$, $\dfrac{\mathrm{d}^2y}{\mathrm{d}x^2}=\dfrac{1+t^2}{4}$

习题 2.4

1. $(1)\ \dfrac{\partial z}{\partial x}=y+\dfrac{1}{y}$; $\dfrac{\partial z}{\partial y}=x\left(1-\dfrac{1}{y^2}\right)$

$(2)\ \dfrac{\partial z}{\partial x}=2x\ln(x^2+y^2)+\dfrac{2x^3}{x^2+y^2}$; $\dfrac{\partial z}{\partial y}=\dfrac{2x^2y}{x^2+y^2}$

$(3)\ \dfrac{\partial z}{\partial x}=y^2\,(1+xy)^{y-1}$; $\dfrac{\partial z}{\partial y}=(1+xy)^y\left[\ln(1+xy)+\dfrac{xy}{1+xy}\right]$

$(4)\ \dfrac{\partial z}{\partial x}=\mathrm{e}^{-xy}(1-xy)$; $\dfrac{\partial z}{\partial y}=-x^2\,\mathrm{e}^{-xy}$

$(5)\ \dfrac{\partial z}{\partial x}=-\dfrac{y}{x^2+y^2}$; $\dfrac{\partial z}{\partial y}=\dfrac{x}{x^2+y^2}$

$(6)\ \dfrac{\partial s}{\partial u}=\dfrac{1}{v}-\dfrac{v}{u^2}$; $\dfrac{\partial s}{\partial v}=-\dfrac{u}{v^2}+\dfrac{1}{u}$

$(7)\ \dfrac{\partial z}{\partial x}=\dfrac{1}{2x\sqrt{\ln(xy)}}$; $\dfrac{\partial z}{\partial y}=\dfrac{1}{2y\sqrt{\ln(xy)}}$

$(8)\ \dfrac{\partial z}{\partial x}=y\cos(xy)-y\sin(2xy)$; $\dfrac{\partial z}{\partial y}=x\cos(xy)-x\sin(2xy)$

$(9)\ \dfrac{\partial z}{\partial x}=\dfrac{2}{y\sin(\frac{2x}{y})}$; $\dfrac{\partial z}{\partial y}=-\dfrac{2x}{y^2\sin(\frac{2x}{y})}$

$(10)\ \dfrac{\partial u}{\partial x}=\dfrac{z}{y}x^{\frac{z}{y}-1}$; $\dfrac{\partial u}{\partial y}=\dfrac{x^{\frac{z}{y}}\ln x}{z}$; $\dfrac{\partial u}{\partial z}=-\dfrac{yx^{\frac{z}{y}}\ln x}{z^2}$

$(11)\ \dfrac{\partial u}{\partial x}=\dfrac{z\,(x-y)^{z-1}}{1+(x-y)2z}$; $\dfrac{\partial u}{\partial y}=-\dfrac{z\,(x-y)^{z-1}}{1+(x-y)2z}$; $\dfrac{\partial u}{\partial z}=\dfrac{(x-y)^z\ln(x-y)}{1+(x-y)2z}$

2. 36

3. 1

4. $(1)\ \dfrac{\partial^2z}{\partial x^2}=12x^2-8y^2$; $\dfrac{\partial^2z}{\partial x\partial y}=-16xy$; $\dfrac{\partial^2z}{\partial y\partial x}=-16xy$; $\dfrac{\partial^2z}{\partial y^2}=12y^2-8x^2$

(2) $\dfrac{\partial^2 z}{\partial x^2} = 24x + 6y$; $\dfrac{\partial^2 z}{\partial x \partial y} = 6x - 6y = \dfrac{\partial^2 z}{\partial y \partial x}$; $\dfrac{\partial^2 z}{\partial y^2} = -6x$

(3) $\dfrac{\partial^2 z}{\partial x^2} = y^x \ln^2 y$; $\dfrac{\partial^2 z}{\partial x \partial y} = y^{x-1}(x \ln y + 1) = \dfrac{\partial^2 z}{\partial y \partial x}$; $\dfrac{\partial^2 z}{\partial y^2} = x(x-1)y^{x-2}$

(4) $\dfrac{\partial^2 z}{\partial x^2} = 2a^2 \cos 2(ax + by)$; $\dfrac{\partial^2 z}{\partial x \partial y} = 2ab \cos 2(ax + by) = \dfrac{\partial^2 z}{\partial y \partial x}$;

$\dfrac{\partial^2 z}{\partial y^2} = 2b^2 \cos 2(ax + by)$

(5) $\dfrac{\partial^2 z}{\partial x^2} = \dfrac{x + 2y}{(x + y)^2}$; $\dfrac{\partial^2 z}{\partial x \partial y} = \dfrac{y}{(x + y)^2} = \dfrac{\partial^2 z}{\partial y \partial x}$; $\dfrac{\partial^2 z}{\partial y^2} = -\dfrac{x}{(x + y)^2}$

(6) $\dfrac{\partial^2 z}{\partial x^2} = (2 - y)\cos(x + y) - x\sin(x + y)$

$\dfrac{\partial^2 z}{\partial x \partial y} = (1 - y)\cos(x + y) - (1 + x)\sin(x + y) = \dfrac{\partial^2 z}{\partial y \partial x}$

$\dfrac{\partial^2 z}{\partial y^2} = -(2 + x)\sin(x + y) - y\cos(x + y)$

习题 2.5

1. (1) $\dfrac{\partial z}{\partial x} = 4x$; $\dfrac{\partial z}{\partial y} = 4y$

(2) $\dfrac{\partial z}{\partial x} = \dfrac{2x \ln(3x - 2y)}{y^2} + \dfrac{3x^2}{y^2(3x - 2y)}$; $\dfrac{\partial z}{\partial y} = -2\dfrac{x^2}{y^2}\left[\dfrac{\ln(3x - 2y)}{y} - \dfrac{1}{3x - 2y}\right]$

(3) $\dfrac{\mathrm{d}z}{\mathrm{d}t} = -\mathrm{e}^{x - 2y}(\sin t + 4t)$; (4) $\dfrac{\mathrm{d}z}{\mathrm{d}t} = \dfrac{2(y + 3xt)}{1 + x^2 y^2}$; (5) $\dfrac{\mathrm{d}z}{\mathrm{d}y} = \dfrac{(y\mathrm{e}^y + x)}{1 + x^2 y^2}$

2. (1) $\dfrac{\partial z}{\partial x} = \dfrac{x}{\sqrt{x^2 + y^2}}$; $\dfrac{\partial z}{\partial y} = \dfrac{y}{\sqrt{x^2 + y^2}}$

(2) $\dfrac{\partial z}{\partial x} = -\mathrm{e}^{\arctan\frac{y}{x}}\dfrac{y}{x^2 + y^2}$; $\dfrac{\partial z}{\partial y} = \mathrm{e}^{\arctan\frac{y}{x}}\dfrac{x}{x^2 + y^2}$

(3) $\dfrac{\partial z}{\partial x} = \dfrac{1}{2x\sqrt{\ln(xy)}}$; $\dfrac{\partial z}{\partial y} = \dfrac{1}{2y\sqrt{\ln(xy)}}$

(4) $\dfrac{\partial z}{\partial x} = \dfrac{2}{y\sin\left(\frac{2x}{y}\right)}$; $\dfrac{\partial z}{\partial y} = -\dfrac{2x}{y^2 \sin\left(\frac{2x}{y}\right)}$

(5) $\dfrac{\partial z}{\partial x} = y^2(1 + xy)^{y-1}$; $\dfrac{\partial z}{\partial y} = (1 + xy)^y\left[\dfrac{xy}{1 + xy} + \ln(1 + xy)\right]$

(6) $\dfrac{\partial z}{\partial x} = y\cos(xy)(1 + 2\sin xy)$; $\dfrac{\partial z}{\partial y} = x\cos(xy)(1 + 2\sin xy)$

习题 2.6

1. $\mathrm{d}y\big|_{\substack{x=2\\\Delta x=0.1}}=1.1$, $\Delta y\big|_{\substack{x=2\\\Delta x=0.1}}=1.161$, $\mathrm{d}y\big|_{\substack{x=2\\\Delta x=0.01}}=0.11$, $\Delta y\big|_{\substack{x=2\\\Delta x=0.01}}=0.1106$

2. $(1)\mathrm{d}y=12x(2x^2-1)^2\mathrm{d}x$; $(2)\mathrm{d}y=\dfrac{\cot\sqrt{x}}{2\sqrt{x}}\mathrm{d}x$; $(3)\mathrm{d}y=2x\mathrm{e}^{2x}(1+x)\mathrm{d}x$

$(4)\mathrm{d}y=\left(-\dfrac{1}{x}+\dfrac{1}{\sqrt{x}}\right)\mathrm{d}x$; $(5)\mathrm{d}y=\dfrac{4x^3y}{2y^2+1}\mathrm{d}x$; $(6)\mathrm{d}y=\dfrac{x^2+2x-1}{(1+x)^2}\mathrm{d}x$

$(7)\mathrm{d}y=\sec x(\sec x+1+x\tan x)\mathrm{d}x$; $(8)\mathrm{d}y=-\dfrac{\sin\sqrt{x}}{2\sqrt{x}}\mathrm{d}x$

$(9)\mathrm{d}z=\left(y+\dfrac{1}{y}\right)\mathrm{d}x+\left(x-\dfrac{x}{y^2}\right)\mathrm{d}y$

$(10)\mathrm{d}z=2x\cos(x^2+y)\mathrm{d}x+\cos(x^2+y)\mathrm{d}y$

$(11)\mathrm{d}f=-\dfrac{xy}{(x^2+y^2)^{\frac{3}{2}}}\mathrm{d}x+\dfrac{x^2}{(x^2+y^2)^{\frac{3}{2}}}\mathrm{d}y$

$(12)\mathrm{d}f=yzx^{yz-1}\mathrm{d}x+zx^{yz}\ln x\mathrm{d}y+yx^{yz}\ln x\mathrm{d}z$

$(13)\mathrm{d}u=y^2x^{y^2-1}\mathrm{d}x+2yx^{y^2}\ln x\mathrm{d}y$

$(14)\mathrm{d}z=\dfrac{x}{\sqrt{a^2-x^2-y^2}}\mathrm{d}x+\left[a^y\ln a+\dfrac{y}{\sqrt{a^2-x^2-y^2}}\right]\mathrm{d}y$

$(15)\mathrm{d}u=\dfrac{z}{y}\left(\dfrac{x}{y}\right)^{z-1}\mathrm{d}x-\dfrac{xz}{y^2}\left(\dfrac{x}{y}\right)^{z-1}\mathrm{d}y+\left(\dfrac{x}{y}\right)^z\ln\dfrac{x}{y}\mathrm{d}z$

$(16)\mathrm{d}z=(2ax\mathrm{d}x+2by\mathrm{d}y)\mathrm{e}^{ax^2+by^2}$

3. $(1)x^3$ $(2)\sin x$ $(3)-\dfrac{1}{\omega}\cos\omega x$ $(4)-\dfrac{1}{2}\mathrm{e}^{-2x}$ $(5)\ln(1+x)$ $(6)2\sqrt{x}$

$(7)\dfrac{1}{3}\tan 3x$

4. $(1)2.01$ $(2)1.0067$ $(3)-0.8747$ $(4)-0.02$

5. $2\pi rh$

6. $565.487\mathrm{cm}^3$

7. 23.7698; 0.53%

8. $\mathrm{d}z=-\dfrac{2x}{y+1}\mathrm{d}x-\dfrac{z}{y+1}\mathrm{d}y$

9. $\mathrm{d}z\big|_{\substack{x=2\\y=-\frac{1}{2}\\z=1}}=\dfrac{\mathrm{e}}{2(\mathrm{e}-2)}\mathrm{d}x+\dfrac{2\mathrm{e}}{2-\mathrm{e}}\mathrm{d}y$

10. $\mathrm{d}z\big|_{\substack{x=1\\y=2}}=\dfrac{1}{3}\mathrm{d}x+\dfrac{2}{3}\mathrm{d}y$

11. $\mathrm{d}u\big|_{(1,1,1)}=-\mathrm{d}x+2\mathrm{d}y+\mathrm{d}z$

12. $\Delta z=-\dfrac{5}{42}$; $\mathrm{d}z=-\dfrac{1}{8}$

习题 3.1

1. (1) 2 (2) $-\dfrac{1}{8}$ (3) 1 (4) 1 (5) $\dfrac{4}{e}$ (6) 2 (7) 1 (8) $e^{-\frac{1}{6}}$

(9) $\dfrac{m}{n}a^{m-n}$ (10) 3 (11) 0 (12) $-\dfrac{1}{6}$ (13) $\dfrac{1}{2}$ (14) 1 (15) $\dfrac{1}{2}$ (16) $\dfrac{2}{\pi}$

(17) -1 (18) $-\dfrac{1}{2}$ (19) e^a (20) 1 (21) 1 (22) 1 (23) e^2

习题 3.2

1. (1) $(-\infty, +\infty)$ 单调递增 (2) $(-\infty, +\infty)$ 单调递增 (3) $(-\infty, +\infty)$ 单调递增

2. (1) $\left[-\infty, -\dfrac{4\sqrt{3}}{\sqrt{3}}\right]$, $\left[0, \dfrac{4\sqrt{3}}{\sqrt{3}}\right]$ 单调递减, $\left[-\dfrac{4\sqrt{3}}{\sqrt{3}}, 0\right]$, $\left[\dfrac{4\sqrt{3}}{\sqrt{3}}, +\infty\right]$ 单调递增

(2) $\left(-\infty, \dfrac{1}{2}\right]$ 单调递减, $\left[\dfrac{1}{2}, +\infty\right)$ 单调递增

(3) $\left(0, \dfrac{1}{2}\right]$ 单调递减, $\left[\dfrac{1}{2}, +\infty\right)$ 单调递增

(4) $[-2, 0)$, $(0, 2]$ 单调递减, $(-\infty, -2]$, $[2, +\infty)$ 单调递增

(5) $\left[\dfrac{2a}{3}, a\right]$ 单调递减, $\left(-\infty, \dfrac{2a}{3}\right]$, $[a, +\infty)$ 单调递增

(6) $(-\infty, +\infty)$ 单调递增

(7) $(-\infty, -\sqrt{2}]$, $[\sqrt{2}, +\infty)$ 单调递减, $[-\sqrt{2}, \sqrt{2}]$ 单调递增

习题 3.3

1. (1) 极大值 $f(0) = 0$, 极小值 $f(1) = -1$ (2) 极小值 $f(e^{-\frac{1}{2}}) = -\dfrac{1}{2e}$

(3) 极大值 $f(\pm 1) = e^{-1}$, 极小值 $f(0) = 0$ (4) 极大值 $f(0) = 4$, 极小值 $f(-2) = \dfrac{8}{3}$

(5) 极大值 $f(1) = 1$ (6) 极小值 $f(-\ln\sqrt{2}) = 2\sqrt{2}$ (7) 极小值 $f(e) = e$

(8) 极大值 $f(0) = 0$, 极小值 $f\left(\dfrac{2}{5}\right) = -\dfrac{3}{5}\left(\dfrac{2}{5}\right)^{\frac{2}{3}}$

2. 极大值 $f\left(\dfrac{\pi}{4}\right) = \sqrt{2}$

3. $a = 2$, 极大值 $f\left(\dfrac{\pi}{3}\right) = \sqrt{3}$

4. $V\left(\dfrac{a}{6}\right)=\dfrac{2}{27}a^3$

5. $h=2\sqrt[3]{\dfrac{V}{2\pi}}$, $r=\sqrt[3]{\dfrac{V}{2\pi}}$

习题 3.4

1. $k=\dfrac{\mid 6ax\mid}{(1+9a^2x^4)^{\frac{3}{2}}}$, $k\mid_{x=a}=\dfrac{6a^2}{(1+9a^6)^{\frac{3}{2}}}$

2. $k=\dfrac{\mid 6x\mid}{(1+9x^4)^{\frac{3}{2}}}$, $k\mid_{x=\sqrt[4]{\frac{1}{45}}}=\dfrac{5^{1.25}}{3\sqrt{2}}$

习题 4.1

1. (1) 左侧大 (2) 左侧大 (3) 左侧大 (4) 左侧大

2. (1) $0\leqslant\displaystyle\int_{\frac{\pi}{4}}^{\frac{5\pi}{4}}(1+\sin^2 x)\mathrm{d}x\leqslant 2\pi$ (2) $\dfrac{\pi}{9}\leqslant\displaystyle\int_{\frac{1}{\sqrt{3}}}^{\sqrt{3}}x\arctan x\mathrm{d}x\leqslant\dfrac{2\pi}{3}$

(3) $\dfrac{2}{5}\leqslant\displaystyle\int_{1}^{2}\dfrac{x}{1+x^2}\mathrm{d}x\leqslant\dfrac{1}{2}$ (4) $0\leqslant\displaystyle\int_{0}^{-2}x\mathrm{e}^x\mathrm{d}x\leqslant 4\mathrm{e}^{-2}$

3. (1) $2\displaystyle\int_{0}^{1}\sqrt{1-x^2}\,\mathrm{d}x$ (2) $2\displaystyle\int_{0}^{\sqrt{2}}\left(\sqrt{2-x^2}-x^2\right)\mathrm{d}x$ (3) $\displaystyle\int_{0}^{1}(1-x^2)\mathrm{d}x$

(4) $\displaystyle\int_{0}^{\frac{\pi}{2}}\cos x\mathrm{d}x-\int_{\frac{\pi}{2}}^{\frac{3\pi}{2}}\cos x\mathrm{d}x$

4. (1)

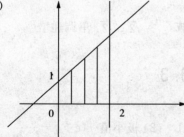

(2)

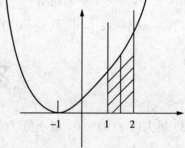

(3)

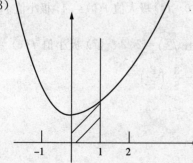

(4)

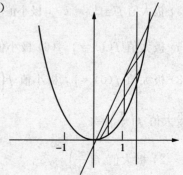

习题 4. 2

1. (1) $\frac{2}{5}x^{\frac{5}{2}}+C$ (2) $\frac{1}{4}x^4+\frac{2}{5}x^5+\frac{1}{6}x^6+C$ (3) $\frac{1}{3}x^3-\frac{5}{2}x^2+6x+C$

   (4) $-\frac{2}{3}x^{-\frac{3}{2}}+C$ (5) $\frac{3}{4}x^{\frac{4}{3}}-2\sqrt{x}+C$ (6) $\frac{2^x}{\ln 2}+\frac{1}{3}x^3+C$ (7) $x-\arctan x+C$

   (8) $2x^{\frac{1}{2}}-\frac{4}{3}x^{\frac{3}{2}}+\frac{2}{5}x^{\frac{5}{2}}+C$ (9) $e^x-2\sqrt{x}+C$ (10) $\frac{8}{15}x^{\frac{15}{8}}+C$

   (11) $-\frac{1}{x}-\arctan x+C$ (12) e^t+t+C (13) $\frac{3e^x}{\ln 3e}+C$ (14) $-\cot x-x+C$

   (15) $\tan x-\sec x+C$ (16) $\frac{1}{2}(x+\sin x)+C$ (17) $-4\cot x+C$ (18) $\sin x-\cos x+C$

2. $y=\ln x+1$

习题 4. 3

1. (1) 20 (2) $\frac{259}{6}$ (3) $\frac{\pi}{6}$ (4) $1-\frac{\pi}{4}$ (5) π

2. (1) $\frac{5}{2}$ (2) $4\sqrt{2}$

3. $\frac{13}{12}$

4. (1) e^{-x^2} (2) $-\frac{\sqrt{1+x}}{2\sqrt{x}}$

习题 4. 4

1. (1) $\frac{3}{13}$ (2) $\frac{3}{2}$ (3) $\frac{1}{\sqrt{e}}-\frac{1}{e}$ (4) $\frac{\pi}{12}$ (5) $\frac{5\pi}{144}$

   (6) 0 (7) $\arctan e^x+C$ (8) $-\frac{3}{4}\ln|1-x^4|+C$ (9) $\frac{1}{2}(\cos x)^{-2}+C$

   (10) $-\frac{1}{2}(\sin x-\cos x)^{-2}+C$ (11) $\frac{1}{2}\arcsin\frac{2x}{3}+\frac{\sqrt{9-4x^2}}{4}+C$

   (12) $\ln\ln\ln x+C$

2. (1) $\frac{a^2}{2}\arcsin\frac{x}{2}-\frac{x\sqrt{a^2-x^2}}{2}+C$ (2) $\frac{x}{\sqrt{1+x^2}}+C$ (3) $\frac{2-\sqrt{2}}{a^2}$ (4) $4(2\ln 2-1)$

   (5) $2(2-\arctan 2)$ (6) $2(2-\ln 3)$ (7) $\frac{\pi}{6}$ (8) $\frac{\pi a^4}{16}$ (9) $\sqrt{3}-\frac{\pi}{3}$ (10) $\frac{7}{3}$

   (11) $1-2\ln 2$

3. (1) $-(x^2 \mathrm{e}^{-x} + 2x \mathrm{e}^{-x} + 2\mathrm{e}^{-x}) + C$

(2) $\dfrac{1}{3} x^3 \sin 3x + \dfrac{1}{3} x^2 \cos 3x - \dfrac{2}{9} x \sin 3x - \dfrac{2}{27} \cos 3x + C$

(3) $-x \cot x + \ln |\sin x| + C$ (4) $\dfrac{1}{2} \cos 2x - \dfrac{1}{2} x^2 \cos 2x + \dfrac{1}{2} x \sin 2x + \dfrac{1}{4} \cos 2x + C$

(5) $-\dfrac{1}{4} x \cos 2x + \dfrac{1}{8} \sin 2x + C$ (6) $-\dfrac{2\mathrm{e}^{-2x}}{17} \left(4 \sin \dfrac{x}{2} + \cos \dfrac{x}{2} \right) + C$ (7) $1 - \dfrac{2}{\mathrm{e}}$

(8) $\dfrac{1}{2} (\mathrm{e}\sin 1 - \mathrm{e}\cos 1 + 1)$ (9) π^2 (10) 1 (11) $\dfrac{\pi^3}{6} - \dfrac{1}{4}\pi$ (12) $2 \left(1 - \dfrac{1}{\mathrm{e}} \right)$

习题 4.5

1. (1) 2 (2) $\dfrac{3}{2} - \ln 2$ (3) 1.8 (4) 4

2. (1) $\dfrac{15\pi}{2}, \dfrac{124\pi}{5}$ (2) $\dfrac{\pi}{2}$

3. $0.4083\pi (\mathrm{m}^3)$

4. $bk + \dfrac{b^2 k}{2a}$

5. $50\pi \rho g$

6. $\dfrac{\rho g a^2 b}{3}, \dfrac{2\rho g a^2 b}{3}$

7. $54\rho g$

习题 4.6

1. (1) $+\infty$ (2) 1 (3) $\dfrac{1}{(k-1)(\ln 2)^{k-1}}$ (4) 2 (5) $\dfrac{2}{3}\ln 2$

2. (1) 2 (2) π (3) $2\ln 2 - 2$ (4) $\dfrac{\pi^2}{8}$

3. $\alpha \geqslant 1$ 时发散；$\alpha < 1$ 时收敛，$\dfrac{1}{1-\alpha}$

习题 4.7

1. (1) $+$ (2) $-$ (3) $-$ (4) $+$

2. (1) $\geqslant$ (2) $\leqslant$ (3) $\geqslant$ (4) $\leqslant$

3. (1) $0 \leqslant I \leqslant 2$ (2) $0 \leqslant I \leqslant \pi^2$ (3) $\dfrac{\pi}{4} \leqslant I \leqslant \mathrm{e}^{\frac{1}{4}} \dfrac{\pi}{4}$ (4) $2 \leqslant I \leqslant 8$

(5) $\dfrac{200}{102} \leqslant I \leqslant 2$ (6) $36\pi \leqslant I \leqslant 100\pi$

习题 4.8

1. $(1) I = \int_0^1 dx \int_{x-1}^{1-x} f(x, y) dy$ $(2) I = \int_{-1}^1 dx \int_{x^2}^1 f(x, y) dy$

     $(3) I = \int_0^\pi d\theta \int_0^{\sin\theta} f(r\cos\theta, r\sin\theta) r dr$ $(4) I = \int_0^1 dy \int_{\sqrt{y}}^{3-2y} f(x, y) dx$

     $(5) I = \int_a^b dx \int_a^x f(x, y) dy$ $(6) I = \int_0^a dx \int_{a-x}^{\sqrt{a^2-x^2}} f(x, y) dy$

2. $(1) \dfrac{8}{3}$ $(2) 9$ $(3) \dfrac{1}{2}$ $(4) \dfrac{2}{3}\ln 2$ $(5) \dfrac{2a\sqrt{a}}{3}$ $(6) 4$ $(7) \dfrac{832}{9}$

     $(8) \dfrac{\pi}{10} - \dfrac{8}{75}$ $(9) \dfrac{4}{3}$ $(10) \dfrac{12}{5}$

3. $(1) e^{-1}$ $(2) \ln\dfrac{4}{3}$ $(3) \dfrac{76}{3}$ $(4) -\dfrac{\pi}{16}$ $(5) 17$ $(6) -\dfrac{3\pi}{2}$

4. $(1) \int_0^{\frac{\pi}{4}} d\theta \int_0^{\sec\theta} f(r\cos\theta, r\sin\theta) r dr + \int_{\frac{\pi}{4}}^{\frac{\pi}{2}} d\theta \int_0^{\csc\theta} f(r\cos\theta, r\sin\theta) r dr$

     $(2) \int_0^{\frac{\pi}{4}} d\theta \int_{\sec\theta\tan\theta}^{\sec\theta} f(r\cos\theta, r\sin\theta) r dr$ $(3) \int_0^{\frac{\pi}{2}} d\theta \int_0^R f(r^2) r dr$

     $(4) \int_0^{2R} dy \int_0^{\sqrt{2Ry-y^2}} f(x, y) dx = \int_0^{\frac{\pi}{2}} d\theta \int_0^{2R\sin\theta} f(r\cos\theta, r\sin\theta) r dr$

     $\int_0^{2R} dx \int_0^{\sqrt{2Rx-x^2}} f(x, y) dy = \int_0^{\frac{\pi}{2}} d\theta \int_0^{2R\cos\theta} f(r\cos\theta, r\sin\theta) r dr$

5. $(1) \dfrac{a^3}{3}$ $(2) \dfrac{2\pi a^3}{3}$ $(3) -6\pi^2$ $(4) 3\pi$ $(5) \dfrac{\pi}{4}(2\ln 2 - 1)$ $(6) \dfrac{3\pi^2}{64}$

习题 4.9

1. $\sqrt{2}\pi$

2. $16R^2$

3. $\dfrac{1}{2}\sqrt{a^2 b^2 + a^2 c^2 + b^2 c^2}$

习题 5.1

1. (1) (3) (5) (6)

2. (1) 一阶   (2) 二阶   (3) 三阶   (4) 一阶

3. (1) (3) (4) (5)

习题 5.2

1. (1)$(x-1)(y+1)=C$ (2)$\arcsin x-\arcsin y=C$ (3)$\dfrac{x^4}{4}+\dfrac{1}{2y^2}=C$

   (4)$\ln|y|=\dfrac{x}{2}-\dfrac{\sin 2x}{4}+C$ (5)$\ln|\ln y|=\arctan x+C$ (6)$\ln|y|=-e^x+C$

2. (1)$\dfrac{1}{\sin^2 y}-\dfrac{1}{\cos^2 x}=C$ (2)$y^2=2\ln x-x^2+C$ (3)$\tan y=C(e^x-1)^3$

   (4)$y^2=\ln(1+e^x)^2+C$，特解 $y^2=\ln(1+e^x)^2+1-\ln 4$ (5)$\arctan(x+y)=x+C$

   (6)$\arctan\dfrac{y}{x}-\dfrac{1}{2}\ln\left(1+\dfrac{y^2}{x^2}\right)=\ln|x|+C$

3. (1)$y=2x$ (2)$y=4e^{\sqrt{x}-1}$ (3)$(y^2+1)(x^2-1)=-2$ (4)$y=1$

   (5)$\sin\dfrac{y}{x}=\dfrac{\sqrt{2}}{8}x^2$

习题 5.3

1. (1)$y=e^{-x}(x+C)$ (2)$y=-\dfrac{2}{3}x-\dfrac{2}{9}+Ce^{3x}$ (3)$y=x^2(x+C)$

   (4)$y=x^{-2}\left(-\dfrac{1}{2}e^{-x^2}+C\right)$ (5)$s=(1+t^2)(t+C)$ (6)$x=y^3\left(\dfrac{1}{2y}+C\right)$

2. (1)$y=\dfrac{1}{2}(\sin x-\cos x)+\dfrac{1}{2}e^x$ (2)$y=x^2(1-e^{\frac{1}{x}-1})$

3. (1)$y=\dfrac{1}{2}\left(\dfrac{x}{\cos x}+\sin x+C\right)$ (2)$y=\dfrac{1}{\sqrt{1+y^2}}(-\cos y+C)$

   (3)$y=\dfrac{1}{x}(e^x+C)$，$y=\dfrac{1}{x}(e^x+ab-e^a)$ (4)$y=\dfrac{x+1}{x-1}\left(\dfrac{x^2}{2}-x\right)$

4. (1)$\dfrac{1}{y}=e^x[\cos x(x+1)+\sin x(x-1)+C]$ (2)$\dfrac{1}{y^2}=-\dfrac{x}{4}-\dfrac{x}{2}\ln x+\dfrac{C}{x}$

5. $y=-x-1$

习题 5.4

1. 略; 2. 略

3. (1)$y=C_1e^{2x}+C_2e^{-x}$ (2)$y=e^{2x}(C_1+C_2x)$ (3)$y=e^{-x}(C_1\cos x+C_2\sin x)$

4. (1)$y=C_1e^{3x}+C_2e^{-3x}$ (2)$y=C_1e^{4x}+C_2$ (3)$y=e^{3x}(C_1\cos 2x+C_2\sin 2x)$

   (4)$y=C_1e^{(1+a)x}+C_2e^{(1-a)x}$ (5)$y=e^{2x}(C_1\cos x+C_2\sin x)$

5. $(1) y = 8e^x - 2e^{3x}$ $(2) y = e^{-\frac{x}{2}}(1 + 2x)$ $(3) y = 3e^{-2x}\sin 5x$ $(4) y = e^{-t}(4 + 6t)$

6. $y = e^x$

7. $s = 6e^{-t}\sin 2t$

习题 6.1

1. $\overline{A}B \cup A\overline{B}$

2. $(1)\overline{A}BC$ $(2)A \cup B \cup C$ $(3)A\overline{B}\,\overline{C} \cup \overline{A}B\overline{C} \cup \overline{A}\,\overline{B}C$ $(4)\overline{A}BC \cup A\overline{B}C \cup AB\overline{C}$
   $(5)A\overline{B}\,\overline{C} \cup \overline{A}B\overline{C} \cup \overline{A}\,\overline{B}C \cup \overline{A}\,\overline{B}\,\overline{C}$ $(6)\overline{ABC}$

3. (1) 至少有一次取到黑球   (2) 两次都取到黑球
   (3) 第一次取到黑球第二次取到白球   (4) 第一次取到白球
   $(5)\overline{A}B$ $(6)\overline{AB}$ $(7)A\overline{B} \cup \overline{A}B$ $(8)AB \cup \overline{A}\,\overline{B}$

4. (1) 至少有一门炮击中   (2) 至少有两门炮同时击中   (3) 三门炮均未击中
   (4) 至少有一门未击中 $(5)A\overline{B}\,\overline{C} \cup \overline{A}B\overline{C} \cup \overline{A}\,\overline{B}C$
   $(6)\overline{A}BC \cup A\overline{B}C \cup AB\overline{C}$ $(7)ABC$ $(8)A + B + C$

习题 6.2

1. $(1) \dfrac{108}{343}$ $(2) \dfrac{210}{343}$

2. $(1) \dfrac{10}{21}$ $(2) \dfrac{11}{42}$

3. $(1) \dfrac{3}{10}$ $(2) \dfrac{7}{10}$

4. $(1) \dfrac{1}{8}$ $(2) \dfrac{1}{6}$ $(3) \dfrac{7}{24}$ $(4) \dfrac{3}{4}$

5. $(1) \dfrac{1}{4}$ $(2) \dfrac{1}{2}$

6. $(1) \dfrac{12}{25}$ $(2) \dfrac{27}{125}$ $(3) \dfrac{12}{125}$ $(4) \dfrac{61}{125}$

7. $\dfrac{a}{a+b}$

8. $(1) \dfrac{10}{19}$ $(2) \dfrac{9}{19}$

习题 6.3

1. $\dfrac{3}{10}$

2. (1)0.2 (2)0.4 (3)0.8 (4)0.7

3. 0.75

4. 0.7

5. 0.5

6. 0.6

7. 0.18

8. 0.994

9. 0.63

10. (1)0.1 (2)0.5 (3)0.9

11. (1) $\dfrac{1}{3}$ (2)0.2

12. 0.5043

13. 0.057

习题 7.2

1. $\dfrac{1}{10}$

2. 0.75

3. $F(x)=\begin{cases} 0, & x<-1 \\ \dfrac{1}{3}, & -1\leqslant x<0 \\ \dfrac{1}{2}, & 0\leqslant x<1 \\ 1, & 1\leqslant x \end{cases}$

4. $P(x=0)=0.7227,\ P(x=1)=0.2551,\ P(x=2)=0.0218,\ P(x=3)=0.0004$

5. $P(x=0)=\dfrac{1}{3},\ P(x=1)=\dfrac{2}{9},\ P(x=2)=\dfrac{4}{27},\ P(x=3)=\dfrac{8}{27}$

6. (1)$P(x=1)=\dfrac{7}{10},\ P(x=2)=\dfrac{7}{30},\ P(x=3)=\dfrac{7}{120},\ P(x=4)=\dfrac{1}{120}$

   (2)$P(x=i)=\left(\dfrac{3}{10}\right)^{i-1}\dfrac{7}{10},\ i=1,2,3,4,\cdots$

$$(3) P(x=1) = \frac{7}{10}, \quad P(x=2) = \frac{6}{25}, \quad P(x=3) = \frac{27}{500}, \quad P(x=4) = \frac{3}{500}$$

7. 0.80885

8. (1)4 (2)0.1465

9. (1)3 (2)0.448

10. (1) $\frac{1}{3}$ (2) $\frac{1}{9}$

11. (1)0.94

习题 7.3

1. (1) $\frac{1}{4}$ (2) $\frac{3}{8}$

2. (1)0.84 (2)0.0512

3. $\frac{2}{3}$

4. (1)4 (2)0.1296

5. (1) $\frac{1}{6}$ (2) $\frac{7}{12}$

6. (1) $\frac{1}{2}$ (2) $\frac{\sqrt{2}}{2}$

7. (1)1 (2)$F(x) = \begin{cases} 0, & x < 0 \\ \frac{1}{2}x^2, & 0 \leqslant x < 1 \\ 2x - \frac{1}{2}x^2 - 1, & 1 \leqslant x < 2 \\ 1, & 2 \leqslant x \end{cases}$ (3)0.75

8. (1)$1 - e^{-1.2}$ (2)$e^{-1.6}$ (3)$e^{-1.2} - e^{-1.6}$ (4)0

9. (1)1.2 (2)$\ln\frac{5}{4}$ (3)$f(x) = \begin{cases} \frac{1}{x}, & 1 \leqslant x < e \\ 0, & 其他 \end{cases}$

10. (1)$F(x) = \begin{cases} 0, & x < 1 \\ 2x + \frac{2}{x} - 4, & 1 \leqslant x < 2 \\ 1, & 2 \leqslant x \end{cases}$ (2)略

$$(3)F(x) = \begin{cases} 0, & x < -1 \\ \dfrac{1}{\pi}\arcsin x + \dfrac{1}{2}, & -1 \leqslant x < 1 \\ 1, & 1 \leqslant x \end{cases}$$

11. (1)0.3372, 0.5934 (2)129.8

12. 0.6915

13. (1)0.4207 (2)0.3076

14. 31

15. 0.9547

习题 7.4

1. $E(X) = 9$, $D(X) = 3.4$

2. (1)0.3292 (2)0.2099 (3)3.333 (4)1.05

3. (1)0.4 (2)0

4. 8.5264

5. (1)

6. (1)-12 (2)20

7. $\alpha = 3$, $k = 4$

8. (1)$\dfrac{3}{4}$ (2)$\dfrac{3}{80}$

习题 8.4

1. 略

2. $\hat{\mu} = \bar{x}$, $\hat{\sigma}^2 = \dfrac{1}{n}\sum_{i=1}^{n}x_i^2 - \bar{x}^2$

3. 略

4. 1143.75, 89.8523

5. 2.68

6. $\hat{\theta} = \dfrac{\bar{x}}{1-\bar{x}}$

7. 略 8. 略 9. 略 10. 略 11. 略

12. (1)[3.1138, 3.1242] (2)[3.1117, 3.1263]

习题 9. 1

1. (1)0　(2)−1　(3)218　(4)−19　(5)0　(6)2　(7)160　(8)48
　　(9)−33　(10)0

2. (1)$A_{11}=-6,A_{22}=6,A_{33}=-3,A_{44}=-2$

　　(2)$A_{11}=7,A_{12}=-12,A_{13}=3,A_{21}=6,A_{22}=4,A_{23}=-1,A_{31}=-5,A_{32}=5,A_{33}=5$

　　(3) $A_{11}=1,A_{12}=-21,A_{13}=8,A_{14}=3,A_{21}=-3,A_{22}=5,A_{23}=-1,A_{24}=-1,$

　　　$A_{31}=-4,A_{32}=7,A_{33}=-2,A_{34}=-1,A_{41}=0,A_{42}=1,A_{43}=-1,A_{44}=0$

习题 9. 2

1. $\begin{bmatrix} 9 & 2 \\ 1 & 11 \end{bmatrix}, \begin{bmatrix} 7 & 0 \\ 3 & 5 \end{bmatrix}, \begin{bmatrix} 3 & 2 \\ -2 & 1 \end{bmatrix}$

2. $\begin{bmatrix} -6 & 14 \\ 5 & 9 \end{bmatrix}, \begin{bmatrix} -\dfrac{19}{8} & -\dfrac{3}{8} \\ \dfrac{1}{8} & \dfrac{1}{8} \end{bmatrix}$

3. $\dfrac{27}{2}$

4. 25, 40

5. $\begin{bmatrix} 8 & 6 \\ 18 & 10 \\ 3 & 10 \end{bmatrix}$

6. (1)$\boldsymbol{A}^{-1}=\begin{bmatrix} 1 & -4 & -3 \\ 1 & -5 & -3 \\ -1 & 6 & 4 \end{bmatrix}$　(2)$\boldsymbol{A}^{-1}=\dfrac{1}{4}\begin{bmatrix} 1 & 1 & 1 & 1 \\ 1 & 1 & -1 & -1 \\ 1 & -1 & 1 & -1 \\ 1 & -1 & -1 & 1 \end{bmatrix}$

　　(3)$\boldsymbol{A}^{-1}=\begin{bmatrix} \cos\alpha & -\sin\alpha & 0 \\ -\sin\alpha & \cos\alpha & 0 \\ 0 & 0 & 1 \end{bmatrix}$　(4)$\boldsymbol{A}^{-1}=\begin{bmatrix} 0 & 0 & 0 & 1 \\ 0 & 0 & 1 & 0 \\ 0 & 1 & 0 & 0 \\ 1 & 0 & 0 & 0 \end{bmatrix}$

$$(5)\boldsymbol{A}^{-1} = \begin{pmatrix} 1 & -2 & 0 & 0 \\ -2 & 5 & 0 & 0 \\ 0 & 0 & \dfrac{1}{3} & \dfrac{2}{3} \\ 0 & 0 & -\dfrac{1}{3} & \dfrac{1}{3} \end{pmatrix} \qquad (6)\boldsymbol{A}^{-1} = \begin{pmatrix} -1 & 1 & 0 & 0 \\ 2 & -1 & 0 & 0 \\ 0 & 0 & 2 & -\dfrac{5}{2} \\ 0 & 0 & -1 & \dfrac{3}{2} \end{pmatrix}$$

7. $(1)\boldsymbol{A}^{-1} = \begin{pmatrix} 1 & 0 & 0 \\ 1 & 1 & 0 \\ 3 & 2 & -1 \end{pmatrix}$

8. $\boldsymbol{X} = \begin{pmatrix} -12 & 5 \\ 6 & -2 \\ 4 & -1 \end{pmatrix}$

9. $\boldsymbol{A} = \begin{pmatrix} 2 & -4 & 4 \\ 3 & -5 & 2 \\ 1 & 0 & 1 \end{pmatrix}$

10. $(1) \begin{pmatrix} 1 & -4 & 6 \\ -14 & -17 & 3 \\ 9 & -18 & 16 \end{pmatrix}$ $(2) \begin{pmatrix} 9 & 4 & 6 \\ -15 & -15 & 9 \\ -3 & 26 & -13 \end{pmatrix}$ $(3) \begin{pmatrix} 5 & 6 & 17 \\ -5 & 1 & -3 \\ 5 & 11 & 22 \end{pmatrix}$

习题 9.3

1. (1) $\begin{cases} x_1 = \dfrac{9}{4}x_3 + \dfrac{3}{4}x_4 - \dfrac{1}{4}x_5 \\ x_2 = -\dfrac{3}{4}x_3 + \dfrac{7}{4}x_4 - \dfrac{5}{4}x_5 \end{cases}$ (x_3, x_4, x_5 是自由未知量)

(2) $\begin{cases} x_1 = \dfrac{4}{3}x_4 \\ x_2 = -3x_4 \\ x_3 = \dfrac{4}{3}x_4 \end{cases}$ (x_4 是自由未知量)　(3) 零解

(4) $\begin{cases} x_1 = -2x_2 + x_4 \\ x_3 = 0 \end{cases}$ (x_2, x_4) 是自由未知量

(5) $\begin{cases} x_1 = \dfrac{3}{17}x_3 - \dfrac{13}{17}x_4 \\ x_2 = \dfrac{19}{17}x_3 - \dfrac{20}{17}x_4 \end{cases}$ (x_3, x_4 是自由未知量)

(6) $\begin{cases} x_1 = -3x_2 + 3x_5 - 5 \\ x_3 = 0 \\ x_4 = 2x_5 - 4 \end{cases}$ (x_2, x_5 是自由未知量) (7) 无解

(8) $\begin{cases} x_1 = -8x_3 + 5x_4 - 1 \\ x_2 = -13x_3 + 9x_4 - 3 \end{cases}$ (x_3, x_4 是自由未知量) (9) 无解

(10) $\begin{cases} x_1 = -2x_3 - 1 \\ x_2 = x_3 + 2 \end{cases}$ (x_3 是自由未知量) (11) $\begin{cases} x_1 = \dfrac{2}{5}x_4 + 1 \\ x_2 = 0 \\ x_3 = \dfrac{9}{5}x_4 + 1 \end{cases}$ (x_4 是自由未知量)

2. 通解 $\begin{cases} x_1 = -\dfrac{9}{7}x_3 + \dfrac{1}{2}x_4 + 1 \\ x_2 = \dfrac{1}{7}x_3 - \dfrac{1}{2}x_4 - 2 \end{cases}$ (x_3, x_4 是自由未知量),无满足条件的解

3. (1) 当 $m \neq -1$ 时,唯一解

 (2) 当 $m = -1$, $k = 1$ 时,无穷多解 $\begin{cases} x_1 = -x_3 - \dfrac{3}{7} \\ x_2 = \dfrac{1}{7} \end{cases}$ (x_3 是自由未知量)

4. 当 $\lambda = 1$ 时,有解 $\begin{cases} x_1 = -x_3 + 1 \\ x_2 = 2x_3 - 1 \end{cases}$ (x_3 是自由未知量)

参考文献

[1]同济大学应用数学组.高等数学.北京:高等教育出版社,2002.

[2]盛骤,谢式千,潘承毅.概率论与数理统计.北京:高等教育出版社,2000.

[3]袁荫棠.概率论与数理统计.北京:中国人民大学出版社,2000.

[4]杜先能.高等数学.合肥:安徽大学出版社,2011.

[5]姜乃武.高等数学习题全解全析.大连:大连理工大学出版社,2004.

[6]西北工业大学高等数学教研室.高等数学中的典型问题与解法.上海:同济大学出版社,2001.

[7]刘书田.概率统计.北京:北京大学出版社,2001.

[8]王萼芳.高等代数习题集.北京:清华大学出版社,2005.

[9]同济大学数学教研室.线性代数.北京:高等教育出版社,2005.

[10]居于马,等.线性代数.北京:清华大学出版社,2002.

[11]许甫华,张贤科.高等代数解题方法.北京:清华大学出版社,2004.

[12]粟振锋,李素梅,文德云.路基路面工程.北京:人民交通出版社,2005.

[13]金桃,张美珍.公路工程检测技术.北京:人民交通出版社,2009.

[14]徐培华,陈忠达.路基路面检测技术.北京:人民交通出版社,2004.

[15]宋文力.应用经济统计学.北京:中国标准出版社,2006.

[16]习应祥.公路工程质量控制原理与方法.长沙:湖南科技出版社,2007.

[17]张圣勤.高等数学(上、下).北京:机械工业出版社,2009.

[18]陈希儒.概率论与数理统计.合肥:中国科学技术大学出版社,2011.

[19]陈传璋,等.数学分析(上、下).上海:复旦大学出版社,2010.

[20]胡继才,等.高等数学学习指导.武汉:武汉测绘科技大学出版社,2009.

[21]阎国辉.概率论与数理统计教与学参考.北京:中国致公出版社,2006.

[22]黄光谷.高等数学方法导论.武汉:武汉测绘科技大学出版社,1991.

图书在版编目(CIP)数据

工程数学/王丰胜,李洪岩主编.—2 版.—合肥:合肥工业大学出版社,2015.7
ISBN 978 - 7 - 5650 - 2099 - 5

Ⅰ.①工… Ⅱ.①王…②李… Ⅲ.①工程数学 Ⅳ.①TB11

中国版本图书馆 CIP 数据核字(2015)第 010512 号

工程数学(第 2 版)

主　编	王丰胜　李洪岩		责任编辑　张择瑞
出　　版	合肥工业大学出版社	版　次	2013 年 6 月第 1 版
地　　址	合肥市屯溪路 193 号		2015 年 7 月第 2 版
邮　　编	230009	印　次	2015 年 7 月第 3 次印刷
电　　话	综合图书编辑部:0551 - 62903204	开　本	787 毫米×1092 毫米　1/16
	市 场 营 销 部:0551 - 62903198	印　张	18.25　字 数　397 千字
网　　址	www.hfutpress.com.cn	印　刷	合肥星光印务有限责任公司
E-mail	hfutpress@163.com	发　行	全国新华书店

主编信箱　30301296@qq.com　　　　责编信箱/热线　zrsg2020@163.com　13965102038

ISBN 978 - 7 - 5650 - 2099 - 5　　　　　　　定价:38.00 元
如果有影响阅读的印装质量问题,请与出版社市场营销部联系调换